Sports Lighting Design and Application Manual

体育照明

设计及应用手册

主 编 李炳华 董 青

参 编 王 猛 李 鹏 邵 翠 刘 轩
　　　　　王 伟 申 伟 刘力红 李宝华

机械工业出版社
CHINA MACHINE PRESS

本书是一部关于体育照明设计与应用技术的工具书，根据当今体育照明技术、标准、产品、系统的新变化和新进展撰写而成，涵盖了照明基础知识、体育照明专用术语、电视转播与体育照明的关系、照明标准、照明设备、灯具的布置、照明计算、照明配电与控制、体育照明节能、照明安装与调试、照明检测、体育照明产品等全过程的技术内容。同时本手册还体现了近年来作者在体育照明方面的新研究和设计新成果，包括为 2008 年奥运会和 2022 年北京冬奥会场馆建设的科研成果。

本书配有国内外各类典型体育场馆照明实例，内容丰富、全面、深入浅出，简明扼要，层次清晰，并附有大量的图形、表格、照片，力求通俗易懂，具有较高的理论水平和很强的实用价值，是体育照明设计、教学、科研、安装、检测、工程管理人员必备的工具书和参考资料，也可作为相关专业高等院校教材及教学参考书。

图书在版编目（CIP）数据

体育照明设计及应用手册/李炳华，董青主编 . —北京：机械工业出版社，2023.9

ISBN 978-7-111-73725-4

Ⅰ. ①体…　Ⅱ. ①李…②董…　Ⅲ. ①体育建筑 – 照明设计 – 手册　Ⅳ. ①TU113.6-62

中国国家版本馆 CIP 数据核字（2023）第 159469 号

机械工业出版社（北京市百万庄大街 22 号　邮政编码 100037）

策划编辑：薛俊高　　　　　　　责任编辑：薛俊高　范秋涛
责任校对：贾海霞　张　薇　　　封面设计：张　静
责任印制：单爱军

北京联兴盛业印刷股份有限公司印刷

2023 年 11 月第 1 版第 1 次印刷

184mm×260mm · 30.25 印张 · 750 千字

标准书号：ISBN 978-7-111-73725-4

定价：199.00 元

电话服务　　　　　　　　　　网络服务

客服电话：010-88361066　　　机　工　官　网：www.cmpbook.com
　　　　　010-88379833　　　机　工　官　博：weibo.com/cmp1952
　　　　　010-68326294　　　金　书　网：www.golden-book.com
封底无防伪标均为盗版　　机工教育服务网：www.cmpedu.com

本书编委会

编委会委员（以姓氏笔画为序）

王　伟　王　晨　王　猛　王彦龙　邓海南　申　伟　成　峰　朱心月

向　丽　刘　轩　刘力红　李　鹏　李欣竹　李宝华　李炳华　杨　波

张　伟　陈锡良　邵　翠　战　丹　贾　佳　徐学民　曹　巍　常　昊

董　青　覃剑戈

审稿专家（以姓氏笔画为序）

任元会　刘海鹏　孙成群　李俊民　李铁楠　徐　华

支持单位　CCDI悉地国际集团

中国照明学会教育与培训工作委员会

玛斯柯照明设备（上海）有限公司

哈勃照明设备有限公司

广东三雄极光照明股份有限公司

广东北斗星体育设备有限公司

上海赛倍明照明科技有限公司

施耐德万高（天津）电气设备有限公司

贵州泰永长征技术股份有限公司

江苏远泰电器有限公司

国际铜业协会

序　一

十五年磨一剑，继《体育照明设计手册》出版后，北京"双奥"科技工作者李炳华教授主编的《体育照明设计及应用手册》终于与世人见面了，这是一本具有重要意义和参考价值的著作！

体育照明是照明专业的重要分支，为促进我国照明事业和体育事业发展起着重要作用。

体育照明领域的标准、技术、规则等方面要求十分严格复杂，并极具国际化，需要各方面的知识和经验支持。本书对体育照明领域的新技术、新标准等方面进行了系统、全面的介绍，是中国体育照明的高水平代表作。手册所介绍的内容涵盖了体育场馆场地照明设计及应用的各个环节，从照明设施的选择、灯具的布置、照明配电、控制系统的设计、照明检测等方面都进行了详细的、系统的讲解。不仅如此，手册还着重介绍了不同场馆的照明需求与体育照明节能相关研究成果，并对不同体育运动的照明标准和要求进行了详细的解释。手册中的案例代表着世界先进的体育照明技术，也有全民健身的场地照明典型案例，这些案例不仅为设计师和安装单位提供了技术资料，同时也为建设方和场馆管理方提供了经验和数据。

本书内容详实、论据充分、技术先进。难能可贵的是李炳华教授及其团队在设计过程中进行了一系列科学试验、研究，数据真实可信，真正诠释了从理论到实践再到创新的工程研究与实践，其科研成果在北京冬奥会、杭州亚运会等重大赛事的场地照明设计与建设中发挥了重要作用。

衷心感谢李炳华教授及其团队为我国体育照明事业做出的杰出成就，衷心感谢为此手册付出辛勤努力的专家、学者和单位。我相信本书的出版将成为中国体育照明领域的一本经典之作。希望大家在使用过程中能够善加利用，获得实际的收益和成果。

中国照明学会理事长

刘正雷

2023 年 5 月 18 日

序 二

回顾近二十年，李炳华研究员先后主编了三本"体育照明"方面的著作，反映和见证了新世纪我国体育照明快速发展的历程：

第一，2008年首次在我国主办的第29届奥运会，李炳华担当主会场（鸟巢）的照明主设计师，于2004年主编了《现代体育场馆照明指南》，为重大国际比赛体育场馆照明设计做了技术准备。

第二，北京奥运会后，为总结奥运场馆照明设计经验和研究成果，于2009年主编了《体育照明设计手册》，见证了我国体育照明前进步伐和达到的国际水平。

第三，新世纪20年代，根据国际照明和技术的新发展，进一步总结了北京冬奥会（2022）以及杭州亚运会等体育场馆建设和照明设计的新经验和成果，又推出《体育照明设计及应用手册》，论证了体育照明设计和技术达到的新高度。

二十年岁月，三本"体育照明"方面的著作，显示了作者从熟悉、成熟到达到国际先进水平的历程；也见证了我国体育场馆建设的成就，乃至我国体育事业发展历程和前进步伐！

主编李炳华在近40年设计经历中，勤于应用技术研究，乐于从事科学实验，勇于参加安装、调试和检测实践，善于总结经验，是他在设计领域达到成就的重要因素；我认为这正是当今电气、照明设计师成其事业的最好范例。

本书技术先进，内容翔实，数据可靠，论证科学严谨，资料新颖丰富，为现今国内外体育照明设计提供了宝贵的资料和经验，值得赞誉和庆贺。

任元会

2023年6月4日

前　言

2004 年，为支持北京奥运及其他场馆建设，我们组织编写了《现代体育场馆照明指南》。通过这本书，可以发现当时我国在该领域与世界先进水平的巨大差距。

2009 年，北京奥运会结束以后，我们又总结了奥运场馆建设经验及场馆设计、研究成果，组织编写了《体育照明设计手册》。通过脚踏实地地深入学习、研究、调研，可以自豪地说，中国人设计、建设出了当今世界上技术先进、标准高的体育场馆照明，体育照明技术达到国际先进水平。

2023 年，我们根据国际体育照明新技术、标准，总结北京冬奥会和杭州亚运会等重大赛事场馆建设经验，为读者呈现《体育照明设计及应用手册》一书，分享我们在体育照明方面的新研究成果和场馆建设的得失。

自 2008 年北京奥运会成功举办以来，我国的体育场馆建设进入快车道，体育事业蓬勃发展，越来越多地应用了先进的体育照明技术。2011 年世界游泳锦标赛、2015 年世界田径锦标赛、2019 年国际篮联篮球世界杯、2022 年北京冬奥会及 2023 年举行的杭州亚运会和成都世界大学生夏季运动会等重大赛事，均为我国体育照明技术的发展提供了良好契机。

本手册的作者有北京"双奥"科技工作者，也有 2022 年冬奥场馆建设的功臣，他们具有丰富的体育照明设计、建设经验，曾设计完成夏奥会、冬奥会、亚运会、全运会等体育照明工作。编写本手册旨在为从事体育场馆照明设计与施工的专业人士提供全面的技术指导和实用工具，以便更好地满足各项赛事场馆照明设计、安装、调试、检测等的要求。本手册所涉及的照明设备、技术和科研成果，均是在实际应用中得到验证的，包括著名的"鸟巢"、"水立方"和"冰丝带"，可供读者参考与借鉴。

本手册由 CCDI 悉地国际集团电气总工程师李炳华策划并主编，全书共分 4 篇 16 章，另有 3 个附录。

第 1 章 综述、第 2 章 体育照明中的专用术语及一般要求、第 3 章 照明基本概念，由李炳华编写；第 4 章 彩色电视系统与体育照明，由王伟编写；第 5 章 体育照明标准、第 6 章 照明设备及附属设施、第 7 章 灯具布置，由李炳华编写；第 8 章 照明计算，由李鹏编写；第 9 章 照明配电与控制、第 10 章 体育照明节能，由李炳华编写；第 11 章 照明检测，由董青编写；第 12 章 LED 体育照明的研究，由李炳华、李鹏等共同完成；第 13 章 金卤灯体育照明的研究，由李炳华完成；第 14 章 奥运工程场地照明案例，由申伟、刘力红、李宝华、李炳华、王猛等共同完成；第 15 章 洲际赛事体育照明工程案例，由王猛、刘轩、李炳华、邵翠、董青等共同完成；第 16 章 其他体育照明工程案例，由刘轩、李炳华、李鹏、王猛等编写；附录，由李炳华、李鹏、董青等共同编写。徐学民、王彦龙、李欣竹、杨波、贾佳、覃剑戈、常昊、王晨、朱心月、曹巍、向丽、战丹、邓海南、张伟、陈锡良、成峰等同志参加相关试验、测试及资料收集整理工作。李炳华、董青负责统稿工作，使得本手册具有较强的整体性和系统性。

特别感谢中国照明学会理事长刘正雷先生、泰斗级老专家任元会研究员在百忙中审阅本手册并为其作序。特邀行业知名专家任元会、刘海鹏、孙成群、李俊民、李铁楠、徐华为本手册把关、审稿，并提出了宝贵意见，在此表示衷心的感谢！本手册在编写过程中，得到了CCDI悉地国际集团、中国照明学会教育与培训工作委员会、玛斯柯照明设备（上海）有限公司、哈勃照明设备有限公司、广东三雄极光照明股份有限公司、广东北斗星体育设备有限公司、上海赛倍明照明科技有限公司、施耐德万高（天津）电气设备有限公司、贵州泰永长征技术股份有限公司、江苏远泰电器有限公司、国际铜业协会等单位的大力支持，在此一并表示诚挚的谢意！

本手册的学术观点为作者多年的体育建筑照明设计经验和科研成果的积累，根据中华人民共和国有关著作权和版权的规定，受法律保护。欢迎读者在其论文、著作中引用，并请标明出处。更详细的情况，可以直接与作者或出版社联系。

本手册专业性强，不足之处在所难免，有些学术观点尚需进一步研究，在此起到抛砖引玉的作用。由于编者水平有限，加之篇幅所限，错误之处敬请读者批评并提出宝贵意见，有些数据、试验、相关内容及新科研成果可参阅微信公众号"炳华话电气"BHtalk。

李炳华、董青

2023 年初夏于北京

体育照明工程案例一览表

分类	名称	等级	布灯方式	光源类型①	运动项目	主要比赛	章节	符合标准
体育场	国家体育场	特级	两侧布置-光带	金卤灯①	足球、田径	夏奥会、冬奥会、田径世锦赛等	14.5,11.3.3	BOB、FIFA、IAAF、JGJ、GB等
	横滨国际体育场	特级	两侧布置-光带	LED	足球、田径、橄榄球等	夏奥会、世界杯足球赛等	14.6	RWC、FIFA、IAAF等
	杭州奥体博览中心体育场	特级	两侧布置-光带	LED	足球、田径	亚运会主场	15.1	FIFA、IAAF、AFC、JGJ、GB、亚运导则等
	衢州体育中心体育场	乙级	周圈式+灯塔	LED	足球、田径	一	16.1	JGJ、GB等
	梅州市曾宪梓体育场	中小型IV级	混合式布置	LED	足球、田径	一	16.4	JGJ、GB等
	玉溪高原体育运动中心体育场	小型IV级	两侧布置-光带	LED	足球、田径	省运会	16.5	JGJ、GB等
	咸阳奥体中心体育场	甲级	两侧布置-光带	金卤灯	足球、田径	全运会、省运会	16.6	JGJ、GB、FIFA、IAAF等
	武夷新区体育中心体育场	甲级	两侧布置-灯塔	LED	足球、田径	省运会	16.8	JGJ、GB、FIFA、IAAF等
	马达加斯加国家体育场	大型IV级	四角布置	LED	足球、田径	非洲杯足球	12.5	FIFA、IAAF等
	FIFA标准训练场	FIFA训练	两侧布置-多杆	LED、金卤灯	足球	FIFA训练1,2、3级	7.2.1	FIFA
	Raymond James 体育场	大型VI级	两侧布置-灯塔	LED	橄榄球	美国职业橄榄球	15.5	NFL
体育馆	杭州体育馆	甲级	两侧、周圈布置	LED	篮球、拳击等	亚运会	15.6	FBA、JGJ、GB、亚运导则等
	衢州体育中心体育馆	甲级	周圈式布置	LED	篮球、排球、体操等	一	16.1	FBA、JGJ、GB等
	清华福州分校篮球馆	乙级	两侧布置-光带	LED	篮球	一	16.2	FBA、JGJ、GB等
	济南万达文化体育旅游城冰篮球馆	大型VI级	两侧布置-光带	LED	冰球、篮球	一	16.3	FBA、JGJ、GB等

类别	场馆名称	等级	布置	光源	运动项目	赛事	条款号	标准
	北京奥体中心击剑馆	其他	顶部布置	LED	击剑	训练、健身	12.1	JGJ、GB等
	汕头正大体育馆	乙级	两侧布置-光带	LED	羽毛球	亚青会	16.7	JGJ、GB等
	清华福州分校游泳、跳水馆	乙级	两侧布置-光带	LED	游泳、跳水	—	16.2	JGJ、GB等
游泳馆	上海浦东游泳馆	其他	两侧布置	LED	游泳	健身	12.1	JGJ、GB等
	国家游泳中心	特级	两侧布置-光带	LED	游泳、跳水、冰壶等	夏奥会、冬奥会	14.2.2.2.4	OBS、FINA、WCF、JGJ、GB等
	国家速滑馆	特级	两侧布置-光带	LED	速度滑冰	冬奥会	14.1	OBS、IIHF、ISU、JGJ、GB等
	国家跳台滑雪中心	特级	两侧布置-多杆	LED	跳台滑雪	冬奥会	14.3	OBS、FIS、JGJ、GB等
	国家雪车雪橇中心	特级	两侧布置	LED	雪车、雪橇、钢架雪橇	冬奥会	14.4	OBS、FIL、FIBT、JGJ、GB等
冰雪场馆	国家游泳中心冰壶训练场	其他	两侧布置、顶部布置	LED	花样滑冰、短道速滑、冰球等	训练、健身	14.7	OBS、WCF、JCJ、GB等
	吉林省速滑馆	甲级	周圈布置+顶部布置	金卤灯	大道速滑、花样滑冰、冰球、冰壶等	亚冬会主场	7.45	
	杭州奥体博览中心网球中心决赛场	特级	两侧布置-光带	LED	网球	亚运会、国际单项比赛	15.2	ITF、JGJ、亚运导则等
	绍兴柯桥羊山攀岩中心	甲级	混合布置	LED	攀岩	亚运会	15.3	iFSC、JGJ、GB、亚运导则等
其他场馆	淳安场地自行车馆	甲级	两侧布置-光带	LED	场地自行车	亚运会	15.4	JGJ、GB、亚运导则等
	老挝东南亚运动会射击场	甲级	顶部布置、斜照	金卤灯、三基色荧光灯	射击	东南亚运动会	7.2.7	JGJ

① 即指金属卤化物灯，全书余同。

目　　录

附 录

第 1 篇

基 础 篇

第1章 综　述

1.1　体育运动与场馆

1.1.1　体育运动简述

进入 21 世纪，体育运动越来越密切介入人们的日常生活和休闲娱乐中，有些运动已经职业化、产业化，同时创造出了巨大的商机。人类的很多劳动方式逐步演变并形成了现代体育运动项目。

1. 体育运动能够增强人们的体质

自新中国成立后，在政府的号召、支持下，全国人民积极参加体育运动，人民群众的体质得到提高，预期人均寿命得以延长。1949 年，我国人均寿命 35.9 岁；根据 WHO《2020年全球各国人均预期寿命》的数据，2020 年，我国人均预期寿命 77.3 岁，是 1949 年时的 2倍多，排在全球各国第 43 位。

2. 体育运动是人们生活的重要组成部分

随着我国经济不断发展，人民群众对文化娱乐活动和强身健体要求也越来越高。人们除积极参加各种体育运动外，还积极到现场或通过电视观看比赛。可以说，体育竞赛已经成为人们生活中不可缺少的组成部分。根据国家体育总局的数据，7 岁及以上居民每周参加 1 次及以上体育锻炼人数的比例高达 67.5%，全民健身热潮十分高涨！

3. 体育运动是世界各国人民之间联系和交流的重要纽带，是世界和平的使者

体育竞技场是舞台，在"重在参与"和"更快、更高、更强"的指引下，各国人民相互学习、相互交流，增进了友谊。举世瞩目的"乒乓外交"被传为佳话。1971 年 4 月，美国乒乓球队应邀访问中国，结束了中美两国人员 20 多年交往隔绝的历史。次年 4 月，中国乒乓球队回访美国，中美关系进一步发展，为两国建交奠定了基础。

4. 体育竞技水平是国家强弱的标志

经过 70 多年的大发展，我国国力得到显著提高。2021 年，我国国内生产总值比上年增长 8.1%，经济总量达 114.4 万亿元，按年平均汇率折算，达 17.7 万亿美元，稳居世界第二，占全球经济的比重超过 18%。与经济高速发展相适应，我国自 1984 年重返奥运大家庭并勇夺 15 枚金牌后，夺金摘银势头不减，到 2008 年北京奥运会，中国喜获 51 枚金牌，首次夺得夏季奥运会金牌总数第一，力压世界头号经济大国、体育强国的美国，体育运动成绩从一个侧面反映了我国国力的崛起。

5. 体育运动是巨大的产业

体育产业包括体育装备、职业体育、大众体育、体育衍生四大细分产业链。欧美国家在体育产业化、职业化方面取得巨大成功，积累了很多的经验。而我国体育产业对 GDP 的贡献不足 1%，远低于发达国家的 2%～3%，表明我国体育产业还有巨大的发展空间，见表 1-1。

表 1-1　2016 年世界主要国家体育产业增加值占 GDP 比重

国家	中国	美国	德国	法国	英国	日本	韩国
各国体育产业增加值占 GDP 比重	0.9%	2.9%	2.0%	2.9%	2.0%	2.5%	3.0%

注：本表根据智研咨询、中信证券研究部的数据编制而成。

1.1.2　"双奥"促进了我国体育建筑蓬勃发展

现代体育运动是随着人类社会的发展而不断发展起来的，体育运动离不开场馆等体育设施。我国解放前只有 2855 个体育场馆，数量少，质量低。随着我国经济不断发展，到 2022 年底，全国体育场地共 422.68 万个，场地总面积达 37.02 亿 m^2，人均场地面积 2.62m^2。场馆和体育设施建设得到突飞猛进的发展，还拥有"鸟巢""水立方""冰丝带"等一批世界顶级的体育建筑。

各种体育运动的开展都要有适宜的运动场地和设备。1990 年，我国成功地举办了第 11 届亚洲运动会，仅在北京就新建和改建场馆 33 个。2008 年在北京举办的奥运会，新建场馆 17 个、改建 12 个体育场馆、临时场馆 8 个，共计 37 个，其中北京 31 个、青岛 1 个、上海 1 个、天津 1 个、秦皇岛 1 个、沈阳 1 个、香港 1 个，见表 1-2。国家体育场"鸟巢"被《时代》周刊评为当今世界"最具影响力的建筑设计之首"，并入选当代十大建筑奇迹；国家游泳中心"水立方"更是获得国家科学技术一等奖，开创民用建筑的先河！2022 年冬奥会共有 25 个场馆，包括 12 个竞赛场馆、13 个非竞赛场馆（1 个开闭幕场馆、3 个训练场馆、3 个奥运村、3 个颁奖广场、3 个媒体中心），见表 1-3。体育事业正呈现出一派欣欣向荣、蓬勃发展的景象，体育建筑和体育照明也得到了更大的发展。

表 1-2　2008 年北京奥运会场馆一览表

序号	类型	场馆名称	比赛项目	概况
1	新建场馆	国家体育场	田径、足球决赛、开闭幕式	91000 座，固定座位 80000 座，25.8 万 m^2 建筑面积
2		国家游泳中心	游泳、跳水、花样游泳	CCDI 设计，固定座位 6000 个，临时座位 11000 个，建筑面积约 8 万 m^2
3		国家体育馆	竞技体操、蹦床、手球	总建筑面积为 80890m^2，18000 个固定座位，2000 个临时座位
4		北京射击馆	射击	建筑面积 45645m^2，2300 个固定座位，6700 个临时座位
5		五棵松体育馆	篮球	建筑面积 63000m^2，14000 个固定座位，4000 个临时座位

（续）

序号	类型	场馆名称	比赛项目	概况
6	新建场馆	老山自行车馆	场地自行车	建筑面积 32920m², 3000 个固定座位，3000 个临时座位
7		奥林匹克水上公园	赛艇、皮划艇（静水、激流回旋）	1200 个固定座位，15800 个临时座位
8		中国农业大学体育馆	摔跤	建筑面积 23950m², 6000 个固定座位，2500 个临时座位
9		北京大学体育馆	乒乓球	建筑面积 26900m², 6000 个固定座位，2000 个临时座位
10		北京科技大学体育馆	柔道、跆拳道	建筑面积 24662m², 4000 个固定座位，4000 个临时座位
11		北京工业大学体育馆	羽毛球、艺术体操	主体结构形式为钢筋混凝土框架结构，屋盖为空间张弦索撑网壳结构，建筑面积 22269.28m², 5800 个固定座位，1700 个临时座位
12		奥林匹克森林公园网球场	网球	CCDI 设计，总建筑面积 26514m²，共设 10 片比赛场地，其中中心赛场作为决赛场地，可容纳观众 1 万人
13		天津奥林匹克体育场	足球、小组赛	60000 座
14		沈阳奥林匹克体育场	足球、小组赛	60000 座
15		秦皇岛奥林匹克体育场	足球、小组赛	30000 座
16		青岛国际帆船中心	帆船	
17		香港奥运赛马场	马术	
18	改建场馆	奥体中心体育场	足球、现代五项（跑步和马术）	建筑面积 37052m², 38000 个固定座位，20000 个临时座位
19		奥体中心体育馆	手球	建筑面积 47410m², 5000 个固定座位，2000 个临时座位
20		工人体育场	足球	建筑面积 44800m², 64000 座
21		工人体育馆	拳击	总建筑面积 40200m²，固定座位 12000 个，临时座位 1000 个
22		首都体育馆	排球	建筑面积 54707m², 18000 个固定座位
23		丰台垒球场	垒球	建筑面积 15570m²，主场固定座位和临时座位各 5000 个
24		英东游泳馆	水球、现代五项（游泳）	建筑面积 44635m², 6000 个固定座位
25		老山自行车场	山地自行车	建筑面积 8725m², 2000 个临时座位
26		北京射击场飞碟靶场	飞碟射击	建筑面积 6170m², 1000 个固定座位，4000 个临时座位

（续）

序号	类型	场馆名称	比赛项目	概况
27	改建场馆	北京理工大学体育馆	排球	建筑面积 21900m²，5000 个固定座位
28		北京航空航天大学体育馆	举重	建筑面积 21000m²，3400 个固定座位，2600 个临时座位
29		上海体育场	足球、小组赛	80000 座
30	临时场馆	国家会议中心击剑馆	击剑预决赛、现代五项（击剑和射击）	建筑面积 56000m²，5900 个座位
31		奥林匹克森林公园曲棍球场	曲棍球	CCDI 设计，建筑面积 15539m²，17000 个座位
32		奥林匹克森林公园射箭场	射箭	CCDI 设计，建筑面积 8609m²，5000 个座位
33		五棵松棒球场	棒球	建筑面积 14360m²，15000 个座位
34		沙滩排球场	沙滩排球	CCDI 设计，建筑面积 14150m²，12200 个座位
35		小轮车赛场	小轮车	CCDI 设计，建筑面积 3650m²，4000 个座位
36		铁人三项赛场	铁人三项	10000 个座位
37		城区公路自行车赛场	公路自行车	

表 1-3　2022 年北京冬奥会竞赛场馆一览表

序号	场馆名称	比赛项目	概况	赛区
1	国家游泳中心	冰壶	昵称"水立方""冰立方"，世界上首个"冰水转换"的场馆，建筑面积约 80000m²。固定座位 6000 个，2008 年奥运会临时座位 11000 个	北京赛区
2	国家体育馆	冰球	总建筑面积为 80890m²，18000 个固定座位	
3	五棵松体育中心	冰球、短道速滑、花样滑冰等	建筑面积 63000m²，14000 个固定座位	
4	首都体育馆	花样滑冰和短道速滑	建筑面积 54707m²，18000 个固定座位	
5	国家速滑馆	速度滑冰	北京赛区唯一新建场馆，昵称"冰丝带"。建筑面积约 80000m²，建筑高度约 33.8m，固定座位 12000 个，拥有一条 400m 长的赛道	
6	首钢滑雪大跳台	单板滑雪、自由式滑雪	昵称"水晶鞋"，两个世界第一：全球第一座永久跳台，冬奥史上第一座工业遗产再利用竞赛场馆	
7	国家体育场	开幕式和闭幕式	此表中唯一非竞赛场馆，昵称"鸟巢"。固定座位 80000 座，建筑面积 25.8 万 m²	
8	国家高山滑雪中心	高山滑雪	昵称"雪飞燕"，基地面积 432.4hm²，其中建设用地约 6hm²，永久建筑面积约 4.3 万 m²，3 条竞赛雪道、4 条训练雪道，最大垂直落差高达 900m，拥有 5000 个座位、3500 个站立席位	延庆赛区

（续）

序号	场馆名称	比赛项目	概况	赛区
9	国家雪车雪橇中心	雪车、钢架雪车、雪橇	昵称"雪游龙"，用地面积18.69hm²，建筑面积5.25万 m²，构筑物面积2.15万 m²。2000个座位、8000个站席。赛道全长1975m	延庆赛区
10	国家冬季两项中心	冬季两项	由赛场区、场院区及技术楼组成，赛道总长8.7km	
11	国家越野滑雪中心	越野滑雪和北欧两项	占地106hm²，建筑面积约5700m²，赛道总长9.7km，由场馆运营综合区、运动员综合区、场馆技术楼、场馆媒体中心和转播综合区等组成，仅场馆技术楼为永久建筑	张家口赛区
12	国家跳台滑雪中心	跳台滑雪、北欧两项	昵称"雪如意"，拥有HS106标准跳台和HS140大跳台两个滑道。座位4850个、站席5000个，顶部与地面落差达130m	
13	云顶滑雪公园	自由式滑雪、单板滑雪	占地119.2hm²，赛道总长约2563m，临时建筑面积约26500m²。由场地、看台、综合用房、媒体中心等组成	

　　体育建筑类型很多，并随着体育运动项目的增加、变化、发展而不断发展。其分类的方法众多，常见的有以下几种。按照建筑空间的限定来划分，体育建筑可分为室内体育馆和室外体育场（池）；按照使用功能划分，可分为训练场馆和比赛场馆两类；按照运动特点和建筑物组成部分的不同来划分，体育建筑又可分为单项体育建筑和综合性体育中心；按照观众情况，可分为有看台体育场馆和无看台体育场馆；按照电视转播情况，体育建筑又可分为有电视转播的体育场馆和无电视转播的体育场馆。体育建筑分类见表1-4。

表1-4　体育建筑分类

运动类型	分类	备注
田径类	体育场、田径房、运动场	体育场设看台，运动场不设看台
球类	体育馆、训练馆、灯光球场、篮排球场、手球场、网球场、足球场、高尔夫球场、棒球场、垒球场、曲棍球场、橄榄球场等	室内的为"馆"、室外的为"场"
体操类	体操房、健身房等	
水上运动类	游泳池、游泳馆、游泳场、水上运动场、帆船运动场等	
冰上运动类	冰球场、冰球馆、速滑场、速滑馆、旱冰场、花样滑冰馆等	
雪上运动类	高山滑雪场、越野滑雪场、跳台滑雪场、花样滑雪场、雪橇场、雪车场等	
自行车类	赛车场、赛车馆等	包括山地赛车、公路赛车、小轮车等
汽车类	摩托车场、汽车赛场、赛车场等	
其他	射击场、射箭场、跳伞塔、棋馆、壁球、藤球、攀岩、卡巴迪、轮滑场馆等	各国具有丰富的民族体育项目

体育场馆的分类及定义参见表1-5。

表1-5 体育场馆的分类及定义

中文名称	英文名称	定义
体育建筑	sports building	作为体育竞技、体育教学、体育娱乐和体育锻炼等活动之用
体育设施	sports facilities	作为体育竞技、体育教学、体育娱乐和体育锻炼等活动的体育建筑、场地、室外设施以及体育器材等的总称
体育场	stadium	具有可供体育比赛和其他表演用的宽敞的室外场地，同时为大量观众提供座位的建筑物
体育馆	sports hall	配备有专门设备而能够进行球类、室内田径、冰上运动、体操（技巧）、武术、拳击、击剑、举重、摔跤、柔道等单项或多项室内竞技比赛和训练的体育建筑。主要由比赛和练习场地、看台和辅助用房及设施组成。体育馆根据比赛场地的功能可分为综合体育馆和专项体育馆；不设观众看台及相应用房的体育馆也可称为训练房
游泳设施	natatorial facilities	能够进行游泳、跳水、水球和花样游泳等室内外比赛和练习的建筑和设施。室外的称为游泳池（场），室内的称为游泳馆（房）。主要由比赛池和练习池、看台、辅助用房及设施组成

根据《体育建筑设计规范》（JGJ 31—2003）、《体育建筑电气设计规范》（JGJ 354—2014），结合体育运动比赛及使用的性质，体育建筑分级见表1-6 和表1-7。

表1-6 体育建筑分级

等级	主要使用要求
特级	举行亚运会、奥运会、世界级比赛主场
甲级	举行全国性和单项国际比赛
乙级	举办地区性和全国单项比赛
丙级	举办地方性、群众性运动会

表1-7 体育场、体育馆、游泳馆的分类

分类 类型	体育场	体育馆	游泳馆
特大型	60000 座以上	10000 座以上	6000 座以上
大型	40000 ~ 60000 座	6000 ~ 10000 座	3000 ~ 6000 座
中型	20000 ~ 40000 座	3000 ~ 6000 座	1500 ~ 3000 座
小型	20000 座以下	3000 座以下	1500 座以下
训练、娱乐	无固定座位	无固定座位	无固定座位

1.2 体育运动与体育照明

1.2.1 体育运动类别

从运动范围和运动轨迹上看，体育运动大致分为地面运动和空间运动，而它们各自又分为单方向运动和多方向运动，见表1-8。

表1-8 体育运动类型

类型	单方向运动	多方向运动
地面运动	地面运动的运动目标物及运动员主要在地面上运动或接近地面的空间运动	
	保龄球、射箭、射击、滑雪、划船等	板球、冰球、滑冰、游泳、拳击、摔跤、赛车等
空间运动	空间运动的运动目标物及运动员不仅在地面运动，而且在距地面一定高度的空间运动	
	高尔夫球、飞碟射击、跳台滑雪、跳水等	篮球、羽毛球、棒球、足球、网球、排球、乒乓球、藤球等

因此，空间运动项目不仅要考虑地面附近的照明水平，还要考虑运动相关空间的照明水平。游泳、潜泳、跳水、花样游泳等项目，还需要用到水下照明。

1.2.2 体育运动对照明的要求

体育运动由于受到运动空间、运动方向、运动范围、运动速度等多方面的影响，其要求比一般照明更高。通常，高照度（水平照度、垂直照度）、高照度均匀度、高显色性、低眩光等都是体育照明所必须达到的；运动场地空间都比较高大，要满足上述要求，必须采用专业的照明器具及特殊的照明处理方法。

（1）运动空间与照明 地面运动水平照度主要要求地面上的光分布要均匀；空间运动要求在距地面的一定空间内，光的分布都要非常均匀。

（2）运动方向与照明 多方向的运动项目除了要求良好的水平照度外，还要求有良好的垂直照度，并且灯具的指向必须避免对运动员和观众造成直接眩光。

（3）运动速度与照明 一般来说，运动速度越高，照明要求越高，但单方向的高速运动所要求的照度不一定比多方向的低速运动高。

（4）运动等级与照明 一般同一运动项目，比赛级别越高其所要求的照明标准及指标越高。比赛级别不同，运动员的水平也就相差悬殊，照明水平要求也不尽相同。

（5）运动场地范围与照明 一般运动项目，除比赛场地外，主要活动区的照明也必须达到一定的照明标准值，次要活动区也有最小照明标准值的要求。

（6）电视转播与照明 体育照明一般来说，必须满足运动员正常比赛、现场观众、媒体摄影及摄像三个方面的要求。随着电视技术的快速发展，超高清电视（UHDTV）、高清电视（HDTV）转播已进入了国际体育比赛，2022年北京冬奥会UHDTV转播取得重大技术突破，获得国际奥委会和全球体育迷们高度赞扬。我国2007年11月颁布执行的《体育场馆照明设计及检测标准》（JGJ 153—2007）首次将HDTV转播写入我国标准，使我国在体育照明领域达到了世界先进水平。同时要求水平照度、垂直照度及摄像机全景画面时的亮度必须保持变化的一致性。运动员、场地、观众席之间的照度变化率，不得超过某一数值，这样才能适应彩色电视的摄像要求。

（7）运动项目与照明　由于各种运动项目的运动空间、运动方向、运动范围、运动速度都有较大的差别，所以对照明的要求就出现一些差别。国内外都针对各种体育运动项目给出了相应的照明标准和指标。

1.2.3 体育场与照明

1. 体育场的建筑特点

体育场是指能够进行田径、足球、橄榄球等比赛的室外体育建筑，其主要由比赛场地、练习场地和检录处、观众席、辅助用房和设施等几部分组成。按其使用功能划分又可分为比赛区、运动员区、竞赛管理区、新闻记者广播区、贵宾区、赞助商区、观众区、后勤工作区等。

体育场的比赛场地面积大、观众多、疏散时间较长，人流组织复杂，因此，要保障人员在一定的时间内及时疏散尤为重要。

体育场的看台形式与看台下部空间的合理利用同人流集散的关系很大。看台下部空间大、可利用面积多，既要合理利用空间又要保障交通畅通，如图1-1所示。

图1-1　体育场的建筑特点

2. 体育场观众席的布置要求

体育场大多是露天的比赛场地，占地面积要比一般体育馆大几倍到几十倍。在确定最大容量中，重要的因素就是观众最佳的视线距离。观众席的设置可沿比赛场地的一边或两边、三边、周边布置，可直线排列或曲线排列。因场地大、视距远，要保证观众有良好的视看条件，首先以缩短视距为主。

3. 体育场的照明布灯方式

体育场的照明是体育场设计的重要内容，且比较专业、复杂。它不仅要满足运动员进行比赛和观众观看的要求，而且还要满足电视直播的要求，这个要求远比运动员和观众的要求高。另外，照明灯具的布灯方式需与体育场的总体规划、看台的结构形式、屋顶结构密切配合。特别是照明设备的维修与建筑设计密切相关，要做全面考虑。

现代体育场一般采用大功率金属卤化物灯（以下简称金卤灯）或大功率LED灯。金卤灯的功率多在1500～2000W，LED灯功率多为1000～1600W，高照度、高照度均匀度、高显色性、高色温、低眩光、无频闪才能满足UHDTV、HDTV对体育场场地照明的要求。

体育场的照明设计特点是灯光照射空间大、投射距离远、控光精度高，所以其场地照明一般选用高效率的投光灯。体育场的布灯方式有：四角布置、两侧布置（多杆或光带布置）、周圈式和混合式布置等，详见本书第7章7.2.1节和7.2.2节相关内容。在照明灯具布置中，还应考虑观众席照明以及比赛场地的应急照明，以保证安全疏散。对灯杆、灯塔的防雷保护和航空标志照明，也要根据建设地点、高度等因素采取相应措施。

1.2.4 体育馆与照明

1. 体育馆的建筑特点

体育馆按功能划分可分为专业体育馆和多功能型体育馆，多功能型体育馆以体育为主兼容文艺演出、集会、展览等。

体育馆是能够进行球类、体操（技巧）、武术、拳击、击剑、举重、摔跤、柔道等单项或多项室内竞技比赛和训练的体育建筑。体育馆功能复杂，一般要涉及体育、文艺、展览等诸多内容；体育馆的屋盖结构、大空间构成、材料、设备等方面技术要求高；体育馆的建筑造型综合性强，是建筑技术与艺术的完美结合，如图 1-2 所示。

图 1-2　体育馆的建筑特点

体育馆按其不同的功能布局和结构形式大致可分为三种方式：第一，单一大空间结构布局方式，"内""外"场的其他用房均利用观众厅看台下空间。第二，沿观众厅两侧设其他辅助用房，分区明确，也就是在大跨度空间外两侧附加边跨的结构布局方式，风道、灯光控制、记时计分等用房均可设在主跨以外的边跨内，可充分利用大跨度、大空间多安排观众席。第三，部分其他用房与观众厅主体结构相对脱开并进行有机的组合。这种方式结构简单，特别适合于练习馆。

2. 体育馆屋盖结构形式

体育馆建筑屋盖结构对建筑的影响力及本身的技术难度都比较显著和突出。屋盖结构造型也直接关系到照明布灯方式；反之，也可利用照明来突出体育馆的造型特点。

满足观众的视看条件是观众厅的主要功能之一。大型、特大型体育馆是城市的主要公共建筑，很多已成为城市标志性建筑，其结构选型和屋盖体系直接反映了建筑造型的艺术效果和经济效益，也影响了其和城市环境的协调关系。体育馆观众厅的主要屋盖结构形式有平面桁架、平面立体桁架、空间网架、悬索结构等。国家游泳中心水立方独创了多面体空间钢架结构，属于世界首创，获得多项专利，并于 2010 年喜获国际桥梁及结构工程协会结构大奖。

除上述的几种主要形式外，还有充气结构、膜结构剪裁和结构组合等形式，这些形式也可根据需要重新加工和改造以适应特定的空间变化。

3. 体育馆的观众席布置要求

体育馆比赛厅的观众席布局一般要综合考虑视线距离、空间效果、大厅规模、结构特点、使用功能、经济效益等因素并优选其形式。观众席的布置方式有三种：

1）观众席分布在场地两侧直线排列，此方式简单经济。

2）观众席分布在场地四周，长轴两侧观众席多，短轴两侧观众席少，长轴和短轴都是直线排列或短轴曲线排列，长轴直线排列。

3）观众席分布在四周，排列成圆形平面或椭圆平面，它适用于观众人数超过万人的场地。

比赛厅由场地和观众席组成，是体育馆的核心。观众席的设计不仅要使观众取得良好的视觉效果，而且还要使观众的集、散符合安全疏散的要求。

主席台位于比赛厅视看条件最好的位置，主席台与"内场"的贵宾休息室、比赛场地都有直接的通道。裁判席位于主席台的对面，设有裁判工作台和必要的座位，一般布置稍高出地面，以便于和场地内联系，其长度也应小于主席台。裁判台上所进行的工作主要有记分记时、记录、广播电视现场转播等。观众席入、出口应使观众入场方便、疏散畅通迅速、便于管理，满足消防要求。

4. 体育馆照明布灯方式

比赛厅的照明设计要满足各种体育项目比赛及观众视看要求。另外，对多功能体育馆还应满足在比赛厅内进行文艺演出、群众集会、电视转播等方面的要求。

现代体育馆一般采用 LED 灯或金卤灯。这类光源光效高，寿命长，光源显色指数 R_a 可达到 90 以上。室内体育馆为了满足电视转播的要求，光源色温一般在 2800~5500K。

室内运动场地照明设计的特点是照明空间较高，一般为 13~20m，也有少数小型体育馆及全民健身体育馆高度较低，为 6~12m。照明灯具选择要求灯具效率高，配光特性好等。

灯光布置通常可以采用如下三种方式：顶部布置、两侧布置、混合布置，见表 1-9、表 1-10，详细内容参阅本书第 7 章。

表 1-9 体育馆灯具布置方式及选择

照明灯具的布置		照明器配置举例		小型、中型体育馆	大型体育馆	有电视转播的体育馆
		断面图	平面图			
顶部布置	灯具单台分散均匀布置在整个顶棚上			√	△	△
	多个灯具成组分散均布整个顶棚上			√	△	△

（续）

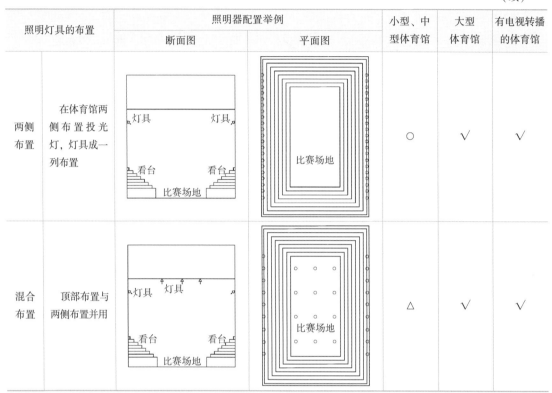

注：√——合适；○——有条件的可以采用；△——不合适。

表 1-10　体育馆投光灯的选择

场馆等级	投光灯的配光		
	窄光束	中光束	宽光束
特大型	○	√	√
大、中型	×	○	√
小型	×	×	√

注：√——可采用；○——根据情况而定；×——必要时也可考虑应用方案。

　　另外，从灯具的位置、安装高度、投射角、照射方向、灯具配光等方面尽可能降低眩光。眩光指数应达到相关要求。同时为防止由于交流供电而产生的频闪效应，应有抑制频闪效应的措施。

1.2.5　水上运动设施与照明

1. 水上运动设施的建筑特点

　　水上运动设施通常有游泳池（馆）、跳水池、潜水池、水球池、造浪池、戏水池等。一般以游泳馆、池为主。

　　游泳馆、池的平面组合布置主要有：全部游泳池在室内；全部游泳池在室外；室内池和室外池相贯通，即游泳馆和游泳池综合在一起的布置方式。不管何种方式，游泳馆、池一般可分为游泳区、动力后勤管理区及观众区三部分。

游泳池的设置一般要考虑各种游泳项目的综合使用问题。游泳馆、池的主体结构必须有良好的防腐性能。除满足空间结构外，还应防潮、防结露、保温、隔热。室内各种设备（计时记分、摄像、电子系统、电器设备等）均应防腐蚀、防潮、防火。游泳池及类似场所电击防护也是设计的主要内容。

2. 水上运动设施的观众厅布置要求

游泳馆、场按其使用性质可分为比赛馆（池）、训练池、教学用池和公共游泳池等几种。比赛馆、池一般要求满足游泳、跳水以及水球比赛需要，并要求设置观众席，运动员和观众在交通流线和场地上严格分开。训练池和公共游泳池通常不设置观众席。

游泳比赛馆、池的观众数量不宜太多，否则使用率较低，会造成投资浪费。因此，近年来为举行大型国际比赛，游泳馆内一般只设少量固定看台，留有增设临时看台的条件，以满足比赛期间的特殊需要。以国家游泳中心——"水立方"为例，奥运会期间有座位共计17000 个，其中只有 6000 个固定座位。

游泳池和跳水池平面一般布置成一字形，观众席沿游泳池长轴方向，分为单面或双面布置，这种形式最为普遍，也有呈 L 形布置的。

比赛馆的平面布置，既要有利于运动员的使用，又要有利于观众的观看。室内游泳池应避免在游泳和跳水时产生眩光。为能看清楚水中游泳运动员的动作，尽量消除水面的反射眩光。跳水池的跳台对面和背后都不应设有采光玻璃窗或其他强光源，以便观众能看清跳水运动员在空中的优美动作，如图 1-3 所示。

图 1-3　水立方跳台背面眩光处理

3. 水上运动设施的照明布灯方式

游泳馆、场的照明既要满足游泳、跳水、水球等运动的使用要求，又要使观众能较好地观看运动员的连续动作和姿势，还应考虑电视转播对照明的要求。此外，还应重点解决好眩光控制、灯具设备的防潮、防腐和安全等问题。

室内游泳池一般用直接照明。对于无观众席的训练池，采用顶部布置比较简单，但要解决好维修问题。对于有观众席的比赛游泳池，若是单面有观众席，应采用不对称布置，将光投向观众席对面；若是双面有观众席，则采用双向布灯方式较好。

室外游泳池一般有三种布灯方式：

1）中心悬挂式，灯具直接悬挂在游泳池上方，比较经济，但更换维修困难，安全性较差，不推荐采用。

2）中间立柱式，在观众席和游泳池面中心立柱照明，这样离游泳池距离近，节省灯具数量和电能，但观众视线易被遮挡，垂直照度较低。

3）杆式，在观众席后面设灯杆照明，能获得较好的照明效果，但投资较大。

游泳池是否装设水下照明？这需要评估、计算。如果游泳池装设水下照明，则水下照明灯具一般固定在池的长侧池壁内，距水面 1m 以下，灯间距为 2.5～3m，如图 1-4 所示。跳水池的水下照明一般装设在靠跳台一侧。水下灯具分为安装在池壁

图 1-4　水下照明

外侧的干式和直接安装在水中的湿式两种安装方式。水下照明防触电是重点和要点之一。

1.2.6　冰雪运动设施与照明

1. 冰雪运动及其设施特点

冰雪运动是借助于不同装备和用具在天然和人工冰雪场地上进行的各项体育运动。冰雪运动分为冰上运动和雪上运动两大类项目。冰雪运动需要的建筑设施有滑冰场（馆）和滑雪场。滑冰场依冻冰方式分为天然冰场和人工冰场两类。滑冰馆的场地是室内人工制冷冰场，比赛馆配有一定的观众席，训练馆不设或少设观众席。滑冰场（馆）的场地一般仅设一个滑冰场，也有的场馆还设有 400m 的标准跑道速滑场，如图 1-5 所示。

图 1-5　冰雪运动的建筑特点

滑冰场（馆）一般可分为滑冰场、动力后勤服务管理区及观众区三部分。

冰雪运动简介见表 1-11。

表 1-11　冰雪运动简介

项目		历史	项目情况
冰上运动	冰球	现代冰球 100 多年前起源于加拿大，1908 年成立国际冰联，1920 年第 7 届奥运会中被列为比赛项目。1924 年在第 1 届冬季奥运会中列为正式比赛项目	以冰刀和冰球杆为工具，在冰面上进行的相互对抗的集体性比赛项目
	短道速滑	19 世纪 80 年代，起源于加拿大，1975 年成立短跑道速度滑冰技术委员会，1981 年开始举办世界短道速滑锦标赛；1992 年进入冬奥会	比赛项目设有： 男子 4 圈追逐、全能、500m、1000m、1500m、3000m 和 3000m、5000m 接力 女子 4 圈追逐、全能、500m、1000m、1500m、3000m 和 3000m 接力

（续）

项目		历史	项目情况
冰上运动	花样滑冰	最早流传于荷兰和英国等地，1882 年维也纳举行了世界上第一次国际花样滑冰比赛，1892 年国际滑冰联盟成立，1952 年花样滑冰被正式列入世界性比赛项目	花样滑冰偏重舞步，强调用动作表达音乐。花样滑冰涵盖了体育、艺术、音乐、舞蹈、服装设计、化妆等，是技巧性与艺术性高度结合的冰上运动项目。常规比赛项目设有：单人滑、双人滑、冰上舞蹈
	速度滑冰	1885 年在德国汉堡举行了首届欧洲冠军赛，1892 年在荷兰舍维宁根成立国际滑冰联合会，1893 年在荷兰的阿姆斯特丹举行了首届男子速滑锦标赛，1924 年首届冬奥会男子速度滑冰成为正式项目，1932 年女子速滑为冬奥会试验项目，1960 年女子速滑成为冬奥会正式竞赛项目	跑道分内、外两道
	冰壶	16 世纪起源于苏格兰，1966 年国际冰上溜石联合会成立，1991 年改为世界冰上溜石联合会，同时获得了国际奥委会的承认。1998 年成为冬奥会正式比赛项目	冰道要求非常平整。冰壶分设男子组和女子组比赛项目
雪上运动	高山滑雪	起源于北欧的阿尔卑斯地区，故又称"阿尔卑斯山项目"或"山地滑雪"，1931 年起举办世界高山滑雪锦标赛。1936 年起被列为冬奥会比赛项目 超级大回转首度出现在 1988 年卡尔加里冬奥会上，这个项目结合了速降和大回转的技巧	1. 高山滑雪，比赛均在海拔 1000m 以上的高山进行，起点和终点垂直高度为 800～1000m 2. 回转滑雪，比赛坡度 30° 以上的段落占比赛全程的四分之一。垂直高度差男子为 180～220m，女子为 140～200m 3. 大回转滑雪，运动员要快速从山上向下沿线路连续转弯，穿越各种门形 4. 速降比赛，垂直高度差男子为 800～1000m，女子为 500～800m 5. 超级大回转，比赛线路垂直高度差男子比赛在 500～650m，女子比赛在 400～600m
	跳台滑雪	1972 年首届世界跳台滑雪锦标赛在南斯拉夫举行，1924 年第 1 届冬奥会即被列为比赛项目	设有 70m 级和 90m 级台的两个项目。跳台助滑道的坡度为 35°～40°，长度 80～100m
	越野滑雪	1226 年起源于挪威，又称北欧滑雪，1924 年被列为首届冬奥会比赛项目	比赛路线分上坡、下坡、平地，各占全程的三分之一
	雪上滑板	1967 年诞生于美国，比赛分两种：高山滑板和自由式滑板。1998 年被定为日本长野冬奥会的正式比赛项目	高山滑板是模拟高山滑雪，包括大回转、超大回转、双回转。自由式滑板分两类，一类是运动员在粗糙的雪地上滑行，表演各种空翻转体和各种技巧动作；一类是越野滑板
	冬季两项	14 世纪起源于古代的斯堪的纳维亚半岛，与狩猎密切相关。1767 年，在挪威和瑞典边界上组织了首次滑雪射击比赛。在 1960 年冬奥会上首次成为奥运项目。女子项目进入冬奥会是 1992 年法国阿尔贝维尔冬奥会	分成年和青年两组。成年组包括 20km 越野滑雪加 4 次射击；10km 越野滑雪加 2 次射击；团体 4×7.5km 越野滑雪加 2 次射击 男子青年组包括 15km 越野滑雪加 3 次射击；10km 越野滑雪加 2 次射击；团体 3×7.5km 越野滑雪加 2 次射击。女子分 15km 和 7.5km 两项比赛。另设 4×7.5km 接力赛

（续）

项目		历史	项目情况
雪上运动	自由式滑雪	1992 年法国阿尔贝维尔冬奥会上，被列为正式比赛项目，比赛项目分别设有男、女空中技巧，男、女雪上技巧	空中技巧的比赛场地跳台的高度为 4m，坡度为 70° 雪上技巧是运动员从设置了许多均匀小山包的高坡上滑下，中间必须做两次跳跃或肢体体操动作 雪上芭蕾则是在特殊修整的具有一定坡度的场地上，伴随音乐完成一套由滑行、步伐、跳跃、旋转、空中翻转等技术动作组成的自编节目的比赛
	北欧两项	起源于北欧，由越野滑雪和跳台滑雪组成。1924 年被列为首届冬季奥运会比赛项目，仅设男子项目。冬奥会北欧两项一般设有三个小项，分别为男子个人 K90 和 15km、竞速 K120 和 7.5km、团体 K90 和 3×10km 接力	比赛规则基本上与越野滑雪和跳台滑雪单项比赛的规则相同
	雪车、雪橇	雪车运动包括雪车和钢架雪车两个小项，起源于瑞士，首届冬奥会上即为正式比赛项目。运动员搭乘特制雪车沿着冰道滑行。钢架雪车又称"无舵雪车" 雪橇运动也起源于瑞士及北欧，1964 年才列入冬奥会正式比赛项目。雪橇比赛赛道与雪车、钢架雪车相同，但起点不同	北京冬奥会上：雪车共设 4 个小项——女子单人、女子双人、男子双人、男子四人雪车；雪橇也设 4 个小项——女子单人、男子单人、团体接力、双人雪橇；钢架雪车共有 2 个小项——男、女单人

2. 冰雪运动设施的观众区布置要求

滑冰场（馆）的标准场地为矩形，具体尺寸见本书 7.4.2 节。其四周设有围合的界墙，高为 1.15~1.22m，围墙的外侧设有高度 2.5m 的保护网。滑冰场地观众席的视觉质量与一般的球类场地有所不同，由于界墙附近也会有争抢动作，此位置也是观赏的重要区域之一，而位于场地四角的观众席只能看到两面界墙的内侧，使视觉质量有所下降，因此应尽量减少四角的座位数，如图 1-6 所示。

图 1-6 国家速滑馆"冰丝带"场地

1.2.7 网球运动设施与照明

1. 网球运动设施的建筑特点

网球运动在 12~13 世纪起源于法国，14 世纪中叶，传入英国，现在盛行于全世界，是最普及的运动项目之一。1896 年，在希腊举行的第 1 届现代奥运会上，网球是奥运会唯一的球类比赛项目。1924 年网球项目退出奥运会，直到 1984 年第 23 届洛杉矶奥运会上再次被设为表演项目，1988 年又恢复成为奥运会正式比赛项目。改革开放以来，我国的网球运动得到快速发展，中国网球公开赛是继国际网球四大公开赛之后第五大公开赛，并涌现出李娜、郑洁、郑钦文等一批国际级的优秀选手。

网球分室内比赛和室外比赛，按场地材料又可分为草地网球场地、丙烯酸网球场地、沙土网球场地。

2. 网球运动设施的观众席布置要求

室内网球馆的观众席布置参见本书 1.2.4 节部分。室外场馆观众席有单侧布置、两侧布置、周圈布置。周圈布置观众席适合于大型、特大型场馆，这种布置形式能容纳更多的观众，图 1-7 所示的北京奥林匹克网球中心是 CCDI 设计的作品，其中心场地就是采用周圈式布置方式，观众席共计 10000 个。单侧布置或双侧布置观众席是将观众席布置在东西两侧，观众总数相应减少。

图 1-7　北京奥林匹克网球中心

3. 网球运动设施的照明布灯方式

需要安装照明灯光的网球场，室外球场上空和端线两侧不应设置灯具，如图 1-8 所示。布灯方式有马道布灯，适合于大型、特大型网球场馆；多杆布灯方式应用比较广泛，从正式比赛场地到训练场地均适用，一般有一侧两杆、三杆、四杆布灯，如图 1-9 所示。用于正式比赛，灯具距地面应在 12m 以上；而业余、娱乐场地，灯具距地面 8m 以上即可。

图 1-8　灯塔周圈式布置

图 1-9　多杆布灯

根据网球运动的特点，现在有些高等级网球馆逐渐采用可开合屋顶的网球场，兼有室内外场地的优点，又可减少天气对比赛的影响，如图 1-10 所示。

a）
b）

图 1-10　具有可开合屋顶的网球场
a）北京奥林匹克网球中心钻石场地（照片由 Musco 提供）
b）左、右场馆分别为杭州奥博中心网球馆"小莲花"和体育场"大莲花"（CCDI 设计作品）

1.2.8　其他运动设施与照明

　　其他运动项目种类繁多，我国的民族运动会、亚洲的亚运会尚有一些民族体育项目，如图 1-11 所示。常见的一些运动设施有（但不局限于这些项目）：高尔夫球场、马术竞技项目、自行车赛车场、射击运动场、保龄球场等运动场地。这些项目的场地选址都有各自的特殊要求。设计时应结合实际项目的具体情况做相应的选择。大部分项目为露天场地，对比赛场地的地面、观众看台、四周围栏等都有一定的要求。比赛场地的尺寸也因项目而异。

图 1-11　其他运动设施示例
a）曲棍球场　b）小轮车场　c）美式橄榄球场　d）棒球场　e）赛车场

　　像赛车场由赛车道、内场、内场通道、看台、辅助用房及外围设施组成。射击场由靶场、观众区、运动员休息区、后勤工作区及外围防护区等几部分组成。而高尔夫球场除球场外，一般还包括练习场地、俱乐部、后勤管理、停车场等。

赛车场的观众看台应与跑道的几何形式相配合。而其他项目的看台多为沿两侧设置，观众席距比赛场地也有一些具体规定。

1.3　体育照明的重要性

1.3.1　体育照明是运动员正常比赛的需要

为了运动员正常比赛，体育照明要达到一定的照明要求。一般来说，速度越快、运动对象越小，照明标准就越高。运动员身处赛场，离对手、球较近，运动员、裁判员视线没有遮挡，因此对运动员、裁判员来说，水平照度在 150～300lx 就能正常比赛。

1.3.2　体育照明是观众观看比赛的需要

运动员所需的照明水平与观众不一样，运动员置身于赛场之中，相对而言视线距离较近，因而相对较低的照明水平就可满足比赛需要；而观众则不同，他们的目的就是观看比赛，相对来说，观众视线较远，观看位置相对固定，随着运动员的移动，观众视线也随之移动。因此，随着观众观看距离的增加，照明水平相应提高，照度是观众观看是否清楚的关键指标。

1.3.3　体育照明是电视转播比赛的需要

电视转播与体育竞赛联系十分紧密，它促使体育运动在全球范围内迅速推广和普及，电视技术的发展对照明水平要求越来越高，黑白电视、彩色电视、高清晰度电视、超高清电视，每一次技术进步都意味着照明标准的提高。

重大体育比赛的电视转播权争夺很激烈，转播费用也逐年攀高。根据国际奥委会市场报告，1980 年莫斯科夏季奥运会电视转播费 1.01 亿美元，20 年后的 2000 年悉尼奥运会则猛增到 13.18 亿美元，增加了 12.17 亿美元，是 1980 年的 13.05 倍。据资料介绍，2008 年北京奥运会电视转播费为 25 亿美元（含残奥会），是 1980 年莫斯科夏季奥运会近 25 倍。因此，为了亿万电视观众的观看效果，国际广播电视机构积极参加体育照明标准的制定工作，将照明标准提高了一大步。2022 北京冬奥会为满足超高清电视转播要求，其照明标准达到了一个新高度。

1.3.4　体育照明是平面媒体、新媒体的需要

除了广播电视、摄影记者外，报纸、杂志等平面媒体以及当今流行的各种新媒体记者也要报道赛事盛况，记者有固定的记者席，也有在一定范围内、一定时间内进行采访、报道的

工作位置需求，因此，体育照明要满足这一群体人们的需要。

1.3.5 体育照明是比赛场地内广告的需要

赛场上还有一类群体也应得到关注，这就是场地四周的广告，广告收入也是体育俱乐部、比赛主办者的重要经济来源之一。对主办者来说，广告商是他的客户，满足客户的要求，保护客户的利益是主办者的责任。体育照明对广告而言，只要能被现场观众看清楚，同时又能通过电视等媒体清楚地传播即可。据了解，2008 年北京奥运会 TOP 赞助商，即国际奥委会第六期全球合作伙伴，其门槛费不低于 6500 万美元。因此，赞助商的利益也要得到保障。

1.3.6 体育照明是艺术表现的需要

对于艺术类的竞赛，如花样滑冰，照明有别于其他运动项目所需要的体育照明，它往往要烘托气氛，达到某种艺术效果，这类照明更接近舞台照明，调光、变色是其基本要求。为了突出运动员的艺术表现力和感染力，经常使用追光灯，重点照明系数可达 30 以上。因此，这类照明是艺术表现的需要。

总之，一座现代化的体育建筑，不但要求建筑外形美观大方，功能齐全，而且还要有良好的照明要求和照明环境，即要求有合适、均匀的照度，理想的光色，有立体感、低眩光、无频闪等。

无论是自然光还是人工照明，照明都是将光线作用于运动员、裁判员、观众的眼睛，产生视觉。通过视觉人们才能看到丰富多彩的世界，才能观赏运动场上精彩的比赛。所以，良好的照明在现代体育建筑中占有重要的地位，如图 1-12 所示。

图 1-12 体育照明的重要性

1.4 体育照明的标准

体育照明的标准有很多种，表 1-12 为常见的按国际、国内划分的标准。

表 1-12　按国际、国内划分的标准

类别	标准类型	举例
国内标准	国家标准或行业标准	《建筑照明设计标准》（GB 50034—2013）、《民用建筑电气设计标准》（GB 51348—2019）、《体育场馆照明设计与检测标准》（JGJ 153—2016）、《体育建筑电气设计规范》（JGJ 354—2014）等
	团体标准	《室外棒球场照明系统要求》（T/CBAA 1001—2021）等
国际标准	国际体育组织制定的标准	国际足联"FIFA Lighting Guide 2020"，国际足联比赛场馆和训练场地的球场照明系统标准、要求和指南（Standards，requirements and guidance for pitch illuminance systems at FIFA tournament stadiums and training sites）等
	国际照明委员会 CIE	"彩色电视及电影系统体育赛事照明指南"（CIE 83—2019）、"足球场照明"（CIE 57 文件）、"体育馆照明"（CIE 58 文件）、"网球场照明"（CIE 42 文件）等
	国际广播电视机构	北京 2022 冬奥会转播照明、BOB 关于彩电转播的足球场照明、BOB 关于彩电转播的田径场照明等

许多照明企业也积极地参加了体育照明标准的制定工作，表 1-12 中的标准为应用标准，需要有合适的照明产品支撑，我国相关政府部门提倡"产、学、研"相结合，意在好的设计要能落地、可实施。

体育照明标准还可以按运动项目类型划分。例如，作为世界第一运动的足球，其足球场照明标准比较完善，也比较多，更新周期比较短，下面列举几例：

1）国际足联"FIFA Lighting Guide 2020"，国际足联比赛场馆和训练场地的球场照明系统标准、要求和指南。

2）欧足联"UEFA 体育场照明指南 2019"。

3）亚足联"AFC 体育场照明指南 2018"。

4）"足球场照明"，国际照明委员会 CIE 57 号技术文件。

5）BOB 的 2008 年北京奥运会广播电视转播。

因此，用于不同目的的体育建筑，其执行的标准是不一样的。如要举行足球世界杯比赛，其场地照明应按国际足联的标准设计、施工、安装，经国际足联有关机构测量、验收后方可举行国际足联的足球比赛。

近 20 多年来，我国体育照明标准在 2008 北京奥运会等重大赛事推动下也得到快速发展，在借鉴国际先进标准的同时，我国科技工作者奋发图强、攻坚克难，进行大量的研究、试验，编制出一批高质量的体育照明标准。表 1-13 为我国部分有关体育照明的国家标准和行业标准。

表 1-13　我国部分有关体育照明的国家标准和行业标准

标准编号	标准名称	发布部门	实施日期	备注
GB 50034—2013	建筑照明设计标准	住房和城乡建设部	2014-06-01	新版正在修订中
GB/T 38539—2020	LED 体育照明应用技术要求	国家市场监督管理总局	2020-10-01	

（续）

标准编号	标准名称	发布部门	实施日期	备注
JGJ 153—2016	体育场馆照明设计及检测标准	住房和城乡建设部	2017-06-01	
JGJ/T 179—2009	体育建筑智能化系统工程技术规程	住房和城乡建设部	2009-12-01	包含体育照明控制内容
JGJ 31—2003	体育建筑设计规范	建设部、国家体育总局	2003-10-01	新版正在修订中
JGJ 354—2014	体育建筑电气设计规范	住房和城乡建设部	2015-05-01	
TY/T 1002.1—2005	体育照明使用要求及检验方法　第1部分：室外足球场和综合体育场	国家体育总局	2005-12-01	
TY/T 1002.2—2009	体育照明使用要求及检验方法　第2部分：综合体育馆	国家体育总局	2009-04-01	

第2章 体育照明中的专用术语及一般要求

2.1 专用术语

2.1.1 垂直照度 vertical illuminance

垂直照度是指垂直面上的照度。垂直照度包括主摄像机方向垂直照度和辅摄像机方向垂直照度。垂直照度用来模拟照射在运动员面部和身体上的光，对摄像机、摄影机和视看者能提供最佳辨认度，并影响照射目标的立体感。

体育照明中的垂直照度有其特殊的含义，参见本书第4章图4-3和图4-4。

2.1.2 初始照度 initial illuminance

初始照度是指照明装置新装时在规定表面上的平均照度。

2.1.3 使用照度 service illuminance

使用照度是指照明装置在使用周期内，通过维护在规定表面上所要求维持的平均照度。

如图2-1所示，在照明装置新装设初期，光源光通量较高，灯具较清洁，此时照度最高，就是初始照度。经过一段时间使用后，光源的光通量会降低，灯具反射器、前盖玻璃变脏，照度也会相应降低，在使用周期内的平均照度为使用照度。

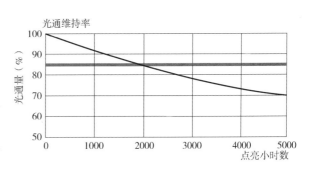

图 2-1 某 2000W 金卤灯光衰曲线

图2-1中红线为某2000W金卤灯寿命期内的平均光通量，约为85%的初始光通量。

2.1.4 维护系数 maintenance factor

维护系数是指照明装置在使用一定周期后，在规定表面上的平均照度或平均亮度与该装置在相同条件下新装时在规定表面上所得到的平均照度或平均亮度之比。

2.1.5 主摄像机 main camera

主摄像机是指用于拍摄总赛区或主赛区中重要区域的固定摄像机。

2.1.6 辅摄像机 auxiliary camera

辅摄像机是指除主摄像机以外的固定或移动摄像机。

第7章各节均有主摄像机和辅摄像机的位置，读者可以参阅。

图2-2所示为篮球、排球、羽毛球场地主摄像机的位置，即图中黄色圆点所示，这些机位均是高机位，一般设在上层看台，能看清全场。

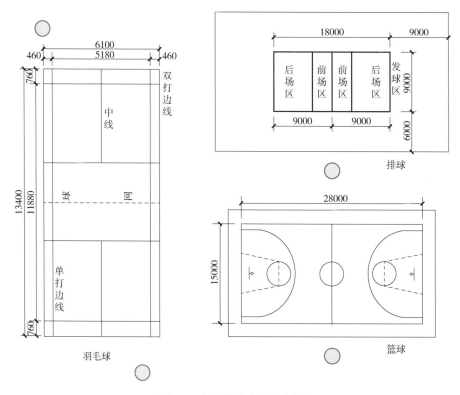

图 2-2　主摄像机位置示意图

2.1.7 照度均匀度 uniformity of illuminance

照度均匀度是指规定表面上的最小照度与最大照度之比及最小照度与平均照度之比。均匀度用来控制比赛场地上照度水平的变化。

用数学表达式表示为：

$$U_1 = E_{\min}/E_{\max} \qquad (2-1)$$

$$U_2 = E_{\min}/E_{\mathrm{ave}} \qquad (2-2)$$

2.1.8　均匀度梯度　uniformity gradient

均匀度梯度用某一网格点与其八个相邻网格点的照度比表示。均匀度梯度用来控制照度水平在网格点间的变化。

图 2-3 所示场地中 A 点，与其相邻的有八个点，照度梯度不能太大，否则将会影响到电视画面的质量。

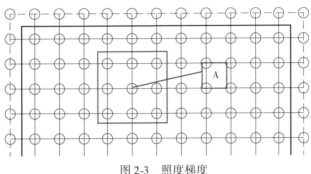

图 2-3　照度梯度

2.1.9　主赛区　principal area

主赛区是指场地划线范围内的比赛区域，通常称为"比赛场地"。

2.1.10　总赛区　total area

总赛区是指主赛区和划线范围外的比赛区域或比赛中规定的无障碍区。

主赛区和总赛区在不同的标准中有不同的英文缩写，前者有 PA、PPA、FOP 等，后者有 TA、TOP 等。

因此，TA = PA + PA 之外的比赛区域（如排球场地），或 TA = PA + 规定的无障碍区（如足球、篮球场地）。

2.1.11　色温（度）　colour temperature

当光源的色品与某一温度下黑体的色品相同时，该黑体的绝对温度为此光源的色温。色温用来表述一种照明呈现暖（红）或冷（兰）的感受或表观感觉，单位为 K。

2.1.12　相关色温（度）　correlated colour temperature

当光源的色品点不在黑体轨迹上时，光源的色品与某一温度下黑体的色品最接近时，该黑体的绝对温度为此光源的相关色温。

2.1.13　显色指数　colour rendering index

显色指数是指光源显色性的度量。以被测光源下物体颜色和参照标准光源下物体颜色的相符合程度来表示。

2.1.14 一般显色指数 general colour rendering index

一般显色指数是指光源对国际照明委员会（CIE）规定的第 1 种~第 8 种标准颜色样品显色指数的平均值，通称显色指数。

光源的光谱功率分布决定其显色性。具有与日光、白炽灯相似的连续光谱的光源均有较好的显色性。显色性通常用显色指数来衡量。一般光源的一般显色指数为：白炽灯 95~100，卤粉荧光灯 60~72，三基色荧光灯 80~90，高压汞灯 30~40，高压钠灯 20~25，镝灯 85~95。现在常用的 LED 可以有比较宽泛的显色性范围，最高超过 90 甚至更高。

图 2-4 中左图光源一般显色指数为 85，右图为 63，从中可以看出两者的差别。

图 2-4 显色性比较

2.1.15 特殊显色指数 special colour rendering index

特殊显色指数是指光源对国际照明委员会（CIE）选定的第 9 种~第 15 种标准颜色样品的显色指数。体育照明中通常采用 CIE 选定的第 9 种标准颜色样品的显色指数，即 R9。

2.1.16 电视转播颜色复现指数（TLCI） television lighting consistency index

电视转播颜色复现指数是指光源对电视转播颜色复现质量影响的度量，表示被测光源下电视转播颜色和参照光源下电视转播颜色的符合程度。

TLCI 也称为电视照明一致性系数指标。

2.1.17 眩光 glare

眩光是指由于视野中的亮度分布或亮度范围的不适宜，或存在极端的对比，以致引起不舒适感觉或降低观察细部及目标能力的视觉现象。

眩光可分为直接眩光和反射眩光。直接眩光是由于一个亮的光源出现在观察者的正常视野中引起的；反射眩光则为观察者在有光泽的表面上看到一个光源的反射现象而引起的。影响视觉（损失可见度）的眩光称为失能眩光，仅诱发不舒适感觉的称为不舒适眩光。前者可用对比敏感度来测量，而后者只能用主观评价来估计。参见 8.3、8.4 节。

2.1.18　眩光指数（眩光值）　glare rating

眩光指数是指用于度量室外体育场或室内体育馆和其他室外场地照明装置对人眼引起不舒适感主观反应的心理物理量。

眩光指数 GR 可用来评价眩光程度，GR 值越大，眩光越大，人眼感觉不舒服的程度越严重；GR 值越小，眩光越小，人眼就越感觉不到不舒服。

现在重大体育赛事的体育照明，其眩光考核不仅只对人眼进行，还要对摄像机的眩光进行控制，例如 2008 年北京夏季奥运会和 2022 年北京冬奥会对主摄像机的眩光指数 GR 要求不大于 40。

2.1.19　光束角　beam angle

光束角是指在给定平面上，以极坐标表示的发光强度曲线的两矢径间的夹角，该矢径的发光强度值等于 10% 的发光强度最大值。

注意！CIE 既允许 50% 最大光强间的夹角，也可以用 10% 最大光强间的夹角，但体育照明多采用后者，其他场所的照明多采用前者。

2.1.20　瞄准角　aiming angle

瞄准角是指照明设计和安装时灯具的峰值光强方向与向下垂线之间的夹角，也称为投射角。

2.1.21　TV 应急照明　TV emergency lighting

TV 应急照明是指因正常照明的电源失效，为确保比赛活动和电视转播继续进行而启用的照明。

2.1.22　频闪效应　stroboscopic effect

频闪效应是指在以一定频率变化的光照射下，使观察到的物体运动显现出不同于其实际运动的现象。中国电网额定频率是 50Hz，对于体育照明而言一定会有频闪效应。因此，要在设计中加以克服或限制，以减小对电视转播的影响。

2.1.23　频闪比　percent flicker

频闪比是指在某一频率下，输出光通最大值与最小值之差比输出光通最大值与最小值之和，用百分比表示。

2.1.24 照明功率密度 lighting power density

照明功率密度是指单位面积上的照明安装功率，包括光源、镇流器或驱动电源功率。

2.1.25 单位照度功率密度 lighting power density per illuminance

单位照度功率密度是指单位照度的照明功率密度，即单位照度、单位面积上的照明安装功率，包括光源、镇流器或驱动电源功率。

2.1.26 符号

本书使用的符号如下所示，但不限于这些符号。

（1）照度

E_h——水平照度；

E_v——垂直照度；

E_{min}——最小照度；

E_{max}——最大照度；

E_{ave}——平均照度；

E_{vmai}——主摄像机方向垂直照度；

E_{vaux}——辅摄像机方向垂直照度。

（2）均匀度

U——照度均匀度；

U_1——最小照度与最大照度之比；

U_2——最小照度与平均照度之比；

U_h——水平照度均匀度；

U_{vmin}——主摄像机方向垂直照度均匀度；

U_{vaux}——辅摄像机方向垂直照度均匀度；

UG——均匀度梯度。

（3）场地

PA——主赛区，比赛场地；

TA——总赛区。

（4）颜色参数、眩光指数

T_{cp}——相关色温有的标准用 T_k 表示；

R_a——一般显色指数；

R_9——特殊显色指数；

TLCI——电视转播颜色复现指数；

GR——眩光指数。

（5）其他

FF——频闪比；

TV——标清电视转播；

HDTV——高清电视转播；

UHDTV——超高清电视转播；

LPD——照明功率密度；

LPDI——单位照度功率密度。

2.2　一般要求

2.2.1　体育场馆照明分级

体育场馆应根据使用功能和电视转播要求进行照明设计，并应按表 2-1 进行照明分级。这是中国标准所要求的，中国境内的体育建筑应遵照执行。不同机构的标准，其分级也是不同的，例如国际足联 FIFA 和国际田联 IAAF 的分级分别见表 2-2、表 2-3。

表 2-1　体育场馆照明分级

等级	使用功能	电视转播要求
Ⅰ	训练和娱乐活动	无电视转播
Ⅱ	业余比赛、专业训练	
Ⅲ	专业比赛	
Ⅳ	TV 转播国家、国际比赛	有电视转播
Ⅴ	TV 转播重大国际比赛	
Ⅵ	HDTV 转播重大国际比赛	
—	TV 应急	

注：表中 HDTV 是指高清晰度电视。

表 2-2　FIFA 体育场场地照明分级

FIFA 比赛	照明等级
FIFA 世界杯；FIFA 女子世界杯决赛和半决赛场地	A 级
FIFA 女子世界杯小组赛 ~ 四分之一决赛；FIFA 世界俱乐部杯；FIFA U – 20 世界杯；奥运会男女足球赛	B 级
FIFA U-20 女子世界杯决赛、开幕式、协议所规定的半决赛和四分之一决赛；FIFA U-17 世界杯决赛、半决赛	C 级
FIFA U-20 女子世界杯小组赛、16 强；FIFA U-17 世界杯小组赛 ~ 四分之一决赛	D 级

可以看出，FIFA 的照明分级是根据比赛等级确定的，而不是依据建筑等级，有别于 FIFA 过去的标准，也有别于其他体育组织的标准。

表 2-3　WA（原 IAAF）体育场场地照明分级

有电视转播的比赛		没有电视转播的比赛	
等级	比赛类型	等级	比赛类型
V 级	国际级比赛	III 级	国内比赛
IV 级	国内比赛	II 级	联赛、俱乐部比赛
		I 级	训练赛、娱乐

2.2.2　转播说明

首先说明一下，本书中场地范围除注明外均应指比赛场地。

体育场馆照明应满足运动员、裁判员、观众及其他各类人员的使用要求。有电视转播时应满足电视转播的照明要求。以后各章均有大量的描述和要求。

UHDTV、HDTV 转播照明应用于重大国际比赛时，其照明还应符合国际相关体育组织和机构的技术要求。读者应根据实际情况确定是否采用该转播模式，这种模式要耗用更多的能源，增加更多的投资，以及具有比较大的维护工作量。目前 HDTV 已开始普及，许多省级电视台都有高清频道。2022 年北京冬奥会采用 UHDTV 转播获得巨大成功，有些地方电视台也开通了超高清电视频道。

TV 应急照明应用于国际和重大国际比赛时，其照明还应符合国际相关体育组织和机构的技术要求。中低等级的场馆和比赛可不设置 TV 应急照明。

2.2.3　照明计算说明

体育场馆应按运动项目的使用功能和实际用途进行照明设计，照明设计应包括比赛场地照明、观众席照明和应急照明。现在大多采用专用照明软件进行计算，详见本书第 8 章。

在体育建筑方案设计阶段，应同时考虑照明设计方案的要求，以配合建筑师确定马道的位置、数量和长度，进而确定建筑物的高度。

2.2.4　天然光的利用

对于利用天然采光的体育场馆，应采取措施降低和避免天然光产生的眩光以及高亮度和阴影形成的强烈对比。

图 2-5 所示为水立方利用天然光的理论分析，右上图可以明显看出，在白天，东立面天然光太强，致使跳水区域形成强烈的剪影效果，观众和电视摄像机只能看到运动员的轮廓，这是绝对不允许的。如图 2-6 所示，设计师在设计时，在东立面设计了遮光板，有比赛时可以结合赛事情况绘制相应的图案，减少了天然光对比赛的影响，同时美化了环境，活跃了气氛。

在没有比赛时，白天水立方里面可以获得很好的天然光，减少人工照明的使用，即使在2008 年奥运会期间，水立方顶部的 ETFE 膜也透过了大量的天然光。据计算，由于水立方利

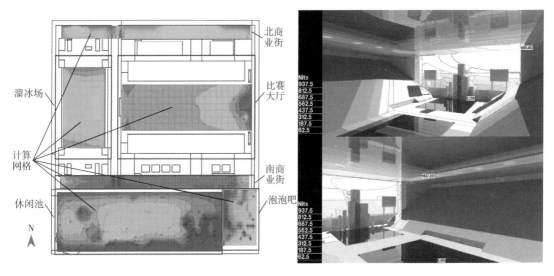

图 2-5　水立方利用天然光的理论分析

图 2-6　水立方利用天然光的实际效果

用自然采光，每年可以节省 627000kW·h 的照明耗电，约占整个建筑照明用电的 29%。节能效益突出，已成为水立方"绿色奥运"的主要内容之一。

2.2.5　其他

1）照明系统安装完成后及进行重大国际比赛前，应由国家认可的检测机构进行照明检测。

2）体育照明包括场地照明、观众席照明、转播照明（包括混合采访区照明）、TV 应急照明等，但以场地照明最为重要，因此本书中的体育照明基本与场地照明为同一概念，特此说明！

第3章　照明基本概念

3.1　光的基本特性

　　光是属于一定波长范围内的一种电磁辐射。电磁辐射的波长范围很广，从 10^{-16} m 到 10^5 m，按照波长由短到长的顺序依次为宇宙射线、γ 射线、X 射线、紫外线、可见光、红外线、无线电波、交流电等。其中，只有 380～780nm 波长的电磁辐射能够引起人的视觉，称之为可见辐射或可见光。比 380nm 更短的一段波长的辐射是紫外线，比 780nm 更长的一段波长的辐射是红外线波。可见光、紫外线、红外线是原子和分子的发光辐射，被称为光学辐射；X 射线和 γ 射线等是激发原子内部的电子所产生的辐射，被称为核子辐射；电振动产生的电磁辐射被称为无线电波。在可见光谱范围内，不同波长的辐射引起人的不同颜色感觉。当波长从 380～780nm 增加时，光进入人眼刺激神经产生光的颜色依次显现为紫、蓝、青、绿、黄、橙、红色。

　　电磁辐射具有共同的电磁特性——在真空里以相同的速度传播，能呈现干涉和衍射现象。紫外线、可见光、红外线均可用平面镜、透镜、棱镜光学元件进行反射成像或色散等。

　　电磁辐射波的电场强度和磁场强度都与传播方向垂直，光波中引起视觉和生理作用的是电场强度矢量。光辐射对视觉器官的刺激程度，是由眼睛对各种波长光的灵敏度决定的。描写人眼对各种波长光的相对敏感程度的数量，称为光谱光视效率 $[V(\lambda)]$。对于明视觉，人眼对波长为 555nm 的黄绿光最为敏感，$V(\lambda)=1$；其他波长的光 $V(\lambda)$ 均小于 1；波长小于 400nm 和大于 760nm，$V(\lambda)=0$，表明人眼对这些范围的光已没有亮度感觉，如图 3-1 所示。

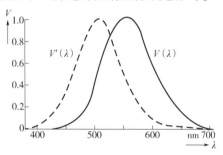

图 3-1　CIE 光谱光视效率曲线

———明视觉　－－－暗视觉

3.2　光与视觉

3.2.1　视觉的形成

　　视觉的形成如图 3-2 所示，这样比较直观、明了。

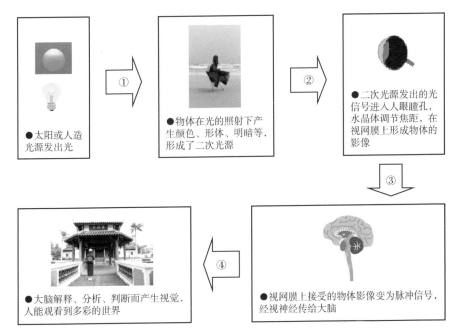

图 3-2　视觉的形成

　　没有良好的照明，人眼就难以接受被照明物体二次光，观看者难以形成良好的视觉。体育运动赛场距离远、场面大、人或物体处在运动或高速运动中，因而对视觉要求较高，其照明的质量、稳定尤为重要。

3.2.2　暗视觉、明视觉、中间视觉

　　物体发出的光进入眼睛后，在视网膜上形成影像。在影像所及的地方，由于感受细胞吸收光能而发生化学反应。进而使视网膜产生一系列电脉冲，再由神经纤维传送到大脑后部的视觉皮层中，经挑选整理后形成视觉印象。人眼视网膜上分布着两种不同的感受细胞，边缘部分杆细胞占多数，中央则锥体细胞占多数。两种细胞执行着不同的视觉功能，锥体细胞是明视觉器官，杆细胞为暗视觉器官。一般在微弱光下（$0.001cd/m^2$ 以下），只有杆细胞工作；在 $3cd/m^2$ 以上的亮光环境下，锥体细胞的工作起主要作用。由于杆细胞中只含一种视色素，所以暗视觉没有颜色感。锥体细胞含有三种不同的视色素细胞，所以明视觉有颜色感。在亮度处于 $0.001 \sim 3cd/m^2$ 时，杆细胞和椎体细胞同时起作用，称之为中间视觉。

3.2.3　明适应和暗适应

　　当照明条件改变时，眼睛可以通过一定的生理过程对光的强度进行适应，以获得清晰的视觉。在黑暗中视觉感受性逐步增加的过程被称为暗适应，反之则为明适应。暗适应主要是锥体细胞退出工作而杆细胞逐渐转入工作的过程。明适应是杆细胞退出工作和锥体细胞开始工作的过程。一般暗适应进行得较慢，而明适应相对进行得很快。

3.2.4　对比辨认

被观察对象在人的视觉场中的清晰程度与亮度对比和颜色对比有关。如果观察对象亮度和背景的亮度差异恰可感觉，则称此亮度差为亮度差别阈值，又称临界亮度差。目标物与背景的实际亮度对比值与临界亮度差的比值称为可见度。

3.2.5　其他基本概念

影响视觉的因素很多，下面将与之有关的概念、特点列于表3-1。

表 3-1　关于视觉的基本概念

名称	定义	特点
视野	头和眼不动时，人眼能看见的空间范围	1. 影响视野大小的因素：亮度、对比、颜色、物体的大小、物体的动静状态、人种、周围环境的照明等 2. 人眼观察时，总将对象最明显突出部分处于中心视野，而其他景物不能被摒弃
视力	眼睛能识别细小物体形状的能力。用视力表或兰道尔环作为视力测定的标准	1. 在 $1 \sim 100\mathrm{cd/m^2}$ 的亮度范围内，视力与亮度的对数成比例关系 2. 视力与物体的亮度、周围环境的亮度有关。当环境亮度与中心亮度相等或稍暗时，视力最好
识别速度	物体从出现到形成视知觉（识别出物体）所需时间的倒数	照度越低，识别速度越慢；随着照度的增加，识别速度增加很快。达到一定照度水平后，识别速度的变化不明显

3.3　光与颜色

3.3.1　颜色辨认

人的视觉器官不但能反映光的强度，也能反映光的波长特性而表现为颜色的感觉。颜色视觉正常的人在光亮环境中能看见光谱的各种颜色，各种颜色的波长和范围，没有统一的标准答案，表3-2可供参考。此外，人眼还能在上述两个相邻颜色范围的过渡区域看到各种中间颜色。

对于某些波长，人们看到的颜色和波长的关系并不是完全固定的，因为这些颜色受到光强度的影响，随着光强度而变化。总的规律是除了三点，即572nm

表 3-2　光谱颜色波长和范围

颜色	波长范围/nm
红	625 ~ 740
橙	590 ~ 625
黄	565 ~ 590
绿	500 ~ 565
青	485 ~ 500
蓝	440 ~ 485

（黄）、503nm（绿）、478nm（蓝）是不变的颜色之外，其他颜色在光强增加时，都略向红色或蓝色变化。

在光谱中，从红端到紫端中间有各种过渡的颜色，一般在波长改变 1～2nm 时人眼便能看出颜色的差别。其中最低阈限位于 480nm 和 600nm 附近，最高阈限位于 540nm 及光谱的两端。在整个光谱上，人们可以分辨出 100 多种不同的颜色。

3.3.2　颜色特性

颜色可分为非彩色和彩色两大类。非彩色是指白色、黑色和各种深浅不同的灰色，它们只有明度的变化。彩色是指白黑系列以外的各种颜色，它们有三种特性——明度、色调、饱和度。

明度用于表示彩色光引起人的视觉刺激的程度，即表示明亮的程度。通常彩色光的亮度越高，它的明度越高。彩色物体表面的光反射率越高，它的明度就越高。对可见光谱所有波长的辐射的反射率都在 80%～90% 以上时，该物体是白色，有很高的明度；当其反射率均在 4% 以下时，该物体为黑色，只有很低的明度；彩色物体的反射率则处于以上二者之间，明度也介于二者之间。

色调是彩色彼此相互区分的特性，即色调是由波长决定的色别。可见光谱不同波长的辐射在视觉上表现为各种色调。光源的色调取决于辐射光谱组成对人眼所产生的感觉。物体的色调取决于光源的光谱组成和物体表面的反射（透射）的各波长辐射的比例对人眼产生的感觉。如 700nm 光的色调是红色，579nm 光的色调是黄色，510nm 光的色调是绿色等。

饱和度用以表示彩色的纯洁性，因此，饱和度就是纯度，没有混入白色的窄带单色，在视觉上就是高饱和度的颜色。可见光谱的各种单色光是最饱和的彩色（称为光谱色）。当光色掺入白光成分越多时，就越不饱和。物体色的饱和度决定于该物体表面反射光谱的选择性程度。

研究证明，光谱的全部颜色可以用红、绿、蓝三种光谱波长的光相混合而得，即颜色的三原色学说。CIE 在 1931 年就制定了一个色度图，如图 3-3 所示。

根据三原色学说，某一颜色是由三基色配比而得出，即用三色基色相加来表示某一颜色，不同的比例混合后得出不同的颜色，可以用式（3-1）表示。

$$(C) = R(R) + G(G) + B(B) \tag{3-1}$$

式中　　　　（C）——某一种颜色；

（R）、（G）、（B）——红、绿、蓝三基色；

R、G、B——每种颜色的比例系数，它们的和等于 1，即 $R + G + B = 1$。

图中 X 轴色度坐标相当于红基色的比例，Y 轴色度坐标相当于绿基色的比例。Z 轴的色度坐标可计算得出，即 $1 - (X + Y) = Z$。图中心是白色，相当于中午阳光的光色，其色度坐标为 $X = 0.3101$，$Y = 0.3162$，计算得出 $Z = 0.3737$。其他光源的颜色都可以标定在色度图上。

3.3.3　光源的光谱能量分布

1. 光谱功率分布

一个光源发出的光是由许多不同波长的辐射组成，各个波长的辐射功率也不同。光源的

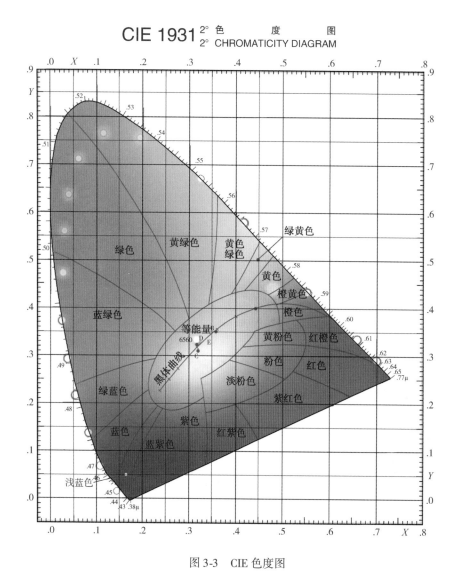

图 3-3 CIE 色度图

光谱辐射功率按波长的分布称为光谱功率分布。不同的光源，由于发光物质的成分不同，其光谱功率分布有很大差异。一定的光谱功率分布表现为一定光色。光色是通过光源的"光"与"黑体"的光相比较来描述的。

2. 光色的舒适感

研究表明，照度水平与光色的舒适感有一定的相互关系。在很低的照度下，舒适的光色是低色温光色，接近火焰色温；偏低或中等照度下，舒适的光色是接近黎明或黄昏的色温，色温略高；在较高照度下，舒适的光色是接近中午阳光或偏蓝的高色温天空光色。但在不同色温光源照明下，若照度相同，视觉辨认细节的能力也相同。

第4章 彩色电视系统与体育照明

本章介绍的内容主要参考 CIE 28 号文件、CIE 83 号文件、CIE 67 号文件、CIE 169 号文件和 IESNA 等相关体育照明标准。

CIE 28：1975《The lighting of sports events for color TV broadcasting》，其主要目的是研究适用于彩电转播的室内和室外体育照明，并为 CIE 所要制定的体育场馆照明标准提供依据和指导。

CIE 83：2019《Guide for the lighting of sports events for color television and film system》，是对 CIE 28 的扩充和修正。包括电视和电影两类拍摄艺术，以满足各种体育比赛拍摄彩色电视和彩色电影的要求。标准中给出了照明质量的定量指标，包括垂直照度和均匀度、水平照度均匀度、水平照度与垂直照度的关系、频闪效应、光源的显色性和色温，以及观众席的照明要求。同时介绍了体育比赛高清晰度电视（HDTV）转播技术。

CIE 67：1986《Guide for the photometric specifications and measurement of sports lighting installations》，这份报告的目的是为室内外体育照明装置的计算、测量和照明特性报告制定标准程序。以此为依据，在工程设计阶段，有可能对多种照明系统进行比较、选择，并对完整的照明系统进行测量。给出多种可供选择的方法，以便让用户对特定的工程选择合适的方案。

CIE 169：2005《Practical design guidelines for the lighting of sport events for color television and filming》，这是 CIE 对需要满足彩电和摄影照明的体育设施有关设计与规划实用指南的一份技术报告。内容包括体育照明设计的一般指导，包括灯具、灯型、计算方法和电气装置，并对具体体育项目给出了详细的照明要求。

IESNA RP-6-01：《Sports and Recreational Area Lighting》，这是北美标准，其中对运动场和业余运动场所照明给出了指导性意见。

4.1 电视、电影转播技术的发展

近些年来，体育赛事的记录、传输和复制技术获得了迅速的发展，所覆盖的运动种类在不断增加。事实上，由于电视节目的播出，许多运动的参与人数也在不断增加。在很大程度上，电视和电影是在人工照明的条件下才得以进行的，户外运动在夜间照明下进行，同时越来越多的室内外运动进行了电视转播。

电子技术的电视摄像和相关视频记录是当今摄像师的主要媒介。胶片摄像的应用主要局

限于特殊的记录，可以是对特定赛事的记录，也可以是为了制作专题片。因此，CIE 83 技术文件的重点在于对彩色电视摄像的照明提出了要求，同时也对电视摄像和胶片摄像要求的不同之处进行了说明。

CIE 83 号文件的主要目的在于：对电视和电影的再现过程技术特性给出了全面的总结，解释为什么不同的运动和不同的摄像机位置需要不同的照明水平。当照明适用于所有电视转播比赛时，通常会涉及照度均匀度、显色性、眩光和频闪效应。CIE 技术委员会（TC）4-55 已经制定了关于不同运动的详细照明设计指南。这个指南将会就目前标准提出建议和进行补充，它将在如下方面提供指导：合适的灯具、光源、安装高度和位置、减少眩光、外溢光和维护成本等。

4.1.1 彩色图片

与图片质量有关的两个重要因素是：图片本身的技术质量和摄像师的能力。对于一张彩色图片，只有当它的颜色能真实再现实际场景的真实效果时，才能说它有很好的技术质量；对于具体的体育运动，仍有一些影响画面质量的其他因素，这些因素与摄像机的操作技术有关，见表 4-1。

表 4-1　图片质量的要素

类别	要素	内容
图片质量	曝光	最优的曝光产生正确的从黑到白的输出等级，此时电子摄像机产生它所能获得的最低"噪声"；对于电影摄影来说，则在胶片上产生最少的颗粒缺陷
	清晰度	电子设计的一个函数（或胶片原料的规格）。电子增益和图像显影方式的改变能对它产生负面影响
	显色性	取决于摄像机的设计和胶片原料的规格。然而，光源的选择、滤色镜的选用、电子控制装置的不当调节都能改变显色结果。光源色温通常应当在 3000 ~ 6500K，同时也希望光谱能量分布尽可能平滑
	其他	物体相对于摄像机运动而造成"滞后""彗尾"现象；透镜眩光减少了画面的对比度
摄像师技术能力	横穿视野	物体横穿视野方向运动的表象速度比顺着视野方向运动的表象速度显得高。为使摄影师能跟踪拍摄具有高的表象速度的物体，则需高的照度
	表象尺寸	物体的表象尺寸取决于物体到摄像机的距离和物体的实际尺寸。如果用一个长焦镜头来增大物体的表象尺寸，则需高的照度
	小的对比度	物体与背景的对比度的减少

4.1.2 彩色电视摄像机

最近十多年，在体积、重量、操作方便性和质量方面，彩色电视摄像机已取得显著的进步。尽管在画面的灵敏度方面没有大的改进，但现代的电视摄像机通常能够处理信噪比较弱的图像信号。

感光度就是胶片在指定时间里能"吸收"的光线多少的程度，摄影其实就是光化学反应的结果，现在虽然开始用 CCD 成像，但原理还是相通的。"标准"的感光度，一般是指 ISO 100，也就是 DIN21，见表 4-2。如果要追求细腻、自然的成像质量，ISO 应该尽量低一些。但过低的感光度会使你选择过慢的快门速度，在某些情况下会影响到成像的清晰度；而过度要求高感光度则会让图像颗粒感很糟糕，对数码来说就是噪点，同样达不到需要的效果。

100/21 ~ 160/23，信噪比超过 50dB（优良的、无噪声的图像质量）。

400/27 ~ 500/28，信噪比将降至 35dB，同时增加了"滞后"效应，图像质量降低。

体育场馆的照度还必须满足景深要求。速度较快的体育项目（例如冰球）需要非常大的景深，因此要求镜头光圈更小和照度更高。同样，当电视摄像机镜头只具有相应较小光圈时，超级转播（即高质量图像）需要更高的照度。彩色电视摄像机最常用的是可变焦距镜头，通常情况下只有 f:2 这个光圈。当最大焦距不能满足一定体育比赛转播范围需要时，将根据扩展条件，采用多

表 4-2　感光度

ISO	DIN
25	15
50	18
100	21
200	24
400	27
800	30
1600	33
3200	36

种方法，也可增加光圈数。因此，在设计照明系统时，设计者应考虑光圈至少为 f:2.8 ~ f:4 甚至 f:5.6。

为了使亮度信号达到良好的信噪比（S/N）即 40 ~ 60dB，用于体育转播的彩色电视摄像机需要一个 2 ~ 4mm 能全程可调的光通量。

彩色电视摄像机能适用色温为 3200K 时的情况。与彩色胶片一样，当色温更高时，需要更换滤光片。在照度很高时，比如在光线很好的白天，彩色电视的效果还是可以接受的。当照度较低时，例如太阳落山或乌云密布或人工照明，转换滤光片导致的灵敏度损失会让人感觉效果不太理想。

设计彩色摄像机时，一般把它的最佳操作色温定为 3200K。在一个宽的色温环境中，佩戴有校正滤色镜和电子颗粒调整装置（白光平衡操作）的电视摄像机也能使用。在同样宽的色温环境下胶片摄影机要配上校正滤色镜和选择合适的胶片感光原料，但精确度要稍差些。

数字电视（DTV）是数字电视系统的简称，是音频、视频和数据信号从信号源编码直到接收和处理等均采用数字技术的电视系统。按照图像清晰度分类从高到低可包括数字高清晰度电视（HDTV 即：电影级图像）、数字增强清晰度电视（EDTV 即：比 DVD 略高的图像）、数字标准清晰度电视（SDTV 即：DVD 级图像），以及数字普及型电视（即：VCD 级图像）等四种。EDTV 水平扫描行数为 500 ~ 700 线，主要是对应现有电视的分辨率量级，其图像质量为演播室水平。SDTV 图像水平清晰度为 200 ~ 300 线，主要是对应现有 VCD 的分辨率量级。HDTV 的射频、垂直分辨率不小于 720 电视线、国家格式为 1920 × 1080i、宽高比为 16：9、向下兼容标清电视等。HDTV 的扫描格式共有三种，即 1280 × 720p、1920 × 1080i 和 1920 × 1080p，我国采用的是 1920 × 1080i/50Hz。

与标清 SDTV 相比，HDTV 需要注意的关键因素是照度均匀度。高清图像对清晰度有明确的要求，例如转播比赛的足球场水平照度均匀度应尽可能一致。在策划大型体育活动时，

必须考虑高清摄像机的运行可能受到的影响，例如如果有临时的电气故障以及应确保体育转播活动的备用照明的使用对画面质量的影响。

2008 年北京奥运会全部采用了高清晰电视转播，图 4-1 为 HDTV 电视转播设备，我国在全国范围内征调高清电视转播设备。

高清电视转播照明特点是高清电视本身的特定技术条件，决定了高清电视照明的特殊要求，其特点是：

首先，光线要柔和。照明时应采用软光照明，尽量少用硬光。特别是用于

图 4-1　HDTV 电视转播设备

人物脸部的光线，最好采用柔和的散射光。可在聚光灯前加上柔光片或纱网使光线变软。

其次，布光要均匀，就是场地的光线要均匀。在布光时，不同方向的光线照向场地时，同一方向光线的照度要一致，以保证摄像机变换机位连续拍摄时，前后画面影调的一致性。因此，电视照明的均匀性是指场地的照度和反差的一致性。

再次，光比小。光比小就是要调整被摄对象与背景，被摄对象本身各个不同方向灯光的相对亮度比，以及画面中不同的物体之间的相对亮度比。高清电视照明的光比一般为 2∶1 ~ 3∶1，但随着光线角度的不同和需要突出的重点，应增大或缩小光比。高清电视照明的光比要小，是与电影照明相比较而言的。

最后，透视感强。即画面的透视感要强，当然透视感与很多因素有关，但高清电视照明必须要注意影调与色调的阶调变化，着力于立体感、层次感、空间感的表达，这是高清照明区别于标清照明的显著特点。

随着电视传播技术的发展，业内已经开始开展超高清电视转播（UHDTV）。超高清电视包括"4K 超高清电视"和"8K 超高清电视"。国际电信联盟（ITU）在 2012 年正式批准了超高清电视（UHDTV）标准。4K/8K转播信号的制作，要求更充足、更一致性、更均匀的场地照明。中国 8K 超高清电视（UHDTV）采取的是 16∶9，分辨率 7680 × 4320。2022 年北京冬季奥运会国家速滑馆采用无频闪的 LED 体育照明，场地照明的频闪比 FF 仅为 1%，满足了高达 1000fps 的超高速摄像机的转播要求，同时高照度和高均匀度将保证比赛时 4K/8K 电视转播信号的清晰度，如图 4-2 所示。

图 4-2　4K/8K 电视转播设备

4.1.3 胶片摄影机

彩色胶片摄影的条件主要包括胶片感光材料的灵敏度（或称为"速度"）、曝光时间和镜头光圈。镜头光圈的确定原则基本上与电子摄影机相同。

由于现在越来越少地使用胶片摄影，在此不再赘述。

4.2 电视转播对光环境的要求

大部分室内外体育场地照明用下列名词术语描述：水平照度 E_h、垂直照度 E_v、一个或多个面的照度均匀度、平均水平照度与垂直照度之比，相关术语参见本书第 2 章。通常为了对可行的多个照明方案进行比较和评估，要进行照度计算（参见本书第 8 章）。当确定有多个方案满足照明要求时，必须综合考虑如初期投资和运行成本、实际安装和设备维护等多方面的因素，从中选择一个最满意的照明方案。在做出最终选择并完成安装以后，通常还要进行照度现场实地测量（参见本书第 11 章），确认原有设计标准得到了满足。

测量值与计算值之间 10% 允许误差是可以接受的，该允许误差包括灯具结构允许误差，驱动电源、镇流器等电器的允许误差等。

4.2.1 垂直照度 E_v

对于能获得优良的彩色电视或胶片画面的照明，评价其是否适当的尺度是垂直照度。这是因为人们的主要关注点几乎都能从物体的立面上找到。例如：选手的侧面，赛马、赛车、赛狗的侧面，足球、羽毛球或其他运动物体的侧面。

因此，垂直平面上的照度就成了彩色电视和胶片摄影照明要求的基础。

在运动场或比赛场上方如何确定垂直照度点的位置，CIE 67 号"体育照明装置的光度规定和照度测量指南"中给出了建议。在某一计算网格点上的垂直平面的方向部分取决于摄像机的位置，部分取决于竞赛场地的布局。如图 4-3 和图 4-4 所示，图中给定的网格点的数目仅为了说明方便。

例如：如果主摄像机在紧邻足球场一条边线的区域内且没有固定位置，则面向该边线的垂直平面上的照度应满足垂直照度和均匀度的要求。

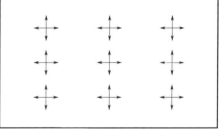

图 4-3 在没有固定主摄像机位置时，在每一个网格点的垂直平面

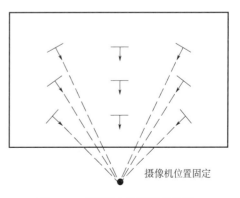

摄像机位置固定

图 4-4 对于固定的摄像机位置，在每一个网格点的垂直平面

测量垂直照度平面的方向在整个场地中是相同的。如图 4-5 所示，和运动场地的四个边都是平行的。这是确定垂直照度的首选方法。计算、测量网格点如图 4-6 所示。

在一些国家的标准中，与上面提到的四个垂直面的照度有一定的变化，最常见的是：

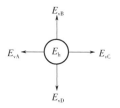

图 4-5　CIE 中关于垂直照度计算示意图

（1）摄像机的法线　在这种条件下，每个平面上的每个网格点读取数值，该平面的法线指向预先设计的摄像机的位置（固定的或移动的）。这种变化仅考虑面向摄像机的方位的变化。我国标准采用的是摄像机的法线计算和测量法。

（2）倾角为 15° 的平面　垂直照度是在一个倾斜角度为 15° 的平面上计算和测量的。这也许只是前面所说的摄像机情况下的一个特定的平面情况，或是大多数情况下与垂直照度有关的四个平面，只是倾斜了 15° 而已。

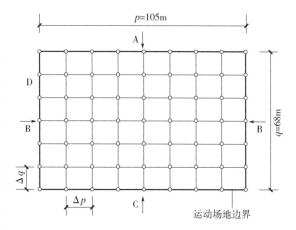

图 4-6　CIE 关于足球场计算、测量的标准网格点

（3）平均柱面照度　这个术语为点的平均垂直照度值，其不同之处是，根据合理的精度，取每个网格点的四个垂直面照度的平均值而得到的。平均柱面照度可以直接计算或用特别的光电池测量出来。

（4）半柱面照度　半柱面照度是指在特定位置上半圆柱体凸出面上的平均照度。

在摄像机位置没有限制选择的情况下，应同时考虑面向足球场四边的垂直平面上的照度。HDTV 转播重大国际比赛时，辅摄像机方向的垂直照度应为面向场地周边四个方向垂直面上的照度。

在少数情况下，只有一个固定的主摄像机位置，面向主摄像机位置的垂直平面上的照度也应该满足第 5 章的要求。CIE 67 文件第 3 章中，解释了垂直平面照度的几个可供选择的替代办法。本书第 7 章对主要的运动项目摄像机机位都有叙述和要求，供读者参考。

在竞赛场地不是长方形足球场那样的简单形状的地方（例如径赛跑道），面向摄像机位置的垂直平面的方向，应根据 CIE 83 号和 CIE 67 号技术文件中讲述的一般原则决定。本书第 7、8、11 章有说明，供读者参阅。

当彩色电视转播是在固定的方向上进行时，不必要所有方向上的照度都满足彩色电视转播的要求，在设有彩色摄像机的比赛场地边界所对应的方向上，垂直照度能满足要求就可以了。这样的不对称照明，已从经验上和理论上得到验证。但是，为了具有可接受的画面效果和观众满意的视觉效果，其他方向上还应具有足够的照明，通常，其他方向上的照度不能低于主摄像机方向上照度的 50%，奥运会标准要求更高。

4.2.2　垂直照度水平

对于满足电视和胶片摄影要求的体育赛事照明，给出一个具体照度值是不可能的。对于设计者而言，有必要根据当地的环境和条件做出最后的决定。CIE 83 号文件通过下面的意见和例子给设计者做决定时提供一些帮助。

1. 运动的速度

自由泳运动员的胳膊的运动可能被看作是快速的，但是运动员通过水面的行进相对来说是慢速的，并且是沿着事先规定的路线且没有急剧的方向改变。相似的，步枪和手枪射击项目和标枪项目，其运动速度对摄像机来说都是慢速的。

在大多数径赛项目中，沿着跑道的移动相对来说也许很快，但摄像机可沿着预先确定的路线跟踪运动员。因此，田径运动通常被归入慢速的一类，而赛狗、赛马和赛车被归入中速的一类。

在一些运动项目中，尽管运动员的移动不如赛跑选手快，但运动方向变化频繁而迅速，这需要运动员、摄像师和观众快速反应。例如，冰球运动中的冰球；或需快速判断的运动场合，例如，板球运动，这些均归入高速运动。

2. 拍摄距离和镜头视角

对于通过电视观看体育赛事的观众来说，表象速度取决于是否正在使用广角或长焦镜头。这意味着，当摄像机所处的位置离活动场所越远时，越有可能使用长焦镜头拍摄。由镜头视角确定的对任一体育运动场面的覆盖范围也是一个拍摄决定：有些人可能喜欢特别近距离的"戏剧"效果；而另外一些人则喜欢用中到广角镜头拍摄来展现比赛的整体规模。

拍摄距离也不是唯一的支配因素。在一个大体育场拍摄一个运动员的头部和肩部特写所用的镜头夹角，与足够靠近台球桌拍摄一个台球所要求的镜头夹角，都是同样的窄角度。

3. 体育运动的分类

根据摄像机拍摄时运动发生的速度，体育运动可以分为三个不同类别：A 组、B 组、C 组，见表 4-3。

表 4-3　体育运动按运动速度分类

组别	运动项目
A 组	射箭、田径、台球、保龄球、冰上冰壶、跳水、马术、射击（步枪和手枪）、游泳
B 组	羽毛球、棒球、篮球、雪橇、足球（英式足球、橄榄球、美式和澳式足球）、体操、手球、曲棍球（室内和室外）、滑冰、柔道、空手道、草地网球（室内和室外）、赛跑（摩托车、汽车、自行车、狗、马）、轮轴、高山滑雪、滑雪、垒球、速度滑冰、排球、摔跤
C 组	拳击、板球、击剑、冰球、长曲棍球、网球、壁球、乒乓球

CIE 根据最大拍摄距离，每组又分为三类。在表 4-4 中，根据给定的运动类别和最远拍摄距离就能得到一个具体的垂直照度 E_v。两垂直照度之间的数值可以用于其他拍摄距离。但是，随着北京奥运会的推动，体育照明标准更靠近国际体育组织和电视转播机构的标准。

表 4-4 中的垂直照度推荐值是基于信噪比为 50dB 标准摄像机。表中的每一个数值是所

有网格点上的垂直照度平均值。

即：
$$E_v = \frac{1}{n} \sum_{n}^{i=1} E_{vi} \tag{4-1}$$

式中　n——网格点的总数。

表 4-4　CIE 推荐垂直照度水平　　　　　　　　　　（单位：lx）

最远拍摄距离		25m	75m	150m
运动分类	A	500	700	1000
	B	700	1000	1400
	C	1000	1400	—

表 4-4 中没有给出其他拍摄距离的照度水平，可以通过表中邻近的照度值采用 100lx 直线插入法计算得出。

要想得到逼真的画面，除了面向摄像机的垂直平面上的照度满足要求外，还要保证令人满意的立体感和背景照明。

正因为如此，面向其他方向的垂直平面上的照度也很重要。所以，在每一网格点的四个垂直平面上，应满足照度均匀度的要求。当只有一个摄像机位置时，要优先考虑摄像机一侧的照明。

4. 价格性能比

照度的选择也受经济因素和实际需要的支配，因此，信噪比、聚焦深度标准可以与照度水平互换，它们之间可以寻找到一个平衡点。从这一点说，上面列举的对体育运动的分类和拍摄距离与照度值的相互关系只能作为一般的指南。最后的决定将是照明设计人员、摄像人员和业主讨论的结果，以平衡并满足他们共同要求的因素。

4.2.3　垂直照度均匀度

下面仅说明 CIE 对照度均匀度的要求，更多的要求见第 5 章相关内容。

1. 面向一边线或一固定主摄像机的垂直平面上照度的均匀性

如果场地的不同位置有不同的垂直照度，当远距离摄像时就会造成混乱，特别是当有快速的体育活动时更是如此。因此，面向紧邻一主摄像机区的边线或面向一固定摄像机位的平面上的垂直照度的均匀度应优于 $E_{vmin}/E_{vmax} = 0.4$。

2. 一个网格点的垂直平面的均匀度

一个网格点上的四个垂直平面都面向比赛区域时（图 4-3），垂直照度的均匀度应优于 $E_{vmin}/E_{vmax} = 0.3$。

HDTV 转播重大国际比赛时，该比值不应小于 0.6。

它也能确保在场地周围有限的区域内，辅摄像机能在任意位置拍摄，满足这些要求能保证场上运动员有足够的立体感。

4.2.4　水平照度和垂直照度的关系

当被照明的区域是摄像机视野的主要部分时，足够的水平照度也很重要。要得到水平照度与垂直照度间足够好的平衡，CIE 要求平均水平照度与平均垂直照度（相对于每一个主摄像机区域或每一主摄像机位置）之比为：$E_{\text{have}}/E_{\text{vave}}=0.5\sim2$。更多的要求参见第 5 章。

4.2.5　水平照度及其均匀度

通常情况下，一个区域的照明情况用平均照度来表示。如果只涉及平均水平照度，所有灯具在这个区域单位面积上光通量之和，包含被照区域上所有直射光通量和反射光通量之和与被照区域面积之商，就是这个区域的平均水平照度。在大多数情况下，照明特性说明包括下列几个方面：水平照度均匀度、垂直照度、垂直照度均匀度、设备安装后的照度测量值。

通过考察每个点的照度值，CIE 要求照度均匀度最好定义为最小照度与平均照度的比值：即 $E_{\text{min}}/E_{\text{ave}}$。

另外，照度均匀度也可定义为最小照度与最大照度的比值：即 $E_{\text{min}}/E_{\text{max}}$。良好的水平照度均匀度对于避免摄像机的调整很重要。

在一定距离上水平照度没有大的变化也很重要。例如，在一个大的赛场如足球场上，CIE 建议的最大水平照度梯度为：每 4m 水平照度的变化率不超过 20%。

CIE 标准中，水平照度和垂直照度通常是 1m 水平面上的照度值，这与许多标准不太一致。当灯具的安装高度超过 10m 时，地面上的水平照度和 1m 高的水平照度不可能有大的变化。

4.2.6　减少频闪

当使用气体放电灯时，频闪效应应通过电源的三相平衡来降到最低，这样用场频不同于电源频率的胶片或电视摄像机摄像时，干扰就会降到最低。

因此，在选择布置照明产品时，必须确保在比赛场地上每个点由三相电源产生近似等量的水平照度。

随着高速摄像机的发展，有必要对闪烁进行量化。英国皇家注册建筑设备工程师学会（CIBSE）在 2012 年伦敦奥运会后采用了频闪比，其公式如下：

$$\text{FF} = \left[(E_{\text{max}} - E_{\text{min}})/(E_{\text{max}} + E_{\text{min}}) \right] \times 100\% \tag{4-2}$$

式中　E_{min}、E_{max}——照度计算网格上某点在某一时刻的最小照度和最大照度。

频闪比小于 1% 的照明装置将不会对高速摄像机产生任何闪烁。2020 年东京奥运会和 2022 年北京冬奥会体育照明均要求 FF 小于 2%（$\leqslant$1000fps 情况下）和小于 6%（$\leqslant$600fps 情况下）。相关内容详见本书第 5 章相关内容。

电视转播活动的灯光应该是无闪烁的。从制作的角度来看，慢动作回放不能太长。帧率是根据转播的比赛决定的。较大的球类运动，如足球、橄榄球、手球，通常会使用 300fps 的帧率；较小的更快的球类运动，如板球、棒球、冰球，则使用高达 600fps 的帧率。其他运动如速度滑冰使用 300~600fps。更快的动作运动，如武术、射击、射箭等可能会使用 1000fps 甚至更高的帧率。高速摄像机速度及适用灯具技术指南见表 4-5。

表 4-5 高速摄像机速度及适用灯具技术指南

高速摄像机速度/fps	适用灯具技术
< 100	传统高压气体放电灯
< 300	安装有电子镇流器的高压气体放电灯
500 ~ 1000	LED 灯或安装有无频闪电子镇流器的高压气体放电灯

注：LED 或部分无频闪电子镇流器的高压气体放电灯可用于速度高达 1000fps 的摄像机。

4.2.7 光源的色温

在室内外照明装置伴有良好的日光采光的条件下，且泛光照明从白天一直使用到黄昏的场所，人工照明的色温必须在 4000 ~ 6500K。这样，当日光逐渐被人工照明代替时，可以使屏幕上的物体表现颜色的改变降到最小。北京奥运会将色温定为 5600K，第 7 章有详细介绍。

对于室内，通常使用 4500K 或更低，以此提供暖色调印象。近几届奥运会情况有所改变，5600K 的色温经常出现在室内场馆的照明中。

对任一照明装置，色温不能偏离平均色温 ±500K，同时公差值还必须在规定的范围之内。因此，使用同一批次的光源显得非常重要。

不同国家对要求彩色电视转播的体育比赛照明的相关色温标准也是不同的。

1）英国标准推荐色温为 4000 ~ 5500K，但色温低于 3000K 也是可以的。

2）荷兰推荐色温为 3000 ~ 5000K。

3）德国标准 DIN 67526 推荐色温为 5000 ~ 7000K，对于给定照明设备，允许有 ±500K 的偏差。具有充分日光照射的体育馆，附加的人工照明应具有同等标准的色温。对于没有日光干扰的体育馆，色温为 3000 ~ 3500K，允许误差为 ±150K。

CIE 建议在未来的发展中，希望不同国家和地区的标准能够统一。CIE 3.2 技术委员会成立了专业委员会，主管彩色电视和电影的色彩表现。只有在色温为 3000K（灯光）和 5000 ~ 6000K 范围（日光）时，胶片材料才能使用，原因是进行彩色滤光片校正时，其他的色温可能导致画面失真。

4.2.8 照明系统的显色性

人眼直接看到的物体颜色和通过电视看到的物体颜色一般情况下是有所差别的，为了保证摄像机的色彩平衡系统将这一差别降到最低，CIE 给出了照明系统的显色指数应至少为 65。这个要求低于国际体育组织和国际电视转播机构的标准。

为了研究光源色彩一致性问题，CIE TC1-11 委员会已经就电视一致性系数（TLCI）开展了场地试验，试验的目的是是否可以用一致性系数更好地代替显色指数。传统的测量仪器在测量 LED 光源的光输出时可能会产生误差。电视一致性系数（TLCI）主要是为电视制作而开发的，电视制作需要在不同的影视工作室和室外场所中匹配不同的光源。相比之下，体育运动通常只有一块比赛场地。TLCI 的"运动"评分值"Q_a 值"已经被欧洲广播联盟（EBU）使用，2022 年北京冬奥会也应用了 TLCI。目前显色指数还仍在使用。

应该与光源制造商确认在光源色温（K）和一般显色指数（CRI）方面的标准。由于

CIE 推荐的显色指数（CRI）有时无法准确预测摄像机和 LED 及金卤灯照明的显色性，建议在有关场地提前进行有主转播商参与的测试，尤其在应用新光源时建议先做转播视频测试。

4.2.9　观众席照度水平

对摄像来说，希望紧邻赛场的区域（例如正面看台）被照亮到一定程度即可，一般运动项目，观众席照明的平均垂直照度是场地平均垂直照度的 0.25 倍（拳击、击剑除外）。这样就能保证运动比赛场面和背景之间有足够的对比，可以通过比赛场地照明的溢出光来满足要求。在照明设计中，应当避免其他漫射光或溢出光。

4.2.10　眩光和外溢光

无论对运动员、比赛者、观众或者官员，照明都不能产生让人无法接受的眩光，这一点非常重要。除此之外，摄影的等效眩光，术语称为镜头闪烁，在所有摄像机处要最少。

一个用来评估室内场地眩光主观印象新的依据已由 CIE TC5-04 委员会完成，他们的报告将被出版。重要的是，它包含了一个眩光等级，眩光等级越低，眩光越少。本书第 8 章给出了眩光计算值。

GR = 50 表示眩光"刚刚可以接受"。在安装中，有必要计算所有场地区域以及适合方向上观察者可以看到的 GR 值。

关于眩光限制，CIE 给出实用规则：如足球照明，包含 I_{max} 的光轴上方 12°处光强为 $0.1I_{max}$。然而，这种要求无法充分限制体育设施内的外溢光，特别是高杆照明的体育场。

来自运动设施背面发光的灯具中未受控直接成分称为外溢光。外溢光可能干扰临近的居民或附近区域。外溢光可以通过大量设计考虑进行控制：

1）通过光学系统使得灯具光束不超过运动设施范围。

2）检查确保选择正确的安装高度。较低的灯具安装高度可增大眩光，对运动场地的照明造成负面影响。有时可以添加景观美化物（灌木、树），部分屏蔽临近区域，免受直接眩光的影响。

3）在灯具上使用内部和外部遮光隔栅或反射板。如果采用遮光板或反射板，则必须在计算机计算中输入遮光设备的光度数据，以获取精确的结果。

4）在关键表面使用低反射系数的颜色，从而可以减少设施内来自周围表面的反射光。

5）最好安装计时器，以在设定的时间自动关闭运动场照明。

6）本质上，必须将组合设计因素作为整体进行考虑，控制外溢光或减少光入侵。

CIE 28 号文件中规定了室外照明装置最小安装高度，如图 4-7 所示。

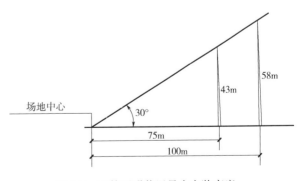

图 4-7　室外照明装置最小安装高度

4.2.11 维护系数

有关维护系数，不同的标准中对此有不同的定义和描述，必须根据实际情况选择最合适的应用。

1. IESNA 标准

在北美的 IESNA 照明标准中，有关初始照度与维持照度的关系定义如下：

表面照度随光源类型、灯具、空气条件以及操作条件的变化而降低。初始照度和维持照度之间的关系为：

$$E_M = E_1 \times LLF \tag{4-3}$$

式中　E_M——维持照度（lx）；

　　　E_1——初始照度（lx），是新照明装置（按光源制造商建议）运行 100h 的平均照度；

　　LLF——光损失系数，即维护系数。LLF 为所有可恢复与不可恢复光损失系数之积。

2. CIE 83 文件

为长期稳定地使用，设计时必须考虑维护系数，用于补偿光源、反射体和前置镜的老化和灰尘污染。该系数的确定取决于当地周边环境。在没有任何相关资料的情况下，CIE83 号技术文件推荐该系数取为 0.8。

3. CIE 169 文件

在体育设施所处的区域内，根据拟定的维护计划，灯的衰减数据以及给定的尘积污染系数所确定的维持系数应包含在计算中。引入了维持照度和工作照度的差别。所谓维持照度值应该是照明装置寿命期中出现的最低值。

$$E_{工作} = 0.8E_{初始} \tag{4-4}$$

$$E_{维持} = 0.8E_{工作} = 0.64E_{初始} \tag{4-5}$$

为了说明灯与镇流器组合后衰减和寿终的效果，对运行 4000h 无维护时三种不同照明情况进行简单比较。

灯和/或镇流器特性：

1）不变的光输出，寿终 10%，尘污 10%（在 4000h）。

2）灯衰减 20%，寿终 10%，尘污 10%（在 4000h）。

3）灯衰减 40%，寿终 20%，尘污 10%（在 4000h）。

这三种情况所需要的维护系数分别为：

1）$1.0 \times 0.9 \times 0.9 = 0.81$

2）$0.8 \times 0.9 \times 0.9 = 0.65$

3）$0.6 \times 0.8 \times 0.9 = 0.45$

4. 国际足联足球场人工照明标准

在 2002 年版的 FIFA，对照明维护系数的要求为：推荐使用的维护系数为 0.8，即初始值为维持值的 1.25 倍。

在 2007 年和 2011 年版的 FIFA 足球场照明中对照明维护系数的要求：推荐使用的维护系数为 0.7，即初始值约为维持值的 1.4 倍，并接受、鼓励使用恒流明技术。

2020 年版 FIFA 标准推荐维护系数，LED 照明系统为 0.9，金卤灯为 0.8。

5. 我国标准对维护系数的要求

（1）《体育场馆照明设计及检测标准》（JGJ 153—2016）的要求　照明计算时维护系数值应取 0.8。对于多雾和污染严重地区的室外体育场维护系数值可取 0.7。

（2）体育总局标准《体育照明使用要求及检验方法　第 1 部分：室外足球场和综合体育场》（TY/T 1002.1—2005）所列照度值为维持值，维护系数取 0.80。对于多雾和污染严重地区此值可降低到 0.70。

（3）《体育建筑设计规范》（JGJ 31—2003）　照明计算时的维护系数室外应取 0.55，室内应取 0.70。同时提出应考虑在进行室外照明计算时计入 30% 的大气吸收系数。

请读者参阅 5.31.2 节，要慎重选取维护系数和大气吸收系数。

（4）《LED 体育照明应用技术要求》（GB/T 38539—2020）　给出维护系数取值。有电视转播：0.85（体育场），0.80（体育馆）；无电视转播：0.75。

4.2.12　冬季运动中的转播照明

冬季运动电视转播实现最佳照明效果需要面临以下挑战：

1）户外场地因素。

2）雪带来的曝光和对比问题。

3）雪衬托照明灯具和光源的色温差异。

4）室外气象条件。

5）室内冰面反射光。

6）对运动员和观众的眩光影响。

冬季运动的室内场地冰面的反射特性可能会重现灯具的反射。对于速度滑冰和花样滑冰，冰面可以被认为是一个完美的镜面。在考虑灯具的位置时，照明工程师和转播人员应尽早联系测试，防止转播画面中出现照明装置的干扰反射。在施工过程中，需尽早确定摄像机的位置。为了避免冰面会产生反射，照明装置应安装在安全区域，并注意随着比赛的发展，冰的反射特性会发生变化。

冰上户外冬季运动项目主要是滑行运动：雪橇、钢架雪车和雪车。滑动的运动场地通常是部分封闭的，尤其在拐弯处。遥控的摄像机通常被放置在较低的墙上或屋顶下，有人操控的摄像机可以放置在靠近较低的墙的轨道外面。灯具间距对于防止频闪效果非常重要。

雪上冬季运动项目主要考虑的是照明灯具的位置和照射方向，防止对滑雪者形成眩光。同时需要照清雪道斜坡表面。

1）将照明灯具对准滑雪者视线的方向。

2）调整照射角度照清雪道斜坡表面，还应注意防止雪地反射的眩光干扰参赛者。

滑雪者需要整个雪道从上到下均匀照明以看清雪道的洼地和不平整的部分。速降滑雪速度很快，照明灯具通常放置在滑雪道两侧，同时瞄准整个斜坡和下坡，以减少对滑雪者的眩光。

跳台滑雪运动员在起跳和着陆以及在着陆区域需要良好的照明（为了安全着陆），着陆区域照明应该有高度的一致性。

摄像机应跟随运动员的运动轨迹。对于跳台滑雪、自由式滑雪、单板滑雪、雪上特技等运动来说，运动路径是在雪道上方的一个虚拟的垂直平面。转播照明应设计成捕捉"飞行"的动作。

对于室内冬季运动设施来说，挑战更容易处理，因为运动场地大多是二维的，而户外运动转播通常是三维的。

由于冰球运动的速度快，冰球体积小，室内冰球体育照明更需要较高的照明和均匀性。

4.3 电视转播对光源的要求

拍摄和复制技术，即电影和彩色电视摄像机的操作是决定电视转播光源的主要因素。照度水平、色温、显色指数限制了光源的选择，详见表4-6。

表4-6 体育场馆内用于彩色电视转播的光源

光源	最大功率/W	最大发光效率/(lm/W)	色温/K	显色指数 R_a	备注
卤钨灯	2000	25	2800~3300	100	
荧光灯	58	100	2500~6500	60~95	
金属卤化物灯	6000	100	3500~6500	50~93	不包含整流器损失
高压钠灯	1000	150	2000~2500	20~25	
LED 灯	1650	160	2200~6000	≥65	

LED 灯、金卤灯无论在室外和室内都是当今用于彩电转播体育照明设施的最重要光源。灯的衰减特性因类型和功率差异而明显不同，在照明设计时应提供来自考虑中的供应商关于灯具的相关资料。本书6.1节有详细介绍，请读者参阅。

4.4 摄像机简介

4.4.1 电视摄像的照明要求

电视画面的清晰度除了受照度而引起的光圈、景深影响外，还受照明的明暗对比度和光线的性质等因素的影响。值得注意的是画面清晰度的高低，并不取决于整个画面的明亮程度和采用大量的照明光线，关键在于使用适度的明暗对比度和相应的光线性质。

1. 明暗对比度与清晰度

电视屏幕上最亮部分与最暗部分亮度的比值称为对比度。对比度大时图像黑白分明，明暗反差大，电视画面的清晰度与照明的对比度有关。照明的对比度除了被摄体与背景以外，还有被摄体本身不同光线方向之间的明暗对比度。如果照明使画面的灰度等级越多，那么，电视显示图像细节的能力就越强，清晰度越高，质量越好。

照明对被摄体与背景对比度的处理，在一般情况下，被摄体要比背景亮。

2. 光线性质对画面清晰度的影响

物体在高清电视画面上呈现的清晰度，不仅与光线的对比度有关，而且同光线的性质有关。光线性质的硬与软对物体外观的清晰度同样有很大的影响。值得注意的是照明光线性质的选择，是由物体表面结构决定的，即物体表面结构不同，其采用的光线性质也不同，一般来说，粗糙物体的表面宜用硬光照明；光滑的物体表面宜用柔和的散射光照明。

从画面的总体效果来说，由于硬光能勾画出被摄景物的轮廓，质感十分明显，所以使人们感到空间感强。而柔光照明很容易产生平淡的无立体感的图像，因而往往不能提供最佳清晰度。但从画面的局部效果来说，可能由于硬光造成的过大的明暗反差，而使物体细部的再现能力降低。而柔光所造成的细腻的影调层次，相反能提高人们对物体细部的分辨能力，故此感觉画面清晰度高。高清摄像照明时应使用较软的光线，这对提高画面的清晰度十分有利。

4.4.2　用于电视转播最常用的电视摄像机类型

摄像机的类型如图 4-8 所示。

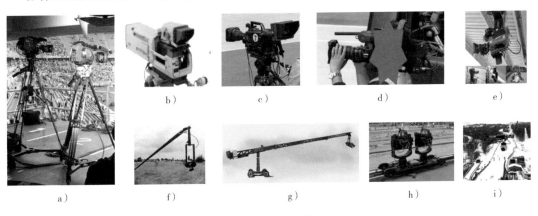

图 4-8　摄像机的类型

a）演播室级固定式摄像机　b）带 LLA 固定式摄像机　c）EFP 固定式摄像机
d）手持式电视摄像机　e）TYPE 2 型遥控摄像头摄像机　f）杆装摄像机
g）起重机式摄像机　h）轨道式摄像机　i）空中有线摄像机

（1）演播室级固定式摄像机　用大三脚架、基座或特制的夹具固定，占用的操作区域比较大；通常使用"长方形镜头"，即 ×55 或更大的镜头。

（2）带 LLA 固定式摄像机　即带长焦镜头转接器 LLA（Long Lens Adaptor）的固定式摄像机，只是使用手持式机体带长焦镜头适配器以获得与固定式摄像机同样的效果。

（3）EFP 固定式摄像机　采用中型三脚架、基座或特制的夹具固定，占用的操作区域比前两种固定摄像机小；使用 ENG 镜头，最大为 ×45。

（4）手持式摄像机（HH）　采用小型三脚架或手持；使用 ENG 镜头，最大为 ×45。

（5）TYPE 2 型遥控摄像头摄像机　使用手持式摄像机 ENG 镜头配置，占用位置很小；摄像机需一个操作人员、两个操作面板。

（6）手持式无线遥控摄像机（HH RF）　使用手持式摄像机配置无线遥控设备，RF 为 Radio Frequency，无线遥控。

（7）迷你 A 型摄像机（Mini-A）　Mini 型摄像机使用标准手持式摄像机 ENG 镜头，用于场地很小且不可去的位置。

（8）TYPE 3 型传动装置　通常与 Mini A 型摄像机配合 ENG 镜头使用，安装位置小于 TYPE 2 型传动装置。

（9）迷你 B 型摄像机（Mini-B）　镜头与机体分离的迷你型摄像机，用于场地非常小且不可去的位置，使用 TYPE 4 型传动装置或者固定头。

（10）微型摄像机　占用非常小的安装位置，使用 TYPE 4 型传动装置或者固定头。

（11）TYPE 4 传动装置　通常与 Mini B 型和微型摄像机配合使用。

（12）杆装摄像机　用于可移动的轻型微型摄像机，电池或者主电源供电，有线或者无线控制。

（13）自稳定型摄像机　使用 ENG 型镜头，有线或无线控制；电池供电；摄像机抖动非常小。

（14）JIB 摄像机　使用带 ENG 型镜头的手持式摄像机；设定好以后长度固定，占地面积大；长 2～12m；通常采用平移、倾斜型摄像头。

（15）起重机式摄像机　使用带 ENG 型镜头的手持式摄像机；配有非常大型的起重机；遥控摄像头可做 3D 移动。

（16）轨道式摄像机　使用不同摄像机类型，不同速度的轨道，采用地面和空中安装方式。

（17）空中有线摄像机　使用 CatCam、FlyCam、SkyCam 不同摄像机安装类型，需要非常大的杆塔结构支撑；操作支持技术要求很高。

第2篇
设 计 篇

第5章 体育照明标准

5.1 夏季运动项目

5.1.1 足球

1. 我国照明标准

室外足球场场地照明标准值见表5-1，室内足球场场地照明标准值见表5-2，共分六个等级。其中，等级Ⅵ为 HDTV 转播重大国际比赛，现在使用的越来越多。

表 5-1 室外足球场场地照明标准值

等级	E_h/lx	E_h		E_{vmai}/lx	E_{vmai}		E_{vaux}/lx	E_{vaux}		R_a	LED R_9	T_{cp}/K	GR
		U_1	U_2		U_1	U_2		U_1	U_2				
Ⅰ	200	—	0.3	—	—	—	—	—	—	65	—	4000	55
Ⅱ	300	—	0.5	—	—	—	—	—	—				50
Ⅲ	500	0.4	0.6	—	—	—	—	—	—				
Ⅳ	—	0.5	0.7	1000	0.4	0.6	750	0.3	0.5	80	0	4000	
Ⅴ	—	0.6	0.8	1400	0.5	0.7	1000	0.3	0.5			5500	
Ⅵ	—	0.7	0.8	2000	0.6	0.7	1400	0.4	0.6	90	20	5500	

注：等级划分参见本书 2.2 节。

表 5-2 室内足球场场地照明标准值

等级	E_h/lx	E_h		E_{vmai}/lx	E_{vmai}		E_{vaux}/lx	E_{vaux}		R_a	LED R_9	T_{cp}/K	GR
		U_1	U_2		U_1	U_2		U_1	U_2				
Ⅰ	300	—	0.3	—	—	—	—	—	—	65	—	4000	35
Ⅱ	500	0.4	0.6	—	—	—	—	—	—				30
Ⅲ	750	0.5	0.7	—	—	—	—	—	—				
Ⅳ	—	0.5	0.7	1000	0.4	0.6	750	0.3	0.5	80	0	4000	
Ⅴ	—	0.6	0.8	1400	0.5	0.7	1000	0.3	0.5				
Ⅵ	—	0.7	0.8	2000	0.6	0.7	1400	0.4	0.6	90	20	5500	

如果足球场要举行国际比赛，还应满足国际体育组织对照明的要求，下面是相关足球场照明标准，供读者参考。

2. 国际足联的场地照明标准

FIFA 足球场人工照明参数推荐值见表 5-3。

表 5-3　FIFA 足球场人工照明参数推荐值

类别		参数	体育场等级			
			A 级	B 级	C 级	D 级
水平照度		水平照度 E_h/lx	最小值 >1500	最小值 >1200	最小值 >800	>1000
			平均值 >2500	平均值 >2000	平均值 >1250	
		均匀度 U_{1h}	>0.50	>0.50	>0.40	>0.40
		均匀度 U_{2h}	>0.70	>0.70	>0.60	>0.60
垂直照度/lx	$E_v0°$	$E_v0°$/lx	最小值 >1000	最小值 >650	最小值 >350	最小值 >250
			平均值 >1500	平均值 >1000	平均值 >700	平均值 >400
		均匀度 U_{1v-0}	>0.50	>0.40	>0.35	>0.35
		均匀度 U_{2v-0}	>0.60	>0.50	>0.45	>0.45
	$E_v90°$	$E_v90°$/lx	最小值 >1000	最小值 >650	最小值 >350	最小值 >250
			平均值 >1500	平均值 >1000	平均值 >700	平均值 >400
		均匀度 U_{1v-90}	>0.50	>0.40	>0.35	>0.35
		均匀度 U_{2v-90}	>0.60	>0.50	>0.45	>0.45
	$E_v180°$	$E_v180°$/lx	最小值 >1000	最小值 >650	最小值 >350	最小值 >250
			平均值 >1500	平均值 >1000	平均值 >700	平均值 >400
		均匀度 U_{1v-180}	>0.50	>0.40	>0.35	>0.35
		均匀度 U_{2v-180}	>0.60	>0.50	>0.45	>0.45
	$E_v270°$	$E_v270°$/lx	最小值 >1000	最小值 >650	最小值 >350	最小值 >250
			平均值 >1500	平均值 >1000	平均值 >700	平均值 >400
		均匀度 U_{1v-270}	>0.50	>0.40	>0.35	>0.35
		均匀度 U_{2v-270}	>0.60	>0.50	>0.45	>0.45
灯光连续性模式		MCM	不允许中断	3min 内 E_{have} >1000lx，15min 内 E_{have} >2000lx	3min 内 E_{have} >1000lx，15min 内 E_{have} >1250lx	不要求
频闪比		FF	平均值、最大值均 <1%	平均值 <12%，最大值均 <15%	平均值 <20%，最大值均 <30%	不要求
最小相邻均匀度比率		MAUR	>0.60，≤10failures	>0.60，≤30failures	>0.50，≤30failures	不要求
相关色温		T_c/K	5000~6200	5000~6200	4200~6200	4200~6200
一般显色指数		R_a	≥80R_a	≥80R_a	≥70R_a	≥70R_a
眩光指数		GR	<50	<50	<50	<50
维护系数		MF	LED 取 0.90	LED 取 0.90	LED 取 0.90	LED 取 0.90
			HID 取 0.80	HID 取 0.80	HID 取 0.80	HID 取 0.80

FIFA 体育场的等级划分见表 5-4。

表 5-4　FIFA 体育场的等级划分

比赛类型	场地照明标准
足球世界杯	A
女子世界杯决赛、半决赛	A
女子世界杯小组赛～四分之一决赛	B
世界俱乐部杯	B
FIFA U-20 世界杯	B
FIFA U-20 女子世界杯决赛、开幕赛、依据协议的半决赛和四分之一决赛	C
FIFA U-20 女子世界杯小组赛和 16 强	D
FIFA U-17 世界杯决赛、半决赛	C
FIFA U-17 世界杯小组赛～四分之一决赛	D
男子奥运会比赛	B
女子奥运会比赛	B
无电视转播的比赛	$E_h \geqslant 350$lx

注：表 5-3、表 5-4 是根据 FIFA 2020 编制而成。

3. CIE 关于足球场的照明标准

规格不同的足球场平均使用水平照度见表 5-5。

表 5-5　规格不同的足球场平均使用水平照度

观众容量	观看距离① /m	平均使用水平照度/lx
10000 座以下	120	150～250
10000～20000 座	160	250～400
20000 座以上	200	400～800

①观看距离是指观众席最远点到球场最远点的距离。

4. 国际体育联合会（GAISF）关于室内足球场照明标准

GAISF 室内足球场照明标准见表 5-6。

表 5-6　GAISF 室内足球场照明标准

运动类型		E_h/lx	E_{vmai}/lx	E_{vaux}/lx	水平照度均匀度		垂直照度均匀度		R_a	T_k/K
					U_1	U_2	U_1	U_2		
业余水平	体能训练	150	—	—	0.4	0.6	—	—	20	4000
	非比赛、娱乐活动	300	—	—	0.4	0.6	—	—	65	4000
	国内比赛	500	—	—	0.5	0.7	—	—	65	4000
专业水平	体能训练	300	—	—	0.4	0.6	—	—	65	4000
	国内比赛	750	—	—	0.5	0.7	—	—	65	4000
	TV 转播的国内比赛	—	1000	700	0.4	0.6	0.3	0.5	65	4000
	TV 转播的国际比赛	—	1400	1000	0.6	0.7	0.4	0.6	65，最好 80	4000
	高清晰度 HDTV 转播	—	2000	1500	0.7	0.8	0.6	0.7	80	4000
	应急 TV	—	1000	—	0.4	0.6	0.3	0.5	65，最好 80	4000

5. 奥运会标准

奥运会的足球场照明标准见表 5-7。

表 5-7 奥运会的足球场照明标准

位置	照度/lx		照度均匀度（最小）			
	E_v-Cam-min（见注 2.）	E_{have}	水平方向		垂直方向	
			E_{min}/E_{max}	E_{min}/E_{ave}	E_{min}/E_{max}	E_{min}/E_{ave}
FOP（场地）（见注 7.）	1400		0.7	0.8	0.6（0.7）	0.7（0.8）
热身区域、ERC	1000		0.4	0.6	0.4	0.6
观众（C1 # 摄像机）（见注 3.）	见比值表				0.3	0.5
E_h-ave-FOP/E_v-ave-Cam			≥0.75 和 ≤1.5			
计算点四个平面 E_v 最小值与最大值的比值（见注 4.）			≥0.6			
E_v-ave-spec/E_v-ave-Cam			≥0.1 和 ≤0.25			
E_h-ave-Run-off/E_h-ave-FOP			≥0.1 和 ≤0.33			
梯度	UG-全场（4m 计算网格）		≤20%			
	UG-特定区域（2m 计算网格）		≤10%			
	UG-特定区域（1m 计算网格）		≤10%			
光源	CRI R_a		≥90			
	T_k		5600K			
相对于固定摄像机的眩光等级 GR			≤40			

注：1. 垂直照度计算平面和摄像机位置按组委会要求进行设计。

2. E_{vmin} 为所有计算点中的最小垂直照度值，而非最小的平均垂直照度值，这一点非常重要，是奥运会标准与其他标准区别最大之处。

3. 表中"观众"指的是前 12 排座位，超过 15 排座位，垂直照度均匀度将会降低。

4. E_{vmax} 和 E_{vmin} 为比赛场地内所有计算点 4 个平面上的最大和最小垂直照度值。

5. 除注明外，所有计算网格为 5m。

6. 照度等级为奥运比赛时的最小值。

7. 所有的主摄像机（ERC 除外），都满足 $E_{vmin} = 1400lx$。对于 ERC，E_{vmin} 可以为 1000lx。

8. ARZ_1 内的 E_{vmax} 应在 ARZ_2 范围之内。

9. 缩写定义：

1）ERC：摇臂摄像机，四个与比赛场地边线和底线平行的垂直平面上的垂直照度。

2）SSM：超级慢动作摄像机。

3）FOP：用于比赛区域的场地，足球场的 FOP 为（105～110）m×（68～75）m。

4）TF = Total FOP = 观众席所包围的场地，包括用于比赛区域的 FOP。

5）Cam = 摄像机。

6）ARZ_1 = 球场两端，球门线、边线和禁区之间的区域。

7）ARZ_2 = 球门区。

8）Spec = 观众。

9）C1# = 主摄像机。

10）UG-FOP：FOP 区域内的照度梯度。

11）$UG-ARZ_1$：AZR1 区域内的照度梯度。

5.1.2 田径

1. 我国关于田径场的照明标准

2016 年颁布执行的我国行业标准《体育场馆照明设计及检测标准》（JGJ 153—2016）将我国田径照明标准提高到国际水平，表 5-8 为其标准。

表 5-8　田径场的照明标准

等级	E_h/lx	E_h		E_{vmai}/lx	E_{vmai}		E_{vaux}/lx	E_{vaux}		R_a	LED R_9	T_{cp}/K	GR
		U_1	U_2		U_1	U_2		U_1	U_2				
Ⅰ	200	—	0.3	—	—	—	—	—	—	65	—	4000	55
Ⅱ	300	—	0.5	—	—	—	—	—	—				
Ⅲ	500	0.4	0.6	—	—	—	—	—	—				
Ⅳ	—	0.5	0.7	1000	0.4	0.6	750	0.3	0.5	80	0	4000	50
Ⅴ	—	0.6	0.8	1400	0.5	0.7	1000	0.3	0.5			5500	
Ⅵ	—	0.7	0.8	2000	0.6	0.7	1400	0.4	0.6	90	20	5500	

2. 国际田联的照明标准

国际田径联合会 IAAF 2008 年的田径场照明标准见表 5-9。

表 5-9　IAAF 2008 年的田径场照明标准

比赛等级			计算朝向	水平照度			垂直照度			光源	
				E_h	照度均匀度		E_v	照度均匀度		相关色温	显色指数
				lx	U_1	U_2	lx	U_1	U_2	T_{cp}/K	R_a
无 TV 转播	Ⅰ	娱乐和训练		75	0.3	0.5	—	—	—	>2000	>20
	Ⅱ	俱乐部比赛		200	0.4	0.6	—	—	—	>4000	≥65
	Ⅲ	国内、国际比赛		500	0.5	0.7	—	—	—	>4000	≥80
有 TV 转播	Ⅳ	国内、国际比赛 + TV 应急	固定摄像机	—	—	—	1000	0.4	0.6	>4000	≥80
	Ⅴ	重要国际比赛，如世锦赛和奥运会	慢动作摄像机	—	—	—	1800	0.5	0.7	>5500	≥90
			固定摄像机	—	—	—	1400	0.5	0.7	>5500	≥90
			移动摄像机	—	—	—	1000	0.3	0.5	>5500	≥90
			终点摄像机	—	—	—	2000				

（续）

比值	
场内网格点四个方向上 E_{vmin}/E_{vmax}	≥0.3
E_h/E_v	0.5 ~ 2
第一排观众席的平均垂直照度/场内平均垂直照度	≥0.25
照度梯度	≤20%/5m

表 5-9 中 E_h 为平均使用水平照度值，其初始照度值应为表中值的 1.25 倍。E_v 为平均使用垂直照度，终点线区域的摄像机方向上的 U_1 和 U_2 都应不低于 0.9。

3. 国际体育联合会 GAISF 关于室内田径场的照明标准

室内田径场有别于室外场地，照明显得更加重要，无论白天比赛还是晚上竞赛，照明不得有丝毫的减少。国际体育联合会给出了室内田径场照明标准，见表 5-10。

表 5-10　室内田径场照明标准

运动类型		E_h/lx	E_{vmai}/lx	E_{vaux}/lx	水平照度均匀度		垂直照度均匀度		R_a	T_k/K
					U_1	U_2	U_1	U_2		
业余水平	体能训练	150	—	—	0.4	0.6	—	—	20	4000
	非比赛、娱乐活动	300	—	—	0.4	0.6	—	—	65	4000
	国内比赛	500	—	—	0.5	0.7	—	—	65	4000
专业水平	体能训练	300	—	—	0.4	0.6	—	—	65	4000
	国内比赛	750	—	—	0.5	0.7	—	—	65	4000
	TV 转播的国内比赛	—	750	500	0.5	0.7	0.3	0.5	65	4000
	TV 转播的国际比赛	—	1000	750	0.6	0.7	0.4	0.6	65 最好 80	4000
	高清晰度 HDTV 转播	—	2000	1500	0.7	0.8	0.6	0.7	80	4000
	应急 TV	—	750	—	0.5	0.7	0.3	0.5	65 最好 80	4000

注：1. 计算网格为 2m×2m，测量网格最好为 2m×2m，最大不超过 4m。

2. 摄像机没有固定位置，转播时与广播电视公司协商确定。

3. 用于集会、演出、展览时，除满足表中要求外，另行增加舞台照明。

4. 奥运会对田径场的照明标准

田径包括田赛项目和径赛项目，田径运动子项较多，不同子项对照明有不同的要求，奥运会田径场照明标准参见本书表 5-8。

需要说明，除逻辑区域外，所有计算网格均为 4m；终点线处，对于跳高、链球、铁饼、标枪、100m/110m、撑杆跳高等运动，U_G 计算网格为 1m 和 2m。

再次强调，奥运比赛要求的照度等级为最小值，不是平均值！

5.1.3 网球

1. 我国关于网球场地照明标准

《体育场馆照明设计及检测标准》（JGJ 153—2016）给出了网球场地照明标准，见表5-11。

表5-11 网球场地照明标准

等级	E_h/lx	E_h		E_{vmai}/lx	E_{vmai}		E_{vaux}/lx	E_{vaux}		R_a	LED R_9	T_{cp}/K	GR
		U_1	U_2		U_1	U_2		U_1	U_2				
I	300	—	0.5	—	—	—	—	—	—				35
II	500/300	0.4/0.3	0.6/0.5	—	—	—	—	—	—	65	—	4000	
III	750/500	0.5/0.4	0.7/0.6	—	—	—	—	—	—				
IV	—	0.5/0.4	0.7/0.6	1000/750	0.4/0.3	0.6/0.5	750/500	0.3/0.3	0.5/0.4				30
V	—	0.6/0.5	0.8/0.7	1400/1000	0.5/0.3	0.7/0.5	1000/750	0.3/0.3	0.5/0.4	80	0	4000	
VI	—	0.7/0.6	0.8/0.8	2000/1400	0.6/0.4	0.7/0.6	1400/1000	0.4/0.3	0.6/0.5	90	20	5500	

注：1. 表中同一格有两个值时，"/"前为主赛区（PA）的值，"/"后为总赛区（TA）的值。
    2. 对有电视转播的网球决赛、半决赛总赛区照度水平宜按主赛区要求取值。

2. CIE 关于网球场地照明标准

CIE 42 号技术文件给出网球场地照明标准值，见表5-12。

表5-12 CIE 42 最小水平照度值 （单位：lx）

分类	娱乐	训练	比赛
室外场地水平照度值	—	300	500
室内场地水平照度值	300	500	750
水平照度均匀度 E_{ave}/E_{min}	≤1.5	≤1.5	≤1.3

注：表中数值为地面上平均水平照度使用值，初始照度值为使用照度值的1.2~1.5倍。

3. 国际网球联合会关于网球场地照明标准

国际网球联合会关于网球场地照明要求见表5-13、表5-14。

表5-13 个人娱乐用的网球场地照明参数推荐值

分类		E_h/lx		E_h 均匀度				GR_{max}	R_a	T_k/K
				U_1		U_2				
		PPA	TPA	PPA	TPA	PPA	TPA			
室外	标准	150	125	0.3	0.2	0.6	0.5	50	≥20（65）	2000
	高级	300	250	0.3	0.2	0.6	0.5	50	≥20（65）	2000

（续）

分类		E_h/lx		E_h 均匀度				GR_{max}	R_a	T_k/K
				U_1		U_2				
		PPA	TPA	PPA	TPA	PPA	TPA			
室内	标准	250	200	0.3	0.2	0.6	0.5	50	≥65	4000
	高级	500	400	0.3	0.2	0.6	0.5	50	≥65	4000

注：1. 表中括号内数为最佳值。

2. 表中 PPA、TPA 为主赛区和总赛区，为国际网联的称谓。

3. GR≤50。

4. R_a≥65，彩色电视/HDTV/电影转播最好 R_a≥90。

5. 色温 T_k=5500K 为最佳值。

表 5-14　俱乐部级、电视转播网球场照明参数推荐值

室外														
分类		E_h/lx		E_v/lx		E_h 均匀度				E_v 均匀度				T_k/K
						U_1		U_2		U_1		U_2		
		PPA	TPA	PPA	TPA	PPA	TPA	PPA	TPA	PPA	TPA	PPA	TPA	
训练		250	200	—	—	0.4	0.3	0.6	0.5	—	—	—	—	2000
国内比赛		500	400	—	—	0.4	0.3	0.6	0.5	—	—	—	—	4000
国际比赛		750	600	—	—	0.4	0.3	0.6	0.5	—	—	—	—	4000
摄像距离	25m	—	—	1000	700	0.5	0.3	0.6	0.5	0.5	0.3	0.6	0.5	4000/5500
	75m	—	—	1400	1000	0.5	0.3	0.6	0.5	0.5	0.3	0.6	0.5	4000/5500
HDTV		—	—	2500	1750	0.7	0.6	0.8	0.7	0.7	0.6	0.8	0.7	4000/5500
室内														
分类		E_h/lx		E_v/lx		E_h 均匀度				E_v 均匀度				T_k/K
						U_1		U_2		U_1		U_2		
		PPA	TPA	PPA	TPA	PPA	TPA	PPA	TPA	PPA	TPA	PPA	TPA	
训练		500	400	—	—	0.4	0.3	0.6	0.5	—	—	—	—	4000
国内比赛		750	600	—	—	0.4	0.3	0.6	0.5	—	—	—	—	4000
国际比赛		1000	800	—	—	0.4	0.3	0.6	0.5	—	—	—	—	4000
摄像距离	25m	—	—	1000	700	0.5	0.3	0.6	0.5	0.5	0.3	0.6	0.5	4000/5500
	75m	—	—	1400	1000	0.5	0.3	0.6	0.5	0.5	0.3	0.6	0.5	4000/5500
HDTV		—	—	2500	1750	0.7	0.6	0.8	0.7	0.7	0.6	0.8	0.7	4000/5500

4. 奥运会网球场地照明标准

奥运会网球场地照明标准见表5-15。

表 5-15　奥运会网球场地照明标准

位置	照度/lx		照度均匀度（最小）			
	E_v-Cam-min （见表5-7 注2）	E_h-ave	水平方向		垂直方向	
			E_{min}/E_{max}	E_{min}/E_{ave}	E_{min}/E_{max}	E_{min}/E_{ave}
PPA（场地）	1400		0.7	0.8	0.7	0.8
FOP（TPA）	1400		0.6	0.7	0.6	0.7

（续）

位置	照度/lx		照度均匀度（最小）			
	E_v-Cam-min（见表5-7注2）	E_h-ave	水平方向		垂直方向	
			E_{min}/E_{max}	E_{min}/E_{ave}	E_{min}/E_{max}	E_{min}/E_{ave}
观众（C1#摄像机）	见下列比值表				0.3	0.5
E_h-ave-PPA/E_v-ave-PPA			≥0.75 和≤1.5			
E_h-ave-TPA/E_v-ave-TPA			≥0.5 和≤2.0			
计算点四个平面 E_v 最小值与最大值的比值			≥0.6			
E_v-ave-C#1-spec/E_v-ave-C#1-FOP			≥0.1 和≤0.25			
E_h-min-TRZ			≥E_v-ave-C#1-PPA			
梯度	UG-FOP（对固定摄像机而言）		≤20%/4m			
	UG-观众（对 C#1 摄像机而言）		≤10%/4m			
光源	CRI R_a		≥90			
	T_k		5600K			
相对于固定摄像机的眩光等级 GR			≤40			

注：参见表5-7注，并补充如下：

    1. 底线和发球线的 E_v-min 应≥E_v-ave-PPA。

    2. PPA：主赛区是指双边线外1.8m处及底线外3m处划线范围内的区域。

    3. TPA：整个比赛场地，栅栏范围内的区域或面积为36m×18m，取其较大数值。

    4. TRZ：底线和发球线两端。

5.1.4 曲棍球

1. 我国关于曲棍球场地照明标准

我国关于曲棍球场地照明标准见表5-16。

表5-16 我国关于曲棍球场地照明标准

等级	E_h/lx	E_h		E_{vmai}/lx	E_{vmai}		E_{vaux}/lx	E_{vaux}		R_a	LED R_9	T_{cp}/K	GR
		U_1	U_2		U_1	U_2		U_1	U_2				
Ⅰ	300	—	0.3	—	—	—	—	—	—			—	55
Ⅱ	500	0.4	0.6	—	—	—	—	—	—	65	—	4000	
Ⅲ	750	0.5	0.7	—	—	—	—	—	—				
Ⅳ	—	0.5	0.7	1000	0.4	0.6	750	0.3	0.5	80	0	4000	50
Ⅴ	—	0.6	0.8	1400	0.5	0.7	1000	0.3	0.5			5500	
Ⅵ	—	0.7	0.8	2000	0.6	0.7	1400	0.4	0.6	90	20	5500	

2. 国际曲棍球联合会关于曲棍球场地照明标准

国际曲棍球联合会（International Hockey Federation，FIH）制定的曲棍球场地人工照明指南（Guide to the artificial lighting of hockey pitches）给出的场地照明标准见表5-17。

表 5-17　FIH 场地照明标准

分类		平均初始照度/平均使用照度/lx		照度均匀度				颜色		眩光指数
				水平		垂直		色温	显色指数	
		$E_{h.init}$/ $E_{h.maint}$	$E_{v.init}$/ $E_{v.maint}$	U_1	U_2	U_1	U_2	T_k	R_a	GR
非竞赛类、体能训练		250/200	—	0.5	0.7	—	—	>2000	>20	<50
球类训练、低级别的俱乐部比赛		375/300	—	0.5	0.7	—	—	>4000	>65	<50
国内、国际比赛		625/500	—	0.5	0.7	—	—	>4000	>65	<50
彩色电视转播	视距≥75m	—	1250/1000	0.5	0.7	0.4	0.6	>4000/5000	>65（90）	<50
	视距≥150m	—	1700/1400	0.5	0.7	0.4	0.6	>4000/5000	>65（90）	<50
	各种情况	—	2500/2000	0.7	0.8	0.6	0.7	>5000	>90	<50

注：表中符号含义如下：

$E_{h.init}$：平均初始水平照度，新安装的照明系统在场地平面上最小的平均水平照度。

$E_{h.maint}$：平均使用水平照度，照明系统在其寿命期间在场地平面上最小的平均水平照度。

$E_{v.init}$：平均初始垂直照度，新安装的照明系统在距场地 1.5m 平面上、面向摄像机方向上最小的平均垂直照度。

$E_{v.maint}$：平均使用垂直照度，新安装的照明系统在其寿命期间在距场地 1.5m 平面上、面向摄像机方向上最小的平均垂直照度。

3. 奥运会关于曲棍球场地照明的标准

2008 年北京奥运会曲棍球场是由 CCDI 悉地国际设计的，奥运会曲棍球场地照明标准见表 5-18。

表 5-18　奥运会曲棍球场地照明标准

位置	照度/lx		照度均匀度（最小值）			
	E_v-cam-min（见注）	E_h-ave	水平方向		垂直方向	
			E_{min}/E_{max}	E_{min}/E_{ave}	E_{min}/E_{max}	E_{min}/E_{ave}
比赛场地	1400	参见比率	0.7	0.8	0.6	0.7
全赛区	1400		0.6	0.7	0.4	0.6
观众席（C1#摄像机）	参见比率				0.3	0.5

（续）

比率	
E_h-ave-FOP/E_v-ave-Cam-FOP	≥0.75 且 ≤1.5
E_h-ave-TF/E_v-ave-TF	≥0.75 且 ≤2.0
E_h-ave-TF/E_v-ave-FOP	≥0.6 且 ≤0.7
计算点四个平面 E_v 最小值与最大值的比值	≥0.6

注：参见表5-7注。

5.1.5 棒球、垒球

棒球、垒球在美国、日本等地比较流行，运动水平较高，中国台湾省棒球水平也不错，中国大陆垒球曾达到世界级水平，取得过辉煌战绩。现在棒球在中小学校逐渐推广，中国棒球协会也颁布实施了有关棒球场照明标准。

1. 我国关于棒球、垒球场地照明标准

我国关于棒球、垒球场地照明标准见表5-19。

表5-19 我国关于棒球、垒球场地照明标准

等级	E_h/lx	E_h		E_{vmai}/lx	E_{vmai}		E_{vaux}/lx	E_{vaux}		R_a	LED R_9	T_{cp}/K	GR
		U_1	U_2		U_1	U_2		U_1	U_2				
I	300/200	—	0.3	—									55
II	500/300	0.4/0.3	0.6/0.5	—	—	—	—	—	—	65	—	4000	
III	750/500	0.5/0.4	0.7/0.6	—	—	—	—	—	—				
IV	—	0.5/0.4	0.7/0.6	1000/750	0.4/0.3	0.6/0.5	750/500	0.3/0.3	0.5/0.4	80	0	4000	50
V	—	0.6/0.5	0.8/0.7	1400/1000	0.5/0.3	0.7/0.5	1000/750	0.3/0.3	0.5/0.4			5500	
VI	—	0.7/0.6	0.8/0.8	2000/1400	0.6/0.4	0.7/0.6	1400/1000	0.4/0.3	0.6/0.5	90	20	5500	

注：1. 表中同一格有两个值时，"/"前为内场的值，"/"后为外场的值。
2. 应提供一定的观众席照明，以满足电视转播需要和看清被击出赛场的球。

2. 奥运会关于棒球、垒球场地照明标准

奥运会关于棒球、垒球场地照明标准参见表5-20。

表5-20 奥运会关于棒球、垒球场地照明标准

位置	照度/lx		照度均匀度（最小）			
	E_v-Cam-min	E_h-ave	水平方向		垂直方向	
	（见注）		E_{min}/E_{max}	E_{min}/E_{ave}	E_{min}/E_{max}	E_{min}/E_{ave}
比赛场地	1400		0.7	0.8	0.7	0.8
总场地	1400		0.6	0.7	0.6	0.7

（续）

位置	照度/lx		照度均匀度（最小）			
	E_v-Cam-min （见注）	E_h-ave	水平方向		垂直方向	
			E_{min}/E_{max}	E_{min}/E_{ave}	E_{min}/E_{max}	E_{min}/E_{ave}
ERC 为总场地	1000		0.6	0.7	0.4	0.5
观众（C1# 摄像机）	见比值表				0.3	0.5
E_h-ave-FOP/E_v-ave-CAM-FOP			≥0.75 和 ≤1.5			
E_h-ave-TPA/E_v-ave-TPA			≥0.5 和 ≤2.0			
E_h-ave-TPA/E_h-ave-FOP			≥0.7			
计算点四个平面 E_v 最小值与最大值的比值			≥0.6			
E_v-ave-C#1-spec/E_v-ave-C#1-FOP			≥0.1 和 ≤0.20			
E_v-min-TRZ			E_v-ave-FOP			
照度梯度	UG-total-FOP（1m）		≤20%			
	UG-AMZ 区域（2m）		≤10%			
	UG-观众席（主摄像机方向）		≤20%			
光源	CRI R_a		≥90			
	T_k/K		5600			
相对于固定摄像机的眩光等级 GR			≤40			

注：参见表 5-7 注。

5.1.6　篮球、排球

1. 我国关于篮球、排球场地的照明标准

我国关于篮球、排球场地的照明标准见表 5-21。

表 5-21　篮球、排球场地的照明标准

等级	E_h/lx	E_h		E_{vmai}/lx	E_{vmai}		E_{vaux}/lx	E_{vaux}		R_a	LED R_9	T_{cp}/K	GR
		U_1	U_2		U_1	U_2		U_1	U_2				
Ⅰ	300	—	0.3	—	—	—	—	—	—	65	—	4000	35
Ⅱ	500	0.4	0.6	—	—	—	—	—	—				
Ⅲ	750	0.5	0.7	—	—	—	—	—	—				
Ⅳ	—	0.5	0.7	1000	0.4	0.6	750	0.3	0.5	80	0	4000	30
Ⅴ	—	0.6	0.8	1400	0.5	0.7	1000	0.3	0.5				
Ⅵ	—	0.7	0.8	2000	0.6	0.7	1400	0.4	0.6	90	20	5500	

2. 国际体育联合会关于篮球、排球场地的照明标准

国际体育联合会关于篮球、排球场地的照明标准见表 5-22。

表 5-22　国际体育联合会关于篮球、排球场地的照明标准

运动类型		E_h/lx	E_{vmai}/lx	E_{vaux}/lx	水平照度均匀度		垂直照度均匀度		R_a	T_k/K
					U_1	U_2	U_1	U_2		
业余水平	体能训练	150	—	—	0.4	0.6	—	—	20	4000
	非比赛、娱乐活动	300	—	—	0.4	0.6	—	—	65	4000
	国内比赛	600	—	—	0.5	0.7	—	—	65	4000
专业水平	体能训练	300	—	—	0.4	0.6	—	—	65	4000
	国内比赛	750	—	—	0.5	0.7	—	—	65	4000
	TV 转播的国内比赛	—	750	500	0.5	0.7	0.3	0.5	65	4000
	TV 转播的国际比赛	—	1000	750	0.6	0.7	0.4	0.6	65，最好80	4000
	高清晰度HDTV 转播	—	2000	1500	0.7	0.8	0.6	0.7	80	4000
	应急 TV	—	750	—	0.5	0.7	0.3	0.5	65，最好80	4000

注：1. 比赛场地大小见 7.3.1。

2. 摄像机最佳位置：主摄像机设在比赛场地长轴线的垂线上，标准高度 4~5m。辅摄像机设在篮板、边线、底线的后部。

3. 计算网格为 2m×2m；测量网格最好为 2m×2m，最大为 4m。

4. 由于运动员不时地往上看，应避免所看到的顶棚和照明灯之间的视差。

5. 国际篮球联合会（FIBA）规定，对于新建体育设施，举办有电视转播的国际比赛，总面积为 40m×25m 的赛场，其正常垂直照度要求不低于 1500lx。照明灯（顶棚为磨光时）布置应避免对运动员和观众产生眩光。

6. 国际排联（FVB）要求的比赛场地规模为 19m×34m（PPA 为 9m×18m），主摄像机方向的最小垂直照度为 1500lx。

3. 奥运会关于篮球、排球场地照明标准

奥运会关于篮球、排球场地照明标准见表 5-23。

表 5-23　奥运会篮球、排球场地照明标准

位置	照度/lx		照度均匀度（最小）			
	E_v-Cam-min	E_h-ave	水平方向		垂直方向	
	（见注）		E_{min}/E_{max}	E_{min}/E_{ave}	E_{min}/E_{max}	E_{min}/E_{ave}
比赛场地	1400		0.7	0.8	0.7	0.8
总场地	1100		0.6	0.7	0.4	0.6
隔离区		150	0.4	0.6		
观众（C1# 摄像机）	见比值表				0.3	0.5
E_h-ave-FOP/E_v-ave-CAM-FOP	≥0.75 和≤1.5					
E_h-ave-TPA/E_v-ave-TPA	≥0.5 和≤2.0					
E_h-ave-TPA/E_h-ave-FOP	0.5~0.7					

（续）

计算点四个平面 E_v 最小值与最大值的比值		≥0.6
E_v-ave-C#1 -spec/E_v-ave-C#1-FOP		≥0.1 和≤0.20
E_v-min-TRZ		E_v-ave-FOP
照度梯度	UG-FOP（1m）	≤20%
	UG-TPA（4m）	≤10%
	UG-观众席（主摄像机方向）	≤20%
光源	CRI R_a	≥90
	T_k	5600K
相对于固定摄像机的眩光等级 GR		≤40

注：参见表 5-7 注，并补充如下：
　　表中隔离区为观众席护栏与场地之间的区域。

4. 国际篮球联合会的场地照明要求

国际篮联 FIBA 的场地照明标准见表 5-24。

表 5-24　FIBA 的场地照明标准

场地类型	E_c			E_v				E_h		
	平均值/lx	最小值/最大值	最小值/平均值	平均值/lx	最小值/最大值	最小值/平均值	4 方向，最小值/最大值	平均值/lx	最小值/最大值	最小值/平均值
PPA	2000	0.7	0.8	1700	0.7	0.8	0.6	1500～3000	0.7	0.8
TPA	2000	0.6	0.7	1700	0.6	0.7	0.6	1500～3000	0.6	0.7
频闪比	显色指数/CRI			相关色温/K						
≤1%	R_a≥80			4000～6000				±500		

注：1. E_c 为主摄像机方向的照度，E_v 为各方向上的垂直照度，E_h 为水平照度。
　　2. PPA 为主赛区，19m×32m；TPA 为总赛区，22m×35m。
　　3. 场地上的运动员和主摄像机应无眩光。
　　4. 本表是根据国际篮联场地设施规则 FIBA 2000 编制而成。

5.1.7　羽毛球

1. 我国关于羽毛球场地的照明标准

我国关于羽毛球场地的照明标准见表 5-25。

表 5-25　我国关于羽毛球场地的照明标准

等级	E_h/lx	E_h		E_{vmai}/lx	E_{vmai}		E_{vaux}/lx	E_{vaux}		R_a	LED R_9	T_{cp}/K	GR
		U_1	U_2		U_1	U_2		U_1	U_2				
I	300	—	0.5	—	—	—	—	—	—	65	—	4000	35
II	750/500	0.5/0.4	0.7/0.6	—	—	—	—	—	—				30

（续）

等级	E_h/lx	E_h U_1	E_h U_2	E_{vmai}/lx	E_{vmai} U_1	E_{vmai} U_2	E_{vaux}/lx	E_{vaux} U_1	E_{vaux} U_2	R_a	LED R_9	T_{cp}/K	GR
III	1000/750	0.5/0.4	0.7/0.6	—	—	—	—	—	—	65	—	4000	
IV	—	0.5/0.4	0.7/0.6	1000/750	0.4/0.3	0.6/0.5	750/500	0.3/0.3	0.5/0.4	80	0	4000	30
V	—	0.6/0.5	0.8/0.7	1400/1000	0.5/0.3	0.7/0.5	1000/750	0.3/0.3	0.5/0.4				
VI	—	0.7/0.6	0.8/0.8	2000/1400	0.6/0.4	0.7/0.6	1400/1000	0.4/0.3	0.6/0.5	90	20	5500	

注：1. 表中同一格有两个值时，"/"前为主赛区（PA）的值，"/"后为总赛区（TA）的值。

2. 对有电视转播的羽毛球决赛、半决赛总赛区照度水平宜按主赛区要求取值。

3. 羽毛球背景（墙或顶棚）表面的颜色和反射比应为球与背景提供足够的对比。

2. 国际体育联合会关于羽毛球场地照明标准

国际体育联合会关于羽毛球场地照明标准见表5-26。

表5-26 国际体育联合会关于羽毛球场地照明标准

运动类型		E_h/lx	E_{vmai}/lx	E_{vaux}/lx	水平照度均匀度 U_1	水平照度均匀度 U_2	垂直照度均匀度 U_1	垂直照度均匀度 U_2	R_a	T_k/K
业余水平	体能训练	150	—	—	0.4	0.6	—	—	20	4000
	非比赛、娱乐活动	300/250	—	—	0.4	0.6	—	—	65	4000
	国内比赛	750/600	—	—	0.5	0.7	—	—	65	4000
专业水平	体能训练	300	—	—	0.4	0.6	—	—	65	4000
	国内比赛	1000/800	—	—	0.5	0.7	—	—	65	4000
	TV转播的国内比赛	—	1000/700	750/500	0.5	0.7	0.3	0.5	65	4000
	TV转播的国际比赛	—	1250/900	1000/700	0.6	0.7	0.4	0.6	65，最好80	4000
	高清晰度HDTV转播	—	2000/1400	1500/1050	0.7	0.8	0.6	0.7	80	4000
	应急TV	—	1000/700	—	0.5	0.7	0.3	0.5	65，最好80	4000

注：1. 比赛场地大小。PPA：6.1m×13.4m，TPA：10.1m×19.4m。

2. 摄像机最佳位置：主摄像机设在球场的后部，高度4~6m，离最近底线12~20m。辅摄像机靠近发球线，每边一个，用于如慢动作的回放等情况，在球场边线后面的地板上。

3. 计算网格为2m×2m。

4. 测量网格最好为2m×2m，最大为4m×4m。

5. 表中每格有两个照度值。前面数值为标准的比赛场地（PPA）照度值，后面是整个场地（TPA）的照度值。PPA不能存在阴影。为了提供一个较暗的背景，使羽毛球有较好的对比，整个场地照度可以低于PPA的照度。由于运动员经常往上看，建议PPA的上部和后部不装设照明灯，以减少眩光。

6. 国际羽联IBF要求：对于主要的国际比赛，顶棚照明灯的安装高度应至少12m（整个PPA上面），两块球场之间的距离至少为4m。

3. 奥运会关于羽毛球场地照明标准

奥运会关于羽毛球场地照明标准见表5-27。

表 5-27 奥运会关于羽毛球场地照度标准

位置	照度/lx		照度均匀度（最小）			
	E_v-Cam-min	E_h-ave	水平方向		垂直方向	
	（见注）		E_{min}/E_{max}	E_{min}/E_{ave}	E_{min}/E_{max}	E_{min}/E_{ave}
比赛场地	1400		0.7	0.8	0.7	0.8
总场地	1000		0.6	0.7	0.6	0.7
隔离区		150	0.4	0.6		
观众（C1#摄像机）	见比值表				0.3	0.5
E_h-ave-FOP/E_v-ave-CAM-FOP			≥0.75 和 ≤1.5			
E_h-ave-TPA/E_v-ave-TPA			≥0.5 和 ≤2.0			
E_h-ave-TPA/E_h-ave-FOP			0.5～0.7			
计算点四个平面 E_v 最小值与最大值的比值			≥0.6			
观众席：FOP 摄像机平均垂直照度值			≥0.1 和 ≤0.25			
照度梯度	UG-FOP（1m 和 2m）		≤20%			
	UG-TPA（4m）		≤10%			
	UG-观众席（主摄像机方向）		≤20%			
光源	CRI R_a		≥90			
	T_k		5600K			
相对于固定摄像机的眩光等级 GR			≤40			

注：参见表5-7 注，并补充如下：
　　表中隔离区为观众席护栏与场地之间的区域。

5.1.8 乒乓球

1. 我国关于乒乓球场地照明标准

我国关于乒乓球场地照明标准见表5-28。

表 5-28 我国关于乒乓球场地照明标准

等级	E_h/lx	E_h		E_{vmai}/lx	E_{vmai}		E_{vaux}/lx	E_{vaux}		R_a	LED R_9	T_{cp}/K	GR
		U_1	U_2		U_1	U_2		U_1	U_2				
I	300	—	0.5										35
II	500	0.4	0.6	—	—	—	—	—	—	65	—	4000	
III	1000	0.5	0.7										
IV	—	0.5	0.7	1000	0.4	0.6	750	0.3	0.5	80	0	4000	30
V	—	0.6	0.8	1400	0.5	0.7	1000	0.3	0.5				
VI	—	0.7	0.8	2000	0.6	0.7	1400	0.4	0.6	90	20	5500	

2. 国际体育联合会关于乒乓球场地照明标准

国际体育联合会关于乒乓球场地照明标准见表5-29。

表 5-29 国际体育联合会关于乒乓球场地照明标准

运动类型		E_h/lx	E_{vmai}/lx	E_{vaux}/lx	水平照度均匀度		垂直照度均匀度		R_a	T_k/K
					U_1	U_2	U_1	U_2		
业余水平	体能训练	150	—	—	0.4	0.6	—	—	20	4000
	非比赛、娱乐活动	300	—	—	0.4	0.6	—	—	65	4000
	国内比赛	500	—	—	0.5	0.7	—	—	65	4000
专业水平	体能训练	300	—	—	0.4	0.6	—	—	65	4000
	国内比赛	750	—	—	0.5	0.7	—	—	65	4000
	TV 转播的国内比赛	—	1000	700	0.4	0.6	0.3	0.5	65	4000
	TV 转播的国际比赛	—	1400	1000	0.6	0.7	0.4	0.6	65，最好80	4000
	高清晰度 HDTV 转播	—	2000	1500	0.7	0.8	0.6	0.7	80	4000
	应急 TV	—	1000	—	0.4	0.6	0.3	0.5	65，最好80	4000

注：1. 乒乓球比赛场地大小：$7m \times 14m$，PPA：$1.52m \times 2.72m$。
　　2. 摄像机最佳位置：主摄像机沿比赛场地的边线或垂线设置，辅摄像机设置高度与球网齐。
　　3. 计算网格为 $2m \times 2m$。
　　4. 测量网格最好为 $2m \times 2m$，最大为 4m。
　　5. 国际乒联 ITTF 规定照明设计应限制从球台到底的阴影。

3. 奥运会关于乒乓球场地照明标准

奥运会关于乒乓球场地照明标准见表 5-30。

表 5-30 奥运会关于乒乓球场地照明标准

位置	照度/lx		照度均匀度（最小）			
	E_v-Cam-min	E_h-ave	水平方向		垂直方向	
	（见注）		E_{min}/E_{max}	E_{min}/E_{ave}	E_{min}/E_{max}	E_{min}/E_{ave}
比赛场地	1400		0.7	0.8	0.7	0.8
总场地	1000		0.6	0.7	0.6	0.7
隔离区		≤150	0.4	0.6		
观众（C1# 摄像机）	见比值表				0.3	0.5
E_h-ave-FOP/E_v-ave-CAM-FOP	≥0.75 和 ≤1.5					
E_h-ave-TPA/E_v-ave-TPA	≥0.5 和 ≤2.0					
E_h-ave-TPA/E_h-ave-FOP	0.5~0.7					

（续）

计算点四个平面 E_v 最小值与最大值的比值	≥0.6
E_v-ave-C#1-spec/E_v-ave-C#1-FOP	≥0.1 和 ≤0.25

照度梯度	UG-FOP（1m 和 2m）	≤20%
	UG-TPA（4m）	≤10%
	UG-观众席（主摄像机方向）	≤20%
光源	CRI R_a	≥90
	T_k	5600K
相对于固定摄像机的眩光等级 GR		≤40

注：参见表5-7注。

5.1.9　体操、艺术体操、技巧、蹦床

1. 我国照明标准

我国关于体操、艺术体操、技巧、蹦床场地照明标准见表5-31。

表 5-31　我国关于体操、艺术体操、技巧、蹦床场地照明标准

等级	E_h/lx	E_h		E_{vmai}/lx	E_{vmai}		E_{vaux}/lx	E_{vaux}		R_a	LED R_9	T_{cp}/K	GR
		U_1	U_2		U_1	U_2		U_1	U_2				
I	300	—	0.3	—	—	—	—	—	—	65	—	4000	35
II	500	0.4	0.6	—	—	—	—	—	—				
III	750	0.5	0.7	—	—	—	—	—	—				
IV	—	0.5	0.7	1000	0.4	0.6	750	0.3	0.5	80	0	4000	30
V	—	0.6	0.8	1400	0.5	0.7	1000	0.3	0.5				
VI	—	0.7	0.8	2000	0.6	0.7	1400	0.4	0.6	90	20	5500	

注：体操应避免灯具和天然光对运动员造成的直接眩光和光泽表面对运动员造成的间接眩光。

2. 国际体育联合会照明标准

国际体育联合会关于体操、艺术体操、技巧、蹦床场地照明标准见表5-32。

表 5-32　国际体育联合会关于体操、艺术体操、技巧、蹦床场地照明标准

运动类型		E_h/lx	E_{vmai}/lx	E_{vaux}/lx	水平照度均匀度		垂直照度均匀度		R_a	T_k/K
					U_1	U_2	U_1	U_2		
业余水平	体能训练	150	—	—	0.4	0.6	—	—	20	4000
	非比赛、娱乐活动	300	—	—	0.4	0.6	—	—	65	4000
	国内比赛	500	—	—	0.5	0.7	—	—	65	4000

（续）

运动类型		E_h/lx	E_{vmai}/lx	E_{vaux}/lx	水平照度均匀度		垂直照度均匀度		R_a	T_k/K
					U_1	U_2	U_1	U_2		
专业水平	体能训练	300	—	—	0.4	0.6	—	—	65	4000
	国内比赛	750	—	—	0.5	0.7	—	—	65	4000
	TV 转播的国内比赛	—	750	500	0.5	0.7	0.3	0.5	65	4000
	TV 转播的国际比赛	—	1000	750	0.6	0.7	0.4	0.6	65，最好80	4000
	高清晰度HDTV 转播	—	2000	1500	0.7	0.8	0.6	0.7	80	4000
	应急 TV	—	750	—	0.5	0.7	0.3	0.5	65，最好80	4000

注：1. 计算网格为 2m×2m，测量网格最好为 2m×2m，最大不超过 4m×4m。

2. 摄像机没有固定位置，转播时与广播电视公司协商确定。

3. 奥运会照明标准

奥运会关于体操、艺术体操、技巧、蹦床场地照明标准见表5-33，最终以奥组委提供的技术文件为准。

表 5-33　奥运会关于体操、艺术体操、技巧、蹦床场地照明标准

位置	照度/lx		照度均匀度（最小）			
	E_v-Cam-min（见注）	E_h-ave	水平方向		垂直方向	
			E_{min}/E_{max}	E_{min}/E_{ave}	E_{min}/E_{max}	E_{min}/E_{ave}
比赛场地	1400		0.7	0.8	0.6	0.7
表情拍摄点	1000		0.6	0.7	0.7	0.8
总场地（垫子以外，护栏以内）	1000		0.6	0.7	0.4	0.6
隔离区		≤150	0.4	0.6		
观众（C1#摄像机）	见比值表				0.3	0.5
E_h-ave-FOP/E_v-ave-CAM-FOP	≥0.75 和≤1.5					
E_h-ave-TPA/E_v-ave-TPA	≥0.5 和≤2.0					
E_h-ave-TPA/E_h-ave-FOP	0.5 ~ 0.7					
计算点四个平面 E_v 最小值与最大值的比值	≥0.6					

（续）

E_v-ave-C#1-spec/E_v-ave-C#1-FOP		≥0.1 和 ≤0.20
照度梯度	UG-FOP （1m 和 2m）	≤20%
	UG-TPA （4m）	≤10%
	UG-观众席 （主摄像机方向）	≤20%
光源	CRI R_a	≥90
	T_k	5600K
相对于固定摄像机的眩光等级 GR		≤40

注：参见表 5-7 注。

5.1.10　手球

1. 我国关于手球场地照明标准

我国关于手球场地照明标准见表 5-34。

表 5-34　我国关于手球场地照明标准

等级	E_h/lx	E_h		E_{vmai}/lx	E_{vmai}		E_{vaux}/lx	E_{vaux}		R_a	LED R_9	T_{cp}/K	GR
		U_1	U_2		U_1	U_2		U_1	U_2				
I	300	—	0.3	—	—	—	—	—	—	65	—	4000	35
II	500	0.4	0.6	—	—	—	—	—	—				
III	750	0.5	0.7	—	—	—	—	—	—				
IV	—	0.5	0.7	1000	0.4	0.6	750	0.3	0.5	80	0	4000	30
V	—	0.6	0.8	1400	0.5	0.7	1000	0.3	0.5				
VI	—	0.7	0.8	2000	0.6	0.7	1400	0.4	0.6	90	20	5500	

2. 国际体育联合会关于手球场地照明标准

国际体育联合会关于手球场地照明标准见表 5-35。

表 5-35　国际体育联合会关于手球场地照明标准

运动类型		E_h/lx	E_{vmai}/lx	E_{vaux}/lx	水平照度均匀度		垂直照度均匀度		R_a	T_k/K
					U_1	U_2	U_1	U_2		
业余水平	体能训练	150	—	—	0.4	0.6	—	—	20	4000
	非比赛、娱乐活动	300	—	—	0.4	0.6	—	—	65	4000
	国内比赛	500	—	—	0.5	0.7	—	—	65	4000
专业水平	体能训练	300	—	—	0.4	0.6	—	—	65	4000
	国内比赛	750	—	—	0.5	0.7	—	—	65	4000
	TV 转播的国内比赛	—	1000	700	0.4	0.6	0.3	0.5	65	4000

（续）

运动类型		E_h/lx	E_{vmai}/lx	E_{vaux}/lx	水平照度均匀度		垂直照度均匀度		R_a	T_k/K
					U_1	U_2	U_1	U_2		
专业水平	TV 转播的国际比赛	—	1400	1000	0.6	0.7	0.4	0.6	65，最好80	4000
	高清晰度HDTV 转播	—	2000	1500	0.7	0.8	0.6	0.7	80	4000
	应急 TV	—	1000	—	0.4	0.6	0.3	0.5	65，最好80	4000

注：1. 手球比赛场地大小：24m×44m，PPA：20m×40m。

2. 摄像机最佳位置：主摄像机沿比赛场地的边线或垂线设置，辅摄像机设置高度与球门齐或球门线和接触线的后部。重大赛事由电视转播机构提供摄像机位及要求。

3. 计算网格为 2m×2m。

4. 测量网格最好为 2m×2m，最大为 4m。

5. 国际手联 IHF 要求：当观众人数为 1000 人时，水平照度为 400lx；当观众人数为 9000 人时，垂直照度为 1200lx。

3. 奥运会关于手球场地照明标准

奥运会关于手球场地照明标准见表 5-36。

表 5-36　奥运会关于手球场地照明标准

位置	照度/lx		照度均匀度（最小）			
	E_v-Cam-min	E_h-ave	水平方向		垂直方向	
	（见注）		E_{min}/E_{max}	E_{min}/E_{ave}	E_{min}/E_{max}	E_{min}/E_{ave}
比赛场地	1400		0.7	0.8	0.7	0.8
总场地（护栏之内）	1400		0.6	0.7	0.4	0.6
隔离区（护栏外）		≤150	0.4	0.6		
观众（C1＃摄像机）	见比值表				0.3	0.5
E_h-ave-FOP/E_v-ave-CAM-FOP	≥0.75 和≤1.5					
E_h-ave-TPA/E_v-ave-TPA	≥0.5 和≤2.0					
E_h-ave-TPA/E_h-ave-FOP	0.5 ~ 0.7					
计算点四个平面 E_v 最小值与最大值的比值	≥0.6					
E_v-ave-C#1-spec/E_v-ave-C#1-FOP	≥0.1 和≤0.25					
照度梯度	UG-FOP（1m 和 2m）	≤20%				
	UG-TPA（4m）	≤10%				
	UG-观众席（主摄像机方向）	≤20%				

（续）

光源	CRI R_a	≥90
	T_k	5600K
相对于固定摄像机的眩光等级 GR		≤40

注：参见表5-7 注。

5.1.11 拳击

1. 我国关于拳击场地照明标准

我国关于拳击场地照明标准见表5-37。

表 5-37 我国关于拳击场地照明标准

等级	E_h/lx	E_h		E_{vmai}/lx	E_{vmai}		E_{vaux}/lx	E_{vaux}		R_a	LED R_9	T_{cp}/K	GR
		U_1	U_2		U_1	U_2		U_1	U_2				
I	500	—	0.7	—	—	—	—	—	—	65	—	4000	35
II	1000	0.6	0.8	—	—	—	—	—	—				
III	2000	0.7	0.8	—	—	—	—	—	—				
IV	—	0.7	0.8	1000	0.4	0.6	1000	0.4	0.6	80	0	4000	30
V	—	0.7	0.8	2000	0.6	0.7	2000	0.6	0.7				
VI	—	0.8	0.9	2500	0.7	0.8	2500	0.7	0.8	90	20	5500	

注：拳击低角度拍摄时应避免对镜头造成眩光。

2. 国际体育联合会关于拳击场地照明标准

国际体育联合会关于拳击场地照明标准见表5-38。

表 5-38 国际体育联合会关于拳击场地照明标准

运动类型		E_h/lx	E_{vmai}/lx	E_{vaux}/lx	水平照度均匀度		垂直照度均匀度		R_a	T_k/K
					U_1	U_2	U_1	U_2		
业余水平	体能训练	150	—	—	0.4	0.6	—	—	20	4000
	非比赛、娱乐活动	500	—	—	0.5	0.7	—	—	65	4000
	国内比赛	1000	—	—	0.5	0.7	—	—	65	4000
专业水平	体能训练	500	—	—	0.5	0.7	—	—	65	4000
	国内比赛	2000	—	—	0.5	0.7	—	—	65	4000
	TV 转播的国内比赛	—	1000	1000	0.5	0.7	0.6	0.7	65	4000
	TV 转播的国际比赛	—	2000	2000	0.6	0.7	0.6	0.7	65 最好 80	4000
	高清晰度 HDTV 转播	—	2500	2500	0.7	0.8	0.7	0.8	80	4000

（续）

运动类型		E_h/lx	E_{vmai}/lx	E_{vaux}/lx	水平照度均匀度		垂直照度均匀度		R_a	T_k/K
					U_1	U_2	U_1	U_2		
专业水平	应急 TV	—	1000	—	0.5	0.7	0.6	0.7	65 最好 80	4000

注：1. 拳击比赛场地大小：12m×12m。

2. 摄像机最佳位置：在比赛场的主要边角，成对角布置；有时在裁判席的后面或附近。

3. 计算网格为 1m×1m。

4. 测量网格（最好和最大）为 1m×1m。

5. 比赛场地可能建在一个平台上（最大高度为 1.1m），照度的计算高度应为平台的高度。一般照明有可能用于训练和娱乐活动，高等级的比赛照明应只集中在比赛场地上，不能有任何阴影，而周围相对较暗。

3. 奥运会关于拳击场地照明标准

奥运会关于拳击场地照明标准见表 5-39。笔者有幸设计了 2008 年北京奥运会拳击训练馆，该体育馆位于北京市东城区，曾经举行过 1990 年亚运会的地坛体育馆。

表 5-39　奥运会关于拳击场地照明标准

位置	照度/lx		照度均匀度（最小）			
	E_v-Cam-min	E_h-ave	水平方向		垂直方向	
	（见注）		E_{min}/E_{max}	E_{min}/E_{ave}	E_{min}/E_{max}	E_{min}/E_{ave}
比赛场地	1400		0.7	0.8	0.7	0.8
裁判区	1400		0.5	0.7	0.5	0.7
运动员进场通道	1000		0.5	0.7	0.5	0.7
隔离区（护栏外）		≤150	0.4	0.6		
观众（C1# 摄像机）	见比值表				0.3	0.5
E_h-ave-FOP/E_v-ave-CAM-FOP	≥0.75 和≤1.5					
E_h-ave-TPA/E_v-ave-TPA	≥0.5 和≤2.0					
E_h-ave-TPA/E_h-ave-FOP	0.5～0.7					
FOP 计算点四个平面 E_v 最小值与最大值的比值	≥0.6					
TPA 计算点四个平面 E_v 最小值与最大值的比值	≥0.4					
E_v-ave-C#1-spec/E_v-ave-C#1-FOP	≥0.1 和≤0.20					
照度梯度	UG-FOP（1m 和 2m）	≤20%				
	UG-FOP-逆光（4m）	≤20%				
	UG-观众席（主摄像机方向，4m）	≤20%				
光源	CRI R_a	≥90				
	T_k	5600K				
相对于固定摄像机的眩光等级 GR	≤40					

注：参见表 5-7 注，并补充如下：

1. 在转播期间，不得有任何阳光射入。

2. 国际业余拳击联合会要求的最低垂直照度为 2000lx。

5.1.12　柔道、摔跤、跆拳道、武术

1. 我国关于柔道、摔跤、跆拳道、武术场地照明标准

我国关于柔道、摔跤、跆拳道、武术场地照明标准见表5-40。

表5-40　我国关于柔道、摔跤、跆拳道、武术场地照明标准

等级	E_h/lx	E_h		E_{vmai}/lx	E_{vmai}		E_{vaux}/lx	E_{vaux}		R_a	LED R_9	T_{cp}/K	GR
		U_1	U_2		U_1	U_2		U_1	U_2				
I	300	—	0.5	—	—	—	—	—	—	65		4000	35
II	500	0.4	0.6	—	—	—	—	—	—				
III	1000	0.5	0.7	—	—	—	—	—	—				
IV	—	0.5	0.7	1000	0.4	0.6	1000	0.4	0.6	80	0	4000	30
V	—	0.6	0.8	1400	0.5	0.7	1400	0.5	0.7				
VI	—	0.7	0.8	2000	0.6	0.7	2000	0.6	0.7	90	20	5500	

注：柔道、摔跤、跆拳道、武术场地顶棚的反射比不宜低于0.6。

2. 国际体育联合会关于柔道、摔跤、跆拳道、武术场地照明标准

国际体育联合会关于柔道、摔跤、跆拳道、武术场地照明标准见表5-41。

表5-41　国际体育联合会关于柔道、摔跤、跆拳道、武术场地照明标准

运动类型		E_h/lx	E_{vmai}/lx	E_{vaux}/lx	水平照度均匀度		垂直照度均匀度		R_a	T_k/K
					U_1	U_2	U_1	U_2		
业余水平	体能训练	150	—	—	0.4	0.6	—	—	20	4000
	非比赛、娱乐活动	500	—	—	0.5	0.7	—	—	65	4000
	国内比赛	1000	—	—	0.5	0.7	—	—	65	4000
专业水平	体能训练	500	—	—	0.5	0.7	—	—	65	4000
	国内比赛	2000	—	—	0.5	0.7	—	—	65	4000
	TV转播的国内比赛	—	1000	1000	0.5	0.7	0.6	0.7	65	4000
	TV转播的国际比赛	—	2000	2000	0.6	0.7	0.6	0.7	65 最好 80	4000
	高清晰度 HDTV 转播	—	2500	2500	0.7	0.8	0.7	0.8	80	4000
	应急 TV	—	1000	—	0.5	0.7	0.6	0.7	65 最好 80	4000

注：1. 比赛场地大小：柔道，16～18m×30～34m（2个榻榻米）；武术，8m×8m（散打）和14m×8m（套路）；跆拳道，12m×12m；摔跤，12m×12m。

2. 摄像机最佳位置：在比赛场的主要边角，成对角布置。有时在裁判席的后面或附近。

3. 计算网格为1m×1m。

4. 测量网格（最好和最大）为1m×1m。

3. 奥运会关于柔道、摔跤、跆拳道、武术场地照明标准

奥运会关于柔道、摔跤、跆拳道、武术场地照明标准见表 5-42。

表 5-42　奥运会关于柔道、摔跤、跆拳道、武术场地照明标准

位置	照度/lx		照度均匀度（最小）			
	E_v-Cam-min	E_h-ave	水平方向		垂直方向	
	（见注）		E_{min}/E_{max}	E_{min}/E_{ave}	E_{min}/E_{max}	E_{min}/E_{ave}
比赛场地	1400		0.7	0.8	0.7	0.8
全赛区（护栏内）	1400		0.6	0.7	0.4	0.6
隔离区（护栏外）		≤150	0.4	0.6		
观众（C1#摄像机）	见比值表				0.3	0.5
E_h-ave-FOP/E_v-ave-CAM-FOP			≥0.75 和 ≤1.5			
E_h-ave-TPA/E_v-ave-TPA			≥0.5 和 ≤2.0			
E_h-ave-TPA/E_h-ave-FOP			0.5～0.7			
FOP 计算点四个平面 E_v 最小值与最大值的比值			≥0.6			
E_v-ave-C#1-spec/E_v-ave-C#1-FOP			≥0.1 和 ≤0.20			
照度梯度	UG-FOP（1m 和 2m）		≤10%			
	UG-TPA（4m）		≤20%			
	UG-观众席（主摄像机方向）		≤20%			
光源	CRI R_a		≥90			
	T_k		5600K			
相对于固定摄像机的眩光等级 GR			≤40			

注：参见表 5-7 注。

5.1.13　举重

1. 我国关于举重场地照明标准

我国关于举重场地照明标准见表 5-43。

表 5-43　我国关于举重场地照明标准

等级	E_h/lx	E_h		E_{vmai}/lx	E_{vmai}		E_{vaux}/lx	E_{vaux}		R_a	LED R_9	T_{cp}/K	GR
		U_1	U_2		U_1	U_2		U_1	U_2				
I	500	—	0.7	—	—	—	—	—	—	65	—	4000	35
II	1000	0.6	0.8	—	—	—	—	—	—				
III	2000	0.7	0.8	—	—	—	—	—	—				30
IV	—	0.7	0.8	1000	0.4	0.6	1000	0.4	0.6	80	0	4000	
V	—	0.7	0.8	2000	0.6	0.7	2000	0.6	0.7				
VI	—	0.8	0.9	2500	0.7	0.8	2500	0.7	0.8	90	20	5500	

注：举重运动员对前方裁判员的信号应清晰可见，且应避免对运动员产生眩光。

2. 国际体育联合会关于举重场地照明标准

国际体育联合会关于举重场地照明标准见表5-44。

表 5-44 国际体育联合会关于举重场地照明标准

运动类型		E_h/lx	E_{vmai}/lx	E_{vaux}/lx	水平照度均匀度		垂直照度均匀度		R_a	T_k/K
					U_1	U_2	U_1	U_2		
业余水平	体能训练	150	—	—	0.4	0.6	—	—	20	4000
	非比赛、娱乐活动	300	—	—	0.4	0.6	—	—	65	4000
	国内比赛	750	—	—	0.5	0.7	—	—	65	4000
专业水平	体能训练	300	—	—	0.4	0.6	—	—	65	4000
	国内比赛	1000	—	—	0.5	0.7	—	—	65	4000
	TV 转播的国内比赛	—	750	—	0.5	0.7	0.6	0.7	65	4000
	TV 转播的国际比赛	—	1000	—	0.6	0.7	0.6	0.7	65 最好 80	4000
	高清晰度 HDTV 转播	—	2000	—	0.7	0.8	0.7	0.8	80	4000
	应急 TV	—	750	—	0.5	0.7	0.6	0.7	65 最好 80	4000

注：1. 举重比赛场地大小：10m×10m 或 12m×12m，设有 4m×4m 平台。
2. 摄像机最佳位置：主摄像机面向运动员，辅摄像机设在热身区和入口处。
3. 计算网格为 1m×1m。
4. 测量网格（最好/最大）为 1m×1m。
5. 国际举联 IWF 规定：无论比赛是业余还是专业、国际性还是国内比赛，照明要求都是相同的。

5.1.14 击剑

1. 我国关于击剑场地照明标准

我国关于击剑场地照明标准见表5-45。

表 5-45 我国关于击剑场地照明标准

等级	E_h/lx	E_h		E_{vmai}/lx	E_{vmai}		E_{vaux}/lx	E_{vaux}		R_a	LED R_9	T_{cp}/K	GR
		U_1	U_2		U_1	U_2		U_1	U_2				
I	300	—	0.5	200	—	0.3	—	—	—	65	—	4000	—
II	500	0.5	0.7	300	0.3	0.4	—	—	—				
III	750	0.5	0.7	500	0.3	0.4	—	—	—				
IV	—	0.5	0.7	1000	0.4	0.6	750	0.3	0.5	80	0	4000	
V	—	0.6	0.8	1400	0.5	0.7	1000	0.3	0.5				
VI	—	0.7	0.8	2000	0.6	0.7	1400	0.4	0.6	90	20	5500	

2. 国际体育联合会关于击剑场地照明标准

国际体育联合会关于击剑场地照明标准见表5-46。

表 5-46 国际体育联合会关于击剑场地照明标准

运动类型		E_h/lx	E_{vmai}/lx	E_{vaux}/lx	水平照度均匀度		垂直照度均匀度		R_a	T_k/K
					U_1	U_2	U_1	U_2		
业余水平	体能训练	150	—	—	0.4	0.6	—	—	20	4000
	非比赛、娱乐活动	300	—	—	0.4	0.6	—	—	65	4000
	国内比赛	500	—	—	0.5	0.7	—	—	65	4000
专业水平	体能训练	300	—	—	0.4	0.6	—	—	65	4000
	国内比赛	750	—	—	0.5	0.7	—	—	65	4000
	TV 转播的国内比赛	—	1000	700	0.4	0.6	0.3	0.5	65	4000
	TV 转播的国际比赛	—	1400	1000	0.6	0.7	0.4	0.6	65 最好 80	4000
	高清晰度 HDTV 转播	—	2000	1500	0.7	0.8	0.6	0.7	80	4000
	应急 TV	—	1000	—	0.4	0.6	0.3	0.5	65 最好 80	4000

注：1. 击剑比赛场地大小：18m×2m（PPA：14m×2m）。
　　2. 摄像机最佳位置：主摄像机与比赛场地的边线垂线设置，辅摄像机设置在两侧运动员的后部。
　　3. 计算网格为 2m×2m。
　　4. 测量网格最好为 2m×2m，最大为 4m×4m。

3. 奥运会关于击剑场地照明标准

奥运会关于击剑场地照明标准见表 5-47。

表 5-47 奥运会关于击剑场地照明标准

位置	照度/lx		照度均匀度（最小）			
	E_v-Cam-min	E_h-ave	水平方向		垂直方向	
	（见注）		E_{min}/E_{max}	E_{min}/E_{ave}	E_{min}/E_{max}	E_{min}/E_{ave}
比赛场地	1400	见下	0.7	0.8	0.6	0.7
场地周边（边线外、护栏之内）	1000	见下	0.6	0.7	0.4	0.6
隔离区（护栏外）		≤150	0.4	0.6		
观众（C1# 摄像机）	见下				0.3	0.5
E_h-ave-FOP/E_v-ave-CAM-FOP			≥0.75 和 ≤1.5			
E_h-ave-TPA/E_v-ave-TPA			≥0.5 和 ≤2.0			
FOP 计算点四个平面 E_v 最小值与最大值的比值			≥0.6			

（续）

E_v-ave-C#1-spec/E_v-ave-C#1-FOP		≥0.1 和 ≤0.25
照度梯度	UG-FOP（1m 和 2m）	≤10%
	UG-TPA（4m）	≤20%
	UG-观众席（主摄像机方向）	≤20%
光源	CRI R_a	≥90
	T_k	5600K
相对于固定摄像机的眩光等级 GR		≤40

注：参见表5-7 注。

5.1.15　游泳、跳水、水球、花样游泳

1. 我国标准

表5-48 给出了我国关于游泳、跳水、水球、花样游泳的场地照明标准。

表5-48　游泳、跳水、水球、花样游泳的场地照明标准

等级	E_h/lx	E_h		E_{vmai}/lx	E_{vmai}		E_{vaux}/lx	E_{vaux}		R_a	LED R_9	T_{cp}/K
		U_1	U_2		U_1	U_2		U_1	U_2			
I	200	—	0.3	—	—	—	—	—	—	65	—	4000
II	300	0.3	0.5	—	—	—	—	—	—			
III	500	0.4	0.6	—	—	—	—	—	—			
IV	—	0.5	0.7	1000	0.4	0.6	750	0.3	0.5	80	0	4000
V	—	0.6	0.8	1400	0.5	0.7	1000	0.3	0.5			
VI	—	0.7	0.8	2000	0.6	0.7	1400	0.4	0.6	90	20	5500

注：1. 10m 跳台和1m、3m 跳板的正前方0.6m，宽2m 至水面应满足垂直照度的要求。

2. 泳池周边2m 区域应满足垂直照度的要求。

3. 应避免人工光和天然光经水面反射对运动员、裁判员、摄像机和观众造成反射眩光。

4. 墙和顶棚的反射比分别不应低于0.4 和0.6，池底的反射比不应低于0.7。

2. CIE 的游泳标准

CIE 169 号技术文件 "Practical Design Guidelines For The Lighting Of Sport Events For Colour Television And Filming（彩色电视和电影用体育赛事的照明实用设计指南）" 给出了游泳场地照明的标准，见表5-49。

表5-49　游泳、跳水、水球、花样游泳场地照明的垂直照度（维持值）

拍摄距离	25m	75m	150m
A 类	400lx	560lx	800lx
照度比和均匀度			
$E_{haverage} : E_{vave} = 0.5 \sim 2$（对于参考面）			
$E_{vmin} : E_{vmax} \geqslant 0.4$（对于参考面）			

（续）

照度比和均匀度
$E_{hmin} : E_{hmax} \geq 0.5$（对于参考面）
$E_{vmin} : E_{vmax} \geq 0.3$（每个格点的四个方向）

注：1. 眩光指数 GR≤50，仅用于户外。

2. 游泳的主赛区（PA）为 50m×21m（8 泳道），或 50m×25m（10 泳道），安全区：绕泳池 2m 宽；总赛区（TA）为 54m×25m（或 29m）。

3. 跳水主赛区（PA）尺寸为 21m×15m，安全区为 PA 各外加 2m；10m 跳台上方自由高度为 3.4~5m。

4. 游泳池与跳水池的间距为 4~5m。

5. 对于水球，使用池中央 30m 区。

3. 奥运会标准

奥运会游泳、跳水、水球、花样游泳场地照明标准见表 5-50。

表 5-50 奥运会游泳、跳水、水球、花样游泳场地照明标准

位置	照度/lx		照度均匀度（最小值）			
	E_v-cam-min	E_h-ave	水平方向		垂直方向	
			E_{min}/E_{max}	E_{min}/E_{ave}	E_{min}/E_{max}	E_{min}/E_{ave}
比赛场地	1400	参见比率	0.7	0.8	0.6	0.7
全赛区	1400	参见比率	0.6	0.7	0.4	0.6
隔离区		参见比率	0.4	0.6		
观众席(C1#摄像机)	参见比率				0.3	0.5

比率	
E_h-ave-FOP/E_v-ave-Cam-FOP	≥0.75 且 ≤1.5
E_h-ave-deck/E_v-ave-Cam-deck	≥0.5 且 ≤2.0
FOP 计算点四个平面 E_v 最小值与最大值的比值	≥0.6
E_v-ave-spec/E_v-ave-Cam-FOP	≥0.1 且 ≤0.25
E_v-min-TRZ	≥E_v-ave-C#1-FOP

均匀度变化梯度（最大值）	
UG-FOP（2m 和 1m 格栅）	≤20%
UG-deck（4m 格栅）	≤10%
UG-观众席（正对 1 号摄像机）	≤20%

光源	
CRI R_a	≥90
T_k	5600K

镜头频闪-眩光指数 GR	
固定摄像机的眩光指数	≤40（最好≤30）

注：参见表 5-7 注，在此不再赘述。

5.1.16　场地自行车

1. 我国关于场地自行车场地照明标准

我国关于场地自行车场地照明标准见表 5-51。

表 5-51　我国关于场地自行车场地照明标准

等级	E_h/lx	E_h		E_{vmai}/lx	E_{vmai}		E_{vaux}/lx	E_{vaux}		R_a	LED R_9	T_{cp}/K	GR
		U_1	U_2		U_1	U_2		U_1	U_2				
Ⅰ	200	—	0.3	—	—	—	—	—	—	65	—	4000	35
Ⅱ	500	0.4	0.6	—	—	—	—	—	—				
Ⅲ	750	0.5	0.7	—	—	—	—	—	—				
Ⅳ	—	0.5	0.7	1000	0.4	0.6	750	0.3	0.5	80	0	4000	30
Ⅴ	—	0.6	0.8	1400	0.5	0.7	1000	0.3	0.5				
Ⅵ	—	0.7	0.8	2000	0.6	0.7	1400	0.4	0.6	90	20	5500	

注：赛道表面应采用漫射材料以防止反射眩光。

2. 国际体育联合会关于场地自行车场地照明标准

国际体育联合会关于场地自行车场地照明标准见表 5-52。

表 5-52　国际体育联合会关于场地自行车场地照明标准

运动类型		E_h/lx	E_{vmai}/lx	E_{vaux}/lx	水平照度均匀度		垂直照度均匀度		R_a	T_k/K
					U_1	U_2	U_1	U_2		
业余水平	体能训练	150	—	—	0.4	0.6	—	—	20	4000
	非比赛、娱乐活动	300	—	—	0.4	0.6	—	—	65	4000
	国内比赛	500	—	—	0.5	0.7	—	—	65	4000
专业水平	体能训练	300	—	—	0.4	0.6	—	—	65	4000
	国内比赛	750	—	—	0.5	0.7	—	—	65	4000
	TV 转播的国内比赛	—	750	500	0.5	0.7	0.3	0.5	65	4000
	TV 转播的国际比赛	—	1000	750	0.6	0.7	0.4	0.6	65 最好 80	4000
	高清晰度 HDTV 转播	—	2000	1500	0.7	0.8	0.6	0.7	80	4000
	应急 TV	—	750	—	0.5	0.7	0.3	0.5	65 最好 80	4000

注：1. 计算网格为 2m×2m，测量网格最好为 2m×2m，最大不超过 4m×4m。

　　2. 摄像机没有固定位置，转播时与广播电视公司协商确定。

3. 奥运会关于场地自行车场地照明标准

奥运会关于场地自行车场地照明标准见表5-53。

表5-53 奥运会关于场地自行车场地照明标准

位置	照度/lx		照度均匀度（最小值）			
	E_v-cam-min	E_h-ave	水平方向		垂直方向	
			E_{min}/E_{max}	E_{min}/E_{ave}	E_{min}/E_{max}	E_{min}/E_{ave}
全赛区	1400	参见比率	0.7	0.8	0.7	0.8
比赛服务区	1000		0.6	0.7	0.4	0.6
终点线	1400		0.7	0.6	0.9	0.9
隔离区（护栏外）			0.4	0.6		
观众席（C1，4，5#摄像机）	参见比率				0.3	0.5

比率	
E_h-ave-FOP/E_v-ave-Cam-FOP	≥0.75 且≤1.5
E_h-ave-SS/E_v-ave-SS	≥0.5 且≤2.0
FOP计算点四个平面 E_v 最小值与最大值的比值	≥0.6
E_v-ave-C#1-spec/E_v-ave-C#1-FOP	≥0.1 且≤0.25
E_v-min-TRZ	≥E_v-ave-C#1-FOP

均匀度变化梯度（最大值）	
UG-FOP（2m 和 1m 格栅）	≤10%
UG-SS（4m 格栅）	≤20%
UG-观众席（正对 1 号摄像机）	≤20%

光源	
CRI R_a	≥90
T_k	5600K

镜头频闪-眩光指数 GR	
固定摄像机的眩光指数	≤40

注：参见表 5-7 注，并补充如下：

1. 比赛场地内与场地四周垂直相交的四个平面上任何一点的 E_{vmin} 与 E_{vmax} 之比值应在 0.6~0.9，垂直相交的四个面既可以垂直于场地的四边，也可以与场地四边成 45°角。
2. 如果固定摄像机方向的最小垂直照度为 1400lx，则移动摄像机方向上的最小垂直照度不应低于 1000lx。

5.1.17 射击

1. 我国关于射击场地照明标准

我国关于射击场地照明标准见表 5-54。

表 5-54　我国关于射击场地照明标准

等级	E_h 射击区、弹道区/lx	E_h U_1	E_h U_2	E_v/lx 靶面	E_v U_1	E_v U_2	R_a	LED R_9	T_{cp}/K
Ⅰ	200	—	0.5	1000	0.6	0.7	65	—	3000
Ⅱ	200	—	0.5	1000	0.6	0.7			
Ⅲ	300	—	0.5	1000	0.6	0.7			
Ⅳ	500	0.4	0.6	1500	0.7	0.8	80	0	3000
Ⅴ	500	0.4	0.6	1500	0.7	0.8			
Ⅵ	600	0.4	0.6	2000	0.7	0.8			4000

注：场地地面上 1m 高的平均水平照度和靶面朝向运动员平面上的平均垂直照度之比宜为 3∶10。

2. CIE 关于射击场地照明标准

CIE 169 号技术文件给出室内射击项目场地照明标准，室外射击项目不受此限制，见表 5-55。

表 5-55　室内射击项目场地的垂直照度标准值（维持值）

拍摄距离	25m	75m	150m
A 类	400lx	560lx	800lx
照度比和均匀度			
$E_{haverage}\!:\!E_{vave}=0.5\sim2$（对于参考面）			
$E_{vmin}\!:\!E_{vmax}\geqslant0.4$（对于参考面）			
$E_{hmin}\!:\!E_{hmax}\geqslant0.5$（对于参考面）			
$E_{vmin}\!:\!E_{vmax}\geqslant0.3$（每个格点的四个方向）			

注：1. 主赛区（PA）的长度取决于比赛项目，如 50m 气步枪，射击区至靶子的距离为 50m。PA 的宽度由射击道数量决定，射击道中心间距为 1~1.5m。靶子后面还有 5~7m 的附加空间，如确有困难，附加空间至少为 3m。
2. 靶子的照度为 800~1000lx，射击区的照度为 300lx，弹道区照度可以低一些。
3. 主摄像机位于射手和目标的侧面或背后。
4. 计算网格在地面上方高度 1m 处的为 2.5m×2.5m。

3. 奥运会关于射击场地照明标准

奥运会关于射击场地照明标准见表 5-56。

表 5-56　奥运会关于射击场地照明标准

位置	照度/lx E_v-cam-min	照度/lx E_h-ave	照度均匀度（最小值）水平方向 E_{min}/E_{max}	水平方向 E_{min}/E_{ave}	垂直方向 E_{min}/E_{max}	垂直方向 E_{min}/E_{ave}
全赛区	1400	参见比率	0.7	0.8	0.7	0.8
全赛区周边（护栏内）	1000		0.6	0.7	0.4	0.6
隔离区（护栏外）		≤150	0.4	0.6		

（续）

位置	照度/lx		照度均匀度（最小值）			
	E_v-cam-min	E_h-ave	水平方向		垂直方向	
			E_{min}/E_{max}	E_{min}/E_{ave}	E_{min}/E_{max}	E_{min}/E_{ave}
观众席（C1#摄像机）	参见比率				0.3	0.5
比率						
E_h-ave-FOP/E_v-ave-Cam-FOP			≥0.75 且≤1.5			
E_h-ave-FS/E_v-ave-FS			≥0.5 且≤2.0			
E_h-ave-FS/E_h-ave-FOP			≥0.5 且≤0.7			
FOP 计算点四个平面 E_v 最小值与最大值的比值			≥0.6			
E_v-ave-C#1-spec/E_v-ave-C#1-FOP			≥0.1 且≤0.2			
ARZ（终点）/E_v-min-C#1			≥E_v-ave-C#1			
均匀度变化梯度（最大值）						
UG-FOP（2m 和 1m 格栅）			≤10%			
UG-FOP 周边（4m 格栅）			≤20%			
UG-观众席（正对 1#摄像机）			≤20%			
光源						
CRI R_a			≥90			
T_k			5600K			
镜头眩光指数 GR						
固定摄像机的眩光指数			≤40			

注：参见表 5-7 注，并补充如下：

如果固定摄像机方向的最小垂直照度为 2000lx，则移动摄像机方向上的最小垂直照度不应低于 1400lx。

5.1.18 射箭

1. 我国关于射箭场地照明标准

我国关于射箭场地照明标准见表 5-57。

表 5-57 我国关于射箭场地照明标准

等级	E_h 射箭区、箭道区/lx	E_h		E_v/lx 靶面	E_v		R_a	LED R_9	T_{cp}/K
		U_1	U_2		U_1	U_2			
I	200	—	0.5	1000	0.6	0.7			
II	200	—	0.5	1000	0.6	0.7	65	—	4000
III	300	—	0.5	1000	0.6	0.7			
IV	500	0.4	0.6	1500	0.7	0.8			4000
V	500	0.4	0.6	1500	0.7	0.8	80	0	5500
VI	600	0.4	0.6	2000	0.7	0.8	90	20	5500

注：场地照明需确保箭的飞行和目标清晰可见，保证安全。

2. CIE 关于射箭场地照明标准

CIE 169 号技术文件给出了射箭场地的照明标准，见表 5-58。

表 5-58 射箭场地的垂直照度标准值（维持值）

拍摄距离	25m	75m	150m
A 类	400lx	560lx	800lx
照度比和均匀度			
$E_{haverage} : E_{vave} = 0.5 \sim 2$ （对于参考面）			
$E_{vmin} : E_{vmax} \geqslant 0.4$ （对于参考面）			
$E_{hmin} : E_{hmax} \geqslant 0.5$ （对于参考面）			
$E_{vmin} : E_{vmax} \geqslant 0.3$ （每个格点的四个方向）			

注：1. 射箭可以在室内举行，也可以在室外进行。射箭场的射箭距离 18 ~ 90m，奥运会等重要比赛的射箭场地长为 90m。目标的中心在地面上方 1.3m 处。通常箭道有 8 道、13 道，箭道平行布置。

2. 摄像机可以位于沿着射箭线不同位置，以及位于等候线与射箭线之间的区域内。

3. 奥运会关于射箭场地照明标准

2008 年北京奥运会射击场由 CCDI 悉地国际设计，还曾经设计了东南亚运动会射击场。表 5-59 表示了奥运会关于射箭场地照明标准。

表 5-59 奥运会关于射箭场地照明标准

位置	照度/lx		照度均匀度（最小值）			
	E_v-cam-min（见注）	E_h-ave	水平方向		垂直方向	
			E_{min}/E_{max}	E_{min}/E_{ave}	E_{min}/E_{max}	E_{min}/E_{ave}
比赛场地 1（见注）	1400	参见比率	0.7	0.8	0.7	0.8
比赛场地 2	1000	参见比率			0.7	0.8
比赛场地 3		参见比率	0.6	0.8		
通道（护栏外）		≤150	0.4	0.6		
观众席，面对 1#摄像机（见注）	参见比率				0.3	0.5
比率						
E_h-ave-FOP1/E_v-ave-FOP1			≥0.75 且≤1.5			
E_h-ave-FOP3/E_v-ave-FOP3			≥0.5 且≤2.0			
E_h-ave-FOP1/E_v-ave-FOP3			≥0.95 且≤1.05			
FOP 计算点四个平面 E_v 最小值与最大值的比值			≥0.6			
E_v-point-over 4 planes，FOP3			≥0.4			
E_v-ave-C#1-Spec/E_v-ave-C#1-FOP1			≥0.1 且≤0.20			
ARZ：E_v-max-C#1			射击线中心			

（续）

均匀度变化梯度（最大值）	
UG-FOP1（2m 和 1m 网格）	≤10%
UG-FOP3（4m 网格）	≤20%
光源	
CRI R_a	≥90
T_k	5600K
镜头频闪-眩光指数 GR	
固定摄像机的眩光指数	≤40

注：参见表 5-7 注，并补充如下：

1. 除非另有说明，所有分隔线间距均为 2m。
2. 场地 1 为射击线后的半圆区域，场地 2 为靶标，场地 3 为场地 1 与场地 2 之间的矩形区域。通道为护栏与观众席隔离护栏之间的区域。

5.1.19 马术

1. 我国关于马术场地照明标准

《体育场馆照明设计及检测标准》（JGJ 153—2016）给出了关于马术场地照明标准，见表 5-60，该标准可以满足从娱乐、训练到高清电视转播各等级比赛的要求。

表 5-60　我国关于马术场地照明标准

等级	E_h/lx	E_h		E_{vmai}/lx	E_{vmai}		E_{vaux}/lx	E_{vaux}		R_a	LED R_9	T_{cp}/K
		U_1	U_2		U_1	U_2		U_1	U_2			
Ⅰ	200	—	0.3	—	—	—	—	—	—	65	—	4000
Ⅱ	300	0.4	0.6	—	—	—	—	—	—			4000
Ⅲ	500	0.5	0.7	—	—	—	—	—	—			4000
Ⅳ	—	0.5	0.7	1000	0.4	0.6	750	0.3	0.5	80	0	4000
Ⅴ	—	0.6	0.8	1400	0.5	0.7	1000	0.3	0.5			5500
Ⅵ	—	0.7	0.8	2000	0.6	0.7	1400	0.4	0.6	90	20	5500

注：照明应避免对马和骑手造成眩光与消除障碍周围阴影，应为马和骑手提供安全条件。

2. 国际体育联合会关于马术场地照明标准

国际体育联合会对马术场地照明也有比较高的要求，详见表 5-61。

表 5-61　国际体育联合会关于马术场地照明标准

运动类型		E_h/lx	E_{vmai}/lx	E_{vaux}/lx	水平照度均匀度		垂直照度均匀度		R_a	T_k/K
					U_1	U_2	U_1	U_2		
业余水平	体能训练	150	—	—	0.4	0.6	—	—	20	4000
	非比赛、娱乐活动	300	—	—	0.4	0.6	—	—	65	4000
	国内比赛	500	—	—	0.5	0.7	—	—	65	4000

（续）

运动类型		E_h/lx	E_{vmai}/lx	E_{vaux}/lx	水平照度均匀度		垂直照度均匀度		R_a	T_k/K
					U_1	U_2	U_1	U_2		
专业水平	体能训练	300	—	—	0.4	0.6	—	—	65	4000
	国内比赛	750	—	—	0.5	0.7	—	—	65	4000
	TV 转播的国内比赛	—	750	500	0.5	0.7	0.3	0.5	65	4000
	TV 转播的国际比赛	—	1000	750	0.6	0.7	0.4	0.6	65 最好 80	4000
	高清晰度 HDTV 转播	—	2000	1500	0.7	0.8	0.6	0.7	80	4000
	应急 TV	—	750	—	0.5	0.7	0.3	0.5	65 最好 80	4000

注：计算网格为 2m×2m，测量网格最好为 2m×2m，最大不超过 4m。

3. 奥运会关于马术场地照明标准

表 5-62 给出了奥运会关于马术场地照明标准，供读者设计重大国际体育比赛时参考。

表 5-62 奥运会关于马术场地照明标准

位置	照度/lx		照度均匀度（最小值）			
	E_v-cam-min（见注）	E_h-ave	水平方向		垂直方向	
			E_{min}/E_{max}	E_{min}/E_{ave}	E_{min}/E_{max}	E_{min}/E_{ave}
比赛场地	1400	参见比率	0.7	0.8	0.7	0.8
保留区	1000	参见比率	0.6	0.7	0.4	0.6
隔离区		≤150	0.4	0.6		
观众席（面对主摄像机）	参见比率				0.3	0.5

比率	
E_h-ave-FOP1/E_v-ave-FOP1	≥0.75 且 ≤1.5
E_h-ave-FOP3/E_v-ave-FOP3	≥0.5 且 ≤2.5
FOP 计算点四个平面 E_v 最小值与最大值的比值	≥0.6
E_v-point-over 4 planes，FOP3	≥0.4
E_v-ave-C#1-Spec/E_v-ave-C#1-FOP1	≥0.1 且 ≤0.20
ARZ：E_v-max-C#1	场地中心

均匀度变化梯度（最大值）	
UG-场地（2m 和 1m 格栅）	≤10%
UG-场地-周边（4m 格栅）	≤20%
UG-观众（面向主摄像机方向）	≤20%

（续）

光源	
CRI R_a	≥90
T_k	5600K
镜头频闪-眩光指数 GR	
固定摄像机的眩光指数	≤40

注：参见表 5-7 注。

5.1.20 沙滩排球

1. 我国标准

我国沙滩排球场地照明标准见表 5-63。

表 5-63 我国沙滩排球场地照明标准

等级	E_h/lx	E_h		E_{vmai}/lx	E_{vmai}		E_{vaux}/lx	E_{vaux}		R_a	LED R_9	T_{cp}/K	GR
		U_1	U_2		U_1	U_2		U_1	U_2				
I	200	—	0.3	—	—	—	—	—	—	65	—	4000	35
II	500	0.4	0.6	—	—	—	—	—	—				50
III	750	0.5	0.7	—	—	—	—	—	—				
IV	—	0.5	0.7	1000	0.4	0.6	750	0.3	0.5	80	0	4000	
V	—	0.6	0.8	1400	0.5	0.7	1000	0.3	0.5			5500	
VI	—	0.7	0.8	2000	0.6	0.7	1400	0.4	0.6	90	20	5500	

2. 奥运会标准

表 5-64 为奥运会沙滩排球场地照明标准，2008 年北京奥运会沙滩排球场也是由 CCDI 悉地国际设计。

表 5-64 奥运会沙滩排球场地照明标准

位置	照度/lx		照度均匀度（最小值）			
	E_v-cam-min	E_h-ave	水平方向		垂直方向	
			E_{min}/E_{max}	E_{min}/E_{ave}	E_{min}/E_{max}	E_{min}/E_{ave}
场地	1400	参见比率	0.7	0.8	0.7	0.8
全赛区（场地和自由区）	1400		0.6	0.7	0.6	0.7
隔离区（护栏外）		≤150	0.4	0.6		
观众席（C1# 摄像机）	参见比率				0.3	0.5

（续）

比率	
E_h-ave-court/E_v-ave-court	≥0.75 且 ≤1.5
E_h-ave-FOP/E_v-ave-FOP	≥0.5 且 ≤2.0
E_v-point-over 4 planes，场地	≥0.6
FOP 计算点四个平面 E_v 最小值与最大值的比值	≥0.4
E_v-ave-C#1-spec/E_v-ave-C#1-FOP	≥0.1 且 ≤0.2
TRZ/E_v-max-C#1	≥E_v-ave
均匀度变化梯度（最大值）	
UG-FOP（2m 和 1m 格栅）	≤10%
UG-FOP-背景（4m 格栅）	≤20%
UG-观众席（正对 1# 摄像机）	≤20%
光源	
CRI R_a	≥90
T_k	5600K
镜头频闪-眩光指数 GR	
固定摄像机的眩光指数	≤40

注：参见表 5-7 注，在此不再赘述。

5.1.21 橄榄球

1. 我国标准

我国关于橄榄球场地照明标准见表 5-65。

表 5-65　我国关于橄榄球场地照明标准

等级	E_h/lx	E_h		E_{vmai}/lx	E_{vmai}		E_{vaux}/lx	E_{vaux}		R_a	LED R_9	T_{cp}/K	GR
		U_1	U_2		U_1	U_2		U_1	U_2				
I	200	—	0.3	—	—	—	—	—	—	65	—	4000	55
II	300	—	0.5	—	—	—	—	—	—				
III	500	0.4	0.6	—	—	—	—	—	—				
IV	—	0.5	0.7	1000	0.4	0.6	750	0.3	0.5	80	0	4000	50
V	—	0.6	0.8	1400	0.5	0.7	1000	0.3	0.5			5500	
VI	—	0.7	0.8	2000	0.6	0.7	1400	0.4	0.6	90	20	5500	

注：要求易于察觉高抛球，特别是在球门区。

2. 美国标准

橄榄球运动主要分布在美国、加拿大、英国、澳大利亚等国家，它不是奥运会项目，在世界范围内不太普及。因此，本书介绍橄榄球职业化、商业化水平最高的美国标准。根据美国 IESNARP-6-01，橄榄球场地照明标准见表 5-66。

表 5-66　美国橄榄球场地照明标准

等级	水平照度/lx	照度均匀度（E_{max}/E_{min}）
Ⅰ	1000	1.7:1
Ⅱ	500	2.5:1
Ⅲ	300	3:1
Ⅵ	200	4:1

显然，表 5-66 是没有电视转播的场地照明标准值。美式橄榄球场为 109.73m×48.78m，测量网格为 9.14m×9.14m。

5.1.22　高尔夫球

1. 我国标准

我国关于高尔夫球场地照明标准见表 5-67。

表 5-67　我国关于高尔夫球场地照明标准

等级	位置	E_h/lx	E_h U_1	E_h U_2	E_v/lx	E_v U_1	E_v U_2	R_a	LED R_9	T_{cp}/K
Ⅰ	发球台	100	0.3	0.5	—	—	—	65	—	4000
	球道	50	—	0.2	10	—	0.2			
	果岭	150	0.4	0.6	—	—	—			
Ⅱ	发球台	150	0.4	0.6	—	—	—	65	—	4000
	球道	75	—	0.3	15	—	0.25			
	果岭	200	0.5	0.7	—	—	—			

注：表中水平照度高度为1m，垂直照度高度为25m。

2. 美国标准

根据美国 IESNARP-6-01，晚间高尔夫球运动仅限于娱乐等级。因此，其场地照明标准要求不高，为第Ⅳ等级，见表 5-68。

表 5-68　美国高尔夫球场地照明标准限值

等级Ⅳ，高尔夫球场地		
位置	水平照度/lx	照度均匀度（E_{max}/E_{min}）
发球台	50	3:1
球道	30	6:1
果岭	50	3:1
高尔夫练习场		
指标	照度值/lx	照度均匀度（E_{max}/E_{min}）
发球台的水平照度	200	3:1
场地区垂直照度	100	3:1

5.2 冬季运动项目

5.2.1 冰球、花样滑冰、速度滑冰、短道速滑、冰壶

1. 我国标准

我国关于冰球、花样滑冰、速度滑冰、短道速滑、冰壶场地照明标准见表 5-69。

表 5-69 我国关于冰球、花样滑冰、速度滑冰、短道速滑、冰壶场地照明标准

等级	E_h/lx	E_h		E_{vmai}/lx	E_{vmai}		E_{vaux}/lx	E_{vaux}		R_a	LED R_9	T_{cp}/K	GR
		U_1	U_2		U_1	U_2		U_1	U_2				
I	300	—	0.3	—	—	—	—	—	—	65	—	4000	35
II	500	0.4	0.6	—	—	—	—	—	—				
III	1000	0.5	0.7	—	—	—	—	—	—				30
IV	—	0.5	0.7	1000	0.4	0.6	750	0.3	0.5	80	0	4000	
V	—	0.6	0.8	1400	0.5	0.7	1000	0.3	0.5				
VI	—	0.7	0.8	2000	0.6	0.7	1400	0.4	0.6	90	20	5500	

注：1. 顶棚反射比应大于 0.6，墙面反射比应为 0.3～0.6；灯具布置应减少冰面对观众和摄像机的反射眩光。
　　2. 速度滑冰项目的内场照度应至少为赛道照度水平的 1/2。
　　3. 冰球场应增加对球门区的照明，应补充照明消除围板产生的阴影，并满足围板附近的垂直照度要求。
　　4. 冰壶应避免底线位置运动员视线方向上的眩光。

2. CIE 标准

CIE 169 号技术文件对速度滑冰、冰球场地照明要求见表 5-70。

表 5-70 速度滑冰、冰球场地的垂直照度（维持值）

	拍摄距离	25m	75m	150m
	B 类	560lx	800lx	1120lx
速度滑冰	照度比和均匀度			
	$E_{haverage}:E_{vave}=0.5～2$（对于参考面）			
	$E_{vmin}:E_{vmax}≥0.4$（对于参考面）			
	$E_{hmin}:E_{hmax}≥0.5$（对于参考面）			
	$E_{vmin}:E_{vmax}≥0.3$（每个格点的四个方向）			
	注：1. 标准的国际速滑赛道长度为 400m，赛道长度为 333m 不是标准赛道，不用于国际赛事 　　2. 计算网格是 5m×5m，或为 2.5m×2.5m；测量网格赛道为 5m×5m，总赛区为 10m×10m			

（续）

	拍摄距离	25m	75m	150m
冰球	C 类	800lx	1120lx	—
	照度比和均匀度			
	$E_{haverage}:E_{vave}=0.5\sim2$（对于参考面）			
	$E_{vmin}:E_{vmax}\geqslant0.4$（对于参考面）			
	$E_{hmin}:E_{hmax}\geqslant0.5$（对于参考面）			
	$E_{vmin}:E_{vmax}\geqslant0.3$（每个格点的四个方向）			
	注：1. 主赛区（PA）尺寸为60m×30m，围板最小高度为1m，附加预备队员座位区 2. 计算网格、测量网格均为5m×5m 3. 应消除围板附近的阴影，因为许多精彩动作在围板附近完成			

3. 国际体育联合会的标准

国际体育联合会关于冰壶、冰球、短道速滑、花样滑冰场地照明标准参见表 5-71。

表 5-71　国际体育联合会关于冰壶、冰球、短道速滑、花样滑冰场地照明标准

运动类型		E_h/lx	E_{vmai}/lx	E_{vaux}/lx	水平照度均匀度		垂直照度均匀度		R_a	T_k/K
					U_1	U_2	U_1	U_2		
业余水平	体能训练	150	—	—	0.4	0.6	—	—	65	4000
	非比赛、娱乐活动	300	—	—	0.4	0.6	—	—	65	4000
	国内比赛	600	—	—	0.5	0.7	—	—	65	4000
专业水平	体能训练	300	—	—	0.4	0.6	—	—	65	4000
	国内比赛	1000	—	—	0.5	0.7	—	—	65	4000
	TV 转播的国内比赛	—	1000	750	0.5	0.7	0.4	0.6	65	4000
	TV 转播的国际比赛	—	1400	1000	0.6	0.7	0.4	0.6	65 最好 80	4000
	高清晰度 HDTV 转播	—	2500	2000	0.7	0.8	0.6	0.7	80	4000
	应急 TV	—	1000	—	0.5	0.7	0.4	0.6	65 最好 80	4000

注：1. 比赛场地大小：冰壶，4.75m×44.52m（标准的场馆为六道）；冰球，30m×60m；短道速滑，30m×60m；花样滑冰，30m×60m。
　　2. 摄像机最佳位置：冰壶主摄像机设在道的长轴线上，辅摄像机沿道布置。短道和花样滑冰时，主摄像机沿冰场的场轴线布置，每个拐角处的地面高度和运动员等待区都应设置。
　　3. 计算网格为2m×2m；测量网格最好为2m×2m，最大为4m×4m。
　　4. 围栏板高度至少1m，照明设计应避免产生栏板的阴影。

4. 冬奥会的标准

冬奥会冰球、花样滑冰、速度滑冰、短道速滑、冰壶的场地照明标准参见表 5-85

的要求。

1）冰球场地照明还需满足下列要求：

①主摄像机方向的垂直照度最大值应在慢动作回放区（SRZ）内。

②面向队员席、受罚席、记录席的摄像机最小垂直照度 E_{cmin} 应为 1200lx。

③入场通道最低垂直照度 E_{vmin} 为 800lx，最好为 1000lx，且照度均匀，$E_{vmin}/E_{vmax} \geqslant 0.4$，$E_{vmin}/E_{vave} \geqslant 0.6$。

2）冰壶场地照明还需满足下列要求：

①相关高位主摄像机方向的垂直照度均匀度，$E_{vmin}/E_{vmax} \geqslant 0.9$。

②决赛赛道的照明质量、照明指标应与半决赛、预赛赛道保持一致。

3）速滑场地照明还需满足下列要求：

在内场两侧正交方向（可以理解为四方向）上的最小照度 E_{vmin} 为 1200lx；平均水平照度约为比赛场地 FOP 平均水平照度的 70%（即 $E_{have} \times 0.7$）。

5.2.2　自由式滑雪、单板滑雪

1. 我国标准

我国自由式滑雪、单板滑雪场地照明标准见表 5-72。

表 5-72　我国自由式滑雪、单板滑雪场地照明标准

等级	E_h/lx	E_h		E_{vmai}/lx	E_{vmai}		E_{vaux}/lx	E_{vaux}		R_a	LED R_9	T_{cp}/K	GR
		U_1	U_2		U_1	U_2		U_1	U_2				
Ⅰ	200	—	0.4	—	—	—	—	—	—	65	—	4000	55
Ⅱ	300	0.4	0.6	—	—	—	—	—	—				
Ⅲ	500	0.5	0.7	—	—	—	—	—	—				
Ⅳ	—	0.5	0.7	1000	0.4	0.6	750	0.3	0.5	80	0	4000	50
Ⅴ	—	0.6	0.8	1400	0.5	0.7	1000	0.3	0.5			5500	
Ⅵ	—	0.7	0.8	2000	0.6	0.7	1400	0.4	0.6	90	20	5500	

注：1. 本表适用于自由式滑雪项目中的空中技巧、雪上技巧、U 形场地技巧以及单板滑雪项目中的 U 形场地技巧、大跳台空中技巧。

　　2. Ⅰ级、Ⅱ级不含技巧类高难动作。

2. 国际体育联合会的标准

国际体育联合会的高山滑雪和自由式滑雪场地照明标准参见表 5-73 及表 5-74。

表 5-73　国际体育联合会关于无电视转播的高山滑雪和自由式滑雪场地照明标准

等级	水平照度/lx	照度均匀度（E_{min}/E_{ave}）	显色指数	GR
Ⅰ	150	0.5	>60	<50
Ⅱ	100	0.4	>20	<50
Ⅲ	50	0.3	>20	<55

表 5-74　国际体育联合会关于电视转播的高山滑雪和自由式滑雪场地照明标准

类型	摄像机类型	水平照度 E_h			垂直照度 E_{mai}			显色指数	眩光指数
		照度值	U_2	U_1	照度值	U_2	U_1		
重大赛事	HDTV	1500~3000	0.8	0.7	2200	0.7	0.6	>90	<50
	慢动作			0.6	1800		0.5	>80	
	固定摄像机				1400				
	移动摄像机				1200	0.5	0.3		
	说明	对摄像机而言，平均水平照度与垂直照度的比值推荐为 0.75~1.5							
国内赛事	所有摄像机	1000~2000	0.7	0.5	1000	0.6	0.4	>80	<50

注：1. 表中所有照度值均为平均照度。

　　2. 垂直照度为场地上方 1.5m 处面向摄像机方向上的垂直照度。

　　3. 色温为 4200~5600K，同一场地要求色温相同。

3. 冬奥会标准

冬奥会关于单板滑雪、自由式滑雪场地照明的总体通用要求见表 5-85，此外，还需符合表 5-75 的要求。

表 5-75　单板滑雪、自由式滑雪场地照明的针对性要求

自由式滑雪			单板滑雪	
空中技巧	斜台区（Inrun）	$E_c \geq 1600lx$，从出发区到起跳区	$E_c \geq 1600lx$，指定方向，从起点、全程和终点区延伸至距离围栏至少 5m	U 形场地技巧
	空中跳跃区（Acrobatic jump）	$E_c \geq 1600lx$，从起跳区到着陆区	$E_v \geq 1200$，从终点线到围栏	
	着落区（Landing zone）	$E_c \geq 1600lx$	$E_c \geq 1600lx$，从落点、整个赛道和终点区延伸至距离围栏至少 5m	单板滑雪交叉、平行回转、平行大回转和坡面障碍技巧
	着陆过渡区（Landing transition zone）	$E_c \geq 1600lx$	$E_v \geq 1200$，四方向，从终点线到围栏	
	终点区（Finish area）	要求见通用要求，表 5-85	$E_c \geq 1600lx$，从出发区到起跳处	
	运动员在斜台区、空中跳跃区	$GR \leq 30$	$E_c \geq 1600lx$，从起跳处到着陆区	
雪上技巧	整个赛道，一直延伸到终点区域，直到距离围栏至少 5m	$E_c \geq 1600lx$	$E_c \geq 1600lx$，着陆区	大跳台
	从终点线到围栏的终点区	$E_v \geq 1200lx$，要求见通用要求，表 5-85	着陆过渡区和终点区的要求见通用要求，表 5-85	

（续）

自由式滑雪			单板滑雪
U形场地技巧	从落点、整个赛道和终点区延伸至距离围栏至少5m	$E_c \geq 1600lx$，指定方向	
	从终点线到围栏	$E_v \geq 1200lx$，要求见通用要求，表5-85	
交叉滑雪和坡面障碍滑雪	从起点、全程和终点区延伸至距离围栏至少5m	$E_c \geq 1600lx$，指定方向	
	从终点线到围栏	$E_v \geq 1200lx$，要求见通用要求，表5-85	

5.2.3　高山滑雪

1. 我国标准

我国高山滑雪场地照明标准见表5-76。

表 5-76　我国高山滑雪场地照明标准

等级	E_h/lx	E_h		E_{vmai}/lx	E_{vmai}		E_{vaux}/lx	E_{vaux}		R_a	LED R_9	T_{cp}/K	GR
		U_1	U_2		U_1	U_2		U_1	U_2				
Ⅲ	500	0.5	0.7	—	—	—	—	—	—	65	—	4000	
Ⅳ	—	0.5	0.7	1000	0.4	0.6	750	0.3	0.5	80	0	4000	50
Ⅴ	—	0.6	0.8	1400	0.5	0.7	1000	0.3	0.5			5500	
Ⅵ	—	0.7	0.8	2000	0.6	0.7	1400	0.4	0.6	90	20	5500	

注：本表适用于高山滑雪项目中的回转。

2. 国际体育联合会标准

国际体育联合会的高山滑雪场地照明标准参见表5-73及表5-74。

3. 冬奥会标准

冬奥会高山滑雪场地照明标准参见表5-85。

5.2.4　跳台滑雪

1. 我国标准

我国跳台滑雪场地照明标准见表5-77。

表 5-77　我国跳台滑雪场地照明标准

等级	E_h/lx	E_h		E_{vmai}/lx	E_{vmai}		E_{vaux}/lx	E_{vaux}		R_a	LED R_9	T_{cp}/K	GR
		U_1	U_2		U_1	U_2		U_1	U_2				
III	500	0.5	0.7	—	—	—	—	—	—	65		4000	
IV	—	0.5	0.7	1000	0.4	0.6	750	0.3	0.5	80	0	4000	50
V	—	0.6	0.8	1400	0.5	0.7	1000	0.4	0.5			5500	
VI	—	0.7	0.8	2000	0.6	0.7	1400	0.4	0.6	90	20	5500	

注：1. 运动全过程应避免对运动员、裁判、观众造成眩光。

　　2. 跳台区与其周围的亮度比至少为 5:1，以保证边界清晰可见。

2. 国际体育联合会标准

国际体育联合会的无电视转播的跳台滑雪场地照明标准参见表 5-78，有电视转播的跳台滑雪场地照明标准值参见表 5-74。

表 5-78　国际体育联合会关于无电视转播的跳台滑雪场地照明标准

部位	等级	水平照度/lx	照度均匀度 (E_{min}/E_{ave})	显色指数	GR
落地区	I	300	0.7	>60	<50
	II	200	0.6	>20	<50
	III	200	0.6	>20	<55
助滑道	I	50	0.5	>60	<50
	II	50	0.3	>20	<50
	III	20	0.3	>20	<55

注：表中所有照度值均为平均照度。

3. 冬奥会标准

冬奥会跳台滑雪场地照明标准参见表 5-85。此外，运动员在助滑和飞行时应确保 GR≤30。

5.2.5　越野滑雪

1. 我国标准

我国越野滑雪场地照明标准见表 5-79。表中越野滑雪赛道起点区和终点区水平照度应达到 1000lx。

表 5-79　我国越野滑雪场地照明标准

等级	E_h/lx	E_h		E_{vmai}/lx	E_{vmai}		E_{vaux}/lx	E_{vaux}		R_a	LED R_9	T_{cp}/K	GR
		U_1	U_2		U_1	U_2		U_1	U_2				
III	500	0.4	0.6	—	—	—	—	—	—	65		4000	
IV	—	0.5	0.7	1000	0.4	0.6	750	0.3	0.5	80	0	4000	50
V	—	0.6	0.8	1400	0.5	0.7	1000	0.3	0.5			5500	
VI	—	0.7	0.8	2000	0.6	0.7	1400	0.4	0.6	90	20	5500	

2. 冬奥会标准

冬奥会越野滑雪场地照明标准参见表5-85。

5.2.6　冬季两项

1. 我国标准

冬季两项由越野滑雪和射击组成，我国冬季两项射击场地照明标准见表5-80，越野滑雪场地照明标准值参照表5-79，冬季两项处罚圈的水平照度不应低于1000lx。

表5-80　我国越冬季两项射击场地照明标准

等级	E_h 射箭区、箭道区/lx	E_h		E_v/lx 靶面	E_v		R_a	LED R_9	T_{cp}/K
		U_1	U_2		U_1	U_2			
Ⅲ	500	0.4	0.6	1500	0.7	0.8	65	—	4000
Ⅳ	500	0.4	0.6	1500	0.7	0.8	80	0	4000
Ⅴ	750	0.5	0.7	1500	0.7	0.8			5500
Ⅵ	1000	0.5	0.7	2000	0.7	0.8	90	20	5500

2. 冬奥会标准

冬奥会冬季两项场地照明标准参见表5-85通用要求。除了主摄像机外，滑雪赛道上的所有摄像机都被视为主摄像机，因此，E_{cmin}为1600lx。

5.2.7　雪车、雪橇

1. 我国标准

我国雪车、雪橇场地照明标准见表5-81。雪车、雪橇对眩光要求比较严格，并要消除赛道内阴影。

表5-81　我国雪车、雪橇场地照明标准

等级	E_h/lx	E_h		E_{vmai}/lx	E_{vmai}		E_{vaux}/lx	E_{vaux}		R_a	LED R_9	T_{cp}/K	GR
		U_1	U_2		U_1	U_2		U_1	U_2				
Ⅲ	500	0.5	0.7	—	—	—	—	—	—	65	—	4000	
Ⅳ	—	0.5	0.7	1000	0.4	0.6	750	0.4	0.5	80	0	4000	50
Ⅴ	—	0.6	0.8	1400	0.5	0.7	1000	0.4	0.5	80	0	5500	
Ⅵ	—	0.7	0.8	2000	0.6	0.7	1400	0.5	0.6	90	20	5500	

2. 国际体育联合会标准

国际体育联合会的无电视转播的雪车、雪橇场地照明标准参见表5-82。

表 5-82　国际体育联合会关于无电视转播的雪车、雪橇场地照明标准

等级	水平照度/lx	照度均匀度 (E_{min}/E_{ave})	显色指数	GR
Ⅰ	300	0.7	>60	<50
Ⅱ	200	0.5	>60	<50
Ⅲ	50	0.4	>20	<50

注：表中所有照度值均为平均照度。

3. 冬奥会标准

冬奥会雪车、雪橇场地照明标准参见表 5-85 通用要求。此外，赛道上距离比赛场地 500mm 处相关摄像机的垂直照度，按 2.0m 网格进行计算。

5.3　综合项目

上面各节是针对具体运动项目的场地照明标准值，本节介绍各类运动项目综合要求。

1. 我国标准

我国国家标准《LED 体育照明应用技术要求》（GB/T 38539—2020）给出了超高清电视转播对照明的要求，详见表 5-83。

表 5-83　超高清电视转播照明标准

类别	垂直照度			水平照度均匀度		相关色温/K	电视转播颜色复现指数 TLCI	显色指数 CRI		频闪比	眩光指数 GR	
	最小 E_{vmin}/lx	U_1	U_2	U_1	U_2	T_{cp}	Q_a	R_a	R_9		室内	室外
固定摄像机	1600	≥0.7	≥0.8									
移动摄像机	1200	≥0.5	≥0.7	≥0.7	≥0.8	≥5500	≥85	≥90	≥40	≤1%	≤30	≤50
超慢动作回放	2000	≥0.7	≥0.8									

注：本表适用于 LED 照明系统。

2. CIE 标准

CIE 83—2019《彩色电视和电影系统的体育赛事照明指南》是最新版本（第 3 版），该标准对有电视转播的场地照明有许多新要求，详见表 5-84。

表 5-84　CIE 83—2019 关于有电视转播的场地照明标准

等级	摄像机照度 E_c					垂直照度 E_v	水平照度			眩光指数		频闪比
	主摄像机		辅摄像机		特定摄像机	四方向				运动员	摄像机	
	$E_{cmin}^{①}$/lx	$U_2=E_{cmin}/E_{cav}$	$E_{cmin}^{①}$/lx	$U_2=E_{cmin}/E_{cav}$	均匀度梯度	E_{vmin}/E_{vmax}	E_{hav}/E_{cav}	$U_2=E_{hmin}/E_{hcav}$	均匀度梯度	GR 限值		%
国际比赛	1400	≥0.7	1000	≥0.6	≤20%/4m	≥0.6~0.9	0.5~1.5②	0.8	≤20%/4m	50	40	<3
国内比赛	1000		700			≥0.5		0.7				<10,最好<3
地区比赛	700	≥0.6	500	≥0.5	≤25%/4m	≥0.4	0.5~2.0	0.6	≤25%/4m			<10

① 为了保证照明系统在整个运行期间达到表中建议的最小照度值 E_c，需根据当地情况计入维护系数，以补偿灯具、反光器和前玻璃的老化与污染。

② 典型草坪目标值应为1.0；对于浅色表面，应为 0.5~1.0（例如冰面的目标值为 0.5）；对于深色表面，应为 1.0~1.5。

注：对于所有等级的比赛，光源的相关色温为 5000~6000K，一般显色指数应大于 80。相关色温偏离规定的值应 ≤±500K。

3. 奥运会标准

根据《体育转播照明通用指南》（Sports Broadcast Lighting Generic Guidelines），夏季奥运会和冬季奥运会场地照明通用要求见表 5-85，该标准也适用于夏季、冬季残奥会，以及青年夏季、冬季奥运会和残奥会。

表 5-85　奥运会高山滑雪场地照明标准

照度/lx		照度均匀度					眩光指数	显色指数		色温/K
水平照度 E_h	摄像机照度 E_c	摄像机及垂直照度		水平照度		均匀度梯度/(%/2m)	摄像机	TLCI	CRI	
平均值	最小值	U_1	U_2	U_1	U_2	U_G	GR_c	Q_a	R_a	T_k
见 E_h/E_v	≥1600	≥0.7	≥0.8	≥0.7	≥0.8	≤10%	≤40	≥85	≥85	5600

E_h-ave/E_v-ave-Cam#1	HH 摄像机 E_v	E_v-max-Cam#1	灯具瞄准角	某点垂直照度最小值与最大值的比值（4 个面）	主摄像机方向 E_{cmax}/lx	频闪比	R9
≥0.5，且≤1.5，见表5-86	≥0.7E_c	慢动作回放区	≤65°	≥0.6	≥2000	<1%	≥45

注：1. 对于 SSM（慢动作回放）和大多数 USSM（超慢动作回放）摄像机来说，频闪比应小于 1%；对于摄像机速度 ≤1000fps 时，频闪比 ≤2%；摄像机速度 ≤600fps 时，频闪比 ≤6%。

　　2. 表中 HH 摄像机为手持式摄像机（Hand-heldcamera）。

5.4　其他要求

1. 关于水平照度与垂直照度的关系

表5-86给出了奥运会标准对场地内水平照度与垂直照度（E_h/E_v）的比值。但是对于没有电视转播的体育照明，可以不用考量 E_h/E_v 的大小。而对于有电视转播的场地，平均水平照度与平均垂直照度的比值决定转播画面的效果，该比值过大，运动员的面部发暗，不利于辨别运动员；如果该比值过小，画面将会平淡，影响画面的质量。

表 5-86　E_h/E_v 建议取值

场地表面材料	典型反射系数	E_{have}/E_{vave} 建议值
草地	0.15 ~ 0.25	1.0
运动木地板	0.20 ~ 0.40	0.75 ~ 0.5
合成地板	0.15 ~ 0.60	1.5 ~ 0.5
网球黏土	0.15 ~ 0.20	1.0
雪	0.60 ~ 0.80	0.5
冰	0.70	0.5
沙	0.10 ~ 0.50	1.5 ~ 0.5

不同标准对 E_h/E_v 要求也各不相同，见表5-87。

表 5-87　场地内平均水平照度与平均垂直照度的比值

标准		平均水平照度/平均垂直照度
JGJ 153	体育场	0.75 ~ 1.8
	体育馆	1.0 ~ 2.0
奥运会标准	见表5-86	0.5 ~ 1.5
CIE 83	2019 版	0.5 ~ 1.5
FIFA、IAAF 等	多个版本	0.5 ~ 2.0

2. 维护系数和大气吸收系数

大气吸收系数只在我国规范、标准中出现过，其概念为光辐射在通过大气到达被照面的过程中，大气对光辐射的吸收、散射及反射作用造成光辐射的削弱，光辐射这种削弱程度称为大气吸收系数。其本质上与维护系数是不同的。为此笔者曾会同有关专家进行实测、分析、研究，得出了中国不同地区大气吸收系数的推荐值，见表5-88。

表 5-88　大气吸收系数的推荐值

太阳辐射等级	地区	光衰减系数 K_a
最好	宁夏北部、甘肃北部、新疆东部、青海西部和西藏西部等	<6%
好	河北西北部、山西北部、内蒙古南部、宁夏南部、甘肃中部、青海东部、西藏东南部和新疆南部等	6% ~ 8%

（续）

太阳辐射等级	地区	光衰减系数 K_a
一般	山东、河北、河北东南部、山西南部、新疆北部、吉林、辽宁、云南、陕西北部、甘肃东南部、广东南部、福建南部、台湾西南部等地	8% ~ 11%
较差	湖南、湖北、广西、江西、浙江、福建北部、广东北部、陕南、苏北、皖南以及黑龙江、台湾东北部等地	11% ~ 14%
差	四川、重庆、贵州	>15%

注：在 JGJ 153—2016 中，大气吸收系数更名为光衰减系数。

　　体育场场地照明多采用投光灯，灯具的直径远小于其被照距离的 1/5，因此，体育场场地照明可以被认为是点光源。计入大气吸收系数后点光源照度计算公式见式（5-1）。

$$E_h = \frac{N(1 - K_a)\phi_i I_\theta \cos^3\theta \mathrm{DF}}{1000h^2}$$

$$E_v = \frac{N(1 - K_a)\phi_i I_\theta \cos^2\theta \sin\theta \mathrm{DF}}{1000h^2} \tag{5-1}$$

式中　N——灯具数量；

　　　　ϕ_i——灯具内光源总的光通量（lm）；

　　　　θ——如图 5-1 所示；

　　　　I_θ——θ 方向的光强（cd）；

　　　　DF——维护系数，一般取 0.8，LED 取 0.9；

　　　　h——灯具距被照面的高度（m）；

　　　　K_a——大气吸收系数，查表 5-88。

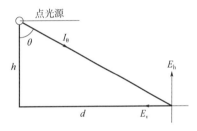

图 5-1　点光源照度计算

3. 照度梯度及比值

　　水平照度和垂直照度均匀度梯度应符合表 5-89 的规定。

表 5-89　照度梯度及比值

电视转播情况	计算及测量网格	梯度
有电视转播	计算与测量网格 <5m	≤10%/2m
	计算与测量网格 ≥5m	≤20%/4m
无电视转播	所有	≤50%/5m
比赛场地每个计算点四个方向上的最小垂直照度和最大垂直照度的比值		
HDTV 转播重大国际比赛	0.6	其他	0.3

　　国际上，对体育照明的梯度要求不尽相同，读者设计时请参照相关标准。

4. 观众席及应急照明

　　观众席及应急照明照度标准见表 5-90。其中，场馆内疏散照明需与消防应急照明协调，相关标准有关规定见表 5-91。

表 5-90　观众席及应急照明照度标准

部位	照度要求	备注
观众席座位面的平均水平照度值	≥100lx	各标准要求不同
主席台面的平均水平照度值	≥200lx	
有电视转播时，观众席前12排的垂直照度值	≥10%的主摄像机方向的垂直照度	各标准要求不同
观众席和运动场地安全照明的平均水平照度值	≥20lx	
体育场馆出口及其通道的疏散照明最小水平照度值	≥5lx	疏散照明需与消防应急照明协调
辅助用房的照明标准值	应符合相关标准的规定	

表 5-91　体育场馆应急照明的标准要求

标准名称、编号	条款	说明
《建筑环境通用规范》（GB 55016—2021）	3.3.12-2　大型活动场地及观众席安全照明的平均水平照度值不应小于20lx	全文强制性规范
《体育建筑电气设计规范》（JGJ 354—2014）	9.1.4　体育建筑的应急照明应符合下列规定： 1. 观众席和运动场地安全照明的平均水平照度值不应低于20lx 2. 体育场馆出口及其通道、场外疏散平台的疏散照明地面最低水平照度值不应低于5lx	曾经的强制性条文
《体育场馆照明设计及检测标准》（JGJ 153—2016）	4.4.11　观众席和运动场地安全照明的平均水平照度值不应小于20lx 4.4.12　体育场馆出口及其通道的疏散照明最小水平照度值不应小于5lx	曾经的强制性条文
《消防应急照明和疏散指示系统技术标准》（GB 51309—2018）	无明确规定，可参考如下条款： 3.2.5　照明灯应采用多点、均匀布置方式，建、构筑物设置照明灯的部位或场所疏散路径地面水平最低照度应符合表3.2.5的规定 Ⅲ-2. 观众厅，展览厅，电影院，多功能厅，建筑面积大于200m² 的营业厅、餐厅、演播厅，建筑面积超过400m² 的办公大厅、会议室等人员密集场所不应低于3lx	条款中照明灯为疏散照明灯

《消防应急照明和疏散指示系统技术标准》（GB 51309—2018）实施后，JGJ 354 编制组与 GB 51309 编制组进行了沟通和协调，体育建筑内的出口及其通道的疏散照明需满足 GB 51309 的相关规定，满足消防疏散照明照度、蓄电池持续供电时间、点亮及熄灭时间等要求，作为消防疏散照明之用。

GB 51309 的适用范围为建/构筑物中设置的消防应急照明和疏散指示系统的设计。室外疏散平台的疏散照明为场馆有活动时人员疏散之用，不属于 GB 51309 的适用范围，因此，室外疏散平台可以采用高杆照明，灯具不需要消防认证。

5. 室外体育照明的光污染控制要求

室外体育场投光灯射向天空、邻近道路和居民区的干扰光应符合相关标准的规定。国际足联"Football Stadiums—2011"对光污染提出具体的限制要求，见表 5-92。体育照明灯具功率大，投射距离远，如果使用不当，会产生溢出光，造成光污染，对体育场周围的道路、住宅楼产生不利的影响。

表 5-92　体育场周边溢出光的限值

溢出光的照度类型	与场地的距离	溢出光最大照度	备注
水平照度	50m 以内	25lx	FIFA 2011、JGJ 354
	200m 以内	10lx	FIFA 2011、JGJ 354
垂直照度	50m 以内	40lx	FIFA 2011
	200m 以内	20lx	FIFA 2011

第6章 照明设备及附属设施

6.1 光源选择

光源按其工作原理分为三大类，其家族如下：

（1）热辐射光源 利用电能使物体加热到白炽程度而发光的光源。

（2）气体放电光源 利用气体或蒸汽的放电而发光的光源。

（3）固体光源 利用发光二极管而发光的光源。

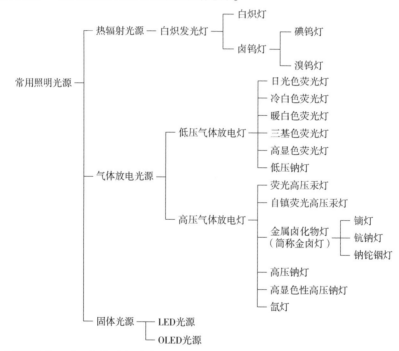

现代体育照明中，主要采用金卤灯和 LED 光源，这两类光源是本节介绍的重点，其他光源详见笔者另一部专著《体育照明设计手册》和《照明设计手册》（第3版）。

6.1.1 金卤灯

金卤灯是在高压汞灯的基础上改进而成的。当在放电管内添加某些金属卤化物，借助于金属卤化物的循环作用，不断向电弧提供相应的金属蒸汽，金属原子在电弧作用下受激发而辐射该金属的特征光谱。当选择不同的金属卤化物以适当的比例添加到放电管中，便可制成各种不同光色的金卤灯。

1) 钠、铊、铟灯是在高压汞灯的放电管中充入碘化钠、碘化铊、碘化铟三种金属卤化物。由于钠原子辐射黄色光，铊原子辐射绿色光，铟原子辐射紫色光，按一定比例充入灯内，使灯的光色呈白光，接近日光灯，光效可达 80lm/W 以上。

2) 镝灯是在放电管中充入碘化镝、碘化钛，其光谱接近太阳光，光效可达 100lm/W 以上，其显色性有时可达 95。

除了这两种灯外，若充入碘化铟制成铟灯；充入碘化铊制成铊灯；充入碘化镓制成镓灯；充入碘化铋制成铋灯。

金属卤化物灯的启动、再启动具有负伏安特性，因此，需要设置镇流器稳定金卤灯，让其正常工作。金卤灯的启动特性见本书 13.3.2，其他启动参数变化如图 6-1 所示，相关参数随电源电压变化关系如图 6-2 所示。

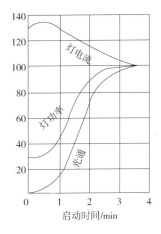

图 6-1　金卤灯的启动特性

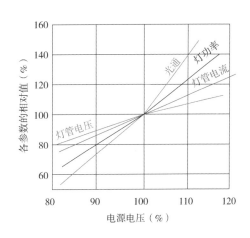

图 6-2　金卤灯的电压特性

6.1.2　LED 灯

LED 是发光二极管的英文缩写（Light Emitting Diode），其工作原理为 P 型半导体和 N 型半导体组成的 P-N 结。在 PN 结加上正向电压，N 区电子移到 P 区，P 区空穴移到 N 区，在 P、N 两区内电子与空穴复合，会把多余的能量以光的形式释放出来，从而把电能直接转换为光能。LED 需要外加电源才能发光，通过将电压加在 LED 的 PN 结两端，使 PN 结本身形成一系列能级，然后电子在这个能级上跃变并产生光子而发光。这种利用注入式电致发光原理制作的二极管称为发光二极管。

LED 光源是当今最有发展前途的新型光源，北京两个奥运会的开闭幕式、鸟巢、水立方、冰丝带等体育建筑的成功应用，对推广此项新技术起到积极的作用。

LED 的电源电压在 DC 6~24V，属于安全电压，比使用金卤灯更安全。LED 指向性好，利用这个特点，在某方向上的光效得以显著提高。LED 体积很小，每个单元 LED 小片是 3~5mm 的正方形，所以可以制备成各种形状的器件，并且适合于易变的环境。LED 芯片寿命可达 10 万 h，LED 灯具整体寿命达 5 万 h 以上。LED 灯的响应时间短，可瞬时启动，优于金卤灯。瞬时启动的 LED 具有较大的冲击电流，在配电设计时需高度重视。LED 色彩丰富，水立方的立面照明色彩高达 1667 万种。LED 无有害金属汞，对环境无污染。现在 LED 的价格比较亲民，家用、商用的产品与传统光源价格相当。

第 12 章图 12-1 为笔者对 LED 体育照明灯具的试验，请读者参阅。

6.1.3 LED 与金卤灯体育照明系统电气特性的比较

体育场馆的场地照明从金卤灯时代进入到 LED 时代，目前两者都在使用，但发展趋势很明显，LED 代表体育照明的未来。就两者的电气特性进行比较可知，LED 体育照明在技术性能上占据绝对优势，两者的比较见表 12-13。可以认为 LED 场地照明系统具备替代金卤灯系统的技术条件。具体分析、研究详情请参阅本书第 12、13 章。

6.1.4 光源的选择

体育照明的光源按下列原则选择：

1）在建筑高度大于 4m 的体育场馆，灯具安装高度较高，光源宜采用金卤灯、LED 光源。

2）在建筑高度小于 6m 的体育场馆，或顶棚较低、面积较小的室内体育馆，宜采用 LED 灯或小功率金卤灯。

3）光源功率应与比赛场地大小、安装位置及高度相适应，见表 6-1。

表 6-1 光源的适用范围

场馆类型	金卤灯光源	LED 光源
大型、特大型室外体育场	宜采用 1500W 及以上大功率的金卤灯	宜采用 1200W 及以上大功率的 LED 灯，少有 2000W
中小型室外体育场	宜采用 1000W 以上大中功率金卤灯	宜采用 800～1200W 中功率的 LED 灯
大型、特大型室内体育馆	宜采用中功率金卤灯，偶有用大功率金卤灯。多在 1000～250W，少有 1500W、1800W，不建议采用 2000W	宜采用 600W 及以上的 LED 灯，功率不宜超过 1000W
中小型室内体育馆	宜采用中功率金卤灯，多在 250～1000W，少有 250W 以下	宜采用 400～800W
全民健身室内体育馆	宜采用中小功率金卤灯，1000W 以下，多用 400W、250W	体育场宜采用 200～1000W；体育馆宜采用 160～800W

4）应急照明应采用能瞬时、可靠点燃的光源，目前常用瞬时启动的 LED 光源。当采用金卤灯时，应保证光源工作不间断或快速启动，如采用不间断电源或热触发装置，详见笔者另一部专著《体育照明设计手册》。

5）光源应具有适宜的色温，良好的显色性，高光效、长寿命和稳定的点燃及光电特性。光源的相关色温及应用可按表 6-2 确定。我国的 JGJ 153—2016 规定，光源色温不应大于

6000K。而某些国际标准可以突破 6000K 的限值，例如国际足联 FIFA 2020 标准规定，国际足联 A 级和 B 级体育场的色温为 5000 ~ 6200K，C 级和 D 级体育场的色温为 4200 ~ 6200K。因此，在设计能举行国际比赛的场馆时还需遵照相关国际标准，希望读者注意！

表6-2　光源的相关色温及应用

相关色温/K	色表	体育场馆应用
<3300	暖色	小型训练场所，非比赛用公共场所
3300 ~ 5300	中间色	比赛场所，训练场所
>5300	冷色	

6）当选用 LED 灯时，其色度参数应符合表 6-3 的要求。

表6-3　LED 灯的色度参数要求

色度参数	要求和规定
色容差	选用同类光源的色容差不应大于 5 SDCM
色品坐标	在寿命期内 LED 灯的色品坐标与初始值的偏差在国家标准《均匀色空间和色差公式》（GB/T 7921）规定的 CIE 1976 均匀色度标尺图中，不应超过 0.007
	LED 灯具在不同方向上的色品坐标与其加权平均值偏差在国家标准《均匀色空间和色差公式》（GB/T 7921）规定的 CIE 1976 均匀色度标尺图中，不应超过 0.004

7）选择光源还要遵循如下原则：
①颜色和颜色特性。
②光源的功率及光效，用光通量与功率的比（流明/瓦）衡量。
③光源的尺寸和形状。
④光源的使用寿命。
⑤光源的价格。
⑥光源的维护费用。

6.2　灯具选择

灯具是根据人们对照明质量的要求，重新分布光源发出的光通，满足场所照明需求，并防止人眼受强光作用的一种设备。它包括光源控制光线方向的光学器件，如透镜、反射器、折射器等，固定和防护光源及连接电源所必需的组件，以及供装饰、调整和安装用的部件等。

6.2.1　灯具特性

1. 光强空间分布特性
当用曲线表示光强空间分布特性时，该曲线称为配光曲线。配光曲线的类型见表 6-4。

表 6-4　配光曲线的类型

类别	内容及说明
极坐标配光曲线	在通过光源中心的测光平面上测出灯具在该平面的各个角度的光强值。以某给定方向起，以角度为函数，连接各角度光强矢量顶端的连线就是灯具的极坐标配光曲线
直角坐标配光曲线	对于光束集中于狭小的立体角内的灯具，用直角坐标配光曲线，即以纵轴表示光强，以横轴表示光束的投射角绘制成的曲线
等光强曲线	把光源设想为球心，光源射向空间的每根光线强度都可用球体上的各点坐标表示出来，将光源射向球体上光强相同的各方向的点用线连接起来，就成为封闭的等光强曲线

体育照明中多采用极坐标配光曲线，而光束角的定义也是以极坐标配光曲线为基础的。

2. **亮度分布和保护角**（遮光角）

亮度分布：即灯具表面在不同方向上的平均亮度值。

灯具的保护角：是指灯具出光沿口遮蔽光源发光体，使之完全看不见的方位与平面线的夹角。

亮度分布及保护角直接影响到灯具的眩光。

3. **灯具光输出比**

灯具光输出比又称灯具效率。光源在灯具内由于灯腔温度较高，光源发出的光通比其裸露点燃时或多或少，同时光源辐射的光通量经过灯具光学部件的反射和透射必然会有损失。灯具光输出比用式（6-1）表示。

$$灯具光输出比 = \frac{灯具光射光通量（lm）}{光源裸露点燃出射光通量（lm）} \times 100\% \tag{6-1}$$

灯具光输出比分为下射光输出比和上射光输出比，体育照明多用前者，即当灯具安装在规定的设计位置时，灯具发射到水平面以下的光通量与灯具中全部光源发出的总光通量之比。

4. **灯具效能**

灯具效能为在规定的使用条件下，灯具发出的总光通量与其所输入的功率之比。单位为流明每瓦特（lm/W）。

6.2.2　灯具光分布分类

1. 按出射光通分类

这是一种按照明器向上、下两个半球空间发出的光通量的比例来分类的方法，CIE 按此方法将室内照明器分为五类，其特征见表 6-5。

表 6-5　CIE 的照明器分类

分类	直接型	半直接型	漫射型	半间接型	间接型
光强分布示意					

（续）

分类	直接型	半直接型	漫射型	半间接型	间接型
上光通分布（%）	0 ~ 10	10 ~ 40	40 ~ 60	60 ~ 90	90 ~ 100
下光通分布（%）	100 ~ 90	90 ~ 60	60 ~ 40	40 ~ 10	10 ~ 0
说明	光通的利用率最高，有多种光束	向上光通可减少影子的硬度，改善室内各表面的亮度比	上下光通相对均衡	向下光通只用来产生与顶棚相称的亮度	柔和无阴影的照明效果，但光通利用率低

体育照明多采用直接型照明器，有的还带有反射罩。

2. 按光强分布分类

直接型照明器使用很普遍，它们的光分布变化范围很大，从集中于一束到散开在整个下半空间，光束扩散程度的不同带来截然不同的照明效果。按光分布的窄、宽进行分类，依次命名为特狭照、狭照、中照、广照、特广照五类，并用它们的最大允许距高比 S/H 来表示，见表 6-6。

表 6-6　直接型照明器按 1/2 照明角分类

分类名称	距高比 S/H	1/2 照明角
特狭照型	$S/H \leqslant 0.5$	$\theta \leqslant 14°$
狭照型（深照型、集照型）	$0.5 < S/H \leqslant 0.7$	$14° < \theta \leqslant 19°$
中照型（扩散型、余弦型）	$0.7 < S/H \leqslant 1.0$	$19° < \theta \leqslant 27°$
广照型	$1.0 < S/H \leqslant 1.5$	$27° < \theta \leqslant 37°$
特广照型	$1.5 < S/H$	$37° < \theta$

3. 按光束角分类

按光束角的大小，将投光灯分为三大类，见表 6-7。光束角越大，灯具的效率越高。

表 6-7　投光灯按光束角分类

分类	光束角范围（°）	建议投射距离/m	体育场	体育馆
窄光束	10 ~ 18	≥75	√	×
	18 ~ 29	65 ~ 75	√	√
	29 ~ 46	55 ~ 65	√	√
中光束	46 ~ 70	45 ~ 55	√	√
	70 ~ 100	35 ~ 45	○	√
宽光束	100 ~ 130	25 ~ 35	×	√
	>130	<25	适用于全民健身的灯光球场	

注：1. 按光束分布范围 1/10 最大光强的夹角分类。

2. 表中 √——适用；○——可适用于 7 人制足球场及训练场；×——不适用。

6.2.3 灯具外壳防护等级、防触电保护分类

1. 灯具外壳防护等级

灯具外壳的防护等级执行国家标准《外壳防护等级（IP代码）》（GB/T 4208—2017/IEC 60529—2013），包括：

1）防止人体触及或接近外壳内部的带电部分，防止固体异物进入外壳内部。

2）防止水进入外壳内部达到有害程度。

3）防止潮气进入外壳内部达到有害程度。

防护等级用"IP"字母和两个特征数字（表6-8）、附加字母和补充字母（表6-9）组成，其描述如图6-3所示。

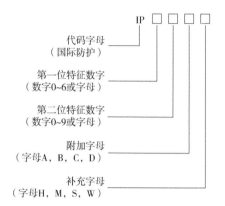

图6-3　IP等级描述及含义

表6-8　第一、二位特征数字含义

数字	第一位特征数字		第二位特征数字
	防止固定异物进入	防止接近危险部件	防止进水造成有害影响
0	无防护	无防护	无防护
1	≥直径50mm	手背	垂直滴水
2	≥直径12.5mm	手指	15°滴水
3	≥直径2.5mm	工具	淋水
4	≥直径1.0mm	金属线	溅水
5	防尘	金属线	喷水
6	尘密	金属线	猛烈喷水
7	—	—	短时间浸水
8	—	—	连续浸水
9	—	—	高温/高压喷水
备注	对设备防护的含义	对人员防护的含义	对设备防护的含义

表中第二特征数字为7，通常是指水密型；第二位数字特征为8，通常是指加压水密型。水密型灯具不适合长期水下工作，而加压水密灯具能用于水下场所。

表6-9　附加字母和补充字母含义

附加字母		补充字母	
字母	防止接近危险部件	专门补充的信息	字母
A	手背	高压设备	H
B	手指	做防水试验时试样运行	M
C	工具	做防水试验时试样静止	S
D	金属线	气候条件	W

注：附加字母和补充字母是可选择项。

需要注意，原国家标准《灯具外壳防护等级分类》（GB 7001—1986）已作废，不再有效。

2. 防触电保护分类

为了电气安全和灯具的正常工作，所有带电部件（包括导线、接头、灯座等）必须用绝缘物或外加遮蔽的方法将它们保护起来，保护的方法与程度影响灯具的使用方法和使用环境。这种保护人身安全的措施称为电击防护，也称为防触电保护。电气照明灯具作为用电设备的一种，执行 GB/T 17045—2020/IEC 61140—2016 电击防护的分类规定，作为技术法规的强制性工程建设规范《建筑电气与智能化通用规范》（GB 55024—2022）也有相同的规定。因此，灯具防触电保护的形式分为三类：Ⅰ类、Ⅱ类、Ⅲ类，详见表6-10。

表 6-10 灯具防触电保护分类

等级	符号	灯具主要性能	应用说明、举例
Ⅰ类	⏚	这种灯具至少采用一种基本防护措施，且采用连接保护接地导体（PE）作为故障防护措施	应用比较普遍，如投光灯、路灯、工厂灯等
Ⅱ类	▣	这种灯具采用基本绝缘作为基本防护措施，采用双重绝缘/加强绝缘作为故障防护措施	人体经常接触、需要经常移动、容易跌倒或要求安全程度特别高的灯具，如常用的台灯
Ⅲ类	◇Ⅲ	这种灯具将供电电压限制到特低电压（ELV），采用 ELV 作为故障防护措施。交流电不大于50V，直流电不大于120V	接于安全特低电压电源的可移式灯、手提灯等，许多分体的 LED 灯也满足此要求

从人身安全考虑，IEC 及我国标准已淘汰 0 类灯具！另外，国家标准《灯具通用安全要求与试验》（GB 7000—1986）已作废，不可再用。

我国关于灯具的现行国家标准见表6-11，有些标准年代久远，需要参考 IEC 新标准。

表 6-11 我国关于灯具的现行国家标准

标准编号	标准名称	实施日期
GB 7000.1—2015	灯具 第1部分：一般要求与试验	2017-01-01
GB 7000.17—2003	限制表面温度灯具安全要求	2004-02-01
GB 7000.18—2003	钨丝灯用特低电压照明系统安全要求	2004-02-01
GB 7000.19—2005	照相和电影用灯具（非专业用）安全要求	2005-08-01
GB 7000.2—2008	灯具 第2-22部分：特殊要求 应急照明灯具	2009-01-01
GB 7000.201—2008	灯具 第2-1部分：特殊要求 固定式通用灯具	2010-02-01
GB 7000.202—2008	灯具 第2-2部分：特殊要求 嵌入式灯具	2010-02-01
GB 7000.203—2013	灯具 第2-3部分：特殊要求 道路与街路照明灯具	2015-07-01
GB 7000.204—2008	灯具 第2-4部分：特殊要求 可移式通用灯具	2010-02-01
GB 7000.207—2008	灯具 第2-7部分：特殊要求 庭园用可移式灯具	2010-04-01
GB 7000.208—2008	灯具 第2-8部分：特殊要求 手提灯	2010-02-01
GB 7000.211—2008	灯具 第2-11部分：特殊要求 水族箱灯具	2010-02-01
GB 7000.212—2008	灯具 第2-12部分：特殊要求 电源插座安装的夜灯	2010-02-01

（续）

标准编号	标准名称	实施日期
GB 7000.213—2008	灯具 第2-13部分：特殊要求 地面嵌入式灯具	2010-02-01
GB 7000.214—2015	灯具 第2-14部分：特殊要求 使用冷阴极管形放电灯（霓虹灯）和类似设备的灯具	2016-01-01
GB 7000.217—2008	灯具 第2-17部分：特殊要求 舞台灯光、电视、电影及摄影场所（室内外）用灯具	2010-02-01
GB 7000.218—2008	灯具 第2-18部分：特殊要求 游泳池和类似场所用灯具	2010-02-01
GB 7000.219—2008	灯具 第2-19部分：特殊要求 通风式灯具	2010-02-01
GB 7000.225—2008	灯具 第2-25部分：特殊要求 医院和康复大楼诊所用灯具	2010-04-01
GB 7000.4—2007	灯具 第2-10部分：特殊要求 儿童用可移式灯具	2009-01-01
GB 7000.6—2008	灯具 第2-6部分：特殊要求 带内装式钨丝灯变压器或转换器的灯具	2009-01-01
GB 7000.7—2005	投光灯具安全要求	2005-08-01
GB 7000.9—2008	灯具 第2-20部分：特殊要求 灯串	2009-01-01

6.2.4 灯具选择的原则

灯具应按下列原则进行选择：

1）灯具及其附件的安全性能应符合相关标准的规定。

2）灯具应选用有金属外壳接地的Ⅰ类灯具，慎重选用Ⅱ类灯具！这一点与《体育建筑电气设计规范》（JGJ 254—2014）保持一致，大家注意！室外体育照明系统多采用金属灯杆；室内体育照明灯具多安置在金属马道上，马道往往与建筑物钢结构、屋顶网架等相连。当受雷击后，Ⅱ类灯具的绝缘在强大的雷电流作用下容易损坏或降低，这是非常危险的情况。而Ⅰ类灯具由于接地，当发生此类雷击事故造成绝缘损坏时，可通过PE线构成完整的保护回路，使保护电器动作，切断故障回路，从而保护人身安全。因此，体育照明灯具应选择Ⅰ类灯具。

3）游泳池及类似场所水下灯具应选用防触电等级为Ⅲ类的灯具，水下灯具的电源电压不应大于AC12V或DC30V，并采用安全特低电压系统（SELV），供电电源装置应装在0区、1区之外，如图6-4所示。注意，此要求是《建筑电气与智能化通用规范》（GB 55024—2022）所规定的，不可违反！

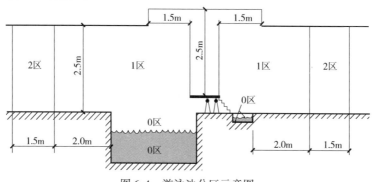

图6-4 游泳池分区示意图

4）灯具效率或效能不应低于表6-12 的要求。

表 6-12　灯具效率或效能

高强度气体放电灯灯具效率（%）		格栅或透光罩	开敞式	
		65	75	
LED 灯具效能 （lm/W）	色温	3500K/3000K	4500K/4000K	5700K/5000K
	投光灯	80	85	90
	高天棚灯	85	90/95	95/100

注：本表中数值适用于 $R_a = 90$ 的灯具。

注：表中"/"后的数据为《LED 体育照明应用技术要求》（GB/T 38539—2020）的要求，其他为 JGJ 153—2016 的要求。

表明随着技术的发展，LED 发光效能会不断提高。

5）灯具宜具有多种配光形式，灯具配光应与灯具安装高度、位置及照明要求相适应。体育场馆投光灯灯具可按表6-7 进行分类、选择。

6）灯具及其附件应能满足使用环境的要求。灯具应强度高、耐腐蚀。灯具电器附件必须满足耐热等级的要求。灯具周围的高温势必会加速灯具附近的导线绝缘老化，影响灯具的正常使用，带来安全隐患。

国家体育场"鸟巢"设计时考虑到大功率的投光灯对声学吊顶 PTFE 膜的影响，实测2000W 金卤灯周围温度分布见表 6-13，由此可以得出灯具周围温度随距离的增加而降低，投光灯前面的温度较其他方位的温度要高。据此，鸟巢体育照明灯具安装位置及吊顶采用针对性措施，确保灯具不对 PTFE 膜造成过热影响而损坏其性能。奥运会和残奥会已经证明了这些措施的有效性和合理性。

表 6-13　2000W 金卤灯周围温度分布　（单位：℃）

距离/mm	800	1050	1300
前	61	58.6	56.9
后	47	46	45
侧	47	46.9	46
顶	49	47	46
底	48	46	45

7）金卤灯不应采用敞开式灯具。灯具外壳的防护等级不应低于 IP55，且在不便维护或污染严重的场所灯具外壳的防护等级不应低于 IP65，水下灯具外壳的防护等级应为 IP68。

高强度气体放电灯存在爆炸的风险，需防止因光源爆炸而伤及人员。

8）灯具的开启方式应确保在维护时不改变其瞄准角度。

目前常用的体育照明灯具满足瞄准角度不改变的三种方式为：一种是开启后盖进行光源更换、维护、保养工作；第二种开启方式为前开盖，即维护时开启前盖，更换光源和其他维护工作；第三种是采用升降灯具，维护、维修时将灯具下降，维护、维修好后上升复位、固定。不管采用何种技术措施，维护后，灯具的瞄准角度不能改变。第三种方式多用于训练馆、全民健身场馆。

9）安装在高处中的灯具宜选用重量轻、体积小和风载系数小的产品。马道上设备较多，除灯具外，还有音响设备、通信设备、安防设备等，重大活动时还会增加临时设备及"保驾护航"人员，因此，照明系统的小荷载有利于结构的减负。

6.3　灯具附件的选择

6.3.1　镇流器

前面所述，金卤灯点燃时，都处于弧光放电状态。一般情况下，弧光放电具有负的伏安特性（也有例外，例如长弧氙灯）。具有负伏安特性的元件单独接入电网工作时是不稳定的。因为当电路中电流由于某种原因增加时，就会在电路中产生一个过剩的电压降，将会再导致回路电流的增加，如此循环下去，将使回路电流无限制地增加，直到灯或回路中的某部分被过电流毁坏为止。

把灯和电阻串联起来，利用电阻的典型正伏安特性，将使回路产生相对的正伏安特性，使得灯回路工作稳定。对于交流回路，还可以用电感或电容来代替电阻。这种性质的与电弧相串联的电阻或电感等统称为镇流器。

电感型镇流器通常使用硅钢片和线圈绕制而成扼流线圈，有的是外露型，有的放在金属外壳内，并填充绝缘物（如环氧树脂或沥青等）。体育照明基本采用电感型镇流器，而小功率金卤灯可采用电子镇流器。

金卤灯在工作中产生含有高次谐波分量的电流（以3次谐波为主）。此电流通过镇流器初级，产生电磁干扰，同时对三相四线制配电线路中性线电流会随之增加。

电感型镇流器的使用将使灯回路成为感性负载，镇流器本身消耗一部分功率，一般功率因数 $\cos\phi$ 在 0.35～0.7。所以，工程使用中常在灯回路中并联接入补偿电容以提高其功率因数。通常补偿后灯具功率因数 $\cos\phi \geq 0.85$。

金卤灯镇流器执行国家标准《金属卤化物灯用镇流器能效限定值及能效等级》（GB 20053—2015），该标准适用于额定电压 220V、频率 50Hz 交流电源，额定功率为 20～1500W，独立式、内装式电感和电子镇流器。因此，体育照明常用的2000W、1800W金卤灯镇流器已超出该标准的适用范围。

金卤灯镇流器的能效等级见表6-14，3级为最低要求，为能效限定值，必须达到；2级为节能评价值。

表6-14　金卤灯镇流器的能效等级

标称功率/W	效率（%）		
	1级	2级	3级
20	86	79	72
35	88	80	74

（续）

标称功率/W	效率（%）		
	1 级	2 级	3 级
50	89	81	76
70	90	83	78
100	90	84	80
150	91	86	82
175	92	88	84
250	93	89	86
320	93	90	87
400	94	91	88
1000	95	93	89
1500	96	94	89

6.3.2　驱动电源

LED 驱动电源是把电源转换为特定的电压、电流以驱动 LED 发光的电源转换器。通常驱动电源采用 AC 220V/380V 市电供电，特低直流电压输出为 LED 供电。因此，驱动电源是 LED 灯具的重要组成部分。根据与灯具本体是否一体，驱动电源可分为独立式和内嵌式，具体介绍如下：

独立式驱动电源：驱动电源独立于 LED 灯本体之外，集中供电式驱动电源是独立式驱动电源的一种。这种方式在体育照明中可将重量较重的驱动电源不放在马道、灯杆上，以减轻马道、灯杆的荷载。

内嵌式驱动电源：驱动电源嵌入 LED 灯或光源内，与之组成不可分割的整体。嵌入式也称为一体式，LED 球泡、LED 管灯等均为这种方式。

坦率地讲，作为灯具的组成部分，驱动电源是由厂家配套而来，用户一般不用选择。但是应用过程中，需要注意和关注以下问题：

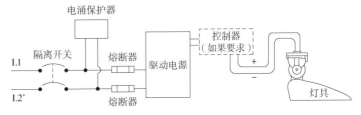

图 6-5　独立式 LED 驱动电源

1）考虑环境温度。我国幅员辽阔，严寒地区冬季气温可达 -40℃，而夏季许多城市气温可达 40℃以上。因此驱动电源要能满足这种需求。

2）接口问题。驱动电源应采用标准接口，便于安装、更换、维护。

3）功率匹配。驱动电源的额定功率需与 LED 灯本体功率相匹配。驱动电源功率过小则带不动灯具，影响灯具正常使用；如果驱动电源功率过大则造成不必要的浪费。因此，选择驱动电源要计入其工作效率，驱动电源效率与其负载率、额定功率等因素有关，体育照明用的驱动电源效率一般在85% ~ 90%，因此，驱动电源额定功率可为 LED 灯本体额定功率的1.2 倍。

4）输出电压、电流匹配。驱动电源的输出电压、输出电流及其精度要满足 LED 灯的需求。

5）在额定电压下，驱动电源总谐波畸变率应符合表 6-15 的规定。

表 6-15 驱动电源总谐波畸变率限值

功率 P/W	负载比例（%）	电流总谐波畸变率（%）
P≤75	100	15
	75	20
	50	25
P>75	100	10
	75	15
	50	20

注：本标准按 2 ~ 40 次谐波电流分量计算。

6）LED 灯在启动时，其启动电流倍数应符合表 6-16 的规定。

表 6-16 启动电流倍数限值

功率 P/W	启动峰值电流与额定工作电流之比	瞬时启动时间/ms
200≤P<400	≤40	
400≤P≤800	≤30	<500
P>800	≤15	

LED 灯驱动电源的其他要求请参见《LED 体育照明应用技术要求》（GB/T 38539—2020）。

6.3.3 其他附件

灯具附件有很多种，这里只介绍主要的几种。

1. 防眩光措施

防眩光措施有防眩光帽、防眩光格栅、防眩光薄膜等，如图 6-6 所示。

2. 角度指示装置

如图 6-7a 所示，采用瞄准镜便于角度调节，比较直观。本书支持单位 MUSCO Lighting 更是通过计算，在工厂确定每盏灯的瞄准角，到现场直接安装，仅需少量微调，可节省现场大量的调试时间，值得称道。

3. 防坠落措施

灯具锁紧装置应能承受在使用条件下

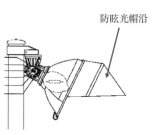

图 6-6 防眩光措施

的最大风荷载。灯具及其附件应有防坠落措施。如图 6-7b 所示,采用钢绳索将灯具与马道相连,防止灯具意外坠落,简单易行。

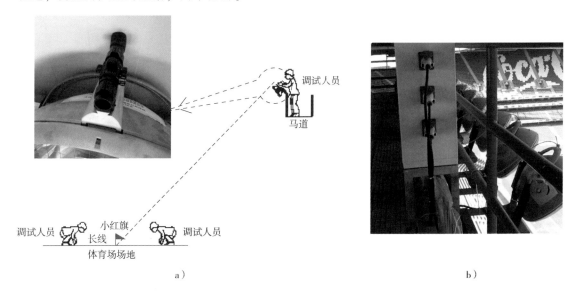

a)　　　　　　　　　　　　　　　　　　　b)

图 6-7　瞄准角指示装置和防坠落绳索

6.4　灯杆及设置要求

当场地采用四杆式、多杆式或杆带混合式照明方式时,需要选用照明灯杆作为灯具的承载体。照明灯杆在满足照明技术条件要求的情况下,与建筑物的关系主要有以下几种方式:

1)灯杆独立于主体建筑物之外,作为独立设备单独存在的独杆式灯杆,目前广泛应用于全民健身场地、中小型体育场、网球预赛场及热身场地、棒垒球场地等。

2)灯杆依附于主体建筑物上,但未同主体建筑物整体结合,这种形式灯杆的基础同建筑物基础形式可能不同,需单独处理。

3)灯杆依附于主体建筑物上并同主体建筑物整体结合时,这种形式能很好地处理美观问题,如果这种方案可行,可优先考虑。

当灯杆同建筑物相结合时,灯杆及其设置要求需满足主体建筑的相关要求。

6.4.1　设计依据

照明灯杆的设计应符合相关标准的规定,主要有:

《钢结构设计标准》(GB 50017—2017)。

《建筑结构荷载规范》(GB 50009—2012)。

《建筑地基基础设计规范》(GB 50007—2011)。

《升降式高杆照明装置》（GB/T 26943—2011）。

《高杆照明设施技术条件》（CJ/T 457—2014）。

以及工业和信息化部标准：

《灯杆　第1部分：一般要求》（QB/T 5093.1—2017）。

《灯杆　第2部分：钢质灯杆》（QB/T 5093.2—2017）。

另外，国家气象台发布的当地风压图数据等气象资料也是主要的设计依据。

6.4.2　灯杆的技术要求

灯杆可采用圆形拔梢状或多边形拔梢状结构，应具有足够的结构强度，其设计使用寿命不应小于25年。插接长度不宜小于插接直径的1.5倍。灯杆钢材的选用和壁厚应根据所使用地区的气象条件和荷载情况确定，可选用高强度的钢材，但应将结构的挠度控制在相关标准要求的范围内。图6-8展示的是灯杆实例。体育照明灯杆上的灯盘一般采用固定式结构，灯盘的尺寸和外形与投光形式、灯具数量有关，同时还需考虑结构实现的要求确定。灯盘的面积宜留有裕度，以备今后发展扩充。

6.4.3　维护

为便于检修，在灯杆较高时可设置升降系统或爬梯。

考虑到提供基本照明条件和节省建设费用的需要，当灯杆高度小于20m时宜设置爬梯，爬梯应装置护身栏圈，并按照相关标准在相应高度上设置休息平台。

考虑到安全、实用、美观等要求，当灯杆高度大于20m时宜采用电动升降吊篮；电动升降吊篮应具有电动和手动两种运行模式。

6.4.4　防雷及航空障碍照明

图6-8　灯杆实例

灯杆应根据民用航空管理的相关规定和航行要求设置航空障碍照明，结合体育照明灯杆的制造工艺，需在每个照明灯杆顶部装置不少于2盏的红色航空障碍灯，同时在有特殊要求的航站航道附近或供电控制等不方便的地方，可安装频闪障碍灯或太阳能障碍灯。

灯杆顶部应根据整个体育场地的防雷要求和国家相关防雷标准设置接闪杆，其保护范围应与整个体育场地统一考虑。

6.4.5　防腐要求

包括灯盘、升降吊篮等在内的灯杆的所有金属部件需经热浸锌工艺处理，安装时不能造成镀锌层的损坏。

在沿海和有盐雾腐蚀的地区，应优先选用防盐雾钢筋混凝土灯塔，避免采用暴露的钢结构灯架。

6.5　马道及设置要求

马道是设置在建筑物、构造物内，用于承载设备安装、线缆敷设和用于工作人员通行的构件，如图 6-9 所示。

6.5.1　马道的位置

结合照明设计要求和体育场馆建筑方案，宜按需设置马道，马道设置的数量、高度、走向和位置应满足照明设计和体育工艺的相关要求。合理的马道布局和数量，不仅可以实现照明设计要求的灯具位置和投射角度，以尽量降低照明灯具的安装数量，同时还能同建筑造型紧密结合，突出表现体育场馆的建筑风格。

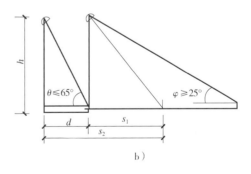

图 6-9　南京奥体中心体育场马道实景

确定马道的位置需与建筑、结构专业密切配合。总原则为马道上灯具投射到场地与场地远边线之间的夹角 φ 不应小于 25°，灯具投射到场地与场地近边线之间的夹角 θ 不宜大于 65°，如图 6-10 所示，图 6-10a 为单侧单排马道，图 6-10b 为单侧双排马道。

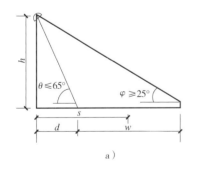

a）

b）

图 6-10　马道的位置示意

h——马道距地面的高度

d——单排马道水平投影距近边线距离，或双排马道中后排马道水平投影距近边线距离

w——场地宽度　s——马道水平投影距场地中心点距离

s_1、s_2——双排马道两排灯具水平投影距场地中心点距离

　　根据图 6-10 中两个关键角度可以计算出不同体育建筑、不同运动项目马道的位置参数。表 6-17 为单侧单排马道位置参数，表 6-18 为单侧双排马道位置参数。

表 6-17　单侧单排马道位置参数

项目	$\varphi(°)$	d/m	h/m	s/m
田径 （足球）	25	19.0	52.5	65.5
		26.0	55.5	72.5
		34.0	59.5	80.5
		45.0	64.5	91.5
	30	24.5	68.0	71.0
足球	25	13.0	38.0	47.0
		19.0	41.0	53.0
		25.0	43.5	59.0
		33.0	47.5	67.0
	30	25.0	53.5	59.0
体操 （篮排球）	30	10.5	22.0	24.5
		14.0	24.0	28.0
		19.0	27.0	33.0
		26.5	31.5	40.5
	35	13.5	29.0	27.5
		19.0	33.0	33.0
		27.0	38.5	41.0
	40	18.0	38.5	32.0
网球	30	7.0	14.5	16.0
		9.0	16.0	18.0
		12.5	18.0	21.5
		17.5	20.5	26.5
	35	9.0	19.0	18.0
		12.5	21.5	21.5
		18.0	25.5	27.0
	40	12.0	25.5	21.0
		17.5	30.0	26.0

表 6-18　单侧双排马道位置参数

项目	$\varphi(°)$	d/m	h/m	s_1/m	s_2/m
田径 （足球）	25	16.0	43.5	46.5	62.5
		20.0	43.5	46.5	66.5
		25.0	43.5	46.5	71.5
		30.5	43.5	46.5	77.0
		36.5	43.5	46.5	83.0
	30	19.5	53.5	46.5	66.0
		25.0	53.5	46.5	71.5
足球	25	11.5	32.0	34	45.5
		15.0	32.0	34	49.0
		18.5	32.0	34	52.5
		22.0	32.0	34	56.0
		26.5	32.0	34	60.5
	30	18.5	39.0	34	52.5
		22.5	39.0	34	56.5
体操 （篮排球）	30	7.5	16.0	14.0	21.5
		9.5	16.0	14.0	23.5
		11.5	16.0	14.0	25.5
		13.5	16.0	14.0	27.5
	35	9.0	19.5	14.0	23.0
		11.5	19.5	14.0	25.5
		13.5	19.5	14.0	27.5
	40	11.0	23.5	14.0	25.0
		13.5	23.5	14.0	27.5
游泳	30	6.5	14.5	12.5	19.0
		8.5	14.5	12.5	21.0
		10.0	14.5	12.5	22.5
		12.0	14.5	12.5	24.5
	35	8.0	17.5	12.5	20.5
		10.0	17.5	12.5	22.5
		12.5	17.5	12.5	25.0
	40	10.0	21.0	12.5	22.5
		12.0	21.0	12.5	24.5

6.5.2　马道的要求

　　马道上应为灯具、镇流器箱、驱动电源箱、配电箱（或控制箱）和缆线等预留安装条件。同时尽可能减小马道上的荷载，所以大容量的 UPS 或 EPS 机柜不宜安装在马道上。同时马道上还应为检修安装人员提供必要的安全保护措施，马道应留有足够的操作空间，其宽度不应小于 0.8m，有条件时其宽度可设在 1m 以上，并应按相关标准要求设置一定高度的护栏。

6.5.3　遮挡处理

　　在建筑物、构造物顶部的结构杆件、吸声板、遮光板、风道和电缆桥架等都可能对灯具投射光线造成不同程度的遮挡，在场馆设计之初应同建筑、结构专业进行紧密的配合，马道的安装位置应避免建筑装饰材料、安装部件、管线和结构件等对照明光线的遮挡，如图 6-11 所示。现在越来越多的体育馆在场地中心的上方设置斗屏，因此体育照明设计时需考虑斗屏的影响。

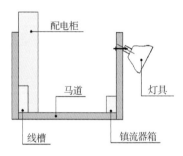

图 6-11　马道剖面示例

第7章　灯具布置

7.1　一般要求

7.1.1　灯具布置与运动项目及场地的关系

灯具布置应综合考虑运动项目的特点和比赛场地的特征。

正如第1章所述的那样，不同的运动项目会在不同大小、不同形状的运动场地上进行，同时会用不同的方式来利用运动场地。运动员的活动范围以及在运动中视野所覆盖的范围也不尽相同。所以，体育场馆场地照明灯具应服务好这些运动项目，满足它们的需求。因此，应在综合考虑运动项目特点、运动场地特征的基础上合理布置灯具，以获得良好的照明水平，避免对运动员和电视转播造成不利影响。

7.1.2　灯具布置与眩光及干扰光

1. 标准规定

灯具安装位置、高度、瞄准角应满足降低眩光和控制干扰光的要求。

2. 关于眩光

在体育场馆的照明设计中，眩光和干扰光是影响运动员发挥竞技水平最重要的不利因素，同时也是影响电视转播质量的重要因素。本书第5章给出了不同运动项目、不同等级赛事、不同标准的眩光限值，需要强调一下几个关键眩光值，这些值适用于大多数情况：

室外体育场：GR≤50（对人而言）

GR≤40（主摄像机方向或固定摄像机方向）

室内体育馆：GR≤30（对人而言）

室外体育照明的眩光用GR进行考量，CIE 112号技术文件对此有比较详细的要求，许多国家、体育组织、奥运会、转播机构等均执行该标准。本书第8.3节也会详细介绍GR。

3. 关于干扰光

干扰光是眩光的一种，是指在特定场合中，由于光的数量、方向或光谱引起人的烦恼、不舒适、分心或视觉能力下降的溢散光。我国标准及CIE标准对限制干扰光光污染提出了相应要求，即划分为E1至E4共四个区域，见表7-1。

表7-1 环境区域的划分

区域	环境特点	举例
E1 区	天然暗环境区	国家公园和自然保护区等
E2 区	低亮度环境区	乡村的工业或居住区等
E3 区	中等亮度环境区	城郊工业或居住区等
E4 区	高亮度环境区	城市中心和商业区等

体育场周围的民用建筑，不应受到更多的干扰光。在住宅、公寓、旅馆和医院病房楼等建筑物窗户外表面产生的垂直照度不应高于表7-2的规定值。

表7-2 居住建筑窗户外表面的垂直照度值

照明技术参数	应用条件	环境区域/lx			
		E1 区	E2 区	E3 区	E4 区
垂直面照度（E_v）	熄灯时段前	2	5	10	25
	熄灯时段后	0[①]	1	2	5

①如果是公共（道路）照明灯具，此值可提高到1lx。

体育场照明灯具朝居室（含住宅、公寓、旅馆和医院病房楼等）的发光强度应小于或等于表7-3的规定值。

表7-3 室外灯具朝居室方向的最大发光强度值 （单位：cd）

照明技术参数	应用条件	环境区域			
		E1 区	E2 区	E3 区	E4 区
灯具发光强度 I	熄灯时段前	2500	7500	10000	25000
	熄灯时段后	0[①]	500	1000	2500

①如果是公共（道路）照明灯具，此值可提高到500cd。

注：1. 要限制每个能持续看到的灯具，但对于瞬时或短时间看到的灯具不在此列。

2. 如果看到光源是闪动的，其发光强度应降低一半。

表7-2和表7-3同样适用于室外网球、曲棍球、橄榄球、棒球、垒球、沙滩排球等室外运动，尤其要注意社区内的灯光球场，由于球场离住宅较近，干扰光可能会不小。

7.1.3 关于电视转播

对有电视转播比赛场地的灯具布置应满足对主摄像机与辅摄像机垂直照度及均匀度的要求。无电视转播要求时主要考察场地的水平照度及均匀度，但应根据运动项目的不同综合考虑空间光分布要求。

7.1.4 场地照明典型布灯方式

典型场地照明布灯方式见表7-4，非典型布灯往往要结合建筑特点因地制宜进行灯具布置，改扩建的体育场馆也有非典型布灯案例，这些情况均可参考本表。冰雪运行项目场地照明布灯方式也分为室外和室内，表 7-4 仍然有效。

表 7-4　典型场地照明布灯方式

室外场地灯具布置			
四角布置	灯具以集中形式与灯杆结合布置在比赛场地四角		
两侧布置 灯具与建筑马道结合、以连续光带形式或簇状集中形式布置在场地两侧	光带布置	连续光带布置	两侧以连续光带形式布置灯具
		断续光带布置	两侧以断续光带形式布置灯具
	多杆布置	四杆布置	两侧各设置两个灯杆的布置方式
		六杆布置	两侧各设置三个灯杆的布置方式
		八杆布置	两侧各设置四个灯杆的布置方式
周圈布置	灯具沿着场地四周均匀或不均匀布置方式		
混合布置	上述两种或以上布置方式的组合		
室内场地灯具布置			
顶部布置	灯具布置在场地上方，光束垂直于场地平面的布置方式		
	群组均匀布置	顶部布置的一种特殊布置方式，由若干套灯具组成一组，并构成图案，然后若干组灯具在场地上方均匀布置	
两侧布置	灯具布置在场地两侧，光束非垂直于场地平面的布置方式		
周圈布置	灯具沿着场地四周均匀或不均匀布置方式		
艺术布置	灯具在顶棚上构成特定图案的布灯方式，从照明角度不提倡此种布灯方式		
混合布置	上述两种或以上布置方式的组合		

不同运动项目建议的布灯方式见表 7-5，详见本书第 7.2 节 ~7.5 节。

表 7-5　不同运动项目建议的布灯方式

布灯方式	四角布置	两侧布置	顶部布置	周圈布置	混合布置
足球	√	√		√	√
田径	√	√		√	√
网球		√	√①		
曲棍球	√	√			√
棒球、垒球				√	√
篮球		√	√		√
排球		√	√		√
羽毛球		√	√		√
乒乓球		√	√		√
体操、艺术体操、技巧、蹦床		√	√		√
手球		√	√		√
拳击		√	√		√
柔道、摔跤、跆拳道、武术		√	√		√
举重		√	√		√
击剑		√	√		√

(续)

布灯方式	四角布置	两侧布置	顶部布置	周圈布置	混合布置
游泳、跳水、水球、花样游泳		√			√
场地自行车	√	√		√	√
射击		√	√		√
射箭	√	√			
马术	√	√			√
沙滩排球	√	√			√
橄榄球	√	√			√
高尔夫球		√			
冰球、花样滑冰、冰壶、短道速滑、速度滑冰		√		√	
自由式滑雪、单板滑雪		√			√
高山滑雪		√			√
跳台滑雪		√			√
越野滑雪		√			√
冬季两项		√			√
雪车、雪橇		√			√

①顶部布置是指室内网球场地。

注：1. 室外场地的场地照明应充分利用雨棚布置灯具。

    2. √——表示可采用。

7.2 室外体育场

7.2.1 足球

1. 场地简介

根据国际足联的规定，足球场场地尺寸如图 7-1 所示，足球场场地长为 105~110m，宽为 68~75m，国际正式比赛场地为 68m×105m，球场底线和边线外侧至少 5m 内不能有障碍物，以保证运动员的安全。室内足球为 5 人制，场地尺寸为长 38~42m，宽 18~22m，国际赛事专用室内足球场尺寸为长 40m、宽 20m。

2. 照明标准

足球场照明标准见本书 5.1.1 节。

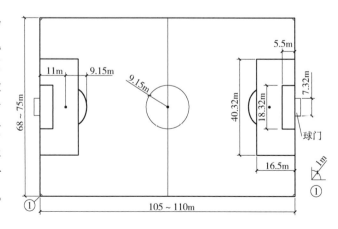

图 7-1　足球场场地尺寸

当足球场需要电视转播时，摄像机机位将会影响到照明水平，主摄像机方向上的垂直照度是重点考核的指标。不同的转播公司，对转播的要求是不一样的，机位会有所变化。对于低级别的转播赛事，国际足联允许只有三个机位，即机位 C1、C8、C10。考虑下午阳光的影响，摄像机机位很少设置在东侧区域，其位置可参考表 7-6。

表 7-6　足球比赛摄像机参考机位

机位编号	描述
1	中间看台，多位于西侧看台高位，看清全场，大型摄像机，主要拍摄机位
2	中间看台，高位，大型摄像机，中部拍摄位，分解
3	左侧 18m 线，地面，特写镜头和回放
4	右侧 18m 线，地面，特写镜头和回放
5	便携式，左侧球门后，回放
6	便携式，右侧球门后，回放
7	左侧 16m 线，高位，大型摄像机，比赛、越位回放
8	右侧 16m 线，高位，大型摄像机，比赛、越位回放
9	左侧球门区端部，高位，大型摄像机，球门拍摄、回放
10	右侧球门区端部，高位，大型摄像机，球门拍摄、回放
11	左侧看台，中位，大型超慢动作，特写镜头、回放
12	右侧看台，中位，大型超慢动作，特写镜头、回放
13	中位，两个替补席中间，大型超慢动作，换人、替补席
14	右侧看台高位，微型摄像机，赛场广角拍摄

3. 布置方式

无电视转播的足球场以训练、娱乐为主，通常只有站席或有少量的坐席，足球场标准不高，球场照明对垂直照度不做要求，但球场的水平照度、照度均匀度等都做了相应的规定。

有电视转播的足球场则不同，这类场地观众容量较大，建筑等级较高，通常要举行国际级比赛或国家级比赛。因此，体育照明不仅要考虑水平照度，还要考核垂直照度及其均匀度。

足球场布灯方式见表 7-5，下面结合足球场进行详细解释。

（1）四角布置　四角布置是足球场地照明主要的布灯方式。

1）适用范围：适用于有电视转播的足球场，广泛应用于中小型体育场。

2）技术特点：四个灯杆或灯塔（以下简称灯杆）布置在四个角球区外，同时，也应布置在运动员正常视线之外。对角灯杆通常在足球场场地对角线的延长线上，如图 7-2 所示。

3）灯杆位置：无电视转播时，图 7-2 中边线外 5°和底线外 10°是最小值，灯杆只能布置在图中红色

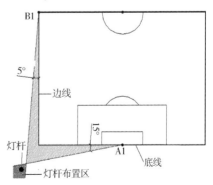

图 7-2　四角布灯示意图

区域内。有电视转播的场地，图中底线外的角度不应小于15°。

4）灯杆高度：灯杆的高度按式（7-1）计算：

$$h = d\tan\phi \tag{7-1}$$

式中　h——灯杆的高度（m），从灯拍中心点到地面的距离；

　　　d——场地中心点到灯杆的距离（m）；

　　　ϕ——灯杆顶与场地中心点的连线与场地平面的夹角，$\phi \geqslant 25°$。

因此，先在场地平面上给出 d，再选用角度 ϕ，就可用式（7-1）计算出灯杆高度 h，如图 7-3 所示。

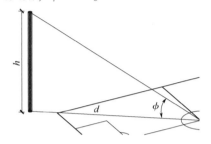

图 7-3　四角布灯灯杆高度

5）灯具与灯架：灯具安装支架要前倾 15°，避免下排灯具遮挡上排灯光，造成光损失及球场上照度不均匀。

（2）两侧布置——光带布置

光带布置：分为连续光带布置和断续光带布置，代表案例分别为广州奥林匹克体育场和国家体育场"鸟巢"。

1）适用范围：有电视转播的足球场，尤其适用于特大型、大型体育场。

2）技术特点：有电视转播的赛场，一般都有看台，看台顶棚可以支撑照明装置。与四角布置相比，光带布置的灯具离球场更近，照明效果更好。

3）光带位置：为了保持守门员及在角球区附近进攻的球员有良好的视线条件，以球门线中点为基准，底线两侧至少 15°之内不能布置灯具；底线向外 20°可以布灯。如图 7-4 所示，阴影部分可以布灯，图 7-4a 为单排马道示意，图 7-4b 为双排马道示意。

通常，大中型体育场沿长轴方向两侧各设置 1~2 条光带。随着电视转播技术的提升，HDTV 已经普及，UHDTV 也已开始转播，对照明要求

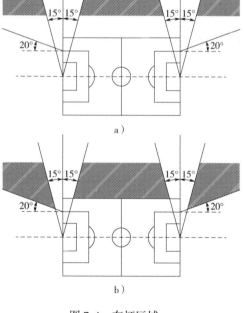

a）

b）

图 7-4　布灯区域

更高，灯具数量有所增加。因此，特大型体育场及多数大型体育场，尤其是综合性体育场，每侧往往要设置两排光带，前排光带设置在雨棚边缘附近，负责远端照明；另一排光带设在雨棚的中后部，负责近端照明。

4）光带高度：光带的安装高度也可按式（7-1）计算，但 d 值和 h 值的含义发生了变化。

计算光带高度的三角形平面需同时垂直于光带、场地，并与底线平行，如图 7-5 所示，图中给出了 d、ϕ 的示意，其中 $\phi \geqslant 25°$。

因此，先在球场平面上给出 d，再取角度 ϕ，用式（7-1）计算出光带安装高度 h。

与四角布置相比，容易得出如下结论：

①光带的高度比四角布置的要低。

②光带照明的垂直照度和水平照度均匀度更容易实现。

③造价相对灯杆要便宜，光带往往要使用马道，马道不仅为照明服务，还要为场地扩声、通信系统、演出的灯

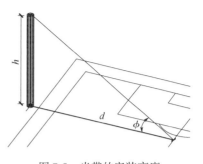

图 7-5　光带的安装高度

光等服务，马道的利用率较高，技术性能及经济性均佳，因此，这种布灯方式被广泛应用。

（3）两侧布置——多杆布置

1）多杆布置：典型的多杆布置有四杆、六杆、八杆布置，多为东西两侧对称。

2）适用范围：在没有电视转播的足球场，侧向布置照明灯具多采用多杆布置方式。偶有多杆布置应用于电视转播的场地。

3）特点：通常将灯杆布置在赛场的东西两侧，一般来说，多杆布灯的灯杆高度可以比四角布置的低。多杆布置有四杆布置，如图 7-6 中"④"所示；或采用六杆布置，如图 7-6 中"⑥"所示；也可采用八杆布置方式，如图 7-6 中"⑧"所示；很少采用十杆或十杆以上布置方式，也很少采用奇数灯杆布置方式。

4）灯杆位置：为了避免对守门员和进攻队员的视线造成干扰，以球门线中点为基准点，底线两侧至少 10° 角之内不能布置灯杆，即图 7-6 中粉红色区域（多杆布置适用于没有电视转播的场地照明，如果有电视转播，则图中粉红色角度为 15°）。

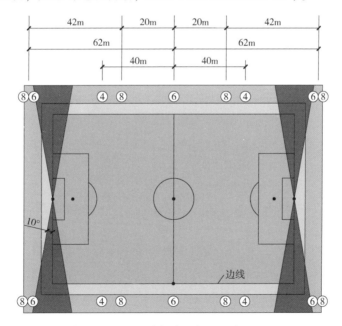

图 7-6　多杆布置灯具示意

④——四杆布置位置示意　⑥——六杆布置位置示意　⑧——八杆布置位置示意

灯杆还应布置在无障碍区之外，并不得影响观众正常观看的视线。

5）灯杆高度：多杆布灯的灯杆高度仍用式（7-1）进行计算，计算三角形要包含灯杆，并同时与场地垂直、与底线平行（图7-5），夹角 $\phi \geqslant 25°$。

国际足联（FIFA）2020版标准给出灯杆高度需满足 $h \geqslant 15m$，具体要求见表7-7。

表7-7 FIFA 2020 推荐的多杆布置

等级	灯杆数/个	每个灯杆上的灯具数/套	灯具总数/套	灯杆高度/m	系统总光通量/klm	平均水平照度标准值/lx	单位平均水平照度的总光通量/(klm/lx)
1	6	10	60	22～25	7500	750	10.0
	8	8	64	15～17	8000	750	10.7
2	4	10	40	22～25	5000	500	10.0
	8	5	40	15～17	5000	500	10.0
3	4	7	28	22～25	3600	300	12.0
	4	4	28	15～17	3600	300	12.0

注：1级——国际足联精英比赛训练；

2级——国际足联比赛训练；

3级——国际足联标准训练。

（4）周圈布置

1）周圈布置：这是FIFA 2020标准中才开始使用的布灯方式，在此之前，欧足联、亚足联等机构已开始使用，现在全球范围内推广使用。

2）适用范围：有电视转播的特大型、大型足球场，尤其适用于综合性体育场。

3）技术特点：灯具借助雨棚下的马道沿着场地四周布置。但是，底线外灯具的投射角受到限制，以避免对运动员产生干扰，如图7-7所示。工程中可以将底线后面的灯具向东西两侧移位，如图中绿色灯具部分，这样可达到更好的效果。

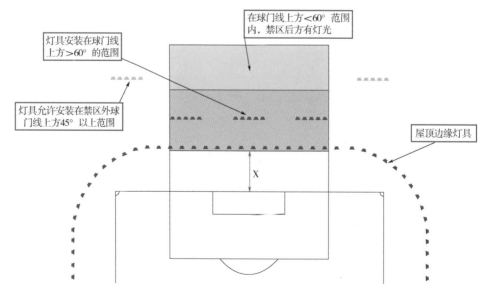

图7-7 FIFA 2020 底线后布灯要求

过去角球附近为禁止布灯区域（如图7-4和图7-6所示），现在FIFA新标准允许布灯。

如果此区域布置灯具，要避免将灯光投射到大禁区内，如图 7-8 所示。

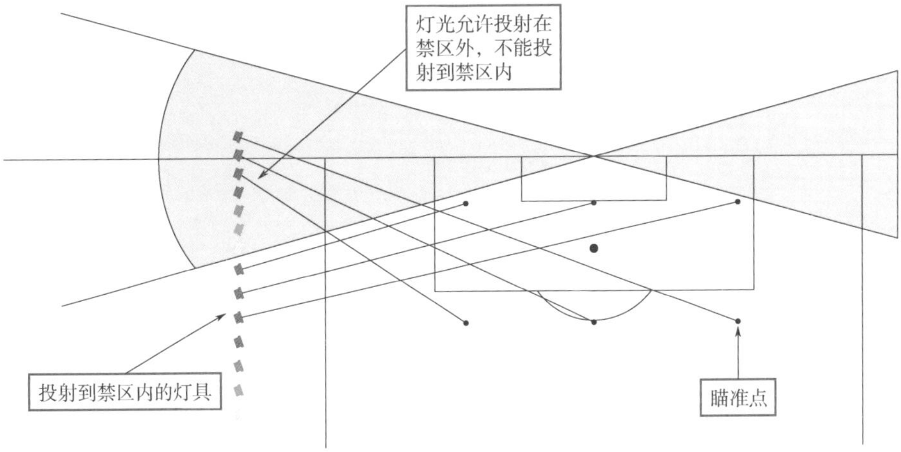

灯光允许投射在
禁区外，不能投
射到禁区内

投射到禁区内的灯具

瞄准点

图 7-8　原禁止布灯的区域现在可有条件布灯

（5）混合布置

1）适用范围：有电视转播的足球场。此种布灯方式也被广泛地应用，尤其适用于综合性体育场、老旧体育场改造等。

2）技术特点：融合了两侧布置、四角布置的特点。

足球场灯具布置实例如图 7-9 所示。

7.2.2　田径

1. 场地简介

根据国际田联的规定，田径场场地的布置如图 7-10 所示。《国际田联手册》规定，标准室外田径场跑道全

a）

b）

c）

d）

e）

图 7-9　足球场灯具布置实例（图 b、c、e 由 Musco 提供）
a）四角布置　b）光带布置——西安奥体体育场（CCDI 设计）
c）多杆布置　d）混合布置——北京朝阳体育场　e）周圈布置

长为400m，由两个直道和两个半圆形的弯道组成。

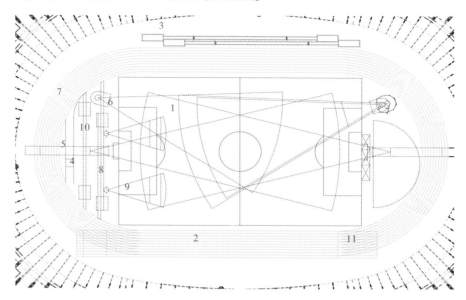

图7-10　田径场场地的布置

1—投掷区、足球场　2—跑道　3—跳远、三级跳远设施　4—障碍水池
5—标枪助跑道　6—铁饼、链球设施　7—铁饼设施　8—撑竿跳高设施
9—铅球设施　10—跳高设施　11—终点线

标准的田径场由外场、中场及内场三部分组成。以跑道为界，跑道为中场，一般设8～10条跑道，每条跑道宽1.22～1.25m，每条跑道计算总长都应为400m。跑道内的空间为内场，包括投掷区、足球场地，供田赛或足球比赛使用。跑道外为外场，用于田赛项目及热身、训练之用。

2. 照明标准

田径场照明标准见本书5.1.2节。

当田径需要电视转播时，摄像机机位将会影响到照明设计，主摄像机方向上的垂直照度是重点考核指标。不同的电视转播公司对转播的要求是不一样的，摄像机机位会有所变化。对于低级别的转播赛事，机位可以适当减少。大型比赛的摄像机机位可参考表7-8。

表7-8　田径比赛摄像机参考机位

机位编号	描述
1	大型摄像机，西南侧上部，覆盖终点线区域
2	大型SSM摄像机，西南侧下部，低角度，覆盖终点线区域
3	大型摄像机，比赛场地，运动员出场、100m、200m、110m栏
4	大型摄像机，比赛场地，运动员出场
5	大型SSM摄像机，对着正面直道，主要为4、5、3道
6	大型摄像机，对着正面直道，其他跑道按需设置
7	便携式摄像机，比赛场地，移动、400m引导
8	便携式摄像机，比赛场地，移动
9	便携式摄像机，接近第三弯道，非终点直道

（续）

机位编号	描述
10	EFP 级摄像机，赛场内、第三弯道，非终点直道
11	便携式摄像机，东南看台，对着 400m 起跑处
12	大型摄像机，中部、西部看台，400m 第一次拐弯、非终点直道和颁奖处
13	大型摄像机，上部、西北看台，400m 第一次拐弯、起跑线处
14	大型摄像机，场地隔离沟（或摄影沟）处，低位，对着非终点直道
15	EFP 级 SSM 摄像机，场地中 100m、110m 栏起跑线处，起跑、终点直道、特写镜头
16	便携式摄像机，终点线，反脚
17	微型摄像机，中间直道，115m 长，跟踪、中间直道
18	微型摄像机，从第三道拐弯处到中间直道开始处，跟踪、最后直道
19	大型 SSM 摄像机，50m 中间直道，1m 高平台，100m、110m 栏起跑分解
20	大型摄像机，上部，终点线、分解

3. 布置方式

与足球场类似，田径场布灯方式参见本书 7.2.1 节足球场照明布灯方式，包括四角布置、两侧布置——光带布置和多杆布置、周圈布置、混合布置，其中国际田联 IAAF 的要求更为严格，图 7-5 所示的 d 值从对面场地边线算起，而不是中线，角度同样要求 $\phi \geqslant 25°$，因此，田径场两侧布置的灯具安装高度要更高。

田径场地照明有别于足球场地照明，足球禁止布灯区域的规定对田径不再适用。同时，田径子项目较多，不同子项运动，其照明要求也是不同的，重要赛事应对田径各子项照明分别进行计算。图 7-11 为部分田赛项目摄像机机位示意图，供读者参考。

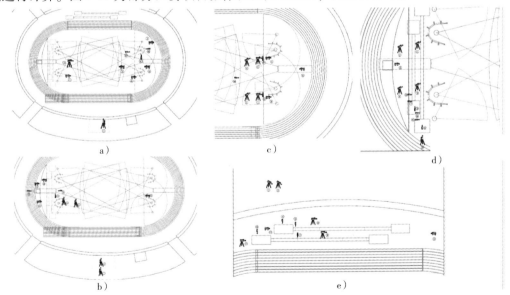

图 7-11　部分田赛项目摄像机机位示意图

a) 铁饼和链球项目摄像机机位示意图　b) 标枪项目摄像机机位示意图

c) 跳高项目摄像机机位示意图　d) 撑杆跳高项目摄像机机位示意图

e) 跳远、三级跳远项目摄像机机位示意图

7.2.3 网球

1. 场地简介

国际网联的《网球竞赛规则》规定了场地的要求，见表7-9。室外球场为草地、红土、柏油场地或混凝土地面。

表7-9 网球场地要求

场地	长/m	宽/m	底线后安全区/m	边线外安全区/m	网柱间距/m	柱顶距地/m	网中心上沿距地/m
双打场地	23.77	10.97	6.40	3.66	12.80	1.07	0.914
单打场地	23.77	8.23	6.40	3.66	12.80	1.07	0.914

2. 照明标准

网球场地的照明标准见第5章。

3. 布置方式

室外网球场照明系统一般采用两侧布置方式，且按下列要求设置：

1）对有观众席、有较高挑篷且灯杆无法布置的网球场地，宜采用场地两侧马道布置或与观众席上方的顶棚结合布置。

2）场地两侧采用灯杆侧向布灯。

①沿长轴方向的两侧采用每侧2个或3个灯杆位布置。现在正式比赛场地，也有每侧采用4个灯杆布置的方案。

②用于非正式比赛（如娱乐）的网球场，其灯杆安装高度至少为8m。

③用于正式比赛的单个网球场地，灯杆安装高度至少为12m。

④灯杆需布置在TA区域的外面。如果观众席沿场地一侧或两侧布置，则照明灯杆应位于观众席后面，以避免对观众观看造成干扰。

⑤如有多个场地时，最好不在两块场地之间安装灯杆。

网球场灯杆布置及高度示意如图7-12所示。

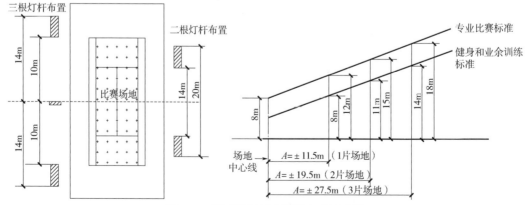

图7-12 网球场灯杆布置及高度示意图

A——灯杆距场地中心线的距离

网球通常在短距离内高速运动，需要在很短时间内判断球的运行方向，因此网球场地有较高的视觉需求。

7.2.4　曲棍球

1. 场地简介

曲棍球场地标准尺寸见表7-10，正式比赛多为室外场地。大型赛事摄像机位布置可参考表 7-11。

表 7-10　曲棍球场地标准尺寸

类别	户外	室内
主赛区	91.4m×55m	40m×20m
附加比赛和/或 安全区	沿边线加 2m 过底线加 4m	沿边线加 1m 沿底线加 2m
总赛场	99m×59m	44m×22m

表 7-11　曲棍球场摄像机位分布表

摄像机序号	摄像机位	覆盖范围	备注
1	高位/中间/主看台	全景	比赛场地
2	高位/中间/主看台	全景	比赛场地
3	左中位置/23m 线/场地水平	低端动作	比赛场地
4	右中位置/23m 线/场地水平	低端动作	比赛场地
5	中间位置/场地水平	低端动作	比赛场地
6	左球门后侧	进攻/回放	左边进攻区
7	右球门后侧	进攻/回放	右边进攻区
8	左球门	射门/回放	左边更大射门区
9	右球门	射门/回放	右边更大射门区
10	看台高位	全景	比赛场地
11	中等水平/右侧/23m 线	分解/回放	ARZ1-右侧，SSM
12	中等水平/左侧/23m 线	分解/回放	ARZ1-左侧，SSM

注：SSM——超慢动作摄像机；ARZ——动作回放区。

2. 照明标准

曲棍球场地照明标准详见本书第 5 章。

3. 布置方式

国际曲棍球联合会 FIH 制定的"曲棍球场地人工照明指南"中对曲棍球场地的布灯方式有如下建议：

曲棍球场地四周设有无障碍区，在无障碍区域内不允许装设灯杆。无障碍区域最小为：距两底线 5m，距两边线 4m。

为了避免对守门员的干扰，布灯方式宜采用 8 杆式，如图 7-13 所示，至少采用 6 杆布灯。四角附近的灯杆要在对角线上，并且要在球门线的后面，这样在发角球时，可以给守门员提供良好的照明环境。

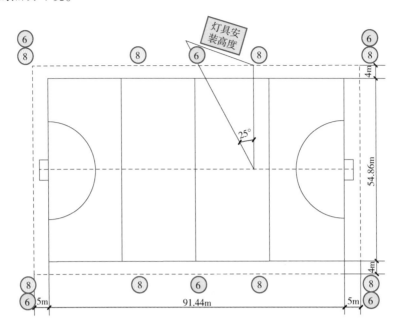

图7-13　曲棍球多杆布灯方式
⑧——8 杆布置　⑥——6 杆布置

如果场地仅用于非竞赛类比赛和体能训练，照明装置的安装高度可以为15m；如果场地还用于球类训练和俱乐部比赛，照明装置的安装高度至少要18m。

为了保证运动员不受眩光的影响，每个灯杆上的灯具应符合图7-13中的最小角度25°的要求。灯杆的高度除与灯具的瞄准角有关，还与灯具到场地的距离有关。灯杆距离场地越远，灯杆就越高。

对于较高级别的国内俱乐部比赛和国际比赛，曲棍球布灯方式与足球相似，有两侧布置、四角布置和混合布置。

（1）两侧布置　图7-13所示为多杆布灯，大型、特大型场馆也可以采用光带布灯方式。

由于两侧布置更好地解决了垂直照度的均匀度，因此，它是一个较好的布灯方案。如果观众席较少，推荐采用多杆布灯。如果要减少投资，可以适当减少灯杆的数量，而照度均匀度达到可以接受的程度即可。为避免灯杆对观众视线的干扰，灯杆应放在观众席的后面。

较高的看台屋顶会影响多杆布灯系统，此时可选择另一种两侧布置方案——光带布灯，光带布灯可以提供最佳的照度均匀度，而且不会产生阴影。

（2）四角布置　如图7-14所示，灯具安装在曲棍球场地四角的灯杆上。然而，边线中部区域垂直照度可能并不令人满意，因此，需要额外的照明补充该区域的垂直照度。

为了避免对场上运动员产生难以忍受的眩光，四个角处的灯杆上每个灯的瞄准角都要被严格限制。因此，灯杆高度要确保灯杆顶部到球场中心点与球场所成的角度不小于25°。

（3）混合布置　混合布灯的方案优点比较突出。侧向布灯用于提高靠近较近边线区域的垂直照度，而四角布灯的照明装置用来增加球场较远区域的垂直照度。

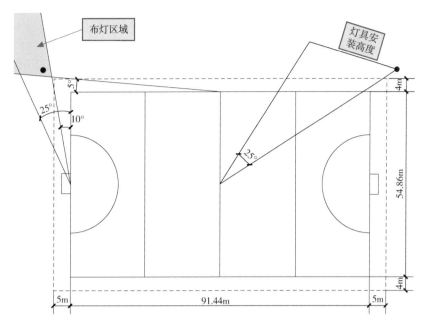

图 7-14　四角布置

混合布置可以将照明装置的安装高度降低，灯杆的投资也可以减少，有利于提高赛场上的垂直照度。灯杆较高，不仅增加了投资，还会造成垂直照度与水平照度之间的关系失衡。高灯杆的优点在于：可以有效地限制眩光，缩短影子。

不管采用哪种布灯方案，都要满足上面所说的角度要求。

7.2.5　棒球、垒球

1. 场地简介

棒球场分为内场和外场，正方形的内场 4 个角上各有一个垒位，内场也称为"方块"，为 27.5m×27.5m 的正方形，因此得名。外场为扇形，本垒经二垒向中外场的距离至少121.92m，投手板的前沿中心和本垒尖角的距离为 18.44m。本垒后面和两边线以外不少于18.29m 的范围内为界外的有效比赛区域。本垒尖角后 18.29m 处设置后挡网。网高 4m 以上，长 20m 以上。场地周围设置围网，高度 1m 以上。

垒球是多向的空中运动，与棒球相似，内场也是 27.5m×27.5m 的正方形，外场呈扇形，半径为 61～70m，扇形和两边线外 7.62m 围栏以内的区域。它和棒球的最主要差别在于：

1）垒球使用的球比棒球大，垒球有七局，而棒球有九局。

2）垒球各垒之间相距 60ft（1ft＝0.3048m），棒球各垒之间的距离为 90ft。垒球投球距离为 40ft，棒球的投球距离为 60ft。

2. 照明标准

照明标准参见本书第 5 章。

3. 布置方式

棒、垒球场地及运动特点决定了其场地照明布置方式为灯杆周圈布置,灯杆位置和泛光灯投射角对于保持运动员和观众获取良好的视看条件非常重要。图7-15给出了教科书般的布局。

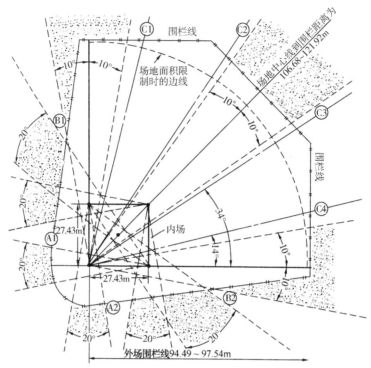

图7-15　棒、垒球场灯杆位置(阴影部分不可放置灯杆)

棒、垒球场灯具布置应符合下列规定:

1) 棒球场灯具宜采用6根或8根灯杆布置方式,垒球场宜采用不少于4根灯杆布置方式,也可在观众席上方的马道上安装灯具。

2) 灯杆应位于四个垒区主要视角20°以外的范围,灯杆不应设置在图7-15中的阴影区。

3) 灯杆高度宜满足灯具瞄准角不大于70°。美国的棒、垒球运动开展比较普及,职业化、商业化水平高。因此,美国标准对灯杆的高度要求值得借鉴。

①灯杆A1和A2上灯具的最小安装高度应按式(7-2)计算。

$$h_a \geqslant 27.43 + 0.5d_1 \tag{7-2}$$

式中　h_a——A1、A2灯杆上灯具的安装高度(m);

　　　d_1——A1、A2灯杆距场地边线的距离(m)。

②灯杆B1、B2上灯具的最小安装高度应按式(7-3)计算。

$$h_b \geqslant d_2/3 \tag{7-3}$$

式中　h_b——B1、B2灯杆上灯具的安装高度(m);

　　　d_2——通过B1(B2)灯杆作一条平行于边线的直线,该直线与场地中线相交,d_2为此交点与B1(B2)灯杆的水平距离(m)。

③灯杆 C1 ~ C4 上灯具的最小安装高度应按式（7-4）计算。

$$h_c \geq d_3/2 \tag{7-4}$$

式中 h_c——C1 ~ C4 灯杆上灯具的安装高度（m）；

d_3——C1 ~ C4 灯杆上的灯具最远投射距离（m）。

④灯杆上的灯具最低安装高度不应小于 21.3m。

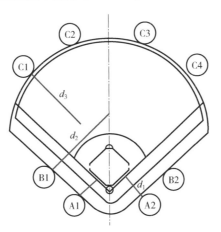

图 7-16 棒垒球场灯杆高度计算

4. 摄像机位置

重大棒、垒球比赛一般设置 10 个摄像机机位进行转播，参见表 7-12。然而，一般级别比赛的转播则不需要如此多的摄像机。

表 7-12 摄像机位置

序号	类型	装配	位置	覆盖范围
1	大型摄像机	HW 三脚架	低三垒，队员席	左手击球员，一垒跑垒员，介绍
2	大型摄像机	HW 三脚架	高本垒板	全景拍摄，飞球
3	EFP 摄像机	MW 三脚架	高一垒	飞球，跑垒员
4	大型摄像机	带轮 HW 三脚架	低中场	投手员，击球员，跑垒员
5	大型摄像机	HW 三脚架	低一垒，队员席	右手击球员，二垒和三垒跑垒员
6	大型摄像机	HW 三脚架	左场界外线	分解
7	EFP 摄像机	带轮 HW 三脚架	低本垒板	击球员近景，球场转换
8	手持式	LW 三脚架	低三垒，分解，环绕	分解，赛前或赛后（P/P）单边位置
9	微型	自动	高处，右边，中场	全场拍摄，精彩镜头
10	大型 SSM 摄像机	带轮 HW 三脚架	低本垒板	分解，回放（仅限半决赛和决赛）

注：SSM——超慢放动作摄像机；EFP——电子新闻采集旋转摄像。

7.2.6 篮球

篮球场地分为室内和室外两种形式，室内场地照明设计将在本书 7.3 节进行说明。本部分仅用于全民健身的灯光球场，应用范围广，对普及篮球运动、增强人民体质具有比较大的贡献。

1. 场地简介

国际篮联（FIBA）确定的标准篮球场为长 28m、宽 15m 的长方形，略小于 NBA 场地，后者为 28.65m×15.24m。场地四周各留有 2m 宽的缓冲区。

2. 照明标准

照明标准请参阅本书第 5 章。由于是全民健身场地，仅考虑场地的水平照度及其均匀度，其照度水平仅为 300lx（Ⅰ级），最高 500lx（Ⅱ级）。

3. 布置方式

室外篮球场一般采用灯杆两侧布灯方式，通常每侧有 2~3 个灯杆布置在边线外，如图 7-17 所示。

图 7-17a 是一片篮球场采用 4 个灯杆布置，灯杆位于边线外，灯具采用宽配光，以覆盖半场。每个灯杆上安装 1~2 套灯，具体数量视照明标准、灯具功率、配光而定。灯杆的高度约 12m。

图 7-17b 为 6 个灯杆布置方案，有利于提高照明水平，照度均匀度优于图 7-17a。灯杆布置在场地边线外侧，灯具的配光为宽配光，灯杆高度、每个灯杆上灯具数量与图 7-17a 相仿。

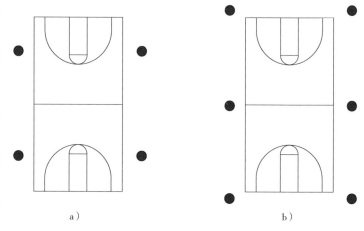

图 7-17　室外篮球场布灯方式示意
a）4 杆布置　b）6 杆布置
●——灯杆位置示意

2 杆布置、8 杆及以上布置很少使用，在此不赘述。

如果是两片及以上球场合用照明系统，可参考上述布置方式。

7.2.7　射击

1. 场地简介

关于各种步枪和手枪等的大量比赛可以在露天或在射击大厅中进行。本节仅限于室内射击。

室内射击主赛区（PA）长度取决于比赛科目，奥运会比赛有 10m、25m、50m 靶。宽度由射击的靶位数量决定，靶位中心至中心距离 1~1.5m。射击线后的附加空间由布置方案决定，至少为 3m，通常为 5~7m。大厅高度 2.5~3m。

2. 照明标准

在射击运动员方向上的眩光应严格避免，射击道可以达到一个较低的照明水平，目标应清晰可见。在远端和贴近射击位置均需特写。在 10m 室内比赛，根据国际射击联合会要求，目标照度需 800～1000lx，房间照度为 300lx。

照明标准详见本书第 5 章。

3. 摄像机参考位置

主摄像机位于射击运动员和目标的侧面或背后。表 7-13 为重大比赛转播摄像机机位设置，供读者参考。需要指出，不同比赛、不同转播公司对转播的要求是不一样的，望读者注意！

表 7-13　摄像机位设置

序号	类型	镜头	装配	位置	覆盖范围
1	EFP	55	三脚架	中心右部	主镜头
2	手持式	10	左翼三脚架	运动员后方移动	特写及齐肩镜头
3	微型	20	三脚架	运动员后方移动	特写及齐肩镜头
4	微型	20	自动跟踪	地面左挡板之后	全景和射击者特写
5	微型	20	自动跟踪	地面右挡板之后	全景和射击者特写
6	微型	20	自动跟踪	挂于运动员前挡板外	射击者特写（1 和 2）
7	微型	20	自动跟踪	挂于运动员前挡板外	射击者特写（3 和 4）
8	微型	20	自动跟踪	挂于运动员前挡板外	射击者特写（5、6、7、8）
9	微型	20	自动跟踪	运动员上方	射击者特写加载
10	手持式	10	水平轨迹摄像	运动员前方地板上	弹道轨迹

注：EFP——电子新闻采集旋转摄像。

4. 灯具布置方式

灯具布置需结合建筑和装修，通常灯具与吊顶相结合。

下面通过老挝东南亚运动会射击场为例进行说明。射击场设有一个标准的 50m 射击比赛场地。赛时举行 10m、25m、50m 射击等项目，由 CCDI 原创建筑方案，已于 2009 年成功举行了东南亚运动会射击比赛。

射击场场地照明共选用 26 套 150W 金卤灯，93 套 250W 金卤灯，53 套单管 36W 三基色 T8 荧光灯，34 套双管 36W 三基色 T8 荧光灯，34 套三管 36W 三基色 T8 管荧光灯，34 套 35W 金卤灯，8 套双管 28W 单端荧光灯，可满足电视转播重大国际比赛的要求。

射击场比赛场地照明灯具投射方向示意图如图 7-18 所示，灯光向靶子方向斜照，避免了对运动员产生的眩光，同时确保靶子上的照度水平，整个弹道区照度比较均匀。

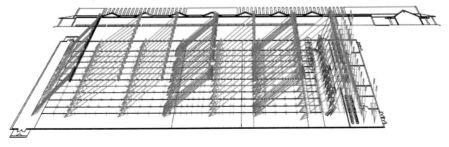

图 7-18　照明灯具投射方向示意图

7.2.8 射箭

1. 场地简介

射箭距离从 18~90m 不等。90m 箭道通常用于重要比赛，如奥运会。目标的中心为地面上 1.3m 处，一般箭道为 8~13 道，平行布置。

比赛场地分为排名赛、淘汰赛及决赛三类场地。

（1）排名赛场地　排名赛场地长 120~130m，宽 100m，可放置 23 个靶位，靶心至靶心的距离为 3.5m。场地要求南北朝向，由南向北发射，以避免阳光的影响。场地为草地，平坦，要求排水系统通畅，下雨时场地不泥泞，刮风时不扬土。

（2）淘汰赛场地　淘汰赛场地是 1/32、1/16、1/8 个人淘汰赛及 1/16、1/8、1/4 团体淘汰赛比赛场地，放置 8 个靶位。场地尺寸：长 120~130m，宽 52m。

（3）决赛场地　决赛场地是争夺奖牌的赛场，个人 1/4、1/2、铜牌争夺赛、金牌争夺赛及团体 1/2、铜牌争夺赛、金牌争夺赛等将在此举行，比赛场地放置 2~4 个靶位，视比赛具体情况来定。场地尺寸：长 120~130m，宽 52m。场地要求同淘汰赛场地，功能分区略有变化，见表 7-14。

表 7-14　射箭决赛场的功能分区

区域	描述
危险区	箭靶后 40m 为危险区，设禁止通行的标牌和防护设施
箭道	决赛时一对箭靶放在 4m 宽的箭道线上
发射区	起射线和候射线之间的距离为 5m
摄影区、器材区、候射区	候射线后，运动员放置器材及候射的区域，长 40m，宽 3m
专用通道	比赛场地后、看台前，运动员入场、退场的专门通道

CIE 169 号技术文件要求，摄像机可以位于沿着射箭线不同位置和候射线与起射线之间区域内。

2. 照明标准

射箭场照明标准参见第 5 章相关内容。

3. 摄像机参考位置

大型赛事的摄像机位设置可参考表 7-15。同样声明，每次比赛、不同转播公司对转播的要求是不一样的，望读者注意！

表 7-15　摄像机位设置

序号	类型	装配	位置	覆盖范围
1	大型	三脚架	中央看台，两箭靶正中位置	涵盖镜头，场地宽镜头
2	大型	滚轮三脚架	颁奖台前方	运动员肩上部位
3	EFP	体育赛事移动式摄影车	地平面	射手右侧近景
4	EFP	体育赛事移动式摄影车	地平面	射手左侧近景
5	手持式	LW 三脚架	与射击线正交	运动员侧面像及赛前赛后情况
6	手持式	自动水平跟踪	射击线前方跟踪拍摄	运动员低位近景

（续）

序号	类型	装配	位置	覆盖范围
7	微型	固定近景	靶 A 前方，低处	靶 A 近景
8	微型	固定近景	靶 B 前方，低处	靶 B 近景
9	微型	固定近景	靶 A 靶心	中靶位置
10	微型	固定近景	靶 B 靶心	中靶位置
11	微型	自动	看台西北角最高处	场地宽镜头

注：EFP——电子新闻采集旋转摄像。

4. 灯具布置

CIE 169 技术文件要求，户外装设中、大功率金卤灯的泛光照明系统，可以满足射箭场照明的需要。光束角种类取决于场地的尺寸，泛光灯具应安装在射箭运动员候射区的后面。现在 LED 体育照明系统也可在射箭场上应用，效果良好。

7.2.9　高尔夫球

1. 场地简介

高尔夫基本上是一项单向空中运动，一般含练习场、9 洞、18 洞、27 洞等，每个球道分为三个区域：发球台、球道和果岭。高尔夫球场需根据地形情况设置，因此其布局差别很大。每个球道有其独特的平面布置及各种不同的障碍物，球道长度从 60m 的标准三杆长度到 550m 的标准五杆长度不等。任何球道均不相同，如此决定每个洞的灯杆数和灯具数必须经过单独的设计，因地制宜。夜间高尔夫球只限于娱乐级别，因此对照明要求不高。

2. 照明标准

高尔夫球场照明标准参见第 5 章相关内容。

3. 灯具布置

高尔夫球场主要采用灯杆布置，灯杆位于球道两侧。

（1）发球区

1）位置：灯杆最好直接位于发球区之后，最小距离为 2.0m，并居中。这样可以防止球被球员阴影所遮挡（图 7-19）。

2）高度：灯具的安装高度至少10m，或是所照发球区长度的一半，以较大值为准。

3）数量：特别长的发球台可以考虑放置多根灯杆。应注意前面灯杆位置不能干扰后面发球台视线。

图 7-19　高尔夫球场发球区灯杆布置

（2）球道照明　球道照明需沿球道两侧布置灯杆，以便深草区有足够的外溢光供球手寻找丢失的高尔夫球。对于窄球道（低于 2 倍灯杆高度），应交错放置灯杆位置，以减少所需灯杆数量。当球道较宽时（大于 2 倍灯杆高度），灯杆应面对面地放置。为了得到良好的照度均匀度，灯杆间间距不得超过 3 倍灯杆高度。所有灯具投射方向应与打球方向一致，尽可能地采用防眩光措施，减少相邻球道上球员的眩光。弯道处，灯杆应加密，因为弯道意味着击球方向将要改变，照明的投射方向也将随之改变，如图7-20所示。

（3）果岭照明　应从两个相反方向给果岭提供照明，这样可以降低推杆时球员阴影遮住高尔夫球的机率。灯杆布置在图7-21所示阴影区域，这样能很好地控制对球员的眩光，也可以减少灯杆对击球的干扰。灯杆之间的间距不得超过3倍灯杆高度，且每个灯杆位置至少有2套灯具提供照明。还须特别注意地形结构，包括沙坑、水坑、草坑和球车道，这些地方可能会有更多的灯杆，以提供更多的空间或地面照明。

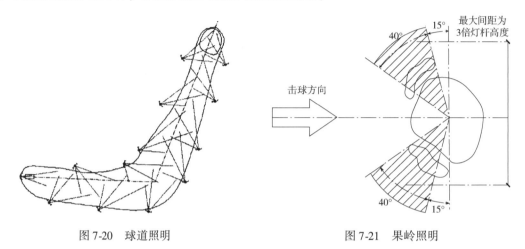

图7-20　球道照明　　　　　　　　　图7-21　果岭照明

（4）练习场照明　高尔夫球手可在练习场练习击球。击球动作从地面开始，将球击到离地的各种高度，最远可达274m。

为了避免眩光和外溢光，可在发球台后安装灯杆，也可在发球区屋顶或在练习场两侧围网的灯杆上安装灯具，还可在落球区沙坑后安装灯具。所用灯杆数量与发球台宽度有关，灯杆高度为15.0m，最少要使用两根灯杆。

高尔夫练习场需要向上的照明光线，以便跟踪球的飞行方向。在坑或沙坑地面安装的灯具可以提供向上的光线。

7.2.10　沙滩排球

1. 场地简介

沙滩排球的场地分为比赛场、热身场和训练场三类。

标准比赛场地为长×宽：16m×8m，四周各有5m宽的活动区域，活动区外用挡板围起。

热身场及训练场大小、活动区、地面等要求与比赛场完全相同。

2. 照明标准

沙滩排球场地照明标准参见第5章相关内容。

3. 摄像机位分布

重大沙滩排球比赛场地摄像机机位可参考表7-16。

表 7-16　沙滩排球比赛场地摄像机机位

序号	类型	位置及功能
1	大型	高处，主看台中间；广角覆盖
2	大型	高处，主看台中间；特定和分解
3	手持式便携	沙滩上靠左侧；低端动作
4	手持式便携	沙滩上靠右侧；低端动作
5	手持式便携	右底线，发球区
6	手持式便携	环绕右边缘场馆，低端动作、队员席
7	微型	网柱上；网前动作和分解
8	手持式便携	赛场高处；全场拍摄
9	手持式 SSM	沙滩上 FOP 右边线区域；回放

4. 布置方式

沙滩排球场地灯具宜布置在比赛场地边线 1m 以外两侧，并应超出比赛场地端线，灯具安装高度不应小于 12m；主赛区 PA 上方不宜布置灯具。布灯方式有四角布灯、侧向布灯等，读者可以参考本书 7.2.1 节和 7.2.2 节相关内容。

7.3　室内体育馆

7.3.1　篮球、排球

1. 场地简介

篮球标准场地为 15m×28m，缓冲区一般为边线外 2m，底线外 2m。国际标准边线外 6m，底线外 5m。场地上空一般 7m 内不得有障碍，国际比赛一般净空 12m。

排球主赛区（PA）标准场地为 9m×18m，缓冲区一般为边线外 3m，底线外 3m。国际排联规定世界性排球比赛场地（总赛区 TA）至少为长 36m、宽 21m 的长方形。

2. 照明标准

照明标准见第 5 章。

3. 摄像机机位

重大国际比赛的篮球、排球场地摄像机机位可分别参考表 7-17 和表 7-18。

表 7-17　篮球场地摄像机机位

序号	类型	位置及功能
1	大型	高处，球场中央；广角覆盖
2	大型	高处，球场中央；特定和分解
3	大型	中央看台左侧；分解

（续）

序号	类型	位置及功能
4	大型	中央看台右侧；分解
5	大型	看台中左部通道；动作和分解
6	大型	看台中右部通道；动作和分解
7	便携	右侧底线；动作和分解
8	便携	左侧底线；动作和分解
9	大型超慢动作	球场中部；低角度动作和分解
10	小型	左侧篮板后面；分解
11	小型	右侧篮板后面；分解
12	便携	右角落；动作、观众、分解
13	小型	安装在场馆空中；场馆广角拍摄
14	电子现场制作射频	低水平；观众度、更衣室
15	小型	顶棚上，rocket 左侧；分解、动作
16	小型	顶棚上，rocket 右侧；分解、动作

表 7-18 排球场地摄像机机位

序号	类型	位置及功能
1	大型	中心高处；广角范围
2	大型	中心高处；动作分解
3	EFP 级摄像机	靠近左限制线的球场边；特定镜头与动作分解
4	EFP 级摄像机	靠近右限制线的球场边；特定镜头与动作分解
5	便携	靠边的球场移动中心；赛场外板凳、候补运动员、慢动作
6	便携	左侧发球方之后；慢动作，观众
7	便携	右侧发球方之后；发球方视角
8	大型	右端高处；高动作与动作分解
9	Midi 摄像机	中心的中部；主裁判员
10	小型	悬挂于头顶；头顶动作分解
11	小型	架设在网柱上，靠边；网前动作分解
12	小型	架设在赛场高处；赛场广角摄像
13	EFP 级超慢动作摄像机	赛场左，中心；低动作回放

4. 布灯方式

篮球、排球布灯方式主要采用直接照明方式，这种照明布灯方式能充分发挥体育照明系统的效能，效率高，节能效果好，是目前世界范围内的主流照明方式。主要包括：

（1）顶部布置 即灯具布置在场地上方，光束垂直于场地平面的布灯方式。顶部布置宜选用对称型配光的灯具，适用于主要利用低空间，对地面水平照度均匀度要求较高，且无电视转播要求的体育馆。一般训练馆、全民健身用的体育馆可采用顶部布灯方式，灯具可按图 7-22 所示布置。灯具布置不仅要满足主赛区的照明要求，还要满足总赛区的要求，即边线和底线外的安全区域也是体育照明服务的范围。

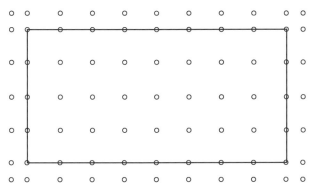

图 7-22　顶部布置

顶部布置灯具中有一种特殊布灯方式——群组均匀布置，即若干灯具组成一组，然后各组灯具在场地上方均匀布置并构成图案，如图 7-23 所示。

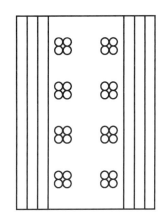

图 7-23　群组均匀布置

（2）两侧布置　即灯具布置在场地两侧，光束非垂直于场地平面的布灯方式。两侧布置宜选用非对称型配光灯具布置在马道上，适用于垂直照度要求较高以及有电视转播要求的体育馆。两侧布置时，灯具瞄准角不应大于 65°，如图 7-24 所示，灯具两侧布置平面图如图 7-25 所示。同样，要求体育照明系统要覆盖整个场地，即总赛区。

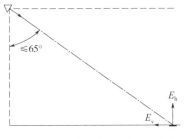
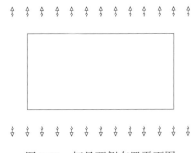

图 7-24　两侧布置灯具瞄准示意图　　　　图 7-25　灯具两侧布置平面图

（3）混合布置　即顶部布置和两侧布置相结合的布灯方式。混合布置宜选用具有多种配光形式的灯具，兼有顶部布置和两侧布置的特点，适用于大型、特大型综合性体育馆。灯具的布灯方式见顶部布置和两侧布置。灯具混合布置平面图如图 7-26 所示。

除此之外，还有两种非主流的灯具布置方式。

（4）艺术布置　即灯具在顶棚上构成特定图案的布灯方式，如图 7-27 所示。一般建筑师把控灯具

图 7-26　灯具混合布置平面图

组成的图案。但从照明角度看，该方式没有充分发挥照明的效率，造成一定程度的浪费，不提倡此种布灯方式。

图 7-27　艺术布置

（5）间接照明方式　与直接照明系统相对应，间接照明灯具布置光线柔和、眩光控制好，但耗能。其灯具向上照射，通过顶棚反射光为场地进行照明。间接照明灯具布置宜采用具有中、宽光束配光的灯具，适用于层高较低、跨度较大及顶棚反射条件好的建筑空间，不适用于悬吊式灯具和

图 7-28　间接照明方式

安装马道的建筑等。如图 7-28 所示，灯具投射方向斜向上，现广泛应用于气膜馆照明。

篮球、排球场地的灯具布置见表 7-19，在照明设计时，照明计算是非常重要的一项工作，它是照明设计的基础，因此，确定照明计算网格是照明设计的重要一环。

表 7-19　篮球、排球场地的灯具布置

类别	灯具布置	场地尺寸/m	照度计算网格/m	照度测量网格/m
篮球	宜以带形布置在比赛场地边线两侧，并应超出比赛场地端线，灯具安装高度不应小于 12m 以篮筐为中心直径 4m 的圆区上方不应布置灯具	28×15	1×1	2×2

（续）

类别	灯具布置	场地尺寸/m	照度计算网格/m	照度测量网格/m
排球	宜布置在比赛场地边线1m以外两侧，并应超出比赛场地端线，灯具安装高度不应小于12m 主赛区PA上方不宜布置灯具	PA：18×9 TA：36×18	1×1	2×2

注：水平照度计算参考高度为距地1.0m，垂直照明计算参考高度为距地1.5m。

7.3.2　羽毛球

1. 场地简介

羽毛球单打场地为13.4m×5.18m，双打场地为13.4m×6.10m。奥运会羽毛球场地净空高度必须在12m以上，需铺在有弹性的木地板上面的塑胶羽毛球场地。

2. 照明标准

羽毛球场地的照明标准参见本书第5章。

3. 摄像机机位

大型羽毛球比赛电视转播的机位可参考表7-20。

表7-20　大型羽毛球比赛电视转播的机位

序号	类型	位置及功能
1	大型	高处，场地端部；大范围覆盖
2	EFP摄像机	左角附近；中等慢动作
3	大型	右边线，网边附近；分解动作
4	大型	右边线，网边附近；分解动作
5	便携	地板，在左边游动；分解动作
6	大型SSM摄像机	地板，在右边游动；分解，回放
7	小型	网上方中间；分解
8	微型	网上右边；网分解
9	小型	底线远端右方；底线分解
10	小型	底线远端右方；底线分解
11	小型	场地上方；赛场广角摄像

4. 布灯方式

为避免运动员上方的高亮度，主赛区上方应无灯具。一般来讲，国际比赛要求的最小自由高度12m，因此，灯具安装高度至少12m。对于非正式比赛的场馆，场馆的顶棚高度可以低些。羽毛球场地照明灯具宜用中光束、宽光束，取决于体育馆的规模。其布灯方式参见本章7.3.1布灯方式。羽毛球场地照明的灯具布置见表7-21。

表 7-21 羽毛球场地照明的灯具布置

灯具布置	场地尺寸/m	照度计算网格/m	照度测量网格/m	参考高度/m	摄像机典型位置
宜布置在比赛场地边线 1m 以外两侧，并应超出比赛场地端线，灯具安装高度不应小于 12m 主赛区 PA 上方不应布置灯具	PA：13.4×6.1 TA：19.4×10.1	1×1	2×2	水平：1.0 垂直：1.5	主摄像机在赛场两端 辅摄像机在球网处、服务位置

7.3.3 乒乓球

1. 场地简介

乒乓球运动在乒乓球台上进行，球台长 274cm、宽 152cm，球网位于球台中央，将球台分成两部分，双方球员各置一方。

乒乓球场地为 7m×14m，台面上空至少在 3.24m 内不得有障碍物。

2. 照明标准

乒乓球场地的照明标准参见本书第 5 章。

3. 摄像机机位

具有电视转播的大型乒乓球比赛摄像机机位见表 7-22。

表 7-22 大型乒乓球比赛摄像机机位

序号	类型	位置及功能
1	大型	高处，中央；主镜头，桌 2
2	大型	高处，中央；主镜头，桌 2
3	大型	地面，网右方靠近桌 2；运动员特定
4	大型	地面，网左方靠近桌 2；运动员特定
5	大型	地面，靠近桌 2 右方；低处动作
6	微型	桌 2 上方；分解
7	便携	游动；低处动作、教练员、观众
8	微型	装在场地内高处；全场地范围摄像
9	大型超慢动作摄像机	地面，靠近桌 2 右方；运动员特定与动作分解（只在决赛中）

主摄像机在看台中，能纵观大厅；附加主摄像机在地面上比赛区的角区；辅摄像机在记分牌区域。

4. 布灯方式

照明系统布灯方式参见本章 7.3.1，在多功能大厅中根据各赛场的布置应提供特定的照明布置（或开灯模式），乒乓球场地尺寸小，球体积小且球速快，攻防节奏、攻防转换快，因此灯具布置非常关键。灯具瞄准方向最好垂直于比赛方向，以便运动员与观众能轻易跟踪高速运动的球。照明系统一般在赛场两侧对称布置，为摄像机提供最大的灵活性。乒乓球场地布灯要求见表 7-23。

表 7-23　乒乓球场地布灯要求

灯具布置	场地尺寸/m	照度计算网格/m	照度测量网格/m	参考高度/m	
				水平	垂直
宜布置在比赛场地边线1m以外两侧，并应超出比赛场地端线，灯具安装高度不应小于12m；主赛区PA上方不应布置灯具	台面：1.525×2.72	1×1	1×1	0.76m 台面	1.5
	场地：14×7	1×1	2×2	1.0	

7.3.4　体操、艺术体操、技巧、蹦床

1. 场地简介

1）一般世界性或洲际性的体操比赛需要搭0.8~1.1m高的木质台，上面铺置地毯，所有的比赛器械都放置在台面上。在搭台的情况下场地上空无障碍物高度不小于15m，面积不小于60m×35m。在不搭台的情况下可适当缩小，高度应不小于12m，面积不小于35m×35m。

2）在国际体操联合会组织的正式艺术体操锦标赛中，要求有两块13m×13m的地毯场地，一块是比赛场地，另一块是练习场地，中间相隔距离至少2m。场地周围至少有1m宽的安全区。

3）技巧比赛使用两种场地，一种是单人项目场地，一种是双人和集体项目场地。国际正式大型比赛需要搭0.8~1.1m高的木质台，两种场地都安放在台面上。比赛场地上空无障碍物高度不小于15m，面积不小于60m×35m。

4）蹦床框架长5.050m、宽2.910m、高1.150m、网长4.028m、宽2.014m、弹簧112个。

2. 照明标准

体操、艺术体操、技巧、蹦床场地的照明标准参见本书第5章。

3. 摄像机机位

大型比赛的体操、艺术体操、蹦床比赛摄像机机位可参考表7-24~表7-31，不同小项摄像机机位也不同。

表 7-24　男子吊环和跳马比赛摄像机机位

序号	类型	位置及功能
1	大型	场馆地面、跳马着地区右侧地面；跳马、宽内角覆盖
2	大型超慢动作	跳马的1m托架上；跳马回放
3	大型	场馆地面、跳马助跑跑道中间靠右；跳马回放
4	大型超慢动作	场馆地面、跳马着地区右侧地面；跳马回放
5	便携	场馆地面旋转；跳马、运动员、教练
6	小型	跳马着地区右侧上方；跳马分解
7	小型	场馆地面、跳马助跑跑道右侧；跳马追踪回放

序号	类型	位置及功能
8	大型超慢动作	场馆地面远右侧；吊环、宽视角覆盖
9	大型	场馆地面近右侧；吊环、低覆盖
10	大型超慢动作	场馆地面中右翼；吊环回放
11	便携	场馆地面旋转；吊环、运动员、教练员
12	小型	吊环上方；吊环分解

表7-25　男子单杠和双杠比赛摄像机机位

序号	类型	位置及功能
1	大型	单杠远端中部；单杠、宽视角覆盖
2	大型	场馆地面单杠远端左侧；单杠、低视角覆盖
3	大型	场馆地面单杠远端右侧；单杠、低视角覆盖
4	小型	单杠上方；单杠分解
5	便携	场馆地面旋转；单杠、运动员、教练
6	小型	单杠水平安装；单杠分解
7	大型超慢动作	场馆地面靠近单杠左远端；单杠回放
8	大型超慢动作	场馆地面双杠近左端；双杠回放
9	大型	1m高的托架上，与双杠成90°，右侧；双杠中度覆盖
10	便携	场馆地面旋转；单杠、运动员、教练
11	小型	双杠上方；双杠分解
12	大型	场馆地面双杠近左端；双杠、低视角覆盖
13	便携	场馆地面旋转；双杠、低视角覆盖

表7-26　男子自由体操和鞍马比赛摄像机机位

序号	类型	位置及功能
1	大型	靠近自由体操场地左角落的场馆地面上；自由体操、低角度
2	大型	自由体操场地中间附近；自由体操，中角度
3	大型	靠近自由体操场地右角落的场馆地面上；自由体操、低角度
4	大型超慢动作	靠近自由体操场地右角落的场馆地面上；自由体操回放
5	便携	体育馆地面旋转；自由体操运动员、教练
6	大型	靠近自由体操场右鞍马的场馆地面上；鞍马、低角度
7	大型	远离自由体操场地右鞍马的场馆地面上；鞍马、低角度
8	大型超慢动作	距离右鞍马中部靠右的场馆地面上；鞍马回放
9	小型	鞍马正上方；鞍马分解
10	便携	体育馆地面旋转；鞍马运动员、教练
11	大型超慢动作	靠近体操场地左角落的场馆地面上；自由体操回放
12	便携	体育馆地面旋转；鞍马、低角度
13	小型	自由体操场地正上方；自由体操动作分解

表 7-27　女子高低杠比赛摄像机机位

序号	类型	位置及功能
1	大型	高低杠远端中部；高低杠、宽视角覆盖
2	大型	场馆地面单杠远端左侧；高低杠、低视角覆盖
3	大型	场馆地面单杠远端右侧；高低杠、低视角覆盖
4	小型	高低杠上方；高低杠分解
5	便携	场馆地面旋转；高低杠、运动员、教练
6	大型超慢动作	场馆地面靠近单杠左远端；高低杠回放
7	大型超慢动作	场馆地面靠近高低杠中远端；高低杠回放
8	便携	场馆地面旋转；高低杠、低视角覆盖
9	小型	指挥台靠近中部，抬头；高低杠、靠近接近遥控摄像机

表 7-28　女子跳马比赛摄像机机位

序号	类型	位置及功能
1	大型	场馆地面、跳马着地区右侧地面；跳马、宽内角覆盖
2	大型超慢动作	跳马的 1m 托架上；跳马回放
3	大型	场馆地面、跳马助跑跑道中间靠右；跳马开始
4	大型超慢动作	场馆地面、跳马着地区右侧地面；跳马回放
5	便携	场馆地面旋转；跳马、运动员、教练
6	小型	跳马着地区上方；跳马分解
7	Midi	场馆地面、跳马助跑跑道右侧；跳马追踪回放

注：Midi 是一种数字摄像机。

表 7-29　女子自由体操和平衡木比赛摄像机机位

序号	类型	位置及功能
1	大型	靠近自由体操场地左角落的场馆地面上；自由体操、低角度
2	大型	自由体操场地中间附近；自由体操、中角度
3	大型	靠近自由体操场地右角落的场馆地面上；自由体操、低角度
4	大型超慢动作	靠近自由体操场地右角落的场馆地面上；自由体操回放
5	便携	体育馆地面旋转；自由体操运动员、教练
6	大型	靠近自由体操场地右平衡木的场馆地面上；平衡木、低角度
7	大型	远离自由体操场地右平衡木的场馆地面上；平衡木、低角度
8	大型超慢动作	距离右平衡木 1m 的举升架上；平衡木回放
9	小型	平衡木正上方；平衡木分解
10	便携	体育馆地面旋转；平衡木运动员、教练
11	大型超慢动作	靠近体操场地左角落的场馆地面上；自由体操回放
12	便携	体育馆地面旋转；平衡木、低角度、分解
13	小型	自由体操场地正上方；自由体操动作分解

表 7-30 艺术体操比赛摄像机机位

序号	类型	位置及功能
1	大型	高处、地面场地的中央；美感、过渡、颁奖
2	大型	高处、地面场地的中央；美感、过渡
3	无线	体育馆地面旋转；运动员，教练，赛前赛后单边
4	无线	体育馆地面旋转；运动员，教练，赛前赛后单边
5	便携	体育馆地面左侧远端；美感、过渡、颁奖
6	小型	比赛场地上空；美感、过渡
7	大型	地面场地的中部靠近中心；美感、过渡、颁奖
8	小型	安装在场馆的高处；场馆全景拍摄

表 7-31 蹦床比赛摄像机机位

序号	类型	位置及功能
1	大型	高处，中央；广角覆盖
2	大型	中部看台，中央；分解
3	大型超慢动作	中部看台，中央；分解回放
4	便携	比赛场地地面，靠近跳马左侧；低水平动作
5	便携	比赛场地地面，靠近跳马右侧；低水平动作
6	大型	中部看台，90°右侧；面对动作
7	小型	跳马 A 上空；起跳远景
8	小型	跳马 B 上空；起跳远景
9	小型	安装在场馆空中；场馆广角拍摄
10	大型超慢动作	1m 的托架，跳马左侧90°；左侧，面对动作
11	便携	场馆地面旋转；运动员等待席
12	便携	场馆地面旋转；表情拍摄点

4. 布灯方式

宜采用两侧布灯方式，灯具瞄准角不宜大于60°。具体布灯方式参见本章7.3.1节。灯具布置及计算网格见表7-32。

表 7-32 灯具布置及计算网格

运动项目	场地尺寸/m	照度计算网格/m	照度测量网格/m	参考高度/m	
				水平	垂直
体操	重大比赛：52×28 一般比赛：46×28	2×2	4×4	1.0	1.5
艺术体操	12×12	1×1	2×2	1.0	1.5

7.3.5 手球、室内足球

1. 场地简介

（1）手球 手球比赛场地为长方形，40m×20m，长界线称为边线，短界线称为球门线

（球门柱之间）和外球门线（球门两侧）。安全区为各边外 2m 范围。

（2）室内足球　室内足球比赛场地为长方形，长度不得多于 42m 或少于 25m，宽度不得多于 25m 或少于 15m。在任何情况下，长度必须超过宽度。国际比赛场地面积应为 38 ~ 42m 长，18 ~ 22m 宽。较长的两条界线称为边线，较短的称为球门线。

2. 照明标准

手球、室内足球场地的照明标准参见本书第 5 章。

3. 摄像机机位

手球、室内足球重大比赛的摄像机机位见表 7-33。

表 7-33　手球、室内足球重大比赛的摄像机机位

序号	类型	位置及功能
1	大型	高中心；宽范围
2	大型	高中心左边；个人
3	大型	高中心右边；个人
4	大型	中场，左 9m；进攻线动作
5	大型	中场，右 9m；进攻线动作
6	便携	地面左底线；下面动作
7	便携	地面右底线；下面动作
8	微型	头顶左球门区；个人
9	微型	头顶右球门区；个人
10	数码	左球门后部；上部动作
11	数码	右球门后部；上部动作
12	微型	赛场中的高支架处；场外射球
13	大型超慢动作摄像机	地面，靠左；分解回放

4. 布灯方式

灯具应呈带状安装在赛场两侧，延伸并可超过场地两端，安装高度不应小于 12m。灯具布置及计算网格见表 7-34。

表 7-34　灯具布置及计算网格

运动项目	场地尺寸/m	照度计算网格/m	照度测量网格/m	参考高度/m		摄像机典型位置
				水平	垂直	
手球	40×20	2×2	4×4	1.0	1.5	主摄像机在赛场两侧看台上；辅摄像机在赛场两端
室内足球	38 ~ 42× 18 ~ 22	2×2	4×4	1.0	1.5	主摄像机在赛场两侧看台上；辅摄像机在球门边线，端线的后面

7.3.6　拳击

1. 场地简介

国际业余拳联（AIBA）规定，国际拳击锦标赛、奥运会拳击比赛、世界杯拳击赛等国

际正式比赛的拳击台最大不得超过 6.10m 见方。一般比赛的拳击台为正方形，边长为 4.90~6.10m。拳击台四周的围绳直径为 3~5cm，且要坚固结实。

我国规范规定，拳击比赛场地尺寸为 7.1m×7.1m。

2. 照明标准

拳击场地的照明标准参见本书第 5 章。

3. 摄像机机位

拳击重大比赛场地摄像机机位见表 7-35。

表 7-35　拳击重大比赛场地摄像机位

序号	类型	安装架	摄像机机位	覆盖范围
1	大型	三脚架	高的，中央	主景
2	大型	三脚架	高的，中央	中景，分解
3	大型	三脚架	居中，主摄像机往左 90°，水平面中间	中景，分解
4	便携	LW 三脚架	拳击台台边座位，中立角	场内动作，蓝角休息处、分解与场角休息
5	便携	LW 三脚架	拳击台台边座位，中立角	场内动作，蓝角休息处、分解与场角休息
6	小型	自动控制	偏离中心，头顶光格中	
7	小型	自动控制	高架在场中	赛场广角拍摄
8	超慢动作摄像机	三脚架	低，主摄像机对面	交替拍摄回放
9	小型	LW 三脚架	移动	运动员入场与出场

4. 布灯方式

拳击比赛一般在体育馆内进行，由于拳击动作很快，而且拳击手、裁判员、评判员和观众均需从各个方向看清动作，需要摄像机低角度拍摄且对镜头无闪光。背景照明也是需要的，而且必须来自拳击场以外的位置。

拳击比赛的灯具宜布置在拳击场上方或安放在升降系统上，灯光直接向下。为了补充垂直照度，附加灯具可以安装在观众上方并瞄向拳击场。这也提供必要的背光，使拳击手有足够立体感。灯具组的高度宜在 5~7m。与其他运动项目不同，拳击项目对观众席照明要求不高，如图 7-29 所示，背景相对较暗，拳击台相对较亮，重点突出了拳击比赛的场面。

2008 年北京奥运会拳击比赛的灯具瞄准方向有相关准则，可供设计时参考。

图 7-29　拳击场照明实例

1）拳击比赛的照明设计尽管主要是为了最大限度地保证运动员视觉上的舒适度，但也应为电视转播创造一种总体水平上合适的环境以使电视节目主题生动、造型自然、并富有创造性效果。

2）照明设备的最低安装高度应高于比赛场地 5m，此高度从拳击台台面算起。

3）照明设备的瞄准角应不大于 45°，但位于比赛场地顶部的照明设备，其瞄准角应不大于 15°。

4）照明设备应该满足摄影棚和演播室的要求，应具备满足目的要求的眩光控制设备。

5）所有照明设备均不应直接瞄准摄像机，最好是不要在以摄像机为顶点的 50°圆锥内。

6）照明设备位置的设计应当减少在摄像机方向上远离比赛场地表面的反射。

7）如果一架大型摄像机置于照明设备水平瞄准角向两边各偏转 25°所形成的水平线确定的区域内，和下列两种情况之一，那么照明设备的位置和瞄准角的设计应使光源的发光区不进入摄像机的视野。

①通过照明设备和摄像机的水平面的垂直角为 25°。

②照明设备的瞄准角大于 40°。

8）光应能至少从三个方向到达整个比赛场地的任何一点。就大型摄像机而言，第三个方向的光应对其他一个或两个方向上的光形成"背后照明"。

9）投射到主摄像机一边的光通量与相反面的光通量之比应大于等于 50%并小于等于 60%。

10）在任何照明设备和整个比赛场地中的任何一点之间应有畅通的路径，不应有任何的建筑物或材料（旗帜、横幅、显示板）挡在其间。

7.3.7 柔道、摔跤、跆拳道、武术

1. 场地简介
柔道、摔跤、跆拳道、武术场地典型尺寸见表 7-36。

表 7-36 柔道、摔跤、跆拳道、武术场地典型尺寸

运动项目	主赛区（PA）	总赛区（TA）
柔道	9.1m × 9.1m（日本）可变，11m × 11m（欧洲）。附加比赛和/或安全区：每边加 2.73m（日本）/2.5m（欧洲）	14.55m×14.55m（日本），16m×16m（欧洲）
摔跤	直径 11m 或 8m（日本）覆盖一个垫子	12m×12m
跆拳道	长 8m、宽 8m 的区域为比赛区	边长为 12m 的正方形
武术	个人项目：长 14m，宽 8m 集体项目：长 16m、宽 14m	个人、集体项目 PA 周围分别至少有 2m、1m 宽的安全区域

柔道主赛区高出地面 0.5～1.1m，重要比赛时大厅中布置两个榻榻米；摔跤主赛区场地通常是抬高的，最高为地面之上 1.1m；武术比赛场地可以提升到地板面之上 1.1m 处。

2. 照明标准
柔道、摔跤、跆拳道、武术场地的照明标准参见本书第 5 章。

3. 摄像机机位

柔道、摔跤、跆拳道、武术比赛场地摄像机位可参考表7-37～表7-39。

表7-37　柔道比赛场地摄像机位

摄像机序号	类型	安装架	摄像机位	覆盖范围
1	大型	三脚架	榻榻米A，高处，居中	主镜头，榻榻米A
2	大型	三脚架带脚轮	榻榻米A，左边，地板上	分解
3	大型	三脚架带脚轮	榻榻米A，左边，地板上	分解
4	大型	三脚架	榻榻米B，高处，居中	主镜头，榻榻米B
5	大型	三脚架带脚轮	榻榻米B，左边，地板上	分解
6	小型	三脚架带脚轮	榻榻米B，左边，地板上	分解
7	便携	LW三脚架	游动的	主镜头，榻榻米B
8	微型	自动控制	榻榻米A\B之间，高架的	榻榻米A\B
9	微型	固定	比赛场馆的高处	赛场镜头

表7-38　摔跤比赛场地摄像机位

摄像机序号	类型	安装架	摄像机位	覆盖范围
1	大型	三脚架	高的，居中的，垫子A	主镜头，垫子A
2	大型	三脚架带脚轮	地板，左角，垫子A	低动作
3	大型	三脚架带脚轮	地板，左角，垫子A	低动作
4	便携	LW三脚架	比赛场地	运动员入口，教练员
5	大型	三脚架	高的，居中的，垫子B	主镜头，垫子B
6	大型	三脚架带脚轮	地板，左角，垫子B	低动作
7	大型	三脚架带脚轮	地板，左角，垫子B	低动作
8	便携	LW三脚架	比赛场地	运动员入口，教练员
9	微型	自动控制	高架的，垫子B	垫子A，B和C隔离的
10	微型	固定	设在场地的高处	赛场广角拍摄
11	大型	三脚架	高的，居中的，垫子C	主镜头，垫子C
12	大型	三脚架带脚轮	地板，左角，垫子C	低动作
13	大型	三脚架带脚轮	地板，左角，垫子C	低动作
14	便携	LW三脚架	比赛场地	运动员入口，教练员

表7-39　跆拳道比赛场地摄像机位

摄像机序号	类型	安装架	摄像机位	覆盖范围
1	大型	三脚架	高的，中央	主摄像
2	大型	三脚架带脚轮	高的，中央	中景
3	EFP级摄像机	三脚架	比赛场地台面高度，左边	运动员特写镜头，教练与观众
4	EFP级摄像机	三脚架	比赛场地台面高度，右边	运动员特写镜头，教练与观众
5	便携	三脚架	比赛场地台面高度，移动	低角度动作

（续）

摄像机序号	类型	安装架	摄像机位	覆盖范围
6	大型超慢动作摄像机	三脚架带脚轮	台的背面	动作分解
7	便携摄像机	自动	头顶	头顶动作分解
8	小型	自动	架设在赛场高处	赛场广角拍摄

4. 布灯方式和灯具瞄准准则

柔道、摔跤、跆拳道、武术比赛一般是在体育馆内进行的，除武术套路外，均属于对抗性强的比赛项目。

这类比赛项目的灯具可以按一定的间距安放在顶棚上，使场地表面上产生良好的均匀度。顶棚的反射比至少为0.6。由于许多比赛是在体育馆比赛大厅举行，所以电视转播时可能需要对固定的照明进行补充。附加灯具可以安放在顶棚上，如果垂直照度不足的话，可以用来自观众看台上的其他灯具瞄准比赛场地，并应避免对比赛者造成眩光。

具体照明准则可参考7.3.6节奥运会拳击比赛的灯具瞄准准则，所不同的是跆拳道、武术、柔道、摔跤比赛需要设置观众席照明，而拳击背景比较黑暗。

7.3.8　举重

1. 场地简介

举重场地尺寸为主赛区（PA）4m×4m，总赛区（TA）12m×12m。

2. 照明标准

举重场地的照明标准参见本书第5章。

3. 摄像机机位

举重重大比赛场地摄像机机位可参考表7-40。

表7-40　举重重大比赛场地摄像机机位

摄像机序号	类型	安装架	摄像机位	覆盖范围
1	大型	三脚架	高的，看台中央	主景
2	大型	三脚架	低处，中央	中景
3	大型	三脚架带脚轮	地面，摄像机左侧	分解，紧密动作
4	大型	三脚架带脚轮	地面，摄像机右侧	分解，紧密动作
5	便携	LW 三脚架	游动的，热身	热身，分解，反应
6	便携	LW 三脚架	游动的，热身	热身
7	微型	自动	游动的，举重	空中分解
8	微型	自动	通过玻璃的台下	分离
9	微型	固定	高的，四分之三到比赛地点	场地范围的景像
10	微型	自动	记分板下面的后方竞争者	判断，反应
11	微型	自动	后台热身区	热身区

4. 布灯方式

在举重比赛中，运动员前方裁判员的信号应清晰可见。为了给评判员和裁判员提供最佳的视看条件，照明的阴影应减至最小。

照明灯具宜布置在比赛场地的正上方。在多功能体育馆中可能需要特定的举重模式，甚至设置专用的照明系统。

7.3.9 击剑

1. 场地简介

击剑比赛场地典型尺寸见表 7-41。

表 7-41 击剑比赛场地典型尺寸

主赛区（长台）（PA）	14.0m×2.0m
附加比赛和/或安全区	每端加 3m，两边各加 1.5m
总赛区（TA）	20m×5m

2. 照明标准

击剑场地的照明标准参见本书第 5 章。

3. 摄像机机位

击剑重大比赛场地摄像机机位可参考表 7-42。

表 7-42 击剑重大比赛场地摄像机机位

摄像机序号	类型	安装架	摄像机位	覆盖范围
1	大型	三脚架	高处、中心处	分解、特写镜头
2	大型	三脚架	赛道平面、左偏中心45°	分解、特写镜头
3	大型	三脚架	赛道平面、右偏中心45°	分解、特写镜头
4	便携	LW 三脚架	地平面、赛道左边	分解、特写镜头
5	便携	LW 三脚架	地平面，赛道右边	分解、特写镜头
6	中型	高处智能运载	赛道上空，与赛道平面60°交角	分解
7	小型	固定式	比赛场地高悬位置	赛场宽度镜头
8	便携	三脚架	高处、中心处	重播

4. 布灯方式

电视转播击剑比赛相对比较困难，因为击剑运动员往往突然启动、突然出击、迅速出剑，电视转播比较难捕捉这么快的运动。而且击剑运动需要深色的背景，这样现场的观众和电视观众才能够清晰地看到身着白色比赛服的击剑运动员和雪亮钢剑的快速运动。对击剑运动员而言，最重要的是有均匀的水平照度；而对摄像机来说，平行于长台的面上需要有足够的垂直照度。与主摄像机侧相反的平面上的垂直照度至少要达到主摄像机侧平面的 1/2，这将提供良好的比赛立体感，也有助于裁判看清运动员的动作。击剑运动员的头盔会产生一种特殊的反射光，将会有可能射入运动员的眼睛。

由于击剑场地是一块相对较小的区域，灯具应沿着长台两侧布置，瞄准点在长台上，瞄准角在50°~60°。这会使头盔产生的反射光降至最少。

奥运会击剑比赛的灯具瞄准准则参见本书第7.3.6节部分拳击的要求，并补充如下：

1）照明设备的最低安装高度应高于比赛场地4m。

2）照明设备的瞄准角应小于等于65°。

3）照明设备应该满足摄影棚和演播室的要求，应该具备满足要求的眩光控制设备，如"圆锥形光罩"或"百叶窗"挡光板。

4）照明设备不应安装在比赛场地上方，也不应安装在比赛场地中心线的20°范围内（两边与赛场中心垂线成10°交角）。

5）照明设备应该安装在60°范围内（两边与赛场中心垂线成30°交角），其目的是防止运动员受眩光影响。

6）在安装照明设备时，应使得它在比赛场地地面的反射光不能到达摄像机。

7）照明设备的控制装置不能有噪声（例如，镇流器不能发出嗡嗡声）。

7.3.10 游泳、跳水、水球、花样游泳

1. 场地简介

国际标准游泳池长50m，宽至少25m，深2m以上。设8条泳道，每条泳道宽2.50m，第一和第八泳道的外侧分道线距离池壁为2.50m。

跳水池面积为25m×25m，池深为5.4~5.5m。跳水运动的场地不仅包括跳水池，还包括运动员从3m板和10m台跃入水池所经过的立体空间范围。

奥运会比赛用的花样游泳比赛泳池至少20m宽、30m长，在其中12m宽、12m长的区域内，水深必须达3m。水的温度应是26℃，误差±1℃。

水球比赛通常使用标准的50m游泳池，水深超过2m，用水线标出比赛区域。男子比赛场地是30m×20m，女子比赛场地是25m×20m。

2. 照明标准

游泳、跳水、水球、花样游泳场地照明标准参见本书第5章。

3. 摄像机机位

游泳、跳水、水球、花样游泳重大比赛场地摄像机机位可参考表7-43~表7-46。

表7-43 游泳重大比赛场地摄像机机位

机位	类型	位置	用途
1	大型	起点/终点的看台高处	主景镜头
2	大型	起点/终点的看台低处	特定镜头
3	微型	在50m游泳池的平台上来回移动	低角度动作
4	大型	50m起点看台低处	50m起点，低拐弯动作
5	大型	50m起点看台高处	50m起点，中拐弯，主翻转

（续）

机位	类型	位置	用途
6	无线	起点/终点处池岸上	介绍、游泳池出口和仪式
7	无线	起点/终点处池岸上	介绍、游泳池出口和仪式
8	便携式	拐弯处池岸上	特定镜头、仪式
9	微型车载移动摄像机	游泳池第6道的底部，2m内来回移动	水下跟踪摄像
10	微型高架	中央泳道上方的80m轨道	高处摄像
11	大型	池岸后部	景观镜头、动作分解动作
12	便携式	游泳池一侧的池岸拐角处	分解动作、仪式
13	便携式	安装在共用的塔上（待定）	场馆镜头
14	微型	安装在距起点/终点右边的摄像机3m处的游泳池底	倒机翻转
15	微型	安装在距起点/终点左边的摄像机4m处的游泳池底	倒机翻转
16	潜望镜摄像机	安装在距入口12m的游泳池壁上	从泳道15m标志的水下摄影范围
17	微型	安装在第4道的入口	第4道入口和翻转、游泳选手的特定镜头
18	微型	安装在第5道的入口	第5道入口和翻转、游泳选手的特定镜头
19	防水吊杆摄像机	游泳池拐角池岸上	拐角摄像范围和仪式
20	大型SSM摄像机	起点/终点的看台中处	分解动作
21	大型SSM摄像机	在池岸中央	对着分解动作和仪式
22	大型SSM摄像机	在运动员集合室	离开集合室

表7-44 跳水重大比赛场地摄像机位

机位	类型	位置	用途
1	大型摄像机	看台，与10m跳台垂直	主景镜头
2	大型摄像机	看台，与3m跳台垂直	主景镜头
3	大型摄像机	游泳池之间的池岸平台上	3m和10m跳台正面
4	大型摄像机	游泳池一侧中央的三脚架上	入水的3/4
5	便携式摄像机	塔下的池岸上	出水
6	便携式摄像机	塔下的池岸上	出水
7	防水摇臂式摄像机	塔下的池岸上	出水
8	微型摄像机	和第一个3m跳板成一条直线的后墙上	3m翻转跳板1
9	微型摄像机	和第二个3m跳板成一条直线的后墙上	3m翻转跳板2
10	微型水下摄像机	与跳板垂直	入水侧面
11	微型水下摄像机	在3m和10m跳台前的游泳池底	入水正面
12	微型摄像机	3m跳台上空，垂直可升降轨道上	3m跳板动作分解
13	微型摄像机	10m跳塔的后方	10m跳台翻转
14	便携式摄像机	悬挂在跳水池上方，正对10m跳台	10m跳台正面

（续）

机位	类型	位置	用途
15	俯冲摄像机	安装在 10m 跳板附近	垂直跟踪摄影
16	微型摄像机	悬挂在顶棚下	10m 跳台俯视
17	便携式摄像机	池岸上	分解动作和仪式
18	大型 SSM 摄像机	看台，与 10m 跳台垂直	10m 台跳下后动作分解
19	大型 SSM 摄像机	看台，与 3m 跳台垂直	3m 板跳下后动作分解
20	大型 SSM 摄像机	在游泳池之间的池岸平台上	3m 板和 10m 台正面动作分解

表 7-45　水球重大比赛场地摄像机位

机位	类型	位置	用途
1	大型	中央高处	主景镜头
2	大型	中央高处	中景镜头
3	大型	中央低处	高难度动作
4	大型	在左目标后面的平台上	攻击型打法，左目标
5	大型	在右目标后面的平台上	攻击型打法，右目标
6	无线	移动机座	工作台、教练和仪式
7	无线	移动机座	工作台、教练和仪式
8	大型	中央低处	工作台、教练、官员和仪式
9	潜望镜摄像机	游泳池的左侧，安装在游泳池墙上	水上 \ 水下动作
10	微型	距离左目标 3m 的基座水下	目标分解
11	微型	距离右目标 3m 的基座水下	目标分解
12	微型	在左目标后面	分解动作
13	微型	在右目标后面	分解动作
14	微型	80m 长的高架轨道	高处跟踪摄影
15	便携式	安装在广播电视塔上	共用场馆镜头
16	车载移动摄像机	在游泳池底连续移动	水下跟踪摄像
17	防水吊杆摄像机	移动机座	通用游泳池边
18	大型 SSM 摄像机	在右目标后面的平台上	防守型打法，右目标
19	大型 SSM 摄像机	在左目标后面的平台上	防守型打法，右目标
20	大型 SSM 摄像机	在游泳池一侧的机座上	分解动作，仪式

表 7-46　花样游泳重大比赛场地摄像机位

机位	类型	位置	用途
1	大型	在看台中央的高处	主景镜头
2	大型	在看台中央的低处	慢动作
3	无线	在池岸上的固定支座上	介绍、特定镜头和仪式
4	无线	在池岸上的固定支架上	介绍、特定镜头和仪式
5	EFP 级摄像机	在泳池对面的中央	翻转和仪式
6	潜望镜摄像机	安装在池壁上、正对 FOP 中央	水上/水下分解动作和仪式

（续）

机位	类型	位置	用途
7	微型	悬挂在游泳池上方的水平轨道上	俯视全景、分解动作和仪式
8	防水吊杆摄像机	游泳池的一侧	介绍、特定镜头和游泳池出口
9	微型	在游泳池中央的水面下，右边	水下动作
10	微型	在7m标志的水面下，左边	水下动作
11	大型	南边看台	景观镜头，分解动作
12	便携式	安装在场馆内高处	场馆内广角镜头
13	大型SSM摄像机	右边看台的低处	分解动作
14	大型SSM摄像机	左边看台的低处	分解动作
15	便携式	游泳池一侧的机座上	分解动作，仪式

4. 布灯方式

室内游泳跳水馆需考虑灯具的检修维护，一般不在水面上方布置灯具。对于没有电视转播要求的场馆，灯具往往分散布置在水面上方以外的吊顶下、屋架下或墙壁上。对于有电视转播要求的场馆，灯具一般采用光带式布置，即在两侧池岸上空布置纵向马道，在两端池岸上空布置横向马道；另外还需要在跳台和跳板下设置适量灯具消除跳台和跳板形成的阴影，并对跳水运动热身池加以照明。

应该强调一下，跳水运动项目不应在跳水池上方布置灯具，否则水中将会出现灯的镜像影像，对运动员产生光干扰，影响运动员的判断和发挥。因此，不论是跳水训练还是正式比赛，均不应采用此布灯方式。

室内游泳跳水馆灯具和马道布置须重点考虑眩光控制问题。由于水介质所固有的光学特性，游泳馆场地照明的眩光控制较其他类型场馆更加困难，也显得尤为重要。

（1）通过控制灯具投射角控制水面的反射眩光
一般来说，体育馆的灯具投射角 α 不大于 60° 即可，而游泳馆的灯具投射角则要求不大于 55°，最好不大于 50°。光线入射角越大，水面反射光越多，如图 7-30 所示。这些水面反射的光线如果进入观众眼中，会产生不舒适眩光，影响其观看比赛；如果进入运动员的眼中，则会影响其成绩的发挥；如果进入裁判的眼中，则会影响其做出正确的判断；如果进入救生员的眼中，则会使其不能及时发现水下的异常情况，影响救生。

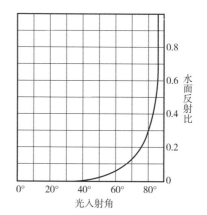

图7-30　水面反射比与光入射角的关系

（2）针对跳水运动员的眩光控制措施　对于跳水运动而言，其场地范围包括从跳台上 2m，跳板上 5m 到水面，即跳水运动员的整个运动轨迹空间。在此空间内，场地灯光均不允许对运动员有任何不舒适眩光。

其中对 10m 台运动员平视的直射眩光控制主要通过限制灯具的安装位置和投射方向实现，即灯具不能安装和直接投射于图 7-31、图 7-32 所示的运动员视野区域内。

对于跳水运动员在下落过程的眩光控制如图 7-33 所示。

图 7-31 10m 台运动员平视垂直视野范围   图 7-32 10m 台运动员平视水平视野范围

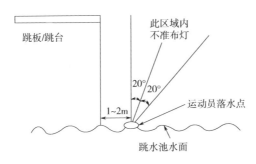

图 7-33 跳水运动员在下落过程的眩光控制

（3）严格控制对摄像机的眩光 为保证转播摄像的正常进行，必须严格控制对摄像机的眩光，即不得向主摄像机视野反射静水表面的光，灯具发出的光线也不得直接投向固定摄像机，最好不直接照射以固定摄像机为中心的 50°扇形区域，如图 7-34 所示。

图 7-34 摄像机眩光控制

（4）严格控制灯具在水中的镜像眩光 对于有电视转播的游泳跳水馆，比赛大厅空间较高大，场地照明灯具一般采用 400W 以上的 LED 灯或金属卤化物灯具。这些灯具在水中的镜像亮度很高，如果出现在运动员、裁判、摄像机和观众视野内，均会产生眩光，影响比赛和观赛以及电视转播的质量。所以马道和灯具的布置还应结合视线分析，避免出现此类问题。

首先，正确确定跳水比赛中照明计算的空间范围。

考虑运动员为完成一定难度系数动作的翻腾、旋转、伸展空间，运动员不可能紧贴跳台或跳板前端。相应的照明计算空间应包含跳板或跳台的前端 2 ~ 3m 空间。

其次，合理地确定马道位置。

电视转播不仅要求有水平照度，还要求有四个方向的垂直照度。同时为保证拍摄画面的立体感，水平照度与垂直照度之比 E_h/E_v 应在 0.5 ~ 2（高清电视转播 HDTV 对 PA 的要求是 0.75 ~ 1.5，对 TA 要求是 0.5 ~ 2）。以图 7-35 为例，灯具近侧瞄准点的投射角 α_1 不宜太小，而远侧瞄准点的投射角 α_2 又不宜太大。如果投射角 α_1 太小，则垂直照度分量太小，不能满足 E_h/E_v 的比例要求；如果投射角 α_2 太大，则会产生严重眩光。

167

由于每套灯具产生的水平照度分量均可叠加，而垂直分量则分为四个不同的方向，不能完全叠加。所以为满足 E_h/E_v 在 0.75～1.5 和不产生不舒适眩光的要求，可以近似理解为 α_1 不小于 arctan（0.75），即不小于 37°，而 α_2 不大于 55°。假设每条马道灯具瞄准点覆盖的水面宽度为 w，马道到近侧瞄准

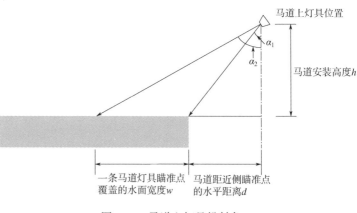

图 7-35　马道上灯具投射角

点的水平距离为 d，马道灯具的安装高度为 h，如图 7-35 所示。

则三者之间关系如下：

$$0.75h < d < \tan55°h - w \tag{7-5}$$

即，

$$0.75h < d < 1.428h - w \tag{7-6}$$

其几何意义为图 7-36 所示的阴影部分。

如果要满足 E_h/E_v 在 0.5～2，则 α_1 不小于 arctan（0.5），即不小于 27°，则有 $0.5h < d < 1.428h - w$，此时的直线 1 的方程改为 $d = 0.5h$，P_0 坐标变为（$1.078w$，$0.539w$）。

只有灯具安装在上述阴影区域范围内时，才能兼顾眩光控制和产生四个方向适宜的垂直照度，并保证水平照度和垂直照度的比例在一个合理的范围内。对于一个确定的比赛大厅空间，在满足 d、h 之间的一定关系的基础上，可以根据照明要求和所覆盖的水面宽度确定马道的数量和位置，为方案设计提供依据。

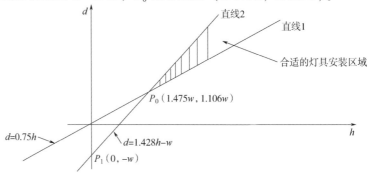

图 7-36　适合灯具安装的区域

以上是基于一个简化数学模型进行的分析，可以用作游泳馆和其他类型体育场馆照明方案设计中的马道位置和数量估算。但对于跳水运动而言，还需要同时满足跳台、跳板和下落空间的照明要求。

7.3.11　场地自行车

1. 项目简介

自行车运动分为场地赛、公路赛、山地赛和小轮车赛，公路赛、山地赛和小轮车赛通常在白天进行，不需要体育照明，图 7-37 为 CCDI 设计的 2008 年北京奥运会小轮车赛场，该项运动兼有娱乐性和竞技性，极具观赏性。

场地自行车赛则不同，通常在专用的自行车馆或专用的场地上举行场地赛，车场为椭圆盆形，外道高，内道低，弯道坡度达 25°～45°。赛道对刚度、硬度要求较高，通常用硬木、水泥或沥青筑造而成。赛道宽5～9m，赛道周长分为500m、333.33m 和 250m，国际标准场地周长为 333.33m 和250m。

图 7-37　北京老山小轮车赛场

2. 照明标准

场地自行车的场地照明标准参见本书第 5 章。

3. 摄像机机位

主摄像机安置在与赛道终点直道平行的主看台上。此外，终点摄像机安放在中央横轴延长线上（追逐比赛）和通常的终点位置（如短距比赛）。附加摄像机安置在两角用来转播赛道的直线段，给出运动员的前视镜头（逆时针转圈）。

4. 布灯方式

室内自行车赛道照明最好平行于赛道、但不能在其上方，通常布置成内外环双环的布灯方式。泛光灯具瞄准方向通常垂直骑手的运动方向。考虑到场地自行车赛道呈一定坡度的弧形，而不像田径跑道那样处于一个水平面，因此，每套灯内的配光和瞄准角度能满足赛道照明的要求，才能使弧形赛道

图 7-38　雅典奥林匹克室内自行车馆照明实例

上每一个点的光都是均匀的，如图 7-38 所示。

7.3.12　室内网球

读者阅读本部分内容时，可同时参阅本书7.2.3节室外网球部分。

室内网球与室外网球在建筑上有许多不同，请读者在照明设计时应考虑这些因素。

第一，既然是室内网球，一定要设置人工照明。

第二，环境对照明的影响。室内四周的墙、顶、地面的反射比将影响到照明效果，其颜色也会影响到运动员、裁判员和观众的视觉效果。CIE 42 技术文件给出的室内网球主要表面的反射比见表7-47。

表 7-47　主要表面的反射比

表面类型	反射比	要求
顶棚	>0.6	没有光泽
墙面	0.2~0.6	低反射比，两端可为彩色墙
地面	>0.25	没有光泽

网球通常在短距离内高速运动，需要在很短的时间内正确判断球的运行方向，因此，网球需要较高的视觉要求。在运动员、球与其背景之间必须有较强的照度对比度。背景主要是指地面、两端的墙面以及顶棚。所以，这些表面的装修材料不适合用有光泽的装饰物。同样原因，地面上的标志线也不应有光泽。CIE 建议将顶棚和墙做成浅色的。网球场四周经常用屏障或围幕来阻挡运动的球，它还可以避免建筑构件、装修所形成的线和面的强烈对比，有助于确定运动方向及易于估计距离。

第三，室内网球可以采用天然光采光。天然光采光的室内网球只能用于低级别的网球运动，如训练、全民健身等。其要求如下：

1）避免直射阳光。若有直射阳光，应采取措施防止因高亮度区域对运动员引起的干扰，如加窗帘等。

2）避免在两底线后墙上开窗。

3）避免邻近区域的天然光进入本区域。

4）窗户上安装毛玻璃，应保证眩光满足要求。

5）当采用大面积天窗时，要对天窗正确布置和适当遮挡，以获得可接受的亮度比。

6）当有通过屋顶或侧墙进入馆内的天然光时，必须特别考虑地板的反射问题。

7）一般在充气结构的网球馆中，由于采用低透光率的外壳材料和有较大的面积，可以采用天然采光，天然光通过外壳进入馆内。

第四，正式的室内网球比赛不应采用天然光。

用于正式比赛的室内网球场地灯具布置不应在主赛区 PA 上方布置灯具，如果 PA 上方有灯，明亮的光源将会给运动员带来严重的眩光。因此，灯具要布置在 PA 之外的空间。另外在球网处，灯具的安装高度不低于 9.144m；在底线处，灯具的安装高度应不低于 9.096m。

室内网球场一般采用两侧布置，可在场地两侧较合适位置布置灯具；也可直接在室内的顶棚上面安装灯具，这种方法需要顶棚为漫反射顶棚或格栅顶棚，灯光照射在顶棚上然后通过顶棚透光达到照明效果，当然，这种照明方式不太经济，不推荐使用，如图7-39 所示。

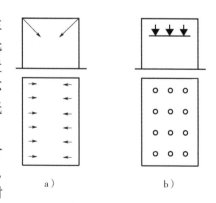

图 7-39　照明方案
a) 场地两侧直接照明　b) 发光顶棚

7.4　冰上运动场馆

7.4.1　冰球

1. 场地简介

标准的冰球场地为长 60m，宽 30m，角圆弧半径为 8.5m，冰球场地四周围以 1.15 ～ 1.22m 的木质或可塑材料制成的牢固界墙。除场地正式标记外，全部冰面和界墙内壁应为白色。

但是北美传统的冰球场地尺寸是 61m×26m。

2. 照明标准

冰球场地照明标准参见本书第 5 章相关内容。

3. 摄像机机位

重大冰球比赛的电视转播机位可参考如下要求：

1）长看台中央高位，近侧和远侧。

2）左端中间高位。

3）主赛区水平低位，左、右两侧拐角。

4）两个球门内。

5）远端、中间，覆盖长凳。

6）拍摄运动员摄像机，拍摄运动员们从更衣室出来进入场地，及拍摄从场地到混合区的运动员。

需要说明，摄像机机位最终由转播商确定，上述仅供参考以便照明计算之用！

4. 布灯方式

冰球场地照明布灯方式以两侧布置为主，也可周圈式布置、顶部布置和混合布置。在布灯设计时需重点解决以下问题。

（1）布灯位置及高度　灯具经场地冰面反射进入到摄像机镜头内的光称为"跳光"，灯具安装相对较低容易发生"跳光"。主摄像机对面的灯具安装高度应高于从近侧场地形成的角度，如图 7-40 所示。通常，陡峭的灯具瞄准角度是必要的，需要相对较高的灯具安装高度。灯具的位置和瞄准角应防止主摄像机看到反射光，避免在场地四角区域布置灯具。

（2）处理好阴影　冰场由高的挡板围合，这将产生阴影，在照明设计时需要考虑此因素。照明设计原则上应消除硬阴影。但是软阴影对于立体感是必要的。

在挡板上方有两种不同高度的防护玻璃板，这将产生反射，在照明设计时也需要考虑这个问题。

因此，灯具的安装位置和瞄准角应尽量减少挡板和网的阴影。

为了尽量减少硬阴影，灯具应均匀分布。灯具可以是数量相似的族群，相邻灯具之间的间距不超过 5m。灯具应围绕长轴和短轴对称布置。

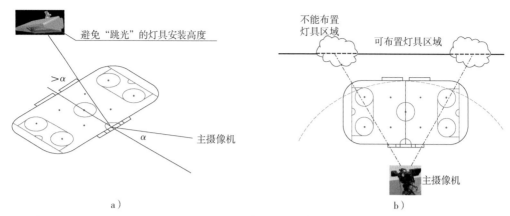

图 7-40　布置灯具要求

a）灯具安装高度要求　b）不能布置灯具的区域

7.4.2　速度滑冰

1. 场地简介

速度滑冰简称速滑，其场地由两条直道分别连接两条半圆形弯道组成的封闭式跑道，直道一侧的末端设为终点，直道另一侧上设置换道区。具体尺寸见表 7-48。

表 7-48　速滑场地尺寸　（单位：m）

周长	内弯道半径	跑道宽	直道长	内弯道长	外弯道长	换道区相差
400	25	5	223.96	80.11	95.82	0.16
	26	4	220.86	83.25	95.82	0.07
333.33	25	5	157.24	80.11	95.82	0.16
	26	4	154.16	83.25	95.82	0.10

北京冬奥会国家速滑馆"冰丝带"为 400m 标准速滑跑道，外形尺寸为 180m×66m，由 2 条 4m 宽的相邻比赛跑道和一条内部热身跑道组成。

2. 照明标准

速滑场地照明标准参见本书第 5 章相关内容。

3. 摄像机机位

重大速滑比赛的电视转播机位首先要满足主摄像机的要求，可参考如下要求设置机位：

1）100m 终点线后约 9m 长看台高位。

2）100m 起跑线后约 5m 长看台高位。

3）以内道为中心朝前及向后伸展机位。

4）1000m 起跑线。

5）主赛区加垫护栏外第一个弯道末端和最后一条弯道末端。

6）主赛区弯道中心内场。

7）轨道摄像机机位，加垫护栏外从 1000m 起跑线到第一个弯道起点。

需要说明，摄像机机位最终由转播商确定，上述仅供参考以便照明计算之用！

4. 布灯方式

速滑场地照明布灯方式以周圈式布置、两侧布置为主，也可顶部布置和混合布置。

同样，由于冰面的反射作用，不允许主摄像机看到场地冰面反射出的灯光。速滑场地照明灯具布置的原则可参考本章 7.4.1 节冰球的布灯原则，并补充如下：

消除从主赛区和热身赛道冰面反射的眩光或闪光（即"跳光"）对主摄像机的影响，并减少对辅摄像机的影响。因此，灯具的布置应确保主摄像机不能在主赛区或热身赛道上看到灯具的反射影像。如图 7-41 所示，可能出现"跳光"区域不能布置灯具，或该区域布置的灯具瞄准方向投向其他区域（图中红线示意）。

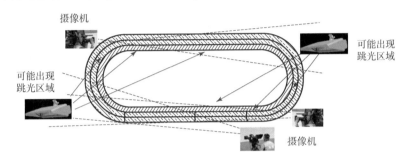

图 7-41　可能出现跳光的区域

速滑运动场的典型照明布置如图 7-42 所示。

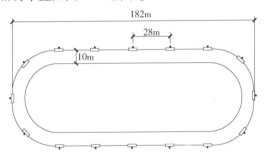

图 7-42　速滑运动场的典型照明布置

1）灯具宜布置在内、外两条马道上，外侧灯具布置在赛道外侧看台上方，内侧灯具布置在热身赛道内侧，灯具瞄准方向宜垂直于赛道。

2）或者选择沿滑冰场外边界或在观众席后放置照明系统，此时，对灯具安装高度将提出更高的要求。

国家速滑馆"冰丝带"的场地照明具有独特的三圈马道布灯（参见图 1-6），马道还可供扩声、摄像机、通信及消防设备等使用。由于要进行超高清电视 UHDTV 转播，眩光控制极其严格，通过调整瞄准角、设禁止布灯区域、安装防眩光附件等措施，主摄像机方向上 GR < 40。

7.4.3　冰壶

1. 场地简介

标准的冰壶场地为 45.72m × 5m 的长方形，也称为赛道，赛道两端各有一个直径为

1.83m 的圆，分别称为本垒和营垒。冬奥会冰壶场地设有 4 条赛道，如图 7-43 所示。

图 7-43　"冰立方"拥有 4 条赛道的冰壶场地

2. 照明标准

冰壶场地照明标准参见本书第 5 章相关内容。

3. 摄像机机位

重大冰壶比赛的电视转播机位可参考如下：

1）主摄像机位于每个赛道端部正对赛道和运动员，以及赛道上方。

2）有的重大比赛还设置轨道摄像机。

3）根据需要设置其他摄像机。

4. 布灯方式

所有的冰上运动都不建议采用顶部布灯方式，尽管顶部照明系统很容易满足照度、照度均匀度和眩光控制的要求，但冰面反光问题会影响运动员的发挥。另外，冰场温度较低，而灯具温度又较高，这样在灯具上容易形成冷凝水，冷凝水滴到冰面上会损坏冰面。

冰壶场地照明布灯方式要考虑预赛、半决赛、决赛的需求。如图 7-43 所示为"冰立方"冰壶场地，预赛时 4 条赛道全部使用，半决赛使用 1、3 赛道，决赛在赛道 2 进行。从照明标准来讲各赛道是相同的，只是比赛阶段不同而已。所以要根据不同阶段，赛道都要达到相同的照明效果。

（1）灯具的位置与高度　建议灯具布局围绕场地的长轴和短轴双对称，发球区的后面空间不建议布灯，避免对摄像机产生跳光。

灯具的最低安装高度应高于主赛区冰面 4.5m。

（2）眩光与"跳光"的处理　同样，灯具布置应确保摄像机不会受到直接眩光的影响，又要消除主摄像机方向的场地反射眩光（即"跳光"），减小"跳光"对辅摄像机的影响。

灯具的位置应确保主摄像机无法看到灯具在冰面上反射的影像。

（3）阴影的处理　场地照明设计原则上应确保场地上没有明显的阴影（即硬阴影），特别注意其他设备的影响，如结构构架、悬挂的国旗及彩旗、场地扩声音箱、斗屏等。但是软阴影对于立体感是必要的，电视画面会更加生动。

消除硬阴影的措施请参见7.4.2节。

（4）其他要求 决赛赛道的照明应确保相邻赛道的平均水平照度不大于决赛赛道的70%，因此，照明模式设置时需满足此要求。

如果训练场采用顶部布灯方式，要考虑冷凝水滴到冰面及反射光问题，需特别注意灯具的位置和悬挂方式。如图7-44所示为顶部布置示意，灯具位于两个赛道中间的上空，避免冷凝水滴到冰面问题。

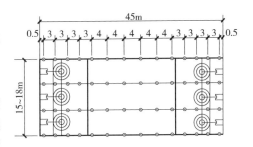

图7-44 冰壶运动冰场的顶部布置示意

7.4.4 花样滑冰、冰上舞蹈、短道速滑

1. 场地简介

花样滑冰标准比赛场地长60m，宽30m，最小场地尺寸长不小于52m，宽不小于26m，冰面要平滑并保持无线痕。

短道速度滑冰简称短道速滑。比赛场地面积为60m×30m，跑道每圈长111.12m，分为500m、1000m、1500m、3000m、5000m等不同比赛项目。

2. 照明标准

花样滑冰、冰上舞蹈、短道速滑场地照明标准参见本书第5章相关内容。

3. 摄像机位置

花样滑冰、冰上舞蹈和短道速滑的照度计算网格为5m×5m、照度测量网格为10m×10m，水平照度参考高度为1.0m，垂直照度参考高度为1.5m，主摄像机放在场地中心线延长线的看台上；短道速滑和花样滑冰辅摄像机放在角区和等候区中。

4. 布灯方式

灯具布置方式还是顶部布置、两侧布置、混合布置及间接照明布置四种方式。在此不赘述！

7.4.5 照明工程范例

1. 吉林省速滑馆照明系统

吉林省速滑馆位于吉林省长春市南岭体育馆以北，体北路以南，吉顺街以东，五环体育馆以西。该馆总建筑面积31531.7m²。作为2007年亚冬会主场馆，比赛场地由一块标准400m（12m宽）速滑道、两块标准冰球场地组成，可举办大道速滑、短道速滑、花样滑冰、冰球、冰壶等多种冰上室内竞技比赛。

400m速滑道及南侧冰球场电视转播标准：

主摄像机方向的平均垂直照度：1400lx。

辅摄像机方向的平均垂直照度：1000lx。

水平照度均匀度：$U_1 > 0.6$、$U_2 > 0.7$。

垂直照度均匀度：$U_1 > 0.4$、$U_2 > 0.6$。

主要比赛灯具的布灯方式为采用周圈布置，围绕400m跑道周圈均布的侧向布灯，灯具分别布在速滑道的内跑道上空和外跑道上空，分两圈布置。因场地不设马道，灯具利用特殊结构挂接在钢结构上。

对非主要比赛灯具，考虑到亚冬会后的能源使用问题及群众对一般比赛和训练、娱乐的需求，灯具布局在考虑美观效果的同时，采用整个场地上空均布的顶部布置方式，如图 7-45、图 7-46 所示。

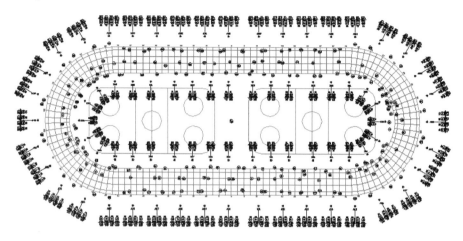

图 7-45　吉林省速滑馆灯具布灯位置图

图 7-46　吉林省速滑馆照明实景（MUSCO 提供）

严格控制灯具光线的投射角度，最大限度地使灯具的投射点落在比赛滑道的边缘位置，从而冰面反射光线落在非比赛区域。由于控制好了灯具的投射角度，也更好地控制了眩光。

2. 国外冰场案例

图 7-47 所示为国外冰场案例，从图中可知，室内冰场均采用两侧布置方式，大型体育馆可采用单侧两条马道，这与欧美冰上运动比较发达，商业化、职业化比较完善有关。室外冰场则采用灯杆照明。

图 7-47　国外冰场案例（MUSCO 提供）

a）美国华盛顿 MCI 中心体育馆冰球场　b）英国伦敦体育馆冰球场

c）英国 Odyssey 冰球馆　d）美国 John Rose 室外冰场

7.5　雪上运动场地

7.5.1　跳台滑雪

1. 场地简介

跳台滑雪竞赛线路包括助滑道、落地区和停止区等部分组成，场地尺寸见表 7-49。

表 7-49　跳台滑雪场地尺寸

跳台级别		落地区	备注
类型	规格	宽度	
小型台	$W20 \sim 45m$	—	
中型台	$W50 \sim 70m$	—	
标准台	$W75 \sim 95m$	≥7.2m	冬奥会项目
大型台	$W100 \sim 120m$	≥9.6m	冬奥会项目
飞翔台	$W145 \sim 185m$	—	

注：落地区的宽度需不断地扩大到 K 点，K 点为着陆区的临界点。

2. 照明标准

跳台滑雪场地照明标准参见本书第 5 章相关内容。

由于跳台滑雪场地多为斜坡，水平照度是与比赛场地表面重合的平面，助滑道、落地区不是其他项目中的水平面，而是有一定角度变化的斜坡，如图7-48所示。而垂直照度是与主赛区表面平行且高于1.5m的平面上相关摄像机的垂直照度，图中给出了垂直照度计算网格：

1）与助滑道中心线一致的垂直平面，从起始点到起跳点，直到距离助滑道表面3m的高度。

2）起跳与落地区的计算平面是与助滑道中心线重合的垂直平面，从起跳处延伸到落地区距场地表面5m以上的空间。

3）场地上四方向上每一点垂直照度的计算方向都应该为水平的，允许+15°偏差，这样电视转播才能看清楚运动员的表演。这一点与大部分运动项目不同，此垂直照度与水平照度不一定是垂直关系。

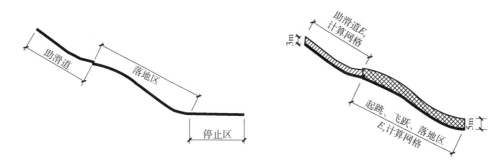

图7-48　跳台滑雪场地简图及计算网格示意图

3. 摄像机位置

对于重大跳台滑雪比赛的转播照明要考虑主摄像机能拍摄到热身区和准备区、助滑道的顶部及侧面、助滑道端部（即起跳处）及侧面、裁判塔顶、落地区、滑动终点区、结束区等区域，根据需要可选设置导轨或跟踪摄像设施。

4. 布灯方式

通常跳台滑雪比赛场地有两个——标准场地和大跳台。每个场地的照明宜使用同一套照明系统。如果采用两套独立的系统，标准场地和大跳台比赛之间的灯具不应进行物理更改或调整。原则上两个场地之间的转换应通过切换模式控制。

与前相似，场地照明设计原则上应消除硬阴影，但软阴影是必要的。硬阴影通常出现在两个地方：一是滑道由较宽的上部变为较窄的下部；二是助滑道末端距离起跳点几米处。照明设计应确保平滑过渡，消除可能出现的硬阴影。

出发区：为方便运动员的准备，原则上照明应是360°，光线至少来自三个主要方向。

助滑道照明：如果灯具局部安装或集成在助滑道护栏或结构上，则灯光不得照向运动员或摄像机。

终点区：原则上的照明需360°无死角，光线至少来自三个主要方向。

因此，建议在起跳点、飞行路径和着陆落地区采用高杆照明，照明灯杆高度不低于40m，以避免眩光，灯杆布置在山坡的一侧。灯具瞄准方向通常是横跨和向下坡照射；尽量不要采用向上坡照射，如果采用应用陡峭的瞄准角，以防止对运动员产生眩光。

7.5.2　高山滑雪

1. 场地简介

高山滑雪场地分为竞技滑雪场地和大众滑雪场地，后者分为初级道、中级道和高级道。冬奥会高山滑雪属于竞技滑雪场地，设有男女及混合项目。

高山滑雪场地需结合山势自然坡度而建，因此，高山滑雪没有统一的标准场地，所以该运动没有世界纪录。大众滑雪场场地要求见表 7-50，垂直高差见表 7-51。

表 7-50　大众滑雪场场地要求

雪道等级	变向处角度（°）	宽度/m	坡度（°）
初级	>135	>20	<8
中级	>150	>25	9 ~ 30
高级	>160	>30	16 ~ 30

表 7-51　场地起、终点垂直高差　　　　　　　　（单位：m）

项目	分组		冬奥会	世锦赛	世界杯	洲际杯	其他杯赛	联赛
速降	男子	一轮滑行	800 ~ 1100			650 ~ 1100	500 ~ 1100	400 ~ 500
		两轮滑行	500 ~ 550					300 ~ 400
	女子	一轮滑行	500 ~ 800					400 ~ 500
		两轮滑行	≥450					300 ~ 400
回转	男子		180 ~ 220			—	140 ~ 220	80 ~ 220
	女子		140 ~ 200			—	120 ~ 200	80 ~ 220
大回转	男子		300 ~ 450			—	250 ~ 450	200 ~ 250
	女子		300 ~ 400			—	250 ~ 400	200 ~ 250
超级大回转	男子		500 ~ 600				350 ~ 650	350 ~ 500
	女子		400 ~ 600				350 ~ 600	350 ~ 500

高山滑雪场地路线示意图如图 7-49 所示。

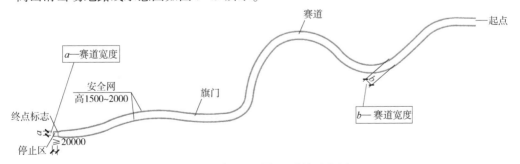

图 7-49　高山滑雪场地路线示意图

2. 照明标准

高山滑雪场地照明标准参见本书第 5 章相关内容。

与跳台滑雪类似，水平照度是指与赛道表面重合的平面，其随赛道坡度的变化而变化。垂直照度也是指在平行于主赛区表面上方 1.5m 的摄像机方向的照度，是模拟赛道和终点区域的倾斜平面。四方向上的垂直照度是赛道斜面上每个点的水平方向，允许有 +15°的偏差。

3. 摄像机位置

对于重大高山滑雪比赛的转播照明要考虑主摄像机能拍摄到如下区域：

1）热身区：拍摄运动员热身。

2）出发区：机位位于前方，拍摄运动员出发。

3）赛道区域：由于赛道长、面积大、弯道多、坡度大、项目多，需 20 个左右机位。

4）终点区域：拍摄运动员冲过终点，需多角度拍摄。

5）终点区域之外：位于围栏外，正对赛道。

4. 布灯方式

高山滑雪需采用高杆照明，其位置及灯具瞄准方向应使光线不改变运动员对赛道地形的感知。朝向主摄像机的照度需来自位于赛道同一侧的灯具，这样有助于保持转播整体性及视觉的自然延续。

此外，为电视画面提供一个干净的背景，保持适当自然的造型，并帮助运动员获得视觉线索，照明设备可以安装在主摄像机的对面，但要控制好眩光，并将反射眩光最小化。

与跳台滑雪类似，为防止对运动员的眩光，建议将灯具瞄准方向限制在向下坡或横向照射；垂直面上的瞄准角度需考虑赛道的坡度；灯具的安装位置应高于预期雪面高度。

出发区：原则上照明需要 360°，至少有四个主要方向的光线；灯杆不得位于出发区域后部的中心轴上。

跟踪摄像机：摄像机在赛道同一侧的照明可能会在赛道上留下阴影，照明设备的位置应确保赛道上无阴影。

终点区：理论上照明需要 360°，至少有三个主要方向的光线，以便覆盖终点区域两侧的竞争对手反应，尤其是观众和记分牌。在终点区域，灯具不能正对赛道照射，以免眩光影响运动员比赛。

不能有灯光照射的要求如图 7-50 所示。

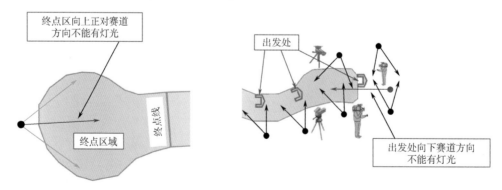

图 7-50 不能有灯光照射的要求

7.5.3　雪车、雪橇、钢架雪车

1. 场地简介

雪车、雪橇、钢架雪车运动共用部分赛道，其赛道与山势密切相关，每个赛道都是独一无二的，所以这三项运动没有世界纪录，只有赛道记录。因此，场地照明解决方案也因场地而异。雪车、雪橇、钢架雪车场地尺寸可参考表 7-52。

表 7-52　雪车、雪橇、钢架雪车场地尺寸

项目名称	长度/m	宽度/m	弯道数/个	弯道半径/m	平均坡度（%）	起终点高差/m
雪橇（无舵雪橇）	男：1000～1400 女：800～1200	1.3～1.5	11～18	8	4～10	70～130
雪车（有舵雪橇）	1300～2000	1.3～1.5	15～20	≥20	4～8	100～150
钢架雪车	1200～1650	1.3～1.5	14～22	≥20	8～15	100～150

2. 照明标准

雪车、雪橇、钢架雪车场地照明标准参见本书第 5 章相关内容。

与其他项目不同，雪车、雪橇、钢架雪车相关摄影机的垂直照度参考高度是比赛场地上方 0.5m 处，计算网格为 2.0m，测量网格 4.0m。而水平照度的参考平面是赛道表面。

起跑准备区是无冰区，理论上需要 360°无死角照明，灯光至少来自三个不同方向。

轨道摄像：在赛道表面上方 0.5m 的水平面，垂直于摄像机的平面上计算网格的每个点上进行照度计算。摄像机应始终假定垂直于滑行方向。

终点区域需要 360°照明，灯光至少来自三个不同方向。

与前相似，照明设计原则上应消除硬阴影。柔软和对称的阴影是必要的。

3. 摄像机位置

雪车、雪橇、钢架雪车运动通常采用多机位拍摄，比赛等级越高，机位数越多。例如冬奥会比赛摄像机位多达 60 余个，而且主摄像机多，轨道摄像机也很多。转播机位设置原则如下：

1）在前一个弯道出口的直线段端部，连接下一个弯道的始端，要求能看清运动员比赛。

2）在弯道内，要求能看清运动员比赛动作。

3）轨道摄像机，通常在出发区域。

4）出发区和终点区域（含颁奖典礼等区域，约为终点线后 250m）。

5）在赛道外，名义上是在弯道的几何中心。

4. 布灯方式

雪车、雪橇、钢架雪车场地照明比较特殊，通常赛道由安装在场地屋顶内的线性灯具进行照明，尤其是弯道更是如此。因为雪车、雪橇、钢架雪车属于高速运动，时速最高可达 150km/h，惊险、刺激又具有很高的危险性。因此，重要的是不要给运动员造成频

闪、眩光。安装在上方的线性光源灯具原则上要首尾相连，即灯带，这样连续的光线有助于消除运动员视觉疲劳。雪车、雪橇、钢架雪车场地照明布灯要求见表7-53。赛道布灯示意图如图7-51所示。

表7-53 雪车、雪橇、钢架雪车场地照明布灯要求

区域	布灯要求
出发区域	至少两条灯带，赛道两侧各一条。为了防止在第一个弯道对摄像机产生"跳光"，灯带应位于赛道之外
起点到第一个弯道	1）在雪橇和雪车及钢架雪车赛道相交处，灯带需无缝衔接；女子比赛的起点与主赛道的交汇点也是如此 2）如果需要两排以上的灯带，则第三排及更多的灯带应布置在轨道摄像机对面 3）为了防止在第一个弯道对摄像机产生"跳光"，灯带应位于赛道之外
直线段	1）应在屋顶下方安装至少两条线性灯具，可以采用LED或等效光源的灯具，并要求在赛道上不会产生阴影 2）灯具不得布置在直线段赛道中心的上方，以防止眩光对运动员的影响 3）为了满足照明水平，可以采用两排以上的灯带。例如三排灯带，一侧为两排，另一次为一排
弯道	1）至少应在屋顶下方安装两排线性灯带，灯带不得在赛道上产生阴影。一条灯带在赛道水平剖面中心上方，另一条灯带在靠近赛道屋顶外缘 2）与直线段相似，为满足照度水平，可以采用两排以上的灯带。如果需要三排灯带，则应布置在赛道两侧，一侧为一排，另一侧为两排；如果需要四排灯带，则一侧为一排，另一侧为三排

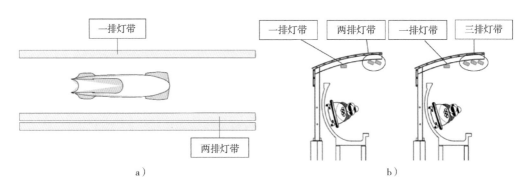

图7-51 赛道布灯示意图
a）直线段赛道 b）弯道

7.5.4 越野滑雪

1. 场地简介

越野滑雪的线路需高低起伏，上坡、平地、下坡各占三分之一。线路包括一条能用于1~10km越野滑雪比赛，重合线路不超过1km。场地相关数据参见表7-54。越野滑雪雪道示意图如图7-52所示。

表 7-54　越野滑雪场地相关数据

长度/km	高度差/m	最大爬坡高度差/m	累计爬坡高度/m	雪道宽/m		
				单线路	双线路	起点区
5	<100	<50	<150 ~ 210			
10	<150	<80	<250 ~ 420			
15	<200	<100	<400 ~ 600	>3 ~ 4	>6	≥4
30	<200	<100	<800 ~ 1200			
50	<200	<100	<1400 ~ 1800			

注：1. 高度差是指比赛线路最高点与最低点的高度差。

　　2. 最大爬坡高度差是指连续爬坡不超过 200m 的高度差。

　　3. 奥运会、世锦赛、世界杯线路的最高海拔高度不应超过 1800m。

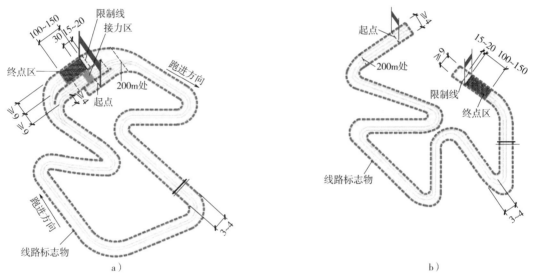

图 7-52　越野滑雪雪道示意图（图中单位：m）

a）环形雪道示意图　b）往返式雪道示意图

2. 照明标准

越野滑雪场地照明标准参见本书第 5 章相关内容。场地照明主要涉及体育场、比赛线路、滑雪滑行测试区、观众区等。

3. 摄像机位置

越野滑雪运动通常采用多机位拍摄，比赛等级越高，理论上机位数越多。重大比赛的机位设置可参考如下原则：

1）体育场起跑线，这是比赛出发的地方。

2）体育场出口至滑雪道。

3）雪道线路，可以是环形雪道，也可以是往返雪道。

4）雪道接近体育场。

5）在进入体育场之前的最后弯道、直道处。

6）从最后弯道、直道进入体育场。

7）终点线。

4. 布灯方式

越野滑雪布灯方式分不同场所分别说明。

（1）体育场 体育场照明采用灯杆布置，灯杆位于体育场外；理论上照明需360°，至少有三个主要方向的灯光，与前相似。

如果有跟踪轨道摄像机，照明设计需确保摄像机镜头眩光最小化。

（2）比赛雪道 灯杆的位置及灯具瞄准角应确保光线不会改变场地地形的感知，不会误导运动员。原则上灯杆与摄像机在场地的同一侧。

灯杆要尽可能少，因此照明设计需要相对较高的灯杆，这样照射面积更大。如果场地空间比较开阔且没有树木遮挡，则应考虑将灯杆设置在远离场地的位置。

如果往返滑道在物理上彼此接近，则应共用灯杆。

为了防止对运动员的眩光，建议将灯具瞄准方向限制在运动员前进方向和横向。

7.5.5 自由式滑雪

1. 场地简介

自由式滑雪包括大跳台、障碍追逐、坡面障碍技巧、雪上技巧、空中技巧、U形场地技巧等小项目，场地尺寸见表7-55。

表7-55 自由式滑雪场地尺寸

	部位	长度/m	宽度/m	倾角（°）	备注
空中技巧	助滑道	64~74	≥24	20~25	—
	助滑道过渡区	13	—	—	半径为30m的弧形
	起跳区	20~25	≥24	0	—
	着陆区	≥30	≥35	37±1	—
	着陆过渡区	12.5	—	—	半径为30m的弧形
	停止区	30	≥35	0	—
雪上技巧	场地	235±35	15~25	28±4	世锦赛滑道最短225m，冬奥会250m

	等级	长度/m	垂直落差/m	倾角（°）	备注
障碍追逐	世界杯、世锦赛、冬奥会	900~1200	180~250	12~22	线路包括跳台、转弯、波浪及其他多种地形
	洲际比赛	≥750	≥165		
	全国比赛、国际雪联比赛	≥650	≥130		

	等级	长度/m	宽度/m	深/m	坡度（°）
U形技巧	一般U形场地	100~140	14~18	3~4.5	14~18
	超级U形场地	120~160	16~29	4.7~5.7	14~18
	冬奥会U形场地	170	19~22	6.7	17~18

2. 照明标准

自由式滑雪场地照明标准参见本书第5章相关内容。国际自由式滑雪联合会 FIS 有如下主要要求：

1）场地照明的布置必须确保灯光不会改变赛道斜坡的明显地形，即灯光需准确表达赛场地形，且不得改变场地深度感知和准确度。

2）灯光不得将运动员的影子投射到赛道上，也不能因强光而使运动员感受到眩光。

3）照明设计必须清楚照亮场地附近的障碍物和建筑物。

3. 摄像机位置

自由式滑雪摄像机机位通常设在出发区附近、助滑道底部左右两侧、赛道上、着陆区底部、着陆过渡区和终点区。每个小项又有详细要求，在此不必赘述。

4. 布灯方式

对于重大比赛，计算网格除满足第8章要求外，还有其特殊之处，下面一一介绍。

布灯原则上应消除硬阴影，软阴影是必要的，各子项目要求相同。

（1）空中技巧　如图 7-53 所示，从起跳台始端到落地区长 32m、高 10m 范围，计算网格为 1m；助滑道、着陆区、着陆过渡区计算网格为 2m；终点区域计算网格为 4m。

出发区域和终点区域照明都能覆盖比赛或准备区域，照明原则上为 360°全覆盖，灯光至少来自三个主要方向。

起跳区、运动、着陆区、着陆过渡区建议采用高杆照明以避免眩光。灯具通常是横跨和向下瞄准；瞄准上坡的灯具瞄准角应为陡峭的角度。在起跳区和起跳台的始端，照明主要照亮运动员的运动路径，即滑过起跳台、起跳和空中动作。照明设计还要确保在场地上不能留下轨道摄像机的影子。

（2）雪上技巧　雪上技巧比较特殊之处是空中跳台及其飞行、落地区域，由于运动员需要起跳、旋转、翻腾、落地等动作，无论对运动员还是摄像机都有较高的要求。如图 7-54 所示，从空中跳台始端延伸 15m 直到着陆区，飞行高度 5m 的范围，计算网格建议为 2m×2m。

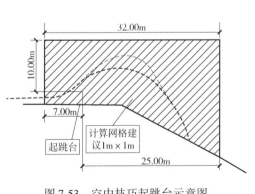

图 7-53　空中技巧起跳台示意图

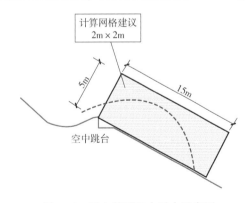

图 7-54　雪上技巧空中跳台示意图

雪上技巧场地采用高杆照明，灯杆和灯具位置及其瞄准逻辑应确保灯光不改变场地地形的感知，还要注意左右赛道间的照明差异，较高的灯光应来自主摄像机一侧。

与前相似，出发区域、终点区域原则上需要 360°照明，至少四个原则方向。照明设计还要确保在场地上不能留下轨道摄像机的影子。

（3）U 形场地　运动员可以在 U 形场地任何部分进行比赛，并在距离池顶数米的高度处表演各种技巧动作，现有纪录已超过 8m 的高度。

一个技巧动作可以在终点线之后完成。因此，转播照明应照亮终点线前后区域，一直延伸到终点区域。

计算网格为 2m 网格，包括"三个 1.5m 的水平面"：下降坡道上方 1.5m 处、U 形池底上方 1.5m 处、终点区域和引入坡道区域上方 1.5m 处；还有 U 形池长度及引入坡道、终点区域；U 形池顶上方 6m 垂直平面。

（4）障碍追逐（ski cross）和坡面障碍技巧（slopestyle）　计算和测量网格见表 7-56。

表 7-56　障碍追逐和坡面障碍技巧场地计算和测量网格

区域	计算网格/m	测量网格/m
出发区域	2	4
赛道	4	8
终点线前 30m，后 5m	2	4
终点区域	2	4

注：计算高度：场地上方 1.5m 的平面。注意，该平面是斜面。

7.5.6　单板滑雪

1. 场地简介

单板滑雪包括平行大回转、障碍追逐、U 形场地技巧、坡面障碍技巧、大跳台等小项目。单板滑雪场地尺寸及要求见表 7-57。

表 7-57　单板滑雪场地尺寸及要求

项目	部位	长度/m	宽度/m	倾角/（°）	备注
空中技巧	助滑道、加速台	60 ± 2	≥8	20 ~ 24	平直区域长 5 ~ 10m，坡度 0°
	起跳台	台前 10 ~ 18	≥5	25 ~ 30	高度 2.5 ~ 3.5m
	落地坡	35	≥22	30 ± 2	平坡过渡长 10m
	终点区域	—	30	0 ~ 3	深 30m
障碍追逐		500 ~ 900	≥40	14 ~ 18	垂直落差：100 ~ 240m
平行大回转			见表 7-51		
U 形技巧			见表 7-55		
高山类项目		高度差/m	赛道宽/m	旗门数/个	
双人平行大回转		120 ~ 200	≥40	≥18，建议比赛场地为 25	
回转		>50	>20	20 ~ 25	
大回转		>120	>25	—	
超级大回转		150 ~ 500	10 ~ 30	高度差的 10%，且 ≥18	

2. 照明标准

单板滑雪场地照明标准参见本书第 5 章相关内容。国际自由式滑雪联合会 FIS 总体要求参见本书 7.5.5 节。

    3. 摄像机机位及灯具布置

摄像机机位及灯具布置可参考本书以下部分内容：

1）U 形技巧参见本书 7.5.5 节。

2）障碍追逐及坡面障碍技巧参见本书 7.5.5 节。

3）回转、平行大回转参见本书 7.5.2 节。

4）大跳台参见本书 7.5.1 节。

第8章 照明计算

8.1 照度计算、测量网格及摄像机位置

根据 1986 年国际照明委员会 CIE 4.4 委员会颁布的 CIE67 号技术文件中规定，在工程设计阶段，有可能对多个照明系统方案进行比较、选择和评估，通常要进行照度计算，从中选出一个更好的。

多个方案满足照明要求时，要考虑多方面的因素，如初期投资和运行成本，实际安装和设备维护等。在做出最终选择后，必须计算出照度值，这样确定的方案才是最满意的。应该说明，这里说的"最满意"是相对的，是针对建筑和结构特点来说是满意的。

大多数情况下，体育场馆所涉及的照明评价指标还包括下列几个方面：

1）水平照度及其均匀度。

2）垂直照度。

3）垂直照度均匀度。

4）设备安装后的照度测量值。

在这种情况下，则必须计算多个点的照度，这些计算点在整个场地或场地内部分有代表性的区域形成规则的网格形式。平均照度及其照度均匀度的计算精度取决于所计算的点数。总的来说，计算的点数越多，精度越高。但当点数超过一定数量时，精度的变化就不太明显了，反而大大增加计算的工作量。

在 CIE 67 号技术文件和《体育场馆照明设计及检测标准》（JGJ 153—2016）中对多种场地的计算网格的规格和设置方法都有较详细的规定，但两者会有些不同。根据这些规定设置的网格进行照度计算，既可以简化大量的计算工作，又可以达到可接受的精度。

通常来说大部分体育场地都是对称的，因此对于完全对称的场地照明计算，只需对半场或四分之一场地进行计算即可。

1. 设置计算网格的一般方法

把室内、室外运动场地划分为多个相同的矩形网格，每个矩形的中心，即为计算点。图 8-1 根据所要计算场地的面积给出了一个比较实用的概算方法，可以大概确定要计算的矩形网格的数量，图中实线为理论上的最佳值，虚线为范围值。最终所选定的网格的数量，应为被照的矩形场地内长度方向和宽度方向上网格数的乘积。当场地是不规则的形状或是弯道区域时，在主要区域之外的矩形内的网格可以忽略不计。进行照明计算时，最好将每个网格都设置成正方形。

为了得到精确的平均照度值，每个正方形网格中心点的照度值，都应进行计算（参见第 11 章图 11-6）。如果把所有网格向上或向下移半格，其结果是相同的，如图 8-2 所示。在

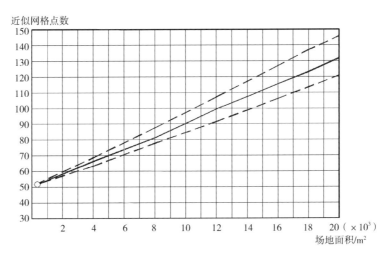

图 8-1　场地面积与近似网格点数的关系

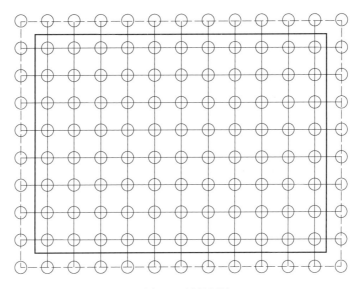

图 8-2　计算网格

这种情况下，所计算的点为正方形网格的交点，计算结果与每个构成网格都有关系。由于移动网格而空出的地方，可以将网格沿主网格向外扩展。增加的网格点照度不应计入平均照度的计算之内。

在有些情况下，尽管通过对周边增加的网格进行照度计算和比较更能衡量照度梯度是否满足要求，但如果假定照度梯度在各点之间的变化是线性的，则只需对主要网格区域内的网格进行照度计算即可。

2. 足球场网格的确定

对于足球场，其标准受国际足联 FIFA 和国际田联 IAAF 的标准限制，习惯上，它的矩形网格的尺寸由图 8-3 中所示的长度 p 和宽度 q 决定。

矩形网格的尺寸为：

$$\Delta p = p/11 \tag{8-1}$$

$$\Delta q = q/7 \tag{8-2}$$

把足球场和田赛场地内的矩形网格区域往左右两个边界进行扩展，矩形网格尺寸不变，直到左右两个直线跑道也被划入计算网格内（边界外的测量点忽略不计），以此确定直线跑道的计算网格。

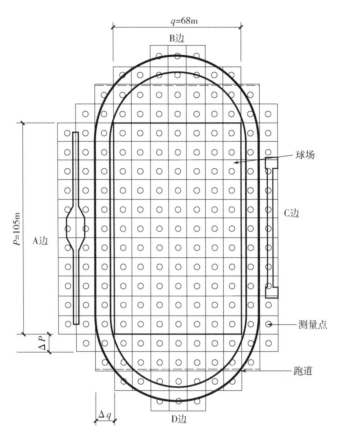

图 8-3　足球场和田赛场计算网格

从式（8-1）和式（8-2）可以看出，足球场和田径场主要区域的网格点为 11×7（FIFA2020 的网格点是 96 点），现在有些标准将网格点的划分有所变化，请读者参阅第 11 章。

如图 8-4 所示，2008 年北京奥运会开幕式后，鸟巢进行转场，为即将进行的田径比赛准备好场地，转场期间，按照事先计算好的进行测量，由于塑胶跑道已经完成，不可能在跑道上画测量线或钉测量竹钎。技术人员因地制宜，采用矿泉水瓶作为测量点。

对于每个网格点，都需要分别计算水平照度和四个面上的垂直照度，如图 8-5 所示。

图 8-4　鸟巢在奥运会转场期间进行照度测量

3. 跑道上网格的确定

田径场跑道是整个场地的一部分，图 8-5 所示的方法适用于田径跑道。

但是，如果在某种照明模式下仅单独为跑道提供体育照明，或在跑道上设有局部照明时，矩形网格最好采用专用的划分方法，如图 8-6 所示。局部照明同样也适用于赛狗、速滑、赛马和自行车竞赛等比赛的体育照明。

图 8-6 作为一个实例，说明了在跑道的直道和弯道处布置方形计算网格的方法。跑道上的计算网格数量，图中所示为 4 个点。

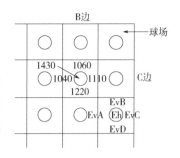

图 8-5 每个点水平照度和垂直照度记录方法

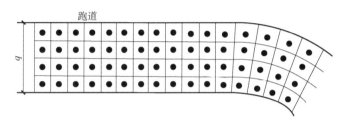

图 8-6 跑道计算网格

比赛项目不同，各点的矩形网格尺寸大小和照度要求也是不同的。例如，在赛马或赛狗比赛时，参赛者大部分的活动都在跑道内；自行车比赛时，弯道处的坡度是很陡的，赛手在转弯处使用跑道的外部；在短跑比赛时，参赛者要在各自的跑道上赛跑。

因此，对于跑道上照明计算网格，最好根据上述各方面特点以及使用方、设计方等各方的意见综合确定。

4. 游泳和跳水场地网格的设置

游泳和跳水场地网格的设置如图 8-7 所示。

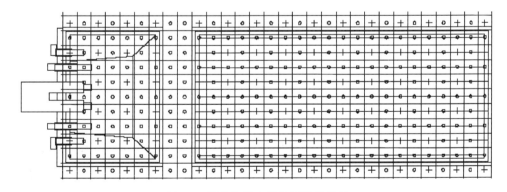

图 8-7 游泳和跳水场地网格的设置

5. 网球场网格的设置

网球场网格的设置如图 8-8 所示。应该说明，国际网联 ITF 关于网球计算网格（测量网格）为 2.5m×2.5m（5m×5m），照度计算高度为 1.0m；而 JGJ 153—2016 规定的计算网格（测量网格）为 1m×1m（2m×2m），水平照度计算高度 1.0m，垂直为 1.5m。

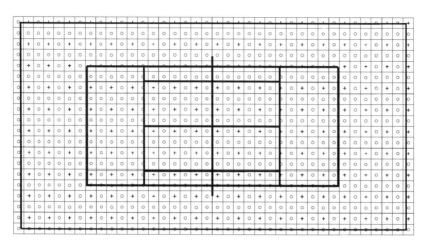

图 8-8　网球场网格的设置

6. 棒球场网格的设置
棒球场网格的设置如图 8-9 所示。

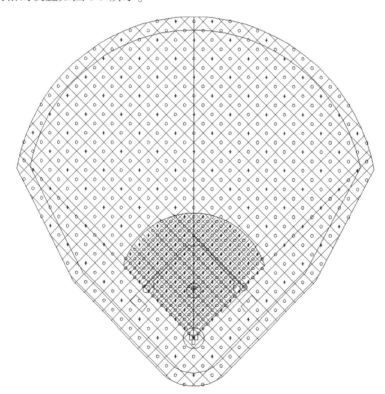

图 8-9　棒球场网格的设置

7. 场地自行车赛道场地网格的设置
场地自行车赛道场地网格的设置如图 8-10 所示。

8. 速度滑冰场场地网格的设置
速度滑冰场场地网格的设置如图 8-11 所示。

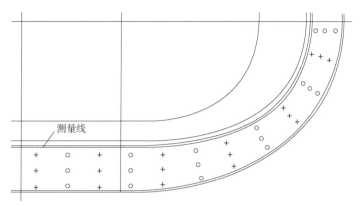

图 8-10　场地自行车赛道场地网格的设置

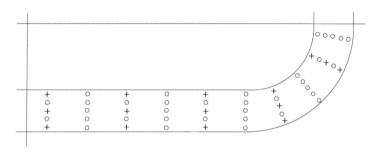

图 8-11　速度滑冰场场地网格的设置

9. 垒球场场地网格的设置

垒球场场地网格的设置如图 8-12 所示。

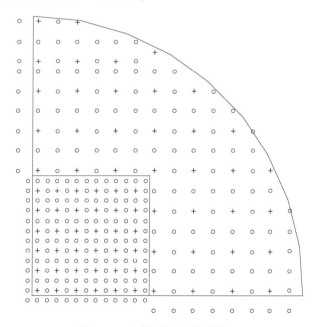

图 8-12　垒球场场地网格的设置

上面各图中，○、＋ 为计算网格点，＋ 为测量网格点。

10.《体育场馆照明设计及检测标准》（JGJ 153—2016）计算、测量网格的设置要求

上述计算及测量网格为 CIE 标准的要求，其实不同标准可能会有所不同，包括我国的 JGJ 153—2016 标准与 CIE 有一定差别。表 8-1 是我国标准的要求，供读者参考。

表 8-1　运动项目照度计算、测量网格

运动项目	场地尺寸/m	照度计算网格/m	照度测量网格/m	参考高度/m 水平	参考高度/m 垂直	摄像机典型位置
篮球	28×15	1×1	2×2	1	1.5	主摄像机设置在赛场两侧看台上
						辅摄像机用作蓝区动作特写，放在赛场两端
排球	18×9	1×1	2×2	1	1.5	主摄像机位于赛场中心线延长线的看台上
						辅摄像机设置在赛场两端的看台上，在地面上靠近端线
手球	40×20	2×2	4×4	1	1.5	主摄像机设置在赛场两侧看台上
						辅摄像机设置在赛场两端
室内足球	(38～42)×(18～22)	2×2	4×4	1	1.5	主摄像机设置在赛场两侧看台上
						辅摄像机设置在球门边线，端线的后面
羽毛球	PA：13.4×6.1	1×1	2×2	1	1.5	主摄像机设置在赛场两端
	TA：19.4×10.1					辅摄像机设置在球网处、服务位置
乒乓球	台面：1.525×2.72	1×1	1×1	台面	1.5	主摄像机设置在看台高处和地面上每个比赛区的角区
	14×7	1×1	2×2	1		辅摄像机设置在记分牌区域
体操	52×26	2×2	4×4	1	1.5	主摄像机设置在主席台后上方和各单项比赛场地重要位置
						辅摄像机设置在各单项比赛场地周边位置

（续）

运动项目	场地尺寸/m	照度计算网格/m	照度测量网格/m	参考高度/m 水平	参考高度/m 垂直	摄像机典型位置
艺术体操	12×12	1×1	2×2	1	1.5	主摄像机设置在主席台后上方
						辅摄像机设置在比赛场地周边位置
拳击	7.1×7.1	1×1	1×1	1	1.5	主摄像机设置在绳索水平上方栏圈的一侧上
						辅摄像机设置在赛场栏圈的转角处和低角度处
柔道	(8~10) × (8~10)	1×1	2×2	1	1.5	主摄像机设置在赛场的上方和一侧
						辅摄像机设置在赛场的另一侧及靠近赛场的位置
摔跤	(8~10) × (8~10)	1×1	2×2	1	1.5	主摄像机设置在赛场的上方和一侧
						辅摄像机设置在赛场的另一侧及靠近赛场的位置
跆拳道	8×8	1×1	2×2	1	1.5	主摄像机设置在赛场的上方和一侧
						辅摄像机设置在赛场的另一侧及靠近赛场的位置
空手道	8×8	1×1	2×2	1	1.5	主摄像机设置在赛场的上方和一侧
						辅摄像机设置在赛场的另一侧及靠近赛场的位置
武术	8×8（散打）	1×1	2×2	1	1.5	主摄像机设置在对角线的延长线上及设置在官员评判桌和区域的后方或附近
	14×8（套路）			1		
举重	4×4	1×1	1×1	1	1.5	主摄像机面向参赛者
						辅摄像机设置在热身区和举重台人口

（续）

运动项目	场地尺寸/m	照度计算网格/m	照度测量网格/m	参考高度/m 水平	参考高度/m 垂直	摄像机典型位置
击剑	14×2	1×1	1×1	1	1.5	主摄像机设置在长台侧面
						辅摄像机设置在长台两端
射击	靶面	0.1×0.1	0.2×0.2		靶面	主摄像机设置在射手的正上方、侧前方和比赛场地尽端；辅摄像机设置在看台侧后方
	靶位	1×1	1×1	1	靶位	
	弹道	2×2	4×4		弹道	
射箭	90~45，90~70	5×5	10×10	1	1.5	主摄像机设置在运动员后方看台和运动员侧前方
	（8道，13道）				2	辅摄像机设置在看台侧后方、沿射箭线的不同位置和等候线与射箭线之间的区域
自行车	赛道：250×（6~8）	5×2.5	10×2.5	赛道上	1.5	主摄像机设置在与赛道终点直道平行的主看台上。终点主摄像机放在中央横轴延长线上（追逐比赛）和通常的终点位置（如短距比赛）
	333.3×（8~10）			1		辅摄像机设置在两角用来拍摄赛道的直线段，给出骑手的前视镜头
游泳	泳池：50×25	2.5×2.5	5×5	水面上0.2m	水面上0.2m	主摄像机设置在平行于泳池纵轴的主看台上，与游泳者平行的跑动摄像机跟随游泳者的运动
	出发台和颁奖区	1×1	1×1	地面	1.5	辅摄像机设置在泳池两端用来拍摄起跳和转身
跳水	跳水池：25×21	2.5×2.5	5×5	水面上0.2m	水面上0.2m	主摄像机设置在平行于跳水平台长轴的看台上
	跳台及跳板（0.5~2）×（4.8~6）	1×1	1×1	台面和板面上1.0m	正前方0.6m，宽2m至水面	辅摄像机设置在跳水池的对角上和跳水池纵轴的前、后位置
网球	PA：10.97×23.77	1×1	2×2	1	1.5	主摄像机设置在赛场一端的看台上
	TA：18.29×36.57					辅摄像机设置在底线和球网之间

（续）

运动项目		场地尺寸/m	照度计算网格/m	照度测量网格/m	参考高度/m		摄像机典型位置
					水平	垂直	
室外足球		105×68	5×5	10×10	1	1.5	主摄像机设置在赛场中线延长线主看台上的重要位置
							辅摄像机中球门区摄像机设置在看台上或地面上回放 16m 区内精彩比赛，及设置在边线
田径		181×102	5×5	10×10	1	1.5	主摄像机设置在高层看台上，拍摄全场；另有主摄像机设在横轴上、起点与终点；辅摄像机有 12 个或以上，用来拍摄各单项赛事
		跑道宽 12.5m	2×5	4×10			要考虑撑竿跳高、跳高横杆位置及标枪、链球、铁饼等飞行过程的空中照明条件
		百米终点 12×12	2×2	2×2			
棒球	内场	45×45	2.5×2.5	5×5	1	1.5	主摄像机设置在 1 垒与 3 垒连线击球方向延长线上和 3 垒与 1 垒、2 垒、4 垒连线延长线的看台上；辅摄像机设置在场地周边
	外场	90° 扇形，R = 120m 扇形和扇形两边线外 18.29m 围栏内	5×5	10×10			
垒球	内场	30×30	2.5×2.5	5×5	1	1.5	主摄像机设置在 1 垒与 3 垒连线击球方向延长线上和 3 垒与 1 垒、2 垒、4 垒连线延长线的看台上；辅摄像机设置在场地周边
	外场	外场 90° 扇形，R = 61 ~ 70m 扇形和扇形两边线外 7.62m 围内	5×5	10×10			
曲棍球		91.4×54.84	5×5	10×10	1	1.5	主摄像机设置在场地中心线延长线主看台上的重要位置
							辅摄像机可用来回放赛场上重要的动作，如球门区和角区击球
橄榄球		120×68	5×5	10×10	1	1.5	主摄像机设置在中心线的延长线上主看台上的重要位置
							辅摄像机设置在边线和球门后面

（续）

运动项目		场地尺寸/m	照度计算网格/m	照度测量网格/m	参考高度/m		摄像机典型位置
					水平	垂直	
沙滩排球		16×8 四周有5m宽活动区，外加围栏	1×1	2×2	1	1.5	主摄像机设置在主看台、中央看台左右侧
							辅摄像机设置在东、西侧底线、球网处
速度滑冰		赛道：(333.3~400)×10	5×2	10×4	1	1.5	主摄像机设置在全场中央主看台上和终点线的延长线上
							辅摄像机设置在两角用来拍摄赛道的直线段，给出运动员的前视镜头；悬挂在场地顶棚中间，跟随运动员转动拍摄
冰球、短道速滑、花样滑冰		60×30	5×5	10×10	1	1.5	主摄像机设置在场地中心线延长线的看台上
							冰球辅摄像机设置在球门区后面；花样滑冰和短道速滑辅摄像机设置在角区和等候区中
冰壶		46×5（每道）	2.5×1.25	5×2.5	冰面	1.5	主摄像机设置在运动员正面方向延长线上和开壶区侧面
							辅摄像机设置在比赛场地周边位置
自由式滑雪、单板滑雪	空中技巧	长150m，宽30m，落差55m，坡度24°~38°	5×2.5	10×5	1	1.5	
	雪上技巧	长270m，宽30m，落差130m，坡度28°±4°	5×2.5	10×5	1	1.5	主辅摄像机按摄像要求分布在准备、助滑、起跳、跳跃、技巧、着落、滑行、停止等位置
	U形场地技巧	长150m，宽19~22m，高6.7m，落差81m，坡度17.5°~18.5°	5×2.5	10×5	1	1.5	
	大跳台空中技巧	助滑区长50m，宽5m，坡度20°；跳台宽5m；着陆区长35m，宽20m，坡度28°；停止区长30m，宽30m	2.5×(1或2.5)	5×(2或5)	1	1.5	

（续）

运动项目	场地尺寸/m		照度计算网格/m	照度测量网格/m	参考高度/m		摄像机典型位置
					水平	垂直	
高山滑雪	回转项目长550m，宽不低于50m，落差140~220m		5×2.5	10×5	1	1.5	主辅摄像机按摄像要求分布在准备区、滑动和起跳、转弯、旗门、终点等位置
跳台滑雪	标准台90m，大跳台120m，助滑道长80~100m，坡度35°~40°		5×1	10×2	1	1.5	主辅摄像机按摄像要求分布在准备、助滑、起跳、飞行、着落、滑行、终止等位置
越野滑雪	起点区长度50m，终点区长度50~100m，宽度6m或12m		5×2	10×4	1	1.5	主辅摄像机按摄像要求分布在准备区、起点区、赛道、终点区等位置
	短距离越野滑雪赛道长800~1800m		(5或15或25)×2	(10或30或50)×4	1	1.5	
冬季两项	射击	靶面	0.1×0.1	0.2×0.2	—	靶面	主摄像机设置在射手的正面、侧面和比赛场地的尽端
		靶位宽2.75~3m	1×1	1×1		靶位	
		弹道长50m，宽2.75~3m	2×1	4×(2.75~3)	1	1	
	越野滑雪	赛道长800~4000m，宽4~8m；处罚圈长150m±5m，宽6m；接力赛交接区长30m，宽9m；交接区前50m赛道宽度不低于9m	(5或15或25)×2	(10或30或50)×4	1	1.5	主辅摄像机按摄像要求分布在准备区、起点区、赛道、终点区等位置
雪橇、雪车	长度1500~2000m，10个以上弯道		5×0.5（直道）	10×1（直道）	1	1.5	主辅摄像机按摄像要求分布在起点、终点和滑行道等位置
			1×0.5（弯道）	2×1（弯道）			

8.2　照度计算的方法

体育场馆照明通常采用点照度计算法进行照度计算，其中：

1）点光源点照度计算可采用平方反比法。

2）线光源点照度计算可采用方位系数法。

3）面光源点照度计算可采用形状因数法（或称立体角投影率法）。

4）当室内反射特性较好时，尚应计及相互反射光分量对照度计算结果产生的影响。

由于计算网格数量多，照明指标精度要求较高。因此对于场馆的体育照明计算除了规模很小、功能很简单的场地外，通常需要利用专业计算软件来完成，关于计算软件的简介详见8.5节。

1. 点光源的平方反比法

当光源尺寸与光源到计算点之间的距离相比小得多时，可将光源视为点光源。一般当圆盘形发光体的直径不大于至照射面距离的1/5时，这样的光源被认为是点光源。体育照明大多能满足这个条件，因此，体育照明比较多的采用点光源的平方反比法。

计算方法详见本书第5章式（5-1）。

说明：式（5-1）适用于室外体育场，当这两个公式用于室内体育场馆时，大气吸收系数 K_a 取值为0，即室内不计大气对照明的影响。

2. 计算平均照度的中心点法

中心点法平均照度应按式（8-3）计算：

$$E_{ave} = \frac{1}{n} \sum_{i=1}^{n} E_i \tag{8-3}$$

式中　　E_{ave}——平均照度（lx）；

E_i——第 i 个测点上的照度（lx）；

n——总的网格点数。

8.3　眩光的计算与控制

2.1.17节讲述了眩光的定义，本节对眩光的计算和控制进行介绍说明。

8.3.1　眩光计算方法

体育场馆眩光指数（GR）的计算应按下式计算：

$$GR = 27 + 24\lg \frac{L_{vl}}{L_{ve}^{0.9}} \tag{8-4}$$

式中　　L_{vl}——由灯具发出的光直接射向眼睛所产生的等效光幕亮度（cd/m²）；

L_{ve}——由环境引起直接入射到眼睛的光所产生的光幕亮度（cd/m²）。

其中：

1）由灯具产生的等效光幕亮度应按下式计算：

$$L_{vl} = 10 \sum_{i=1}^{n} \frac{E_{eyei}}{\theta_i^2} \tag{8-5}$$

式中 E_{eyei}——观察者眼睛上的照度，该照度是在视线的垂直面上，由第 i 个光源所产生的

照度（lx）;

θ_i——观察者视线与第 i 个光源入射在眼睛上光线所形成的角度（°）;

n——光源总数。

2）由环境产生的光幕亮度应按下式计算:

$$L_{ve} = 0.035L_{av} \tag{8-6}$$

式中 L_{av}——可看到的水平场地的平均亮度（cd/m²）。

3）平均亮度 L_{av} 应按下式计算

$$L_{av} = E_{horav} \frac{\rho}{\pi\Omega_0} \tag{8-7}$$

式中 E_{horav}——照射场地的平均水平照度（lx）;

ρ——漫反射时区域的反射比;

Ω_0——1 个单位立体角（sr）。

8.3.2 CIE 关于室外体育设施及区域照明眩光评价系统

1994 年，CIE 发布了 112 号第 6 版技术文件，该文件主要描述了室外体育设施照明和区域照明的眩光的评价系统。

1. 概述

大多数装置的照明质量可用平均照度、照度均匀度和眩光限制来描述。在 CIE112 号技术文件公布之前，还没有室外区域照明的眩光评价系统。与道路照明相比，室外体育设施内人的观察方向是变化的、不固定的，灯位不像道路照明那样有规则的成排排列，照度水平比道路照明要求高。

照明装置眩光程度取决于光强分布、灯具的瞄准方向和数量、灯具布置和安装高度以及照明区域的背景亮度。该文件根据上述因素叙述并推荐了实际应用的眩光评价系统。CIE112 号技术文件规定了观看者的标准位置和观看方向，并表明最高眩光和相对高眩光的区域尺寸的资料。规定了室外区域照明装置的基本分类和一般眩光的限制值。

2. 影响眩光程度的因素

1987 年颁布的 CIE "国际照明辞典"定义，眩光指的是一种视觉条件，它分别包括心理和生理两种反映。不舒适眩光与失能眩光的对比见表 8-2。

表 8-2 不舒适眩光与失能眩光的对比

不舒适眩光	失能眩光
可以观看物体的细部	看不清楚物体
眼睛不舒服	视觉上不一定不舒适
进入眼睛的光量较小	进入眼睛的光量较大
眼睛长时间感受高的光源亮度	眼睛不一定感受高的光源亮度
持续时间长	持续时间短

在室外体育设施和区域的照明中，干扰眩光有以下两种情形:

1）直接看向灯具的视线方向。

2）观看者不直接看向灯具，但是看向区域。

观察方向对眩光的干扰程度主要取决于灯具类型、灯具中的光源的种类、灯具的布置、安装高度和瞄准方向。

调查表明，室外体育设施和区域照明的眩光评价最相关的两个参数如下：

1）L_{vl}——由灯具产生的光幕亮度。

2）L_{ve}——由环境产生的光幕亮度。

这些调查原则上研究了不舒适眩光的效应。CIE112 号技术文件没有更多地给出不舒适眩光和失能眩光的不同之处，但是 L_{vl}、L_{ve} 两个参数一般可以说明眩光问题。

L_{vl} 仅仅是由灯具中所发出的、直接射向人眼睛里的光所产生的等效光幕亮度；L_{ve} 是由环境引起的、也直接射向人眼睛里的光所引起的等效光幕亮度。

3. 眩光评价的基本公式

如上所述，在照明区域影响眩光程度取决于观看者的位置和不同的视看方向。对于已确定的观看者位置和观看方向（低于眼睛水平），其眩光程度取决于 L_{vl} 和 L_{ve}。

CIE 的眩光计算见式（8-4）~式（8-7），由此可以看出，我国室外体育场馆眩光计算方法直接采用 CIE 的研究成果。

由式（8-4）可知，GR 值越低，表明眩光限制得越好。在开始的试验中，用眩光控制指标 GF 评价眩光，GF 与 GR 的关系见表 8-3，GR 也可从眩光控制指标 GF 计算得出：

$$GR = （10 - GF）\times 10 \qquad (8-8)$$

从表 8-3 中可以看出，GR 为值在 10 和 90 之间的两位阿拉伯数字，GF 在 1 和 9 之间。它们都可用于眩光的评价，以评出眩光的优劣。值得注意，表中数值并不是规定眩光的限制极限。

表 8-3 眩光评价标度

眩光控制指标 GF	人眼睛的感受	眩光值 GR
1	不可忍受	90
2	—	80
3	干扰	70
4	—	60
5	刚可接受	50
6	—	40
7	可见的	30
8	—	20
9	看不见的	10

4. 眩光参数的简化

由式（8-4）可知，两个等效亮度值 L_{vl}、L_{ve} 是确定 GR 值的关键。L_{vl} 和 L_{ve} 可以用下面方法得出：

1）用亮度计测量得出，要求亮度计带眩光透镜，它是根据 θ 来计量光的。

2）用式（8-5）计算得出，在已知位置、瞄准方向、灯具的光强分布和区域的反射比时，先求出人眼的眩光照度，再计算出等效光幕亮度。

3）等效光幕亮度 L_{ve} 可近似地由可看到的水平区域内的平均亮度 L_{av} 得出，见式（8-6）、式（8-7）。

对于接近视线的大面积垂直或近于垂直照明区，L_{ve} 的实际值高于此计算值，计算得出的 GR 值略小，因此，更有利于实际的眩光限制。

5. 标准的观看位置和观看方向

在被照射区域的任何观看方向和任意观看点的眩光不应高于规定值。因此，选择最大的眩光作为最不利点，要求这些点 GR 值小于推荐的 GR 最大值，这些点就是标准的观看位置和观看方向。

一般来说，观看位置有以下几种：

1）单个的观看者位置。

2）将单个的按直线排列。

3）观看者位置同计算照度用的网格。

4）按有关标准的要求确定观看者位置，即足球场间距、网球场等。体育照明中这种方式比较普遍。

对于观看者，可选择单一的观察方向，也可以一定角度间隔（5°，…，45°）转动，形成多方向观看。有些情况，只需考虑部分灯杆位置的观看方向。在另外情况下，需要计算出观看方向的数量，该数量取决于灯具的布置。

6. CIE 推荐的额定眩光限制值

CIE 推荐的额定眩光限制值见表 8-4 和表 8-5。

表 8-4　区域照明

应用类型		额定眩光限制值 GR_{max}
安全情形	低危险程度	55
	中等危险程度	50
	高度危险程度	45
运动情形	行人	55
	慢行交通	50
	正常交通运行	45
工作区①	不精细工作	55
	中等精细工作	50
	很精细工作	45

①对作业区的重要视看作业，可比规定的最大额定眩光值 GR_{max} 低 5 个单位是合适的。

表 8-5　体育照明

应用类型	额定眩光限制值 GR_{max}
训练时照明	55
比赛时照明（包括彩色电视转播）	50

8.3.3 眩光的表达方式

与其说眩光的评价与使用场所有关，不如说眩光与灯具使用类型和用法有关更为贴切。比如室内的转播用体育馆，虽然是属于室内空间，但目前还是要用 GR 数据形式加以描述，而有些训练用的体育场馆（如室内乒乓球馆），使用透光片的荧光灯或格栅灯具，则需要用 UGR 的形式加以描述。因此在这里眩光的分类实际上与灯具的形式和用法关系更大。后者灯具使用的光源不能归纳为点光源，主要是直管荧光灯具或类似的灯具（如管状 LED），灯具的瞄准方式为纯的下照方式，而不可调整为其他角度的瞄准形式。此类照明方式需要以亮度限制曲线法或 UGR 进行眩光的描述。该类灯具基本不用在正规场馆的体育照明，因此本书不做详细解释。

投光灯照明是体育照明常用的照明形式，其灯具的特点如下：

第一，灯具几乎全是高精度配光的高强气体放电灯（主要为金卤灯）和 LED 灯。

第二，灯具具有内置或外置的防眩光结构。

第三，灯具的瞄准需要事先精密的计算、设计，并在安装时可实现精密调试。

此类照明可以满足几乎全部的体育类型的全部照明级别的要求（如果场馆的建筑条件过于苛刻时例外），涵盖从训练娱乐到高清晰电视转播的要求。此类照明方式使用 GR 的形式进行描述。

眩光的观测点是根据需要决定的，对于转播机构来说，关心的是照明系统对摄像机的影响，而对于运动员来说，场地眩光点是必备的考核因素。

1. 摄像观察点

对于所有的转播机构，都会评估灯光对摄像机的影响，除了特殊部位的摄像机，大部分的摄像机位都会在场地以外，所以对于摄像机位的眩光，其眩光计算数值都非常小。

2. 场地观测点

场地眩光观测点是描述照明系统对运动员的影响。运动员在正常比赛过程中，需要照明系统的支持，但负面效应最大的就是眩光，眩光对运动员的影响如果超过了限度，比赛将无法正常进行。

场地眩光观测点的位置是比较有代表意义的点和位置。是对比赛产生重要影响区域上的典型位置的组合。相关场地眩光的观测位置参见本书第 11.3 节。

从 8.3 节中的计算公式可以看出，只要控制好投射角度，合理地选择场地地面的反射系数，所有方向都可以布置灯具，且可以完成所有的计算，并很好地限制眩光。

但事实并不是这样，上面的计算只是针对的是场地本身，而不是体育运动，每种体育运动都有自己的特点，因此，运动的特点又决定了某些位置是不能安装灯具的。虽然这一部分对眩光的计算并没有很大的影响，但实际应用过程中，会造成很大的问题，甚至严重影响比赛。

8.4 均匀度计算

均匀度指标用来反映比赛场地上照度水平的变化。照度均匀度应按第 2 章式（2-1）和式（2-2）计算。

在体育场馆的照度计算中，通常需要计算主摄像机方向垂直照度均匀度 U_{vmai}、辅摄像机方向垂直照度均匀度 U_{vaux} 和均匀度梯度 UG（参见第 2 章）。

8.5　常用照明计算软件简介

在照明设计的过程中，照明计算是一项不可缺少的步骤。照明设计方案确定后，需要通过计算来确定照度、亮度的合理分布，眩光大小的控制，模拟灯光的效果等。

目前项目规模越来越大，复杂程度越来越高，光源和灯具也在不断更新和发展，对照明设计也提出了更高的要求。由于手工计算需要通过一系列的公式、查表，才能得到计算结果，而其中一个数据出现问题就会出现很大的误差，调整起来也相对繁琐，因此在当前条件下，手工计算只是作为照明计算的一种辅助作用。

而专业的照明计算软件则可以为大量繁琐而又复杂的照明计算提供更为高效、快捷、准确的计算手段，同时还可以方便地通过计算结果不断调整、优化方案，使得设计更科学、合理。

8.5.1　照明计算软件概述

目前经常使用的照明设计软件按适用范围分为两大类：

一类是仅适用于部分厂家的部分灯具的照明计算软件，这类软件通常是由大型的灯具厂商开发的，如 Musco 的 AIM、Philips 的 Calculux、GE 的 Light beams 等，由于这些软件适用范围有限，仅用本公司的灯具数据库，且专业性较强，不便大范围的推广，因此应用范围较窄。

另一类就是适用于大部分厂家灯具的照明计算软件，如德国 DIAL 公司开发的 DIALux 软件，Lighting Analysts 公司开发的 AGI32，LTI 公司开发的 Lumen Micro 2000 等。

而其中最具代表性以及目前较为广泛使用的则当数 DIALux 和 AGI32。

8.5.2　DIALux 软件简介

德国的 DIAL 公司为解决当时已有的照明计算软件多局限于单一厂商灯具的现状，而召集世界著名厂商如 Philips、BEGA、THORN、ERCO、OSRAM、BJB、Meyer、Louis Poulsen 等公司共同研发新的照明软件，并于 1992 年汉诺威博览会推出了 DIALux 照明软件，DIALux 已有 20 多种语言的版本，软件内还有超过 190 家知名灯具制造商的真实产品信息，且可以免费下载使用，这也是目前国内广泛使用 DIALux 照明软件的原因之一。

2012 年 4 月 15 日，DIAL 公司在法兰克福照明与建筑展上，发布了新一代软件——DIALux evo，并表示仍将继续支持当时的 DIALux 4.10 版本。相比 DIALux 4（为了与 DIALux evo 做区分，将之前版本软件称为 DIALux 4），DIALux evo 提供了更多的功能、更方便的界面以及使用最新的技术。在此后几年中，DIALux 4 和 DIALux evo 同步进行更新，在更新至 DIALux 4.13 版本之后，DIAL 公司停止了 DIALux 4 的研发，官网也不再提供 DIALux 4 的下载链接，全面转向 DIALux evo。目前，该软件最新版本是 DIALux evo11.0。

1. 功能

DIALux 4 具有照明计算和照明效果仿真功能，但以前者为主。图 8-13 是 DIALux 4 软件主界面。

该软件可以进行室内、室外、道路和天然采光等光环境的计算和三维光分布效果模拟，可以输出包括照度/亮度值的等值线和数据分析报表、灯具配光、统一眩光指数（UGR）、照明场景功率密度等报表。也可提供灯具清单、家具配置图、计算点清单、工作面清单、灰阶/伪色表现图、灯具资料等大量图表。

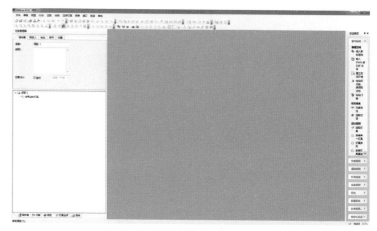

图 8-13　DIALux 4 软件主界面

在安装了其自带的 POV Ray 插件后，DIALux 还可以按照用户定义的模式对其所计算的光环境进行光线渲染操作，并可输出简单的照明效果图。POV Ray 渲染器的渲染速度并不突出，但是可以生成具有真实反射、阴影、透视及其他效果的照片级效果图。

该软件自身仅含有较少的灯具配光文件，多数计算过程是依靠各个照明厂商提供的灯具数据库插件来进行不同灯具的选择，照明厂商的数据库插件可以从厂家网站上免费下载获得。

软件兼容 .IES、.LDT 等配光文件格式，兼容 PDF 虚拟打印机输出。可通过 .dwg、.dxf 等文件格式载入 CAD 图样进行模型制作，或通过 .3ds 格式直接导入模型文件进行辅助计算。

DIALux evo 作为 DIALux 4 的继任者，整合了之前软件已有的功能，并进行了全新的设计。DIALux evo 增强了建模功能，增强了效果渲染功能，在灯光效果模拟预览上更直观。操作界面更智能便捷，整个灰色界面视觉更舒适，如图 8-14 所示。

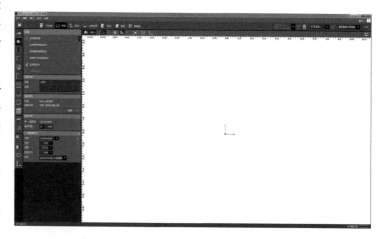

图 8-14　DIALux evo 软件主界面

2. 特点

DIALux 软件非常重视其计算的准确性，其照明数值的误差仅为 3% ～7% ，其计算考虑到灯具的高度及角度。设计同时可以在图上读取任何一点的照度值。

由于 DIALux 是由专业的照明工程师开发并维护的一款综合性照明计算软件，因此软件中各计算物理量设置合理，使用灵活。

在计算结果中计入了建筑表面对光线的第一次反射效果。同时允许用户自行搭建室内、外照明场景，包括输入灯具外观模型、家具模型等，渲染后还可以手动方式动态观看三维照明模拟效果。

具有专业的道路照明模版，可配合多种照明标准要求。

天然采光计算预制了世界各主要城市的纬度数据和万年历。在同一种布灯方式的情况下可以计算多种开关灯模式形成的不同照明效果。

DIALux evo 加入了更多智能化、自动化的操作；增强了建模功能，可以直接建立整栋建筑的复杂空间；可以在同一个文件内进行室内、室外、道路的空间计算，解决了 DIALux 4 只能在单一空间进行计算的弊端；对调整结果实时显示；模型中对计算结果的显示更加直观，可以在桌面、地面、墙面随意生成等照度曲线分布或伪彩；加入了彩色光的模拟等。

3. 存在的问题

DIALux evo 补足了 DIALux 4 在建模功能上的不足，对于效果的显示要精致细腻很多，但精致的效果显示，带来的就是过程中工作量的增加，需要花费大量的时间来处理模型，且最终呈现的效果虽然相比 DIALux 4 有了质的提升，但是依然达不到效果图的标准，得不偿失。软件仍应以计算为主要目的，提供准确的照度模拟来辅助设计。

软件不适于计算体育照明等需要对灯具瞄准角度进行复杂调整的场景。同时对计算机的 CPU、内存、显卡等硬件要求较高，计算复杂场景时系统资源消耗较大。

8.5.3　AGI32 软件简介

AGI32 是 Lighting Analysts 公司的产品，采用 Microsoft Visual Basic 编写的大型综合性照明计算软件。AGI32 照明计算软件是一款专门用于室内和室外照明设计的软件，兼容 IES 等配光文件格式。该软件兼容性好，运行稳定，开放性强。软件界面秉承 AutoCAD、Microsoft Office 风格，亲和力强，如图 8-15 所示。可计算照度、亮度、眩光指数（GR）、功率密度分析等照明参数，可导出 dxf 文件，并可直接打印报表。AGI32 已有多种外国语言的版本，是一款应用十分广泛的照明软

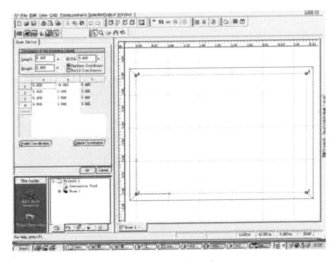

图 8-15　AGI32 软件主界面

件，尤其适合体育照明计算！

AGI32 照明计算软件最初由美国照明设计师 Jon L. Pickard 在 20 世纪 90 年代开发，旨在为专业人士提供一个全面的照明设计工具。经过多次更新和改进，目前已成为照明行业中广泛使用的软件之一。目前，AGI32 已发展到 19.10 版本。

1. 特点

（1）功能强大　AGI32 提供了多种功能，包括光源模拟、光度分布计算、能量分析等。尤其在大型户外场景照明、渲染方面更专业。采用数字化的逐点计算，能够进行网格精细度的设定。

（2）易于使用　AGI32 采用直观用户界面和自动化工具，使用者可以轻松上手，并能快速进行设计和分析。采用类似 AutoCAD 的操作界面，可实时调整灯具瞄准点，可计算摄像机方向上的垂直照度、最多 10 个观察位置上的眩光指数（GR）、照度梯度和区域功率密度等参数，非常适合进行体育场馆的照明计算。

（3）高精度　AGI32 采用了先进的光学模型和数学模型，能够提供高精度的结果。AGI32 不仅仅是一个运算速度快、运算结果准确的照度计算软件，同时也是一个功能强大的图像渲染软件。

（4）支持多种数据格式　AGI32 支持多种数据格式导入和导出，如 DWG、DXF 等。其强大的建模功能支持 3DFaces、Regions、Bodies、Polymesh 和 ACIS solids 等多种三维立体格式的导入，还能建立拱顶、圆顶、曲线、斜坡等模型。

（5）室内、室外照明兼备　室外照明，如停车场、泛光照明、道路照明或工业应用等方面，AGI32 的快速直接照明（direct component）计算引擎，能考虑场景内物体的阴影效果，提供空间任意面的逐点照度。

对于室内照明，AGI32 具有完整的计算模式，能计入场景内光线多次反射，利用光能传递引擎计算生成逼真的照明效果图，如图 8-16 所示。

2. 存在的问题

1）对于初学者来说，AGI32 里的参数较多且比较复杂，因此初次使用可能需要一定时间适应。

2）AGI32 在灯具布置和计算点布置上智能化程度较为不足，尤其对于布灯较为规则的室内和道路照明来说显得不太方便。

图 8-16　AGI32 软件生成的模拟效果图

第9章 照明配电与控制

9.1 照明配电

9.1.1 负荷分级

根据《体育建筑电气设计规范》（JGJ 354—2014）和《民用建筑电气设计标准》（GB 51348—2019）的规定，场地照明是体育场馆中负荷等级最高的用电设备，负荷分级见表9-1。

表9-1 场地照明的负荷分级

建筑等级	特级	甲级	乙级	丙级
特级负荷	TV 应急	—	—	—
一级负荷	其他场地照明	所有场地照明	—	—
二级负荷	—	—	所有场地照明	

注：1. 表中"其他场地照明"是指除 TV 应急照明之外的场地照明负荷。
　　2. 特级负荷是《建筑电气与智能化通用规范》（GB 55024—2022）中的术语，《民用建筑电气设计标准》（GB 51348—2019）和《体育建筑电气设计规范》（JGJ 354—2014）称为一级负荷中特别重要的负荷。

9.1.2 供电电源

不同等级负荷对供电的可靠性要求也不同，同时需要兼顾技术经济的合理性和赛事的特殊要求。根据国内目前的工程实施现状，特级体育建筑的体育照明一般需要 2 个及以上的电源为其供电，且必须设置独立的备用电源。其供电电源包括 2 路及以上独立的市电电源（一般来自不同的上级降压站）和各种形式的应急/备用电源，如固定或临时柴油发电机组、蓄电池类电源装置等。甲级体育建筑的体育照明供电电源可以是 2 路或以上独立的市电电源（一般来自不同的上级降压站），备用电源则可以根据业主的要求确定是否设置，备用电源的形式同上，通常预留接口为重大比赛时临时电源接入提供便利。乙级及以下体育建筑的体育照明可以由 2 路或 2 回市电电源供电，若受条件限制，可以由 1 路市电电源和自备备用电源供电。《体育建筑电气设计规范》（JGJ 354—2014）中的规定可归纳为表9-2。

表9-2 供电电源

建筑等级	特级	甲级	乙级	丙级	其他	JGJ 354 条款号
供电电源	双重电源		两回线路		可单回线路	3.3.1

（续）

建筑等级	特级	甲级	乙级	丙级	其他	JGJ 354 条款号
电源路由	不同路由		—	—	—	3.3.1
电源电压	1）当小型体育场馆用电设备总容量在 100kW 及以下时，可采用 220V/380V 电源供电 2）特大型、大型体育场馆应采用 10kV 或以上电压等级的电源供电 3）当体育建筑群进行整体配电系统设计时，应根据当地供电电源条件，并进行技术经济比较后，可采用 10kV 以上电压等级的电源供电					3.3.2
电源要求	应专用线路	宜专用线路	—	—	—	3.3.3

9.1.3 变压器及柴油发电机组容量

笔者对体育场馆进行调研，调研的场馆类型及数量见表 9-3。调研数据见表 9-4。

表 9-3 体育场馆类型及数量

类型	数量	说明
体育中心	9	即体育建筑群，或体育建筑及配套的其他类型建筑
体育场	28	包括足球、田径、曲棍球、射箭、沙滩排球等室外运动场
体育馆	63	包括体育馆、训练馆、游泳馆、独立的网球馆、速滑馆等室内运动的体育建筑
网球中心	5	包含独立的网球馆、半决赛或预赛网球场地、网球训练场等的体育建筑和体育场地群
其他	10	全民健身设施等
总计	106	总数 106，上述有重复

表 9-4 体育场馆变压器及柴油发电机组容量数据

项目名称	建筑信息				电源	变压器总容量/kVA	柴油发电机组总容量/kW
	建筑类型	等级	建筑高度/m	总建筑面积/m²			
嘉祥县体育馆	体育馆	乙级	23.9	22000	双回路 10kV	1600	
福建大学生体育场馆-体育场	体育场	甲级	22.4	33662	双路 10kV	4000	
长乐市首占营前新区市体育中心	体育中心	乙级	30.6	43584	两路 10kV	6060	1200
广西体育中心二期项目体育馆	体育馆	甲级		48562.9	两路 10kV	4800	采用体育场
广西体育中心二期项目网球中心	网球中心	甲级	28.85	30692.4	两路 10kV	1430	720
广西体育中心二期项目游泳跳水馆	游泳馆	甲级	31.95	30692.4	两路 10kV	3600	
曲靖市体育中心体育场	体育场	乙级	36.75	43000	两路 10kV	3200	

（续）

项目名称	建筑信息				电源	变压器总容量/kVA	柴油发电机组总容量/kW
	建筑类型	等级	建筑高度/m	总建筑面积/m²			
曲靖市体育中心体育馆	体育馆	乙级	28	15968	两路 10kV	2000	
国家游泳中心南广场地下冰场	体育馆	丙级	5	8453	两路 10kV	3200	
援科特迪瓦阿比让体育场项目	体育场	甲级	51.4	60150	两路 15kV	5700	1300
绍兴县体育中心-体育场	体育场	乙级	44.9	77500	两路 10kV	4000	
国家体育馆（奥运会时）	体育馆	特级		80900	两路 10kV	9800	
首体比赛馆（奥运会时）	体育馆	特级		39797	两路 10kV	4800	
宁波奥体中心体育馆	体育馆	甲级	37.68	48811	双路 10kV	4000	1000
宁波奥体中心游泳馆	游泳馆	乙级	31.37	35557	双路 10kV	3200	
宁波奥体中心全民健身中心	综合馆	乙级	32.45	37500	双路 10kV	2000	
宁波奥体中心射击馆	综合馆	乙级	20.2	18552		2000	
温州奥体中心体育馆	体育馆	乙级	29.75	27644	双路 10kV	7700	
温州奥体中心游泳馆	游泳馆	丙级	22.33	21379			
宜昌奥体中心体育场	体育场	甲级	49.05	55704	双路 10kV	6400	
宜昌奥体中心体育馆	体育馆	甲级	35.4	29232	双路 10kV	3200	
宜昌奥体中心游泳馆	游泳馆	乙级	29	27665	双路 10kV	2500	
宜昌奥体中心羽网中心	羽网中心	乙级	36.25	21175	双路 10kV	2500	
宜昌奥体中心射击馆	射击馆	乙级	14.87	17473	双路 10kV	1260	
马鞍山奥体中心体育场	体育场	甲级	47.36	60789	双路 10kV	6400	
马鞍山奥体中心体育馆	体育馆	甲级	33.14	20673	双路 10kV	2000	
国家游泳中心（奥运会时）	游泳馆	特级		87000	双路 10kV	13000	1000
国家网球中心（奥运会时）	网球馆	特级	21.85	25914	2 路 10kV	9700	750

（续）

项目名称	建筑信息				电源	变压器总容量/kVA	柴油发电机组总容量/kW
	建筑类型	等级	建筑高度/m	总建筑面积/m²			
奥运会老山小轮车赛场（奥运会时）	体育场	特级		3399	2路10kV	1000	
奥林匹克公园曲棍球场（奥运会时）	曲棍球场	特级		15507	2路10kV	6260	
奥林匹克公园射箭场（奥运会时）	射箭场	特级		7500	2路10kV	3200	
朝阳公园沙滩排球场（奥运会时）	沙滩排球场	特级		14169	2路10kV	4600	
济南奥体中心	体育中心	甲级		350000	8路10kV	34900	
济南奥体中心体育场	体育场	甲级	52.1	128684	4路10kV	14400	
济南奥体中心体育馆	体育馆	甲级	45.5	59777	4路10kV	5700	
济南奥体中心网球馆	网球馆	甲级	31.3	31400	引自体育馆	4100	
济南奥体中心游泳馆	游泳馆	甲级	30	42480	引自体育馆	4500	
山西体育中心体育场	体育场	甲级	55.69	90066	2路10kV	9860	
福州奥林匹克体育中心体育场	体育场	甲级	52.8	119772	2路10kV	10000	
福州奥林匹克体育中心体育馆	体育馆	甲级	39.7	44240	2路10kV	4200	
福州奥林匹克体育中心网球馆	网球馆	甲级	29.2	20500	2路10kV	2000	
福州奥林匹克体育中心游泳馆	游泳馆	甲级	29.2	29820	2路10kV	2500	
杭州奥林匹克体育中心体育场	体育场	特级	59.4	139000	2路20kV	13500	
杭州奥林匹克体育中心网球馆	网球馆	特级	37.96	52312	2路20kV	6960	
国家体育场（奥运会时）	体育场	特级		258000	4路10kV	26630	3300
北京市地坛体育馆	体育馆	丙级		14000	2路10kV	1600	
老山自行车馆（奥运会时）	体育馆	特级		32920	2路10kV	4500	
上海体育场（奥运会时）	体育场	特级	73	137000	2×35kV, 1×10kV	20000	

（续）

项目名称	建筑信息				电源	变压器总容量/kVA	柴油发电机组总容量/kW
	建筑类型	等级	建筑高度/m	总建筑面积/m²			
沈阳奥林匹克体育中心游泳馆及网球中心	游泳馆、网球馆	甲级	24	53911	2 路 10kV	8000	1000
沈阳奥林匹克中心综合体育馆	体育馆	甲级	40	67981	2 路 10kV	8000	1000
沈阳奥林匹克体育中心五里河体育场	体育场	甲级	82	104000	3 路 10kV	10000	1000
湛江体育中心体育场	体育场	乙级	54	81564	2 路 10kV	4860	
湛江体育中心体育馆	体育馆	乙级	31.9	28872	2 路 10kV	2500	
湛江体育中心游泳馆	游泳馆	甲级	42	33616	2 路 10kV	2500	
刚果布拉柴维尔体育中心体育场	体育场	非运会	50.7	79533	2 路 20kV	7000	14400，一场二馆共用，主用供电
刚果布拉柴维尔体育中心体育馆	体育馆	非运会	30.65	31433	2 路 20kV	3260	
刚果布拉柴维尔体育中心游泳馆	游泳馆	非运会	27.9	11818	2 路 20kV	2000	
泾县体育中心体育馆	体育馆	乙级	21.3	9979.95	两路 10kV	2230	
泾县体育中心全民健身中心	体育馆	乙级	20.3	6836.7	两路 0.4kV		
庐江县体育馆	体育馆	乙级	21.6	12272	两路 10kV	1600	
寿县体育中心体育馆	体育馆	乙级	23.7	17966	两路 10kV	1600	
全椒县体育中心	体育中心	乙级	24.00	32076.4	两路 10kV	3250	1000
霍山县体育中心	体育中心	乙级	34.00	145740	两路 10kV	7700	1000
鄂尔多斯市体育中心体育场	体育场	甲级	58	113137	两路 10kV	7200	1440
鄂尔多斯市体育中心体育馆	体育馆	甲级	35	76877.56	两路 10kV	6400	1120
海东市体育中心	体育中心	乙级	34.5	62393	两路 10kV	4500	无
滨河体育中心体育馆及全民健身中心	体育馆、全民健身中心	赛时甲级、平时乙级	23.95	49033	两路 10kV	5700	
东西湖体育中心体育场	体育场	甲级	29.6	40110	两路 10kV	9300	2320
东西湖体育中心体育馆	体育馆	甲级	29.6	22292	两路 10kV	3200	

（续）

项目名称	建筑信息				电源	变压器总容量/kVA	柴油发电机组总容量/kW
	建筑类型	等级	建筑高度/m	总建筑面积/m²			
东西湖体育中心体育游泳馆	游泳馆	甲级	24.7	16172	两路10kV	2000	
乌鲁木齐奥林匹克体育中心体育场	体育场	甲级	40	58644	两路10kV	7000	1000
乌鲁木齐奥林匹克体育中心体育馆	体育馆	甲级	39.5	52172	两路10kV	8900	1500kVA
乌鲁木齐奥林匹克体育中心游泳馆	游泳馆	甲级	23	16222	两路10kV	8900	
乌鲁木齐奥林匹克体育中心田径馆	田径馆	乙级	23.7	27007.84	0.4kV		
乌鲁木齐奥林匹克体育中心全民健身馆	全民健身馆		23.7	15777	0.4kV		
乌鲁木齐奥林匹克体育中心运动员宾馆	运动员宾馆	四星	98	29953	两路10kV	3200	880kVA
上杭县体育中心体育场	体育场	乙级	22.8	25139.31	两路10kV	2860	
上杭县体育中心体育馆	体育馆	乙级	24.2	18187	两路10kV	2000	
湖北赤壁体育中心体育场	体育场	乙级	21.6	18040	两路10kV	3600	
湖北赤壁体育中心体育馆	体育馆	乙级	23.7	19944	两路10kV	1600	
西安体育中心体育场	体育场	甲级		152550	2×10kV	15400	
北京工人体育场（奥运会时）	体育场	特级		81100	3×10kV	13900	
北京工人体育馆（奥运会时）	体育馆	特级		40200	2×10kV		
北京工业大学奥运羽毛球馆	体育馆	甲级		24388	两路10kV	4500	
中国农业大学奥运摔跤馆	体育馆	甲级		23950	两路10kV	3200	
广州亚运游泳馆	体育馆	甲级		29133	两路10kV	4500	
南沙体育馆	体育馆	甲级		30236	两路10kV	5000	770
宝安体育场	体育场	甲级		86949	两路10kV	8500	

（续）

项目名称	建筑信息				电源	变压器总容量/kVA	柴油发电机组总容量/kW
	建筑类型	等级	建筑高度/m	总建筑面积/m²			
江门滨江体育中心游泳馆	体育场	甲级		46775	两路 10kV	5000	
淮安市体育中心项目	体育中心		40.95	157450	6×10kV	14700	
淮安体育场	体育场	甲级		48884	两路 10kV	4500	
南昌体育中心综合体育馆		甲级		39693		6100	
南昌体育中心能源中心				481			
南昌体育中心游泳跳水馆		丙级		15064	两路 10kV	1000	
南昌体育中心网球中心		乙级		9812		1260	
南昌体育中心综合训练馆		丙级		23505		1600	
南昌体育中心体育场		甲级		82742	两路 10kV	8800	
南昌体育中心中心平台				16861			
南昌体育中心合计				188158		18760	
丹东市新城区体育中心体育场	体育场	乙级	49.05	46395	1 路 10kV	2860	360
丹东市新城区体育中心体育馆	体育馆	乙级	33.5	16836	1 路 10kV		640
丹东市新城区体育中心游泳馆	游泳馆		23.8	8914	1 路 10kV	5090	利用体育馆
丹东市新城区体育中心训练馆	训练馆		21.4	7896	1 路 0.4kV		利用体育馆
第十三届全国冬季运动会冰上运动中心-速滑馆	速滑馆	甲级	33	28288.73	两路 10kV	4630	1600
大庆市奥林匹克体育公园-体育馆	体育馆	甲级	37	29247.58	两路 10kV	3200	
大庆市奥林匹克体育公园-速滑馆	速滑馆	甲级	31.5	23912	两路 10kV	4000	

下面将表 9-4 按体育建筑类型进行分别分析，如图 9-1 ~ 图 9-4 所示，见表 9-5 ~ 表 9-8。

1. 体育场

体育场单位面积变压器容量（以下简称 TCPA）如图 9-1 所示，柴油发电机组相关数据见表 9-5 所示。

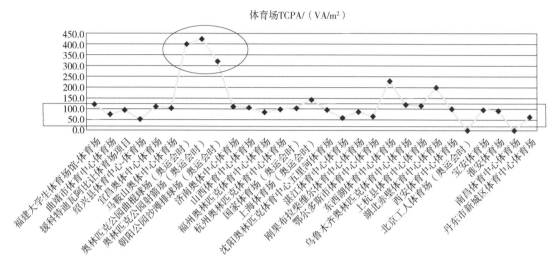

图 9-1　体育场 TCPA

体育场可分为全封闭式体育场，例如德国沙尔克 04 队主场（足球）、多伦多新体育中心穹顶体育场（田径、棒球）；还有半开敞式体育场，大部分为此类体育场，场地部分开敞、没有屋顶；全开敞式体育场，没有或只有很少的附属房间。这三类体育场 TCPA 平均值如图 9-2 所示。

显然，全开敞式体育场不适合采用 TCPA 进行考核。

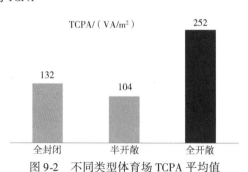

图 9-2　不同类型体育场 TCPA 平均值

表 9-5　体育场配置柴油发电机组的相关数据

项目名称	建筑信息			市电电源	变压器总容量/kVA	柴油发电机组总容量/kW	容量指标		
	等级	建筑高度/m	总建筑面积/m²				A：变压器/（VA/m²）	B：发电机/（W/m²）	B/A
援科特迪瓦阿比让体育场项目	甲级	51.4	60150	两路15kV	5700	1300	94.8	21.6	22.8%
国家体育场（奥运会时）	特级	68.4	258000	4路10kV	26630	3300	103.2	12.8	12.4%
沈阳奥体中心五里河体育场	甲级	82	104000	3路10kV	10000	1000	96.2	9.6	10.0%
鄂尔多斯市体育中心体育场	甲级	58	113137	两路10kV	7200	1440	63.6	12.7	20.0%

（续）

项目名称	建筑信息			市电电源	变压器总容量/kVA	柴油发电机组总容量/kW	容量指标		
	等级	建筑高度/m	总建筑面积/m²				A：变压器/(VA/m²)	B：发电机/(W/m²)	B/A
东西湖体育中心体育场	甲级	29.6	40110	两路10kV	9300	2320	231.9	57.8	24.9%
乌鲁木齐奥体中心体育场	甲级	40	58644	两路10kV	7000	1000	119.4	17.1	14.3%
丹东市新城区体育中心体育场	乙级	49.05	46395	1路10kV	2860	360	61.6	7.8	12.6%

由图 9-1 和表 9-5 可以得出：

1）体育场的变压器装机容量差别较大，需理性分析，最小 51.6VA/m²，最大 426VA/m²。

2）体育场的开敞程度对 TCPA 影响很大。除开敞程度较大的体育场和向其他建筑供电及少数离散者外，体育场 TCPA 的平均值为 105.6VA/m²。

3）市电电源主要以 10kV 为主，少数有 20kV、35kV 的电源；国外项目的电源有 15kV、20kV。

4）设置应急/备用发电机的体育场较少，占比不足 29%；发电机组的平均容量密度为 7.8W/m²，约为 TCPA 的 7.4%。

2. 体育馆

这里统计的体育馆包括游泳馆、速滑馆等。体育馆 TCPA 如图 9-3 所示，柴油发电机组相关数据见表 9-6。

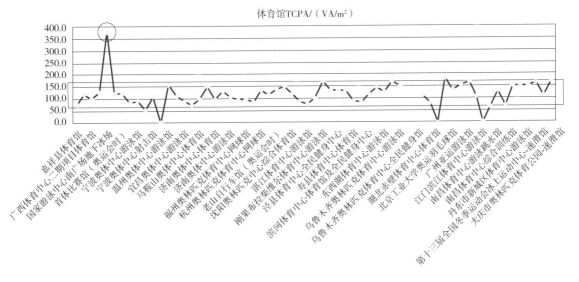

图 9-3　体育馆 TCPA

表9-6 配置柴油发电机组的体育馆相关数据

项目名称	建筑信息				市电电源	变压器总容量/kVA	柴油发电机组总容量/kW	容量指标		
	建筑类型	等级	建筑高度/m	总建筑面积/m²				A:变压器/(VA/m²)	B:发电机/(W/m²)	B/A
宁波奥体中心体育馆	体育馆	甲级	37.68	48811	双路10kV	4000	1000	81.9	20.5	25.0%
国家游泳中心（奥运会时）	游泳馆	特级		87000	双路10kV	13000	1000	149.4	11.5	7.7%
丹东市新城区体育中心体育馆	体育馆	乙级	33.5	16836	1路10kV	1260	640	151.3	38.0	25.1%
沈阳奥体中心游泳馆及网球中心	游泳馆、网球馆	甲级	24	53911	2路10kV	8000	1000	148.4	18.5	12.5%
沈阳奥体中心综合体育馆	体育馆	甲级	40	67981	2路10kV	8000	1000	117.7	14.7	12.5%
鄂尔多斯市体育中心	体育馆	甲级	35	76877.56	两路10kV	6400	1120	83.2	14.6	17.5%
南沙体育馆	体育馆	甲级		30236	两路10kV	5000	770	165.4	25.5	15.4%
第13届全国冬运会冰上运动中心速滑馆	速滑馆	甲级	33	28288.73	两路10kV	4630	1600	163.7	56.6	34.6%
平均值								122.4	25	20.4%

由图9-3和表9-6可以得出如下结论：

1）体育馆的变压器装机容量差别较大，需理性分析，最小53.3VA/m²，最大378.6VA/m²，一般在50~180VA/m²，平均值为122VA/m²。

2）市电电源主要以10kV为主，少数有20kV、35kV的电源；低等级规模较小的体育馆有采用220V/380V低压进线的；国外项目的电源有20kV。

3）设置应急/备用发电机的体育馆较少，占比为12.7%；发电机组的平均容量密度为25W/m²，一般在14~38VA/m²，约为TCPA的20%。

4）丹东市新城区体育中心体育馆的设计值得研究，乙级体育馆采用一路10kV市电+柴油发电机组。

3. 网球中心

网球中心一般由决赛的网球馆、开敞式或半开敞式的半决赛场地、预赛场地、训练场等组成。由于网球中心样本数较少，相关数据仅供参考！TCPA及柴油发电机组数据见表9-7。

表 9-7 网球中心 TCPA 及柴油发电机组数据

项目名称	建筑信息				市电电源	变压器总容量/kVA	柴油发电机组总容量/kW	容量指标		
	建筑类型	等级	建筑高度/m	总建筑面积/m²				A：变压器/(VA/m²)	B：发电机/(W/m²)	B/A
广西体育中心网球中心	网球中心	甲级	28.85	30692.4	两路10kV	1430	720	46.6	23.5	50.3%
宜昌奥体中心羽网中心	羽网中心	乙级	36.25	21175	双路10kV	2500	—	118.1	—	—
国家网球中心（奥运时）	网球中心	特级	21.85	25914	2路10kV	9700	750	374.3	28.9	7.7%
沈阳奥体中心游网中心	游泳馆、网球馆	甲级	24	53911	2路10kV	8000	1000	148.4	18.5	12.5%
南昌体育中心网球中心	网球中心	乙级		9812	2路10kV	1260	预留接口	128.4	—	—
平均值								163.2	23.6	14.5%
最大值								374.3	28.9	
最小值								46.6	18.5	

由表 9-7 可知：

1）网球中心样本数较少，只能供参考，不具有统计学数据分析的结论。

2）变压器装机容量差别较大，在 $46 \sim 375 VA/m^2$，平均值为 $163 VA/m^2$。由于存在大量室外场地，因此除网球馆外，其他网球场不应采用 TCPA 指标。

3）市电电源主要以 10kV 为主；低等级、规模较小的网球场可采用 220V/380V 低压进线。

4）设置应急/备用发电机的网球中心占 60%；发电机组的平均容量密度为 $23.6 W/m^2$，与体育馆相当，约为 TCPA 的 14.5%。

4. 体育中心

体育中心 TCPA 及柴油发电机组数据见表 9-8。

表 9-8 体育中心 TCPA 及柴油发电机组数据

项目名称	建筑信息			市电电源	变压器总容量/kVA	柴油发电机组总容量/kW	容量指标		
	等级	建筑高度/m	总建筑面积/m²				A：变压器/(VA/m²)	B：发电机/(W/m²)	B/A
长乐市首占营前新区市体育中心	乙级	30.6	43584	两路10kV	6060	1200	139	27.5	19.80%
济南奥体中心	甲级		350000	8路10kV	34900	预留接口	99.7	—	—

（续）

项目名称	建筑信息			市电电源	变压器总容量/kVA	柴油发电机组总容量/kW	容量指标		
	等级	建筑高度/m	总建筑面积/m²				A：变压器/（VA/m²）	B：发电机/（W/m²）	B/A
上海体育场（奥运会时）	特级	73	137000	2×35kV，1×10kV	20000		146	0	0.00%
全椒县体育中心	乙级	24	32076.4	两路10kV	3250	1000	101.3	31.2	30.80%
霍山县体育中心	乙级	34	145740	两路10kV	7700	1000	52.8	6.9	13.00%
海东市体育中心	乙级	34.5	62393	两路10kV	4500	无	72.1	—	—
滨河体育中心体育馆及全民健身中心	赛时甲级、平时乙级	23.95	49033	两路10kV	5700	预留接口	116.2	—	—
北京工人体育场（奥运会时）	特级		81100	3×10kV	13900	预留接口	171.4	—	—
淮安市体育中心		40.95	157450	6×10kV	14700	预留接口	93.4	—	—
南昌体育中心			188158		18760		99.7	—	—
平均值							109.2		
最大值							171.4		
最小值							52.8		

由表 9-8 可知：

1）体育中心样本数也较少，仅供参考！变压器装机容量差别较大，在 53～171VA/m²，平均值为 109VA/m²。

2）市电电源主要以 10kV 为主；少数有 35kV、20kV 等电压等级电源；市电电源数量≥2 个。

3）体育中心设置应急/备用发电机可以考虑多场馆共用，乙级场馆没有必要设置应急/备用柴油发电机组。

5. 体育建筑等级维度分析

下面再从另一个维度进行分析，即按体育建筑等级分析体育建筑变压器安装容量，如图 9-4 所示。由图中可知，特级体育建筑 TCPA 平均值为 209VA/m²，甲级为 124VA/m²，乙级和丙级分别为 105VA/m² 和 90VA/m²。

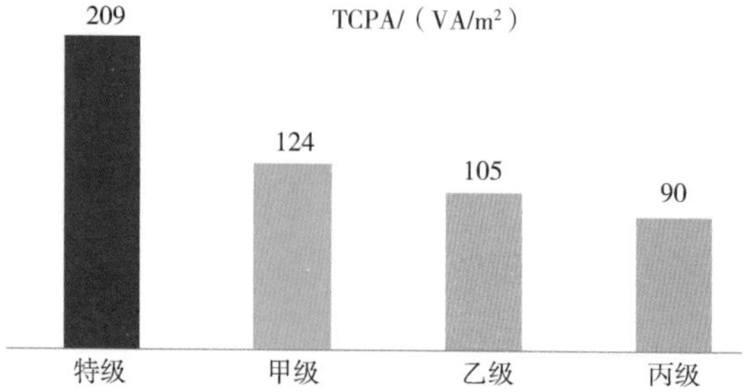

图 9-4 不同等级体育建筑的 TCPA

9.1.4 接地形式

体育照明配电系统接地形式应与体育建筑供配电系统统一考虑，体育建筑内或毗邻的场地一般采用 TN-S、TN-C-S 系统，远离体育建筑的可采用 TT 接地系统。

9.1.5 配电系统设计要点

1. 负荷特点

大型体育建筑的场地空间高大，需要采用大功率 LED 灯或金属卤化物灯作为主要的照明灯具。LED 灯可以瞬时启动；而金卤灯一旦失电或有毫秒级的供电中断，灯具就有可能熄灭，需要光源冷却后才能再次点亮，中断时间为 10～20min，其配电系统的设计必须充分考虑到这一特殊性。LED 灯及金卤灯特性详见本书第 12、13 章。

2. 系统形式

如前所述，在配电系统的设置上精心设计才能保证体育照明供电的可靠性。配电系统的设计应充分利用多个电源的优势，使每个电源供电的灯具光通均匀分布全场，减少因一个电源故障对照明的影响。本书第 12 章 12.4 节给出具体配电系统的示例，包括二级配电和终端配电系统。

《体育建筑电气设计规范》（JGJ 354—2014）给出了体育照明供电要求，见表 9-9。

表 9-9　体育照明供电要求

等级	供电要求
特级	在举行国际重大赛事时 50% 的场地照明应由发电机供电，另外 50% 的场地照明应由市电电源供电；其他赛事可由双重电源各带 50% 的场地照明
甲级	应由双重电源同时供电，且每个电源应各供 50% 的场地照明灯具
乙级	宜由两回线路电源同时供电，且每个电源宜各供 50% 的场地照明
丙级	
其他	可只有一个电源为场地照明供电

3. 保护设置

1）应注意配电系统中上下级保护的选择性，避免发生因支路短路故障引起越级跳闸导致故障范围扩大。

2）在照明分支回路中不应采用三相低压断路器对三个单相分支回路进行保护。

3）高等级场馆的体育照明不应采用剩余电流动作保护电器切断电路，但可以报警。

4）保护电器的选择应考虑灯具启动特性的影响，尤其重视 LED 的冲击电流问题，详见本书第 12 章。并为招标投标工作、深化设计等适当留有余地。

5）配电线路较长时，应注意保护灵敏度的校验，使保护设置满足灵敏度要求。

6）TV 应急照明作为正常照明的一部分同时使用时，其配电线路、保护及控制应分开装设。

4. ATSE 的选择

电源切换设备是体育照明配电系统中的关键设备之一，是体育照明供电的重要保障，故应选择高可靠性的电源管理与控制系统 PCS（Power Control System）和自动转换开关电器 ATSE（Automatic Transfer Switching Equipment），其必须满足现行国家标准《低压开关设备和控制设备　第6-1部分　多功能电器　转换开关电器》（GB/T 14048.11—2016）的相关规定。PCS 和 ATSE 整体应获得国家 CQC 认证，为避免浪涌和谐波等的干扰，其控制器应通过 EMC 电磁兼容性检测。额定电流不应小于回路计算电流的 125%。

（1）用于市电和柴油发电机电源切换时的选择　宜选用 PC 级、三位置、四极专用型 ATSE，使用类别不低于 AC33。ATSE 的额定短时耐受电流（I_{cw}）应不小于安装点预期的短路电流，其通电时间应大于回路中上级保护断路器的短延时动作时间。具有"自投自复""自投不自复"和"互为备用"转换方式，宜具有发电机自动启停控制功能和负荷卸载功能。本书参编单位的施耐德电气提供全新的 TansferPact WTS 自动转换开关，采用创新技术，具有优异的性能和丰富的功能，选型使用均非常简单，有效提升配电智能化水平，减轻运维人员压力。详见本书附录 B。

（2）用于变电所低压侧单母线分段接线双路电源切换时的选择　宜选择专用的电源管理系统 PCS，进线主开关及母线分段开关之间应有可靠的电气联锁，控制器应为符合 GB/T 14048.11—2016 认证试验的专用控制器。PCS 系统可实时监测两段母线电流，在母联开关自动投入之前和投入之后，根据变压器可用容量自动分级卸载三级负荷。具有手动、自动和就地转换功能，以及可选的"自投自复""自投不自复"转换方式。本书参编单位施耐德电气 PCS-ATMT RC 电源管理系统专为变电所 0.4kV 侧进线电源转换而设计。其中 ATMT3BRCb 系列除了提供手动、自动和就地转换功能之外，还具有电源管理和负荷管理功能，能够根据变压器负荷率智能分级卸载三级负荷，降低变压器过载风险，保障重要负荷的可靠供电；当变压器容量足够时则不进行卸载，提高三级负荷的供电连续性；其手动并联转换功能，可实现计划内检修不停电，减少对末端敏感设备的影响。详见本书附录 B。

（3）用于体育照明配电箱处的选择　宜选用 PC 级、三位置、四极专用型 ATSE，使用类别不低于 AC33。ATSE 的短路性能应满足设计要求，包括额定短时耐受电流（I_{cw}）或额定限制短路电流（I_q），其与上级保护断路器应有良好的配合。控制器应具有"自投自复""自投不自复"和"互为备用"转换方式，在重要的比赛和活动期间，宜设置在"自投不自复"的工作模式。ATSE 转换动作时间应与 10kV 备自投装置及变电所 0.4kV 电源管理系统 PCS 的动作时间相配合，避免连续切换；宜具有可选的消防切非、通信及遥控等模块。施耐德电气全新 TansferPact WTS 自动转换开关具有优异的性能和极高的安全可靠性，特别适用于体育场馆场地照明和应急照明系统的供电保障。附表 B 提供了 TansferPact WTS 的参数及其与断路器的配合表。

5. 线缆选择

1）线缆截面应同时满足载流量、电压降等要求，并为进一步发展和深化设计等适当留有余地。尤其应注意体育照明各级配电系统的压降校核，使压降控制在容许范围内。

2）为保证体育照明灯的正常启动，驱动电源、触发器至光源的线路长度不应超过产品规定的允许值。

3）体育照明的三相配电线路，其中性线截面应满足不平衡电流及谐波电流的要求，且不应小于相线截面。详见本书第 12 章。

6. 电涌保护器 SPD 的选用

为防止雷击产生的电涌电流和过电压对照明设备及其照明控制系统造成损害，体育照明配电系统中应分级设置电涌保护器（SPD）用于泄放电涌电流以及限制瞬态过电压。应按照现行国家标准《建筑物防雷设计规范》（GB 50057—2010）和《建筑物电子信息系统防雷技术规范》（GB 50343—2012）的要求选择 SPD。

（1）电源类 SPD 的选择

1）电源类 SPD 应根据体育场馆的雷电防护等级和 SPD 安装位置，按其冲击放电电流 I_{imp}、标称放电电流 I_{n}、最大持续工作电压 U_{c}、有效电压保护水平 U_{p}/f 等参数进行选择，并应根据与被保护设备的距离分级设置、协调配合。SPD 性能应满足现行国家标准《低压电涌保护器（SPD）第 11 部分：低压电源系统的电涌保护器　性能要求和试验方法》（GB/T 18802.11—2020）的相关规定。SPD 的冲击放电电流和标称放电电流可参照表 9-10 进行选择。

2）对于体育场室外灯杆照明和雨棚光带照明，当照明灯具处于接闪器保护范围内时（例如：室外照明灯杆采用接闪杆做接闪器，光带照明的灯具布置在雨棚下的马道上），其所处的防雷分区为 LPZ0B，此时应在其电源线路进入建筑物处或 LPZ0B 进入 LPZ1 区界面处装设 Ⅱ 类试验的 SPD；当照明灯具处于接闪器保护范围外时（例如：光带灯具布置在雨棚之上），其所处的防雷分区为 LPZ0A，此时应在其电源线路进入建筑物处或 LPZ0A 进入 LPZ1 区界面处装设 Ⅰ + Ⅱ 类试验的复合型 SPD；当场地照明配电箱安装于室外时，应尽可能安装于防雷分区 LPZ0B 区，箱内应装设 Ⅱ 类试验的 SPD；当室外照明配电箱安装于防雷分区 LPZ0A 区时，箱内应装设 Ⅰ + Ⅱ 类试验的复合型 SPD。

表 9-10　电源类 SPD 冲击放电电流和标称放电电流参数推荐值及选型

体育建筑等级	配电装置位置	总配电箱		分配电箱	终端配电箱
	LPZ 边界	LPZ0 与 LPZ1 边界		LPZ1 与 LPZ2 边界	后续防护区的边界
	SPD 类型	（10/350μs）Ⅰ 类试验	（8/20μs）Ⅱ 类试验	（8/20μs）Ⅱ 类试验	（8/20μs）Ⅱ 类试验
	指标	I_{imp}/kA	I_{n}/kA	I_{n}/kA	I_{n}/kA
特级	参数要求	≥20	≥80	≥40	≥5
	参考选型	iPRD1 20（r）+ iSCB1 25	—	iPEC2 80（r）	iPEC2 10（r）
甲级	参数要求	≥15	≥60	≥30	≥5
	参考选型	iPRD1 15（r）+ iSCB1 15	iPRU 120（r）+ iSCB2 120	iPEC2 65（r）	iPEC2 10（r）
乙级	参数要求	≥12.5	≥50	≥20	≥3
	参考选型	iPEC1 12.5（r）	iPRU 100（r）+ iSCB2 100	iPEC2 40（r）	iPEC2 10（r）
丙级	参数要求	≥12.5	≥50	≥10	≥3
	参考选型	iPEC1 12.5（r）	iPRU 100（r）+ iSCB2 100	iPEC2 20（r）	iPEC2 10（r）

3）SPD 的极数应根据单相/三相配电系统以及接地系统形式进行选择，如图 9-5 所示。

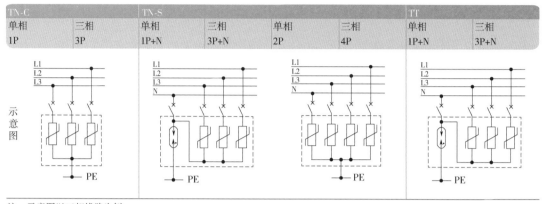

注：示意图以三相线路为例。

图 9-5　电源类 SPD 极数的选择

施耐德电气电源类 SPD 产品型号、参数、说明见附录 B。

（2）SPD 专用保护装置的选择　当 SPD 出现劣化或线路发生暂时过电压时，会导致 SPD 短路失效，存在起火、爆炸的风险。为了避免因 SPD 短路失效引发的火灾，影响配电系统的供电连续性，造成人员和财产的损失，应在 SPD 支路前端安装电涌保护器专用保护装置。

SPD 专用保护装置应按《民用建筑电气设计标准》（GB 51348—2019）中 11.9.11 条的规定进行选取，并应满足以下要求：

1）耐受安装电路 SPD 的 I_{max} 或 I_{imp} 或 U_{oc} 冲击电流不断开。

2）分断 SPD 安装线路的预期短路电流。

3）电源出现暂时过电压（TOV）或 SPD 出现劣化引起的大于 5A 的危险泄漏电流时（此电流能使 SPD 起火）能够瞬时断开。

4）额定冲击耐受电压 U_{imp}：6kV。

5）专用保护装置应取得 CQC 认证。

施耐德电气 SPD 专用保护装置 iSCB 的产品型号、参数、说明见附录 B。

（3）专用保护一体式电涌保护器的选择　为了更好地满足设计人员和使用者的需求，提升 SPD 的保护效果，施耐德电气在分体式专用保护装置 iSCB 的基础上推出了专用保护一体式电涌保护器 iPEC，它具有如下几个优点：

1）具有更低的有效电压保护水平 U_p/f。由于省去了专用保护装置与 SPD 之间的外部接线，同时产品结构上进行了优化，iPEC 专用保护一体式产品的有效电压保护水平 U_p/f 值相比于分体式 iSCB + SPD 的形式能够降低 20% 左右，为敏感负载提供更好的保护效果。

2）外部导线连接的减少除了带来材料的节省，还节省了人工时，让安装接线更快捷。

3）专用保护装置与 SPD 一体化的设计也减少了产品的外形尺寸，相比于分体式的结构减少 25% 的宽度尺寸，让终端配电箱的尺寸得到进一步的优化。

4）产品选型上更加便捷，后备保护及 SPD 融合一体提高选型效率。

施耐德电气专用保护一体式电涌保护器 iPEC 产品型号、参数、说明见附录 B。

9.2　照明控制

9.2.1　概述

现代化的体育场馆往往都是多功能的综合性场馆，除了满足各类体育比赛的要求外，还要承担大型集会和文艺演出。2008 年奥运会成功采用智能照明控制系统，其可靠、安全、方便、功能齐全，使用效果远超传统的继电器控制系统。

1. 体育场馆智能照明控制系统的基本结构和组成

体育场馆智能照明控制系统用于控制照明灯具。在奥运场馆建设中是以智能开关控制为主，采用多进多出的形式，每条回路经控制器与断路器供照明用电，灯的开/关由可编程多功能按键面板或其他智能器件控制。控制器与面板等器件间通过一条控制总线互相连接起来，每个控制器、面板和器件都有微处理器、存储器和控制总线的接口，它们在低压情况下工作，所有智能开关控制器和面板、器件都可通过编程实现对各照明支路的各种控制，实现不同的灯光场景及系统控制。

体育场馆智能照明控制系统采用模块式结构，主要由如下几个部分组成：

1）控制器：用于控制灯具的开关、调光。

2）面板：面板开关、触摸屏面板，供操作人员手动控制灯光照明。

3）传感器：光电传感、动静检测信息、红外遥控等，用于接受外界环境的物理参数变化量调控照明。体育照明中很少使用。

4）接口：用于与其他控制系统互连实现系统集成。通用接口有：干簧触点、DMX-512、RS232、TCP/IP、LON 等。

5）软件：包括服务器及其软件，系统平台软件，通常为 Windows；中文监控软件，用于程序监控照明。

6）数据总线：RS485，是控制系统中各控制部件之间命令、数据通路。

7）被控设备电流检测器。

2. 体育场馆智能照明控制系统的特点

体育场馆智能照明控制系统的特点见表 9-11。

表 9-11　体育场馆智能照明控制系统的特点

特点	类别	内容
分布式处理和存储		体育场馆分布式控制系统是将控制数据分别存储在每个设备的可擦写的、可编程只读存储器中，即使失去电源，也不会丢失数据。因此当网络上一个设备或控制器发生故障时只影响这台控制器本身的工作，不会引起全系统的瘫痪
多种控制方式	控制界面	体育场馆系统中各种智能控制器不同的控制方式以适应不同应用的需要。使用控制面板、触摸屏等设备，可预设场景，如"清扫""训练""专业比赛""彩电转播""HDTV转播""UHDTV 转播"等，可实现多点控制。还可实现灯光回路按序点亮，避免同时开启时的大电流冲击，提高可靠性

（续）

特点	类别	内容
多种控制方式	应急控制	应急情况下智能控制模块输出达到一定照明亮度的方式，当发生应急状态时触点打开，智能开关控制器便自动进入应急照明状态，可设置应急状态的灯光场景
	时钟管理	时钟控制器可直接连到控制总线上，时钟控制器内设有日历，能计算一年内日升和日落时间。时钟控制器能按规定的日期和时间完成多种功能：对某个区域选择一个特定的预设置，启动和关闭传感器，执行网络控制的时序
	电流检测	检测装置可实时查验照明回路的电流情况；发现有灯损坏，软件可自动报警。还可对每盏灯的工作时间进行累计，与光源寿命进行比较，通过软件自动提示管理人员及时更换
	人员探测、日光感应	人员探测器是利用红外线传感器，能检测到空间是否有人，以决定灯光是否开启，实现节能；日光感应器能够检测环境的光照度，并根据日照自动调整灯光状态 体育照明基本不需此功能，VIP包厢、卫生间等场所可以使用
	图形监控	全中文图形界面监控软件能够有效地对整个体育场馆进行监控和管理，包括灯具状态、能源消耗监视、控制组的图形化重新设置、自动时序事件列表的简述、用户维护报告、灯具工作时间监控、系统自我检测和诊断信息、全局控制和手动控制等
	联动	智能照明控制系统采用公开的协议，通过各类接口可与其他系统联动或集成，即实现第三方控制
安装与扩展		控制模块采用DIN标准导轨，安装于配电箱内，控制面板及其他控制器件安装在便于操作的地方，系统具有可扩展性，不必进行重新配置或更改原有线路，只需将增加模块用数据线接入原有网络系统便可

9.2.2 照明控制的要求

现在智能照明控制系统种类繁多，但是其作用和功能需符合《体育建筑电气设计规范》（JGJ 354—2014）的规定，概括起来，照明控制系统的技术要点如下，望读者遵照执行。

1. 控制模式

体育建筑的场地照明控制应按场馆等级、运动项目的类型、电视转播情况、使用情况等因素确定照明控制模式，并应符合表9-12的规定，其他等级的体育建筑可不受此限制。

表9-12 场地照明控制模式

照明控制模式		建筑等级（类型）			
		特级（特大型）	甲级（大型）	乙级（中型）	丙级（小型）
有电视转播	HDTV转播重大国际比赛	√	○	×	×
	TV转播重大国际比赛	√	√	○	×
	TV转播国家、国际比赛	√	√	√	○
	TV应急	√	○	○	×
无电视转播	专业比赛	√	√	√	○
	业余比赛、专业训练	√	√	○	√
	训练和娱乐活动	√	√	√	○
	清扫	√	√	√	√

注：√——应采用；○——视具体情况决定；×——不采用。

随着电视技术的快速发展，大型赛事越来越多地采用 UHDTV 进行赛事转播，因此，表 9-12 是最低要求，实际应用中可适当提高。

2. 应用要求

特级和甲级体育建筑应采用智能照明控制系统，乙级体育建筑宜采用智能照明控制系统。照明控制系统的网络拓扑结构宜为集散式或分布式。

智能照明控制系统开关型驱动模块的额定电流不应小于其回路的计算电流，额定电压应与所在回路的额定电压相一致，驱动模块的过载特性应与灯具的启动特性相匹配，尤其要注意 LED 灯启动时的冲击电流。当驱动模块安装在控制柜等不良散热场所或高温场所时，其降容系数不宜大于 0.8。

体育舞蹈、冰上舞蹈等具有艺术表演的运动项目，需调光时，其调光系统应单独设置。尽管现在 LED 灯具有良好的调光、调色功能，但两套系统侧重点不同。

智能照明控制系统应采用开放式通信协议，可与建筑设备管理系统、比赛设备管理系统通信。场地照明应采用专用的照明控制系统，不得与非场地照明控制系统共用，其他控制系统不应影响场地照明的正常使用。

3. 产品要求

1）预设置照明模式功能，且不因停电而丢失。

2）系统应具有软启、软停功能，启停时间可调。控制系统的软启、软停功能可以有效降低启动时的冲击电流，有利于系统的稳定运行。

3）系统除具有自动控制外，还应具有手动控制功能；当手动控制采用智能控制面板时，应具有"锁定"功能，或采取其他防误操作措施。"锁定"是防止误操作的有效措施，并经过 2008 年北京奥运会验证。

4）系统应具有回路电流监测、过载报警、漏电报警等功能，并宜具有监测灯的状态、灯累计使用时间、灯预期寿命等功能。

漏电报警功能经常被忽略，场地照明灯具安装在较高的马道上，很少有人光临。该功能可以提醒工作人员及时排除原因，防止电击、电气火灾等事故的发生。

5）系统应有分组延时开/关灯功能。

6）系统故障时自动锁定故障前的工作状态。

7）智能照明控制系统应设显示屏，以图形形式显示当前灯状况，系统应具有中文人机交互界面。

现在的 LED 灯具备调光功能，可通过控制台或系统主机、PAD 等进行操作，实现场景变换，与观众互动。

事实上，综合性体育场馆的照明控制模式要多于上述的模式，不同运动项目都要有相应的控制模式。例如，鸟巢的照明控制模式多达 13 种，包括田径和足球各种模式，详见本书第 10.3 节。

9.2.3　LED 场地照明控制技术的分析

由于 LED 场地照明逐渐普及，下面重点介绍 LED 场地照明控制技术。通过前期的调研及收集资料，笔者对 KNX、WIFI、DALI、电力载波、DMX512、2.4G 无线通信等几种主要的照明控制技术进行了分析和比较，见表9-13。

表 9-13 常用照明控制系统分析比较

控制技术	KNX	WIFI 802.11g	DALI	DMX512	电力载波	2.4G 无线通信技术
特点	1）唯一全球性的住宅和楼宇控制标准 2）独立于制造商和应用领域的系统 3）控制总线，用于照明、空调、窗帘等终端设备控制	1）更宽的带宽 2）更强的射频信号 3）功耗更低 4）安全性更高 5）移动性更好 6）稳定性差、易受干扰	1）用于照明系统控制，是数字可寻址照明接口 2）实现对点的控制，优于对回路控制 3）容量有限，每个DALI系统最多控制64个设备 4）可与其他系统配合使用 5）控制总线，不需要使用专用电缆	1）DMX512采用RS485通信（属于电压信号） 2）应用最广泛的数字调光协议 3）"一主多从"的控制网络结构 4）强大的调光功能 5）采用屏蔽导体双绞线，支持双向传输	1）不需要重新敷设线路，只要有电线，就能进行数据传递 2）配电变压器对电力载波信号有阻隔作用 3）电力载波信号只能在单相电力线上传输 4）不同信号耦合方式对电力载波信号损失不同 5）电力线存在本身固有的脉冲干扰 6）电力线对载波信号造成高削减	1）2.4G是全球性的频段，开发的产品具有全球通用性 2）频宽大，允许系统共存 3）可传递复杂的调光信息，双向通信 4）尺寸小
传输速率	9.6kbits/s	54Mbit/s	1.2kbits/s	250kbit/s	10Mbit/s	11Mbit/s
控制难度	低	高	低	低	高	低
抗干扰性	强	差（受室内电磁环境影响大）	曼切斯编码的方式，基于兼容性的考虑，抗干扰能力强	信号基于差分电压进行传输，抗干扰能力强	低	采用先进的直序扩频技术，抗干扰性超强
可靠性	高	较低	高	高	一般	采用先进的直序扩频技术，工作可靠性极高
施工难度	低	低	低	高	低	小，安装施工方便，便于工程改造
成本	1）设备成本低 2）通信网络成本低	1）设备成本高 2）需组建WLAN通信网络	1）设备成本低 2）通信网络成本低	1）设备成本低 2）通信网络成本低	1）设备成本高 2）通信网络成本可忽略	1）设备成本高 2）通信网络成本可忽略

（续）

传输距离	1000m	100m，主从系统不超过300m	300m	500m，一般300m 以上加DMX512 专用放大器	无限制	100m
调光	可连续无极调光	间接的调光	连续无极调光	调光性能优越，连续无极调光	有难度，可间接的调光	调光功能技术复杂，成本高
应用案例	国家游泳中心		英东游泳馆	北京奥林匹克网球中心钻石场地		

注：本表是为冬奥会课题研究所进行的调研，冬奥会场馆建设会有些变化，例如，冰立方场地照明控制改为 DMX512。

另外在研究和测试的过程中，还了解到本书参编单位赛倍明采用了以太网协议的控制系统 SportsBeams，该系统的核心是每个灯具配备一块智能微控电板 MCU，可采用局域网的形式连接成一个网络系统，从而实现对每盏灯具的监测和控制。该照明控制系统具有结构简单、系统稳定、兼容性好、可实时监测灯具、传输速率高、距离远、操作及维护简单等特点，不仅具备常规照明系统的功能外，还具有很多其他控制系统所无法实现的功能：

1）采用以太网协议，系统覆盖范围广，能支持超远距离组网。

2）每盏灯具具备独立的 IP 地址，系统连接 Internet 后，可以支持 Internet 远程管理、控制。

3）该系统是闭环控制，不仅能对灯具进行控制，而且灯具的实际运行状态、参数也会反馈到监控计算机上，便于管理人员对整个照明系统的监控。

4）可实现无线控制，结合无线路由器，通过 WIFI 信号，可实现照明系统的无线控制。

5）照明系统具有强大的扩展功能。照明控制系统可以与音乐、视频监控系统等实现联动，实现真正的智能照明控制。

6）采用工业级的交换机，能够应用于 – 40 ~ 60℃的场所，适用于各种低温或高温的应用场所，适应性强。

高等级场馆的比赛大厅为高大空间，场馆及赛事的属性决定了其场地照明对安全性和可靠性要求高，因此照明控制系统首先需保证可靠性与稳定性，在此基础上可实现便利的控制，为照明场景和模式的快速切换和调试提供便利。

从表9-13 可以看出各照明控制技术各有特点，无线控制的系统可靠性、稳定性不如有线系统，因此 KNX、DALI、DMX512 可应用于高等级场馆的场地照明控制，尤其 DMX512 还可以充分发挥 LED 灯的调光、调色功能，为高等级场馆普遍采用。

第10章 体育照明节能

10.1 体育照明节能评价方法

10.1.1 照明功率密度

1. 照明功率密度（LPD）的概念

照明功率密度即 lighting power density，LPD，是评价建筑照明节能的指标，《建筑照明设计标准》（GB 50034—2013）给出了照明功率密度的标准定义，即单位面积上的照明安装功率（包括光源、镇流器、变压器、驱动电源），单位为瓦特每平方米（W/m²）。LPD 是目前许多国家所采用的照明节能评价指标。

应该说明，LPD 值一定要对应被照区域的照度值，如果改变照度指标，LPD 值将失去意义。也就是说，在相同的照度值的前提下比较 LPD 值的大小，其值越小，越节能。

2. 训练场馆场地照明功率密度

《体育场馆照明设计与检测标准》（JGJ 153—2016）给出了训练场馆场地照明的功率密度限值，详见表 10-1 和表 10-2。由表中可知，LPD 限值是水平照度和安装高度的函数。

表 10-1 专用训练场场地照明 LPD 限值

等级	水平照度/lx	安装高度 h/m	照明功率密度限值/（W/m²）
I	200	$12 \leqslant h < 20$	4
		$20 \leqslant h < 30$	7
II	300	$15 \leqslant h < 20$	7
		$20 \leqslant h < 30$	11
		$30 \leqslant h < 35$	14
III	500	$20 \leqslant h < 25$	18
		$25 \leqslant h < 35$	21
		$35 \leqslant h < 40$	23

表 10-2 专用训练馆场地照明 LPD 限值

等级	水平照度/lx	安装高度 h/m	照明功率密度限值/（W/m²）
I	300	$5 \leqslant h < 10$	21
		$10 \leqslant h < 15$	25
		$15 \leqslant h < 20$	32

（续）

等级	水平照度/lx	安装高度 h/m	照明功率密度限值/(W/m²)
II	500	5≤h<10	34
		10≤h<15	44
		15≤h<20	46
III	750	5≤h<10	40
		10≤h<15	48
		15≤h<20	64
		20≤h<30	72

3. 比赛场馆场地照明功率密度

比赛场馆场地照明 LPD 限值见表 10-3 ~ 表 10-7，该限值与主摄像机方向的垂直照度、灯具安装高度等因素有关。

表 10-3　田径、足球综合体育场场地照明 LPD 限值

等级	安装高度 h/m	照明功率密度限值/(W/m²)	
		田径	足球
IV	30≤h<40	40	70
	40≤h<50	45	80
	50≤h<60	55	90
	60≤h<70	65	100
V	30≤h<40	55	90
	40≤h<50	65	100
	50≤h<60	75	120
	60≤h<70	90	140
VI	30≤h<40	80	110
	40≤h<50	90	140
	50≤h<60	100	170
	60≤h<70	120	210

表 10-4　足球专用体育场场地照明 LPD 限值

等级	安装高度 h/m	照明功率密度限值/(W/m²)
IV	30≤h<40	70
	40≤h<50	80
	50≤h<60	90
V	30≤h<40	80
	40≤h<50	90
	50≤h<60	120
VI	30≤h<40	100
	40≤h<50	120
	50≤h<60	150

表 10-5　体育馆场地照明 LPD 限值

等级	安装高度 h/m	照明功率密度限值/(W/m^2)	
		体操	篮、排球
IV	$12 \leqslant h < 15$	60	130
	$15 \leqslant h < 20$	80	180
	$20 \leqslant h < 25$	110	210
	$25 \leqslant h < 30$	120	240
	$30 \leqslant h < 35$	130	330
V	$12 \leqslant h < 15$	90	150
	$15 \leqslant h < 20$	110	240
	$20 \leqslant h < 25$	140	310
	$25 \leqslant h < 30$	160	340
	$30 \leqslant h < 35$	180	440
VI	$12 \leqslant h < 15$	—	—
	$15 \leqslant h < 20$	160	420
	$20 \leqslant h < 25$	180	460
	$25 \leqslant h < 30$	200	500
	$30 \leqslant h < 35$	220	590

表 10-6　游泳馆场地照明 LPD 限值

等级	安装高度 h/m	照明功率密度限值/(W/m^2)
IV	$15 \leqslant h < 20$	90
	$20 \leqslant h < 25$	110
	$25 \leqslant h < 30$	150
V	$15 \leqslant h < 20$	130
	$20 \leqslant h < 25$	160
	$25 \leqslant h < 30$	200
VI	$15 \leqslant h < 20$	180
	$20 \leqslant h < 25$	240
	$25 \leqslant h < 30$	290

表 10-7　网球馆场地照明 LPD 限值

等级	安装高度 h/m	照明功率密度限值/(W/m^2)
IV	$12 \leqslant h < 15$	80
	$15 \leqslant h < 20$	90
	$20 \leqslant h < 25$	100
	$25 \leqslant h < 30$	120
	$30 \leqslant h < 35$	130

（续）

等级	安装高度 h/m	照明功率密度限值/（W/m²）
V	12≤h<15	120
	15≤h<20	130
	20≤h<25	140
	25≤h<30	160
	30≤h<35	180
VI	12≤h<15	140
	15≤h<20	170
	20≤h<25	210
	25≤h<30	240
	30≤h<35	270

应该说明，表 10-1 ~ 表 10-7 是基于金卤灯场地照明为主的数据编制而成的。现在 LED 场地照明越来越普及，其 LPD 限值会低于表中的限值。

笔者通过调研采集相关数据，并计算出相关体育场馆实际照明功率密度，由此验证表 10-3 ~ 表 10-7 的准确性。足球专用场馆如图 10-1 所示，综合体育场如图 10-2 所示，综合体育馆如图 10-3 所示，游泳馆如图 10-4 所示，网球馆（场）如图 10-5 所示，完整的数据请参阅本书第 13.1 节相关内容。

从图 10-1 可以看出，各场馆场地照明功率密度相差较大，最小值 LPD 仅为 47.3W/m²，最大 147.9W/m²。但该最大值离散严重，所以将其去除，去除后的平均值为 64.77W/m²，实际的 LPD 多在 47 ~ 85W/m²。

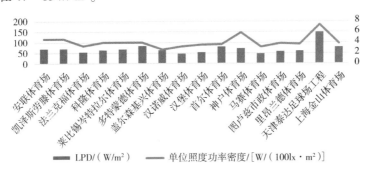

图 10-1　足球专用场馆实际的 LPD 和 LPDI

从图 10-2 可以看出，各场馆场地照明功率密度相差很大，差值大于足球专用场馆。最小值 LPD 仅为 13.21W/m²，最大为 79.52W/m²，后者与前者之比高达 6.02 倍。由于田径场地面积大，场地照明安装功率大，节能潜力也较大，突显对场地照明功率限值的节能意义。

体育馆大多是多功能的，包括两项以上运动项目。因此，场地面积按最大场地面积项目计算，其中夏季运行项目体操场地面积最大，为 1456m²；有的体育馆还包含冰球场地，其面积高达 1800m²。

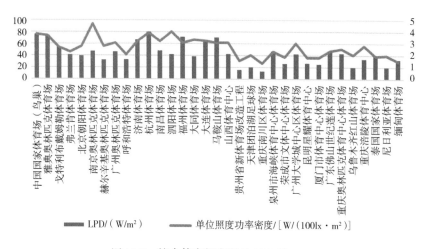

图 10-2　综合体育场实际的 LPD 和 LPDI

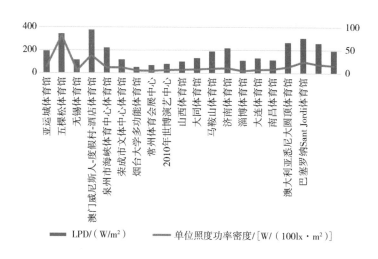

图 10-3　综合体育馆实际的 LPD 和 LPDI

从图 10-3 可以看出，各场馆场地照明功率密度相差巨大。淄博体育馆 LPD 为最小值，仅为 51.73W/m²；澳门威尼斯人体育馆由于要举办 NBA 比赛，加装了补充照明，其 LPD 值最大，为 377.08W/m²，后者是前者的 7 倍多。

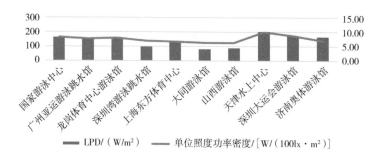

图 10-4　游泳馆实际的 LPD 和 LPDI

如图10-4所示，游泳馆场地照明功率密度相差也较大，大同游泳馆LPD为最小值，不足1300lx的垂直照度对应80.11W/m²的LPD值；天津水上中心游泳馆垂直照度超过2000lx，其LPD值最大，达到203.36W/m²，超过水立方，最大与最小值之比超过2.5倍。

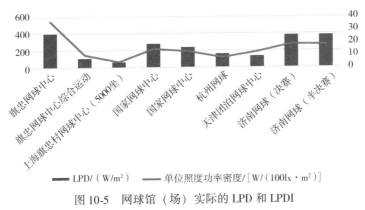

图10-5　网球馆（场）实际的LPD和LPDI

如图10-5所示，网球馆场地照明功率密度相差也很大，尽管调查的样本数量有限，但也能说明照明设计有优化和提升的空间。上海旗忠村网球中心一个拥有5000座位的网球场，曾举办网球大师杯赛，其LPD不足62W/m²；该网球中心另外一座网球场，其LPD值最大，超过400W/m²，后者约是前者的6.5倍。

根据图10-1～图10-5实际数据，可总结如下：

1）我国标准除网球项目外，其他项目均比较保守，实际项目的LPD值均小于标准限值。这一点比较好理解，如果标准限值太小、太严格，设计、建设的压力将会很大，有的可能难以完成。

2）一般网球中心决赛场地有屋顶，可以按体育馆的计算方法计算LPD。如果没有屋顶的网球场，则不适合采用LPD值评估。因为其建筑面积很小，实际的LPD值将会很大。

10.1.2　单位照度功率密度（LPDI）值

1. LPDI值的概念

从10.1.1可以看出，LPD考核的是单位面积上的照明功率，实际的LPD值差异性很大，因为它们所对应的照度值不同，与场馆的规模也有关系。因此，仅仅用LPD值不能完全说明问题，所以表10-1～表10-7增加了灯具的安装高度，以解决此类问题。另一个考核方法是LPDI值，即单位面积上、单位照度的照明安装功率（包括光源、镇流器、变压器、驱动电源等），单位为瓦特每勒克斯每平方米［W/（lx·m²）］，在《体育建筑电气设计规范》（JGJ 354—2014）中有明文规定，见表10-8。

表10-8　乙级及以上等级体育建筑的场地照明LPDI值

场地名称	单位照度功率密度/［W/（lx·m²）］	
	现行值	目标值
足球场	5.17×10^{-2}	4.21×10^{-2}
足球、田径综合体育场	3.56×10^{-2}	2.90×10^{-2}

（续）

场地名称	单位照度功率密度/[W/(lx·m²)]	
	现行值	目标值
综合体育馆	14.04×10^{-2}	11.44×10^{-2}
游泳馆	9.86×10^{-2}	8.03×10^{-2}
网球场	18.00×10^{-2}	14.66×10^{-2}

2. 场地照明 LPDI 的研究

根据 LPDI 的定义，第 13 章表 13-1 ～ 表 13-6 增加一列 LPDI，该指标包含了照度信息。只需要比较 LPDI 一列中的数据大小即可，该数据大，所需要的场地照明安装功率也大；反之，数据小，安装功率也小。

需要说明的是，LPDI 值的大小不仅与主摄像机方向上的垂直照度有关，还受到其他诸多因素的影响，照度的均匀度和照度梯度影响最大，与场馆规模也有关系。一般来说，照度均匀度提高 10%，照明所用的电功率提高 10% 以上。

表中数据不包括应急照明、观众席照明。

从表 13-1 ～ 表 13-6 可以看出，其 LPDI 与表 10-8 契合度相对较高，是对场地照明节能评价的另一个方法。

10.1.3 光源的综合能效指标 FTP 和经济效能指标 FTY

文献《现代照明技术及设计指南》首次提出了光源的综合能效指标 FTP 和经济效能指标 FTY 概念，是对光源光效的提升和完善，从全生命周期对光源进行综合评估。

1. 定义

综合能效是在规定的使用条件下，光源的光衰曲线与使用时间围合的面积除以其所输入的功率，单位为 lm·h/W，用 FTP（luminous Flux Time per Power）表示。

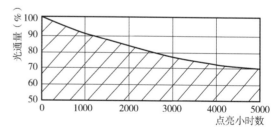

图 10-6 光源的光衰曲线

图 10-6 为光源的光衰曲线，图中阴影部分为光通量与时间围合的面积。对于能源转换而言，用 1W 的电能所产生的光通量与时间围合的面积越大越好，FTP 越大表明光源的能效越高。

光源的综合能效可用式（10-1）计算：

$$FTP = \frac{\int_0^T \phi(t)\,dt}{P} \qquad (10-1)$$

式中 $\phi(t)$ ——光源的光衰曲线；

T——光源的寿命（h），即标准测试条件下，光源或灯具保持正常燃点，且光通维持率衰减到 70% 时的累计点燃时间；

P——光源的额定功率（W），包括附件的功率。

经济效能是在规定的使用条件下，光源的光衰曲线与使用时间围合的面积除以购买该灯的价钱，单位为 lm·h/Yuan，用 FTY（luminous Flux Time per Yuan）表示。

显然 FTY 具有明显的经济性特征。与 FTP 相比，FTY 反映的是消费者花 1 元钱可以买到光通量及能使用时间的大小，也就是光通量与时间围合的面积。显而易见，FTY 值越大经济性越好，FTY 可以用式（10-2）计算。

$$\text{FTY} = \frac{\int_0^T \phi(t)\,dt}{\text{Yuan}} \tag{10-2}$$

式中　Yuan——光源的价钱（元），对于国际市场，价钱需按约定的汇率折算成同一货币
　　　　　　单位；

　　　　t——时间（h）。

标准中，T 一般取光衰到 70% 时的值。

2. 光源参数的对比

某国际品牌金卤灯、LED 灯的参数对比见表 10-9。由于金卤灯为光源，而 LED 为整体灯具，包括驱动电源，严格意义上讲两者不可比。

表 10-9　某国际品牌金卤灯、LED 灯的参数对比

型号规格	功率/W	光效/(lm/W)	工作电压/V	光通量/lm	工作电流/A	色温/K	显色指数(R_a)	寿命/h	FTP/(lm·h/W)
短弧金卤灯	2000	90	400	180000	11.3	5600	92	8000	720000
LED 投光灯	1580	110	220~240	180000	—	5700	85	50000	5696202.5

表中综合能效指标 FTP 计算忽略了金卤灯的镇流器和 LED 灯的驱动电源，整套灯具的 FTP 是金卤灯近 8 倍。表明 LED 投光灯具有很高的综合能效，有利于节能、节材、节钱。

表 10-9 从另一个层面说明，只要 LED 灯的价格不超过金卤灯整套灯具（含镇流器）价格的 8 倍，经济性是不错的。事实上，即使目前国际顶级的 LED 灯具与金卤灯灯具相比，FTY 相差也只有 3~4 倍，经济性非常好。

还需要说明：FTY 侧重经济指标，将不同光源的 FTY 进行比较，LED 占有一定优势，随着成本的降低，LED 的这一优势会更加突出。FTP 则侧重技术指标，反映电能转换成光能的效率，LED 的 FTP 指标比其他光源优势明显。

10.2　体育照明节能的设计原则

10.2.1　体育照明节能的总体要求

对于体育照明来说，"可靠、安全、灵活、节能、经济"是体育照明设计的五项原则，节能只是其中一个原则，而且还不是第一原则。因此，应在保证体育照明可靠性、安全性和

灵活性的前提下，进行节能设计。另外，国家标准《民用建筑电气设计标准》（GB 51348—2019）第24.1.2条规定，民用建筑电气节能设计应在满足建筑功能要求的前提下，通过合理的系统设计、设备配置、控制与管理，减少能源和资源消耗，提高能源利用率。作为建筑电气组成部分的体育照明系统也应满足此规定。

第5章给出了不同体育运动项目体育照明的标准，在照明设计时不能因为节能而降低标准，即确保"节能不减光"。

10.2.2　选择合适的照明标准

选择合适的照明标准至关重要。对于大多数地市级体育建筑、高校的体育建筑，其体育照明不建议按举办国际顶级大赛的标准设计，否则，会产生以下问题：

1）一次投资增多。

2）维护工作量增加，维护成本增加。

3）为体育照明服务的供配电系统变得复杂，用电量增大。

因此，《体育建筑电气设计规范》（JGJ 354—2014）第8.5.1条给出了答案，体育建筑的场地照明控制应按场馆等级、运动项目的类型、电视转播情况、使用情况等因素确定照明控制模式，并应符合表9-12的规定，其他等级的体育建筑可不受此限制。

基于我国经济整体水平及电视转播技术的现状，建议国内省级正式比赛场馆，体育照明按能举办 HDTV 转播比赛的等级进行设计，并要预留升级到 UHDTV 改造的可能，包括马道上的位置、荷载、电源等，毕竟体育建筑结构设计使用年限比较长，甲乙级为 50 ~ 100 年，特级要大于 100 年。

10.2.3　灯具本体与附件间有机配合

对于一个光源来说，灯电流的波形及频率会影响灯的效率，影响到电能转化成光的效率。在体育照明中，金卤灯也需要光源和镇流器匹配，不是所有的灯具厂都能生产灯具、光源、镇流器，需要大量外协，这种情况突显"匹配"的重要性。LED 体育照明同样需要 LED 与驱动电源间的匹配，在编者的试验中，出现用错驱动电源现象，结果谐波明显增大，电流也相应增加。

10.2.4　永久照明系统与临时照明系统相结合

其实，有些场馆没有必要将标准定得过高，避免造成浪费。可采用永久照明系统以满足当前多数比赛的需求，并且预留改造、升级的可能性，为临时体育照明系统提供安装条件。

临时照明系统包含临时照明和补充照明两部分：

1）临时照明：一个完整的临时照明系统只会在运动会期间提供给没有永久照明系统的临时场地使用，运动会结束后将其撤除。例如北京奥运会的击剑比赛在国家会议中心举行，奥运会后将击剑场地拆除恢复会议中心功能。

2）补充照明：当永久照明系统不符合比赛要求时，用于增加场地照度使其达到比赛要求的照明系统，运动会结束后将补充照明系统拆除，还原原有永久系统。例如 NBA 季前赛曾在北京、上海等地举办，首都体育馆曾按 NBA 标准要求在原有场地照明系统基础上设置了补充照明，比赛结束后将其拆除恢复原状。

10.2.5 与建筑专业密切配合

体育照明设计中，与建筑专业配合非常重要。要重点解决两个问题，一是确定合适的马道位置、数量；二是确定照明配电间位置、数量及面积。

马道的位置、高度将直接影响到照明指标是否符合要求，同时也将影响到照明能耗的大小。我国标准对马道提出诸多规定，例如，《体育建筑电气设计规范》（JGJ 354—2014）第 8.4.1 条规定，乙级及以上等级的体育建筑应设置马道，马道间应相互连通，且应与场地照明配电间、场地扩声机房等连通。通向马道的通路不应少于两处。该规范 8.4.3 条又规定，马道应留有足够的操作空间，其宽度不宜小于 800mm，并应设置防护栏杆。马道的安装位置应避免建筑装饰材料、安装部件、管线和结构件等对照明光线的遮挡，如图 10-7 所示。

图 10-7　结构件对照明的影响

一般来说，灯具投射角小有利于控制眩光，但不利于垂直照明，耗能相应增多。因此，要在垂直照度与眩光之间找到平衡点，使照明能耗最合理。

照明配电间原则上靠近马道，并考虑供电半径，满足"深入负荷中心"的要求，有利于节能、降耗、省材。照明配电间通常设在顶层，内设双电源转换箱（柜）、照明配电箱（柜）、UPS 柜等，有些驱动电源柜或镇流器柜也放在照明配电间内。照明配电间设置要求可参考表 10-10。

表 10-10　照明配电间设置要求

场馆种类	类型	配电间数量	配电间面积/m²	备注
体育场	特大型	4	≥40	均匀分散设置
	大型	2~4	≥35	规模越大，数量越多
	中小型	1~2	≥30	最好设 2 个配电间
体育馆	特大型	2	≥35	
	大中型	1~2	≥35	1 个配电间面积可大些
	小型	1	≥30	

注：游泳馆、网球馆可参考体育馆。

10.2.6 技术性能与投资同时考虑

不仅要注重技术，使照明各项指标满足第 5 章照明标准的要求，还要考虑投资是否合理。反对不计成本的技术，这样的技术在推广过程中会遇到很多困难，并终将被淘汰。还应考虑到运行过程中的节能和维护。

10.3 体育照明的节能措施

无论采用什么照明节能技术、照明系统、照明产品，最终以实现整体照明系统节能目标为宗旨，满足本书 10.1.1 节的 LPD 限值和 10.1.2 节的 LPDI 值。

10.3.1 光源与节能

正式体育比赛往往要与电视转播紧密相连，电视推动了体育运动的普及，也使体育运动形成巨大的产业。因此，电视转播商有非常大的话语权，体育照明的高照度、高均匀度、高显色性、低眩光、低频闪（即"三高二低"）也就在情理之中，编者将其修订为"三高三低"，即增加了"低能耗"。

表 10-11 为本书参编单位——国际著名的体育照明制造商 Musco 投光灯 TLC – LED – 1500 的主要技术参数。一般显色指数 R_a 为 75 时，光效为 112lm/W；而 R_a 和 TLCI 均不低于 90 时，光效降至 85，只有 R_a =75 时的 76%。因此，高显色性的代价是降低光效、消耗更多的电能。

金卤灯也有类似现象，在此不再赘述！

表 10-11　Musco 投光灯 TLC-LED-1500 的主要技术参数

功率	光通量	光效	工作电压	工作电流	相关色温	显色性		频闪比	防护等级	寿命
W	lm	lm/W	V	A	K	R_a	TLCI	%	IP	h
1430	160000	112	220、380	8.06、4.67	5700	75，min70	—	<1	IP65	120000
	147200	103				≥80	66			
	131200	92				90	75			
	121600	85				≥90	≥90			

不仅显色性的提高增加的用灯数量和安装功率，消耗更多的电能，一次投资和运行成本都相应增加。高色温同样降低了光效。根据相关研究表明，高色温、高显色性都会不同程度地增加灯具数量和用电量。

表 10-12　色温、显色性与光输出的关系

相关色温/K/显色指数 R_a	灯具光输出下降百分比	需增加灯具数量百分比
5700/75	0%	0%
4500/75	1%	1%
5700/≥80	8%	9%
4500/≥80	9%	10%

（续）

相关色温/K/显色指数 R_a	灯具光输出下降百分比	需增加灯具数量百分比
5700/≥90	24%	32%
4500/≥90	25%	33%
3000/≥80	19%	24%

因此，可以得出一个重要的绿色体育照明结论。

结论：光源的高色温、高显色性将降低其光效，增加能源消耗。

10.3.2　灯具与节能

我国标准对灯具效率有相关要求，灯具是包括驱动电源、镇流器在内的整体装置，或称为系统，它们之间需协调配合。表 10-13 为对 LED 体育照明灯具的要求，表 10-14 是对金卤灯灯具的要求。

表 10-13　LED 投光灯/高顶棚灯灯具效能　（单位：lm/W）

一般显色指数 R_a	相关色温 T_{cp}/K	
	4500/4000	5700/5000
80	100/110	100/110
90	85/95	90/100

表 10-14　金卤灯灯具效率的最低值

格栅或透光罩	开敞式
70%	75%

因此，采用效率高的灯具可以减少灯具的使用量，节省电能和投资，减少日后的维护工作量。

10.3.3　灯具附件与节能

现在体育照明配套用的驱动电源、镇流器、触发器自身能耗已有显著的降低了，表 10-15 为驱动电源效率限值。

表 10-15　驱动电源效率限值

功率 P/W	负载比例（%）	效率限值（%）
P≤75	100	85
	75	83
	50	80
75<P≤200	100	88
	75	85
	50	83

241

（续）

功率 P/W	负载比例（%）	效率限值（%）
	100	90
$P > 200$	75	88
	50	85

金卤灯的镇流器和触发器同样有能效指标的要求，但基于 LED 体育照明替代金卤灯加快提速，在此不必赘述。

10.3.4　控制与节能

体育照明的控制系统是为管理、操作方便而设计的，但它具有节能控制的作用和功能。

表 10-16 为国家体育场"鸟巢"体育照明在不同模式下的用电功率，由于采用了智能照明控制系统，在低级别的比赛中相应开灯数量也较少，避免了能量的浪费。例如，在进行俱乐部田径比赛时，用电量只有 240.45kW。如果将所有的灯均打开，用电功率将达 1373.86kW，能源消耗量惊人，是俱乐部比赛用电功率的 5.7 倍。

表 10-16　"鸟巢"体育照明在不同模式下的用电功率

模式	用电功率/kW	模式	用电功率/kW
日常维护	132.3	CTV 转播重大足球比赛	625.46
训练、娱乐	175.56	CTV 转播重大田径比赛	1006.15
俱乐部足球比赛	175.56	HDTV 转播足球比赛	1006.15
俱乐部田径比赛	240.45	HDTV 转播田径比赛	1367.37
无转播国内、国际足球比赛	270.73	HDTV 转播全场照明	1373.86
无转播国内、国际田径比赛	402.68	安全照明	72
CTV 转播一般足球比赛	417.82	应急 TV 足球比赛	328.78
CTV 转播一般田径比赛	649.25	应急 TV 田径比赛	560.21

10.3.5　临时照明系统的经济性

举办大型运动会场馆建设的投资及回报问题越来越受到人们的关注，如何用最少的投资达到举办运动会的场馆照明要求，避免不必要的浪费？10.2.4 所说的临时照明系统解决方案已经成为一种解决此问题的比较好的选择。

1. 临时照明系统的优势

临时照明系统给业主带来很多的好处：

1）最小化财务投资和最大化营运使用，节省照明设备投资 30% ~ 50%，甚至更多（不包括相关配套设备投资的节省）。

2）由于运动会只有短短的十几天，可以在场馆的永久照明设施基础上使用临时照明设备。

3）安装调试周期短。

4）考虑到赛后维护、营运的使用要求，减少了维护费用并且从长期的角度来说无需维护。

5）照明设备可以重复利用，符合可持续发展理念。

2. 临时照明的规划

临时照明解决方案包括初步设计、详细设计、实施交付、赛事运行运维、拆除照明设备等不同阶段，详见表 10-17。

表 10-17 临时照明解决方案

阶段	内容
初步设计	1）结合运动会照明系统要求，详细研究项目要求、职责和范围，熟悉原设计图纸 2）进行场地实地考察，了解项目的现状，寻找更多的已知条件 3）提出初步的临时照明系统方案，分析其可行性、合理性，尽可能进行多方案比较，选出最佳方案 4）准备项目预算
详细设计	1）以获得批准的初步设计成果为基础，进行深化设计，设计必须符合运动会组委会和相关体育联盟的要求，同时还要考虑到当地的规范、标准 2）除场地照明外，还有设计观众席照明、应急照明等 3）提交设计文件给运动会组委会，以被批准 4）具体项目的典型解决方案——移动照明货车、临时照明装置和灯杆、临时灯架、马道或其他结构件
实施交付	1）项目实地安装、管理和协调 2）调试：把灯具调整到合适的瞄准角，进行供电电源检测（主电源和应急电源） 3）照度检测——照明设备提供商和运动会组委会分别独立进行照度检测 4）对灯光进行摄像机拍摄效果的实际检测
赛事运行运维	在比赛举办期间里，提供派驻现场的技术人员，确保照明系统正常运行
拆除照明设备	在运动会完全结束后拆除所有临时和补充照明设备，并把场地还原到之前的状态

3. 临时照明解决方案的具体应用

临时照明解决方案在务实的欧美国家应用比较多，以 2004 年雅典奥运会为例，28 个比赛项目分别在 40 多个场馆举办，其中 33 个场地安装有永久性照明设备，5 个场地安装有完整的临时照明系统，33 个项目中有 13 个项目在原有永久照明设备基础上增加了补充照明。

本书参编单位的 Musco 照明当时为 23 个体育项目、18 个场馆提供了临时照明服务。使用的大功率金卤灯具总数达 1813 套，总功率为 3790.5kW，使用的大功率金卤灯具包括 575W、750W、1200W、1500W、2000W、6000W 等不同功率等级的光源。使用了包括 20 辆移动照明货车在内的移动照明系统、特殊悬挂系统、简易户外系统、室内系统等各种安装方式的临时照明系统。

在奥运临时照明工程服务中，相当重要的一项工作是对灯具进行调试服务，确保现场灯光效果达到设计以及电视转播的照明要求，特别是在补充照明服务中，要求对原来所有灯具的角度进行重新调试并进行检测。也有部分场地具有足够数量的灯具但现场安装调试发生了偏差，此时只需对灯具进行调光和测试即可，而无需进行补充照明。

10.4 LED 体育照明的节能研究

10.4.1 案例分析

首先看一下 LED 体育照明系统改造的真实案例，该项目为国家奥体中心体育场，曾举办过 1990 年亚运会和 2008 年奥运会等重大赛事的国家级体育场，其场地照明由原金卤灯系统升级改造为 LED 体育照明系统，这是我国第一个采用 LED 体育照明的国家级体育场，照明效果良好！作为奥运会场馆，需满足高清电视转播要求。足球模式下采用 284 套 1400W LED 体育照明系统达到主摄像机方向垂直照度超过 2000lx，照度均匀度超我国标准的规定，第三方检测数据见表 10-18。此次改造，场地照明性能指标有所提升，而照明系统总的安装功率减少约 1/3，节能、节材效果非常明显！

表 10-18 第三方检测数据

E_h			主摄像机 E_{vmai}			E_{vaux}（A 方向）			E_{vaux}（C 方向）			R_a	R_9	T_{cp}	GR	FF
lx	U_1	U_2	lx	U_1	U_2	lx	U_1	U_2	lx	U_1	U_2			K		
2968	0.7	0.8	2056	0.7	0.8	1922	0.7	0.8	1950	0.6	0.7	86	27	5439	34	0.2%

调研表明，在照明标准不变的情况下，LED 体育照明总安装功率为金卤灯系统的 40%～70%，全系统改造节能效果优于按原灯位换灯方案。鉴于此，编者进行相应的 LED 体育照明调研工作，评价方法参见本章 10.1 节。

本节下列内容有如下前提条件，在此统一约定：

1）在计算照明功率密度（LPD）和单位照度功率密度（LPDI）时，仅考虑 PA 或 TA 的面积，之外的场地面积由于无需考核、无需计量故无需参与计算。

2）包含多项运动的场地，按面积最大的运动项目场地面积计算。例如，某体育馆兼有冰球、篮球、手球、体操等比赛，冰球场地面积（1800m²）＞体操场地面积（1352m²）＞手球场地面积（800m²）＞篮球（420m²），因此取冰球场地面积参与计算。

3）以最小照度值为考核标准的场馆，以其 1.35 倍折算成平均照度值参与计算。

4）本分析仅对有电视转播的场馆进行 LPD、LPDI 分析研究。

10.4.2 专用足球场场地照明

本次采集 13 个样本，均符合要求。专用足球场场地照明相关数据见表 10-19。

表 10-19 专用足球场场地照明相关数据

体育场馆名称	场馆等级	场地照明总功率/W	垂直照度 E_{vmai}/lx	LPD/(W/m²)	LPDI/[W/(100lx·m²)]
凤凰山体育中心足球场	甲级	678000	2714	95.0	3.50
重庆龙兴足球场	甲级	655400	2400	91.8	3.82
上海体育场	FIFA V	581560	2000	81.5	4.07
工人体育场	甲级	539600	2300	75.6	3.29
TEDA 体育场	甲级	653920	2500	91.6	3.66
梭鱼湾体育场	甲级	594000	2600	83.2	3.20
马达加斯加体育场	乙级	354000	2000	49.6	2.48
浦东足球场	甲级	566280	2400	79.3	3.30
西安国际足球中心	甲级	720720	2400	100.9	4.21
昆山专业足球场	甲级	629200	2000	88.1	4.41
青岛青春足球场	甲级	646360	2000	90.5	4.53
肇庆新区体育中心体育场	甲级	179200	1000	25.1	2.51
Austin FC	—	302400	1500	42.4	2.82
平均值				76.5	3.52
最大值				100.9	4.53
最小值				25.1	2.48

由表中可知，LPD 平均值为 76.5W/m²，最大值为 100.9W/m²，是最小值的 4 倍多。其中主要原因是照明标准差别大，最小值的 E_{vmai} 仅 1000lx，远低于其他体育场。LPD 和 LPDI 折线图如图 10-8 所示。

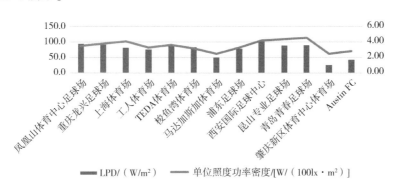

图 10-8 专业足球场场地照明 LPD 和 LPDI 折线图

LPDI 平均值为 3.52W/(100lx·m²)，最大值为 4.53W/(100lx·m²)，是最小值的 1.83 倍，远低于 LPD 的最大值与最小值之比。主要原因是 LPDI 值已计入了照度的影响，评价更客观、合理。

10.4.3 综合体育场场地照明

综合体育场以足球、田径运动为主,有的兼顾橄榄球等运动。本次采集 26 个有效样本,为国内外高等级综合体育场,场地照明相关数据见表 10-20。

表 10-20 综合体育场场地照明相关数据

体育场馆名称	场馆等级	场地照明总功率/W	平均垂直照度/lx	LPD/(W/m²)	LPDI/[W/(100lx·m²)]
温州奥林匹克体育场	甲级	597440	2000	34.57	1.73
兰州奥体中心体育场	甲级大型	720000	2000	41.67	2.08
临沂奥体中心	甲级大型	664560	1400	38.46	2.75
东安湖体育场	甲级	768000	2000	44.44	2.22
浙江省黄龙体育中心体育场	特级	735800	2000	42.58	2.13
浙江师范大学体育场	甲级	447140	2000	25.88	1.29
三亚体育中心体育场	甲级	465000	2000	26.91	1.35
衢州市体育中心体育场	乙级	366360	1000	21.20	2.12
柏林奥林匹克体育场	特级	417280	1600	24.15	1.51
慕尼黑奥林匹克体育场	特级	665520	1600	38.51	2.41
邯郸市体育中心	乙级	312000	1000	18.06	1.81
科特迪瓦国家体育场	甲级	992000	2000	57.41	2.87
杭州奥体中心主体育场	特级、特大型	1181600	2160	68.38	3.17
国奥中心体育场	甲级	571200	1400	33.06	2.36
西安奥体中心体育场	甲级	692400	2000	40.07	2.00
横滨国际体育场	特级、特大型	812000	2700	46.99	1.74
金华体育中心体育场		411840	2000	23.83	1.19
杭州余杭体育中心体育场		411840	2000	23.83	1.19
温州体育中心体育场	甲级	423280	2000	24.50	1.22
杭州大运河亚运公园体育场		374660	2000	21.68	1.08
安徽省滁州奥体中心	甲级	386100	1400	22.34	1.60
杭州萧山体育中心体育场		423280	2000	24.50	1.22
乐山市奥林匹克中心体育场	乙级中型	137280	1000	7.94	0.79
武夷新区体育中心体育场	甲级	457600	1400	26.48	1.89
江津体育场	甲级	521600	1400	30.19	2.16
Raymond James Stadium		572800	2000	33.15	1.66
平均值				32.34	1.83
最大值				68.38	3.17
最小值				7.94	0.79

表中田径面积为 17280m²,包括田赛和径赛总面积,足球场地也包含在田径场内。

由表 10-20 可知，LPD 平均值为 $32.34\text{W}/\text{m}^2$，明显低于专用足球场的 $76.5\text{W}/\text{m}^2$；最大值为 $68.38\text{W}/\text{m}^2$，是最小值的 8.6 倍。其中主要原因也是照明标准差异，最小值的 E_{vmai} 仅 1000lx，远低于其他体育场。场地照明 LPD 和 LPDI 柱状图如图 10-9 所示。

图 10-9　综合体育场场地照明 LPD 和 LPDI 柱状图

同样，LPDI 平均值为 $1.83\text{W}/(100\text{lx}\cdot\text{m}^2)$，仅为专用足球场的 52%，最大值为 $3.17\text{W}/(100\text{lx}\cdot\text{m}^2)$，是最小值的 4 倍，不足 LPD 的最大值与最小值比值的一半。由于 LPDI 值已计入了照度的影响，评价更客观、合理。

10.4.4　综合体育馆场地照明

综合体育馆具有多功能特性，本次采集 38 个有效样本，综合体育馆场地照明相关数据见表 10-21，它们均承担省运会及以上等级的比赛。

表 10-21　综合体育馆场地照明相关数据

体育场馆名称	场馆等级	场地照明总功率/W	平均垂直照度/lx	LPD/ (W/m^2)	LPDI/ $[\text{W}/(100\text{lx}\cdot\text{m}^2)]$
亚运会淳安场地自行车馆	中型甲级	257040	2000	77.12	3.86
中国盲人门球训练基地（塘栖）亚运比赛场馆		16800	1000	5.60	0.56
汕头亚青会的羽毛球比赛场馆		36000	1000	45.00	4.50
国家体育馆	特级	196800	2160	109.33	5.06
绍兴中国轻纺城体育馆		81000	2000	59.91	3.00
杭州电子科技大学体育馆		73800	2000	54.59	2.73
杭州体育馆		36000	2000	26.63	1.33
杭州瓜沥体育中心		126000	2000	93.20	4.66
烟台八角湾体育馆	大型甲级	138840	2000	102.69	5.13
临沂奥体中心体育馆	大型甲级	176400	1400	98.00	7.00
高新体育中心多功能体育馆	甲级	369656	2000	205.36	10.27
简阳市文化体育中心体育馆	中型乙级	196144	2100	145.08	6.91

(续)

体育场馆名称	场馆等级	场地照明总功率/W	平均垂直照度/lx	LPD/(W/m²)	LPDI/[W/(100lx·m²)]
乐山市奥林匹克中心体育馆	大型乙级	48000	1400	35.50	2.54
凤凰山体育中心-体育馆	甲级	230400	2401.00	128.00	5.33
东安湖体育公园三馆项目 – 体育馆	甲级	176720	2129.00	98.18	4.61
信阳市全民健身中心建设项目—体育馆	甲级特大型	133200	2095	126.14	6.02
五棵松体育馆	特级	151200	2200	126.00	5.73
首都体育馆	特级	194400	2500	162.00	6.48
济南万达冰篮球馆	大型甲级	78000	1000	43.33	4.33
衢州市体育中心体育馆	大型甲级	131200	2000	97.04	4.85
黄河体育中心体育馆	大型甲级	192240	2000	106.80	5.34
青岛西海岸新区奥体中心项目	甲级	219600	2559	162.43	6.35
浙江工商大学文体中心体育馆	乙级中型	71920	2000	89.90	4.50
晋江第二体育中心体育馆		224640	2000	166.15	8.31
上海徐家汇体育馆	甲级	120640	2000	150.80	7.54
安徽省滁州奥体中心	甲级	78320	2000	97.90	4.90
凤凰山体育中心体育馆	甲级	227840	2000	126.58	6.33
崇明自行车馆		295480	2000	51.35	2.57
杭州萧山体育中心体育馆	甲级	30160	1000	71.81	7.18
杭州滨江体育馆		92800	2160	116.00	5.37
杭州大运河亚运公园乒乓球馆		243360	2160	206.94	9.58
乐山市奥林匹克中心	乙级大型	46400	1000	34.32	3.43
北京首钢体育中心体育馆	甲级	95760	2000	70.83	3.54
天长体育馆	乙级	29400	1000	21.75	2.17
武夷新区体育中心体育馆	甲级	67200	1400	84.00	6.00
上海崇明训练基地体操馆	乙级	82600	2000	61.09	3.05
广东四会体育馆	乙级	113000	1400	141.25	10.09
31 届大运会体育馆	甲级	39600	1400	27.35	1.95
平均值				95.42	5.08
最大值				206.94	10.27
最小值				5.60	0.56

由表中可知，LPD 平均值为 95.42W/m²，明显高于 10.4.2、10.4.3 的体育场；最大值为 206.94W/m²，而最小值仅为 5.60W/m²，从数据上看最小值属于离散点。LPD 和 LPDI 柱状图如图 10-10 所示。

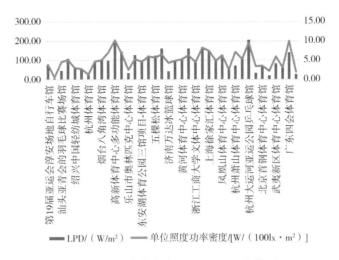

图 10-10　综合体育馆 LPD 和 LPDI 柱状图

同样，LPDI 平均值为 5.08W/（100lx·m²），最大值为 10.27W/（100lx·m²），最小值仍是离散数据，可忽略。

10.4.5　游泳馆场地照明

游泳馆包括游泳、跳水、花样游泳、水球等运动项目，而花样游泳、水球是在标准游泳池内比赛，少数项目游泳、跳水分别设馆。本次调研 16 个游泳馆项目，大多用于举行省级及以上等级的比赛。场地照明相关数据见表 10-22。

表 10-22　游泳馆场地照明相关数据

体育场馆名称	场馆等级	运动项目名称	场地照明总功率/W	平均垂直照度/lx	LPD/（W/m²）	LPDI/[W/(100lx·m²)]
水立方	特级	游泳、跳水	276120	2000	147.26	7.36
清华福州分校游泳馆	训练、健身		63600	1000	33.92	3.39
兰州奥体中心游泳、跳水馆	甲级大型		140400	2000	74.88	3.74
厦门新体育中心游泳跳水馆	甲级大型		223200	2000	119.04	5.95
简阳文体中心游泳馆	中型乙级	跳水	230092	2000	368.15	18.41
乐山奥体中心游泳馆	中型乙级	游泳	86400	1500	69.12	4.61
东安湖体育公园三馆项目—游泳跳水馆	甲级	游泳、跳水	182360	2296.00	97.26	4.24
新都香城体育中心建设工程—游泳馆	丙级		133600	2149.00	106.88	4.97
杭州奥体中心游泳馆	特级		320380	2000	170.87	8.54
浙江省黄龙体育中心游泳馆	特级	水球	132000	2000	70.40	3.52
陕西省游泳管理中心跳水馆	训练	跳水	27840	1000	44.54	4.45

（续）

体育场馆名称	场馆等级	运动项目名称	场地照明总功率/W	平均垂直照度/lx	LPD/（W/m²）	LPDI/[W/(100lx·m²)]
安徽省滁州奥体中心	甲级	游泳	56960	1400	45.57	3.25
邯郸市综合体育馆	乙级中型	游泳、跳水	56840	1000	30.31	3.03
乐山市奥林匹克中心	乙级中型		83520	1400	44.54	3.18
晋江第二体育中心游泳馆			196280	2000	104.68	5.23
武夷新区体育中心游泳馆	甲级	游泳	79200	1400	63.36	4.53
平均值					99.42	5.53
最大值					368.15	18.41
最小值					30.31	3.03

由表中可知，LPD 平均值为 99.42W/m²，与体育馆相仿，两者建筑特点也相似，都是高大空间建筑；最大值为 368.15W/m²，是排名第二的 2.15 倍，可认为是离散数据。场地照明 LPD 和 LPDI 柱状图如图 10-11 所示。

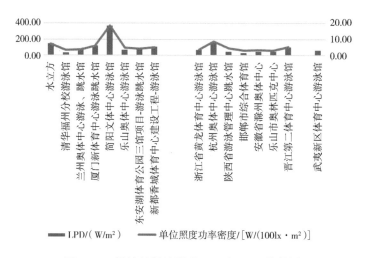

图 10-11　游泳馆场地照明 LPD 和 LPDI 柱状图

同样，LPDI 平均值为 5.53W/(100lx·m²)，也与体育馆的相仿；最大值为 18.41W/(100lx·m²)，也是离散数据，可忽略。

10.4.6　网球馆场场地照明

表 10-23 为网球馆场地照明相关参数，即场地为全封闭或可开合屋顶，因此网球馆为室内网球运动而建设。本次采集数据仅为 8 个有效样本，都用于省运会及以上等级的比赛，其中有些曾举行过亚运会、WTA、中网等国际比赛。

表10-23　网球馆场地照明相关参数

体育场馆名称	场馆等级	场地照明总功率/W	平均垂直照度/lx	LPD/(W/m²)	LPDI/[W/(100lx·m²)]
杭州奥体网球中心决赛馆	甲级	97200	2000	145.07	7.25
兰州奥体中心网球馆	甲级大型	60300	2000	90.00	4.50
中原网球中心二期工程	甲级	96040	2000	143.34	7.17
国家网球中心钻石球场	甲级	80640	2000	120.36	6.02
广州网球中心	甲级	73600	2000	109.85	5.49
庐山西海网球中心		29000	1000	43.28	4.33
长沙月亮岛红土网球中心		27600	1000	41.19	4.12
平均值				99.01	5.55
最大值				145.07	7.25
最小值				41.19	4.12

由表中可知，LPD平均值为99.01W/m²，与体育馆、游泳馆相仿，这与建筑特点有关，都是高大空间建筑；最大值为145.07W/m²，最小值为41.19W/m²，相对比较均衡。最小值主要因标准低所致。场地照明LPD和LPDI柱状图如图10-12所示。

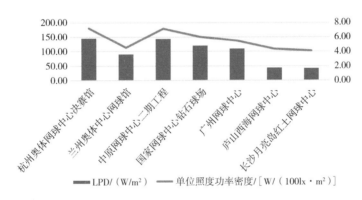

图10-12　网球馆场地照明LPD和LPDI柱状图

同样，LPDI平均值为5.55W/(100lx·m²)，也与体育馆、游泳馆相仿；最大值为7.25W/(100lx·m²)，最小值为4.12W/(100lx·m²)。

由本书10.4.4节、10.4.5节、10.4.6节可知，体育馆、游泳馆、网球馆等馆类（区别场类）体育建筑，从场地照明角度看都属于高大空间体育照明，其LPD、LPDI等指标比较接近，可以归为一类进行研究。

10.4.7　冰雪运动场地照明

本次调研采集25个样本，其中5个样本属于训练、娱乐场馆而无效，20个有效样本包括13个冰上运动场馆，7个雪上运动场地，多数为北京冬奥场馆。7个场馆兼有夏季运动项目和冰上运动项目。由此可见，通过北京冬奥会有效地推动我国冰雪运动的普及和发展。冰雪运动场馆场地照明相关数据见表10-24。

表10-24　冰雪运动场馆场地照明相关数据

体育场馆名称	场馆等级	运动项目名称	场地照明总功率/W	平均垂直照度/lx	LPD/(W/m²)	LPDI/[W/(100lx·m²)]
冰立方	特级	冰壶	223200	2160	242.61	11.23
冰丝带	特级	速度滑冰	645750	2160	53.81	2.49
哈尔滨冰球馆		冰球、冰壶、短道速滑、花样滑冰	168000	2000	93.33	4.67
国家体育馆	特级	冰球	191880	2160	106.60	4.94
北京五棵松冰上运动中心	特级	冰球	51040	1400	28.36	2.03
北京首钢体育中心冰球馆	甲级	冰球	120960	2000	67.20	3.36
临沂奥体中心体育馆	大型甲级	冰球、体操、手球、篮球、排球、乒乓球	176400	1400	98.00	7.00
高新体育中心多功能体育馆	甲级	冰球、乒乓球、篮球、排球、手球、体操	369656	2000	205.36	10.27
凤凰山体育中心—体育馆	甲级	冰球、篮球、体操	230400	2401.00	128.00	5.33
东安湖体育公园三馆项目—体育馆	甲级	冰球、篮球、体操	176720	2129.00	98.18	4.61
梅赛德斯冰球场		冰球	96000	2000	53.33	2.67
首都体育馆	特级	排球、综合冰上运动	194400	2500	162.00	6.48
济南万达冰篮球馆	大型甲级	篮球、冰球	78000	1000	43.33	4.33
国家跳台滑雪中心	特级	跳台滑雪、北欧两项	995308	2160	245.76	20.95
国家越野滑雪中心	特级	越野滑雪、北欧两项	1856140	2160	61.87	2.86
国家冬季两项滑雪中心	特级	冬季两项	2860960	2160	178.81	8.28
云顶滑雪公园	特级	空中技巧	279140	2160	62.03	2.87
云顶滑雪公园	特级	雪上技巧	354360	2160	43.75	2.03
首钢滑雪大跳台中心	特级	自由式滑雪、单板滑雪	216580	2160	53.48	2.48
冬奥会张家口越野滑雪项目	特级	越野滑雪	1856140	2160	46.91	2.17
平均值					103.64	5.07
最大值					245.76	11.38
最小值					28.36	2.03

由表10-24可知，LPD平均值为103.64W/m²，略高于体育馆、游泳馆；最大值为245.76W/m²，与冰立方、高新体育中心多功能体育馆属于第一梯队，明显高于其他场馆，这与跳台滑雪运动特点有关，不仅需要场地表面照明，还需要一定的空间照明。而冰立方、高新体育中心多功能体育馆兼有夏季和冬季项目，使用场地照明灯具数据自然会多些，拉高了LPD和LPDI值。冰雪场馆场地照明LPD和LPDI柱状图如图10-13所示。

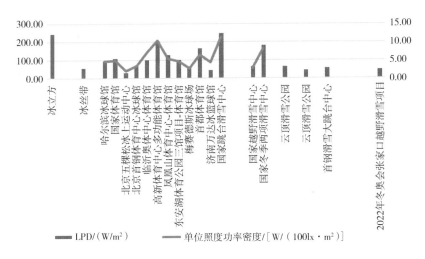

图 10-13　冰雪场馆场地照明 LPD 和 LPDI 柱状图

同样，LPDI 平均值为 $5.07\mathrm{W}/(100\mathrm{lx}\cdot\mathrm{m}^2)$；最大值为 $11.38\mathrm{W}/(100\mathrm{lx}\cdot\mathrm{m}^2)$，有三个场馆超过 $10\mathrm{W}/(100\mathrm{lx}\cdot\mathrm{m}^2)$；最小值为 $2.03\mathrm{W}/(100\mathrm{lx}\cdot\mathrm{m}^2)$。

10.5　LPD 和 LPDI 的比较

综合本书 13.1 节金卤灯体育照明系统及 10.4 节 LED 体育照明系统调研数据，见表 10-25。

表 10-25　金卤灯与 LED 的 LPD、LPDI 比较

类别	LPD/$(\mathrm{W/m}^2)$		LPDI/$[\mathrm{W}/(100\mathrm{lx}\cdot\mathrm{m}^2)]$	
	金卤灯	LED	金卤灯	LED
专用足球场	69.97	76.5	4.11	3.52
综合体育场	43.25	32.34	3.26	1.83
综合体育馆	177.94	95.42	3.96	5.08
游泳馆	139.19	99.42	7.54	5.53
网球馆	238.8	99.01	13.92	5.55
冰雪场馆	—	103.64	—	5.07

表中数据均为算术平均值。从以上分析可以得出如下结论：

1）除少数数据外，LED 的 LPD 值和 LPDI 均低于金卤灯，这与 LED 的节能特性一致。

2）同为室外场地的足球场和综合体育场，足球场的场地照明 LPD 和 LPDI 均高于综合体育场，主要原因是田径场有更大的面积，导致 LPD 和 LPDI 减小。

3）场地封闭的体育馆、游泳馆、网球馆，其场地照明 LPD 和 LPDI 相仿，差别不大，因为它们具有共同特点，均为高大空间场地封闭建筑。

4）多功能的场地要多使用照明灯具，以满足不同运动项目的需要，尤其是带有冰场的

体育馆场地照明用灯数量会更多。

5）冰上运动为封闭场地，属于体育馆一类，其场地照明的 LPD 和 LPDI 与体育馆相仿。

6）由于 LPDI 值已计入了照度的影响，用于场地照明节能评价更加客观、合理；而 LPD 则需要对应照度、灯具安装高度等影响因素才有意义。

第 3 篇

检测、科研篇

第11章 照明检测

11.1 一般规定

第8章的照明计算是设计阶段的工作，本章的照明检测是项目完成后的工作，两者紧密相关的，需要统一标准，不可采用不同的标准，否则照明工程将很难验收。

1）体育场馆照明检测应满足使用功能的要求。

照明检测主要依据我国标准《体育场馆照明设计及检测标准》（JGJ 153—2016）、《LED体育照明技术要求》（GB/T 38539—2020），对于要举行国际比赛的场馆，还要参照国际照明委员会《关于体育照明装置的光度规定和照度测量指南》（CIE 067—1986）和《体育赛事中用于彩电和摄影照明的实用设计准则》（CIE 083:2019）。有些单项体育组织也有相应的测量标准，如国际足联《FIFA照明指南标准》（FIFA—2020）有专门的一节对照明检测提出要求。照明检测主要用以检验体育场馆照明能否达到标准规定的各项技术指标，能否满足不同运动项目不同级别的使用功能要求。

2）检测设备应使用在检定有效期内或符合赛事相关组织要求的一级照度计、光谱测色仪、频闪比测试仪，如图11-1所示。譬如FIFA要求仪器检定时间应在检测前12个月之内。只要求测量平均亮度时，可采用积分亮度计；除测量平均亮度外，还要求得出亮度总均匀度和亮度纵向均匀度时，宜采用带望远镜的亮度计，其在垂直方向的视角应小于或等于2′，在水平方向上的视角应为2′~20′。

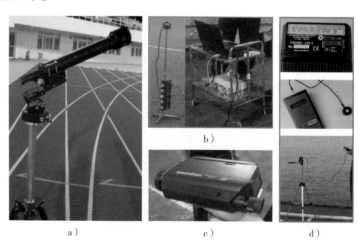

图11-1　常用的照明测量仪器

a）亮度计　b）智能照度测试仪　c）光谱测色仪　d）照度计

检测用仪器设备必须送法定检测机构依据相关检定规程进行检定，以保证检测数据的有效性、准确性。

值得一提的是，图11-1b所示的智能照度测试仪，它可以同时测量某点的水平照度、四个方向上的垂直照度，并将测量的数据传到计算机，由专用的软件进行计算、分析，各个测量点的数据采集完毕后，自动计算出相关结果，如平均水平照度、平均垂直照度、照度均匀

度 U_1 和 U_2、照度梯度等，非常方便、灵活。

3）检测条件应符合下列规定：

①室外场地应在天气状况好和外部光线影响小时进行。测量时的环境条件对测量结果会产生不利影响，因此应避免在阴雨、多雾、沙尘天和有来自外部光线影响的情况下进行测量，使用 LED 灯的场所还要考虑温度的影响。

②应在体育场馆满足使用条件的情况下进行。此外，由于 LED 灯具特性受高温和低温环境条件影响较大，对于夏季和冬季举行赛事的室外场地，测试宜在场馆赛事预计所处的环境条件下进行。

③ LED 灯和气体放电灯累积运行时间宜为 50～100h。HID 光源在前 50h 点亮时间内光衰比较严重，50～100h 相对比较稳定。

④应点亮相对应的照明灯具，稳定 30min 后进行测量。体育场馆所用光源，特别是金卤灯经过一段时间的点燃才能达到稳定，每次开灯后也需要经过一段时间才能达到光通额定值，因此对照明装置的运行时间和开灯后的点燃时间都要有所规定。读者可以参考第 6 章相关内容。

⑤电源电压应保持稳定，灯具输入端电压与额定电压偏差不宜超过 ±5%，采用金卤灯的特级和甲级体育场馆灯具输入端电压与额定电压偏差不应超过 ±2%。电压也是影响检测结果的重要因素，必要时应进行电压修正。第 6 章有详细说明，请参阅。

⑥检测时应避免人员遮挡和反射光线的影响。

测量时应避免操作者身影或别的物体对接收器的遮挡，同时也要避免浅色物体上反射光的影响。

这些要求的目的是在满足规定的测量条件下进行照明检测才能保证测量数据的准确性和有效性。

4）检测项目应包括照度、眩光、现场一般显色指数 R_a、特殊显色指数 R_9 和 TCLI、色温、频闪比、谐波、启动涌流、启动时间、运行电流、运行功率。其他参数可以在测量后通过计算取得的。

5）现场场地反射系数测试。

11.2　照度测量

1）照度应在规定的比赛场地上进行测量，测量场地一般是指标准中规定的主赛场和总赛场，此外也包括对观众席和应急照明等的测量。对于照明装置布置完全对称的场地，可只测 1/2 或 1/4 的场地。照度计算和测量网格可按表 8-1 的规定确定。

2）室内外矩形场地和几种典型场地的照度计算和测量可按下列网格点进行。

（下列各图中，。、+ 为计算网格点，+ 为测量网格点）

①矩形场地照度计算和测量网格点可按图 11-2 确定。

A. d_l，d_w 可按下列方法确定：

当 l、w 不大于 10m 时，计算网格为 1m。

当 l、w 大于 10m 且不大于 50m 时，计算网格为 2m。

当 l、w 大于 50m 时，计算网格为 5m。

B. 测量网格点间距宜为计算网格点间距的 2 倍。

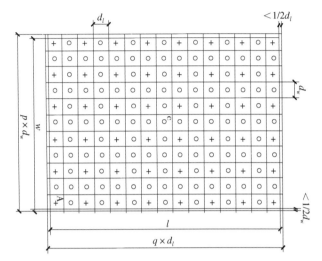

图 11-2　矩形场地照度计算和测量网格点布置图

l——场地长度　d_l——计算网格纵向间距　p——计算网格纵向点数

w——场地宽度　d_w——计算网格横向间距　q——计算网格横向点数

计算网格点从中心点 C 开始确定，测量网格点从角点 A 开始确定。p，q 均为奇整数，并满足 $(q-1)d_l \leq l \leq qd_l$、$(p-1)d_w \leq w \leq pd_w$。

由于大多数运动场地都属于矩形场地，如足球、篮球、排球、网球、羽毛球等，这些场地均可以按此方法进行测量。

②田径场地照度计算和测量网格点可按图 11-3 确定。

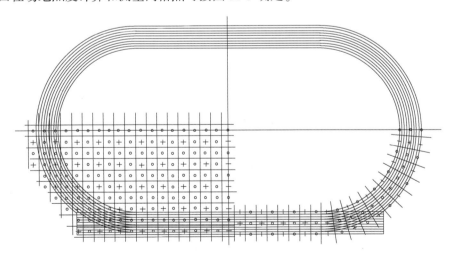

图 11-3　田径场地照度计算和测量网格点布置图

细心的读者已经发现了，图 11-3 与图 8-3 所示不一样，这是因为所采用的标准不同。图 8-3 来源于国际田联，而图 11-3 源自于我国标准，《体育场馆照明设计及检测标准》（JGJ

153—2016）。因此，计算、测量、检测应采用同一个标准。

③游泳和跳水场地照度计算和测量网格点可按第 8 章图 8-6 确定。

④棒球场地照度计算和测量网格点可按图 11-4 确定，这是我国标准所规定的。与第 8 章图 8-9 有所不同。

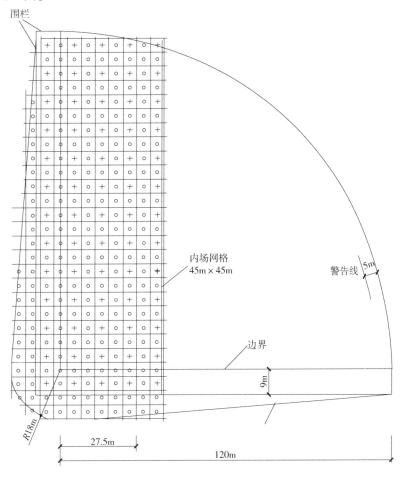

图 11-4　棒球场地照度计算和测量网格点布置图

⑤垒球场地照度计算和测量网格点可按图 11-5 确定。同样，这也是我国标准所规定的。与第 8 章图 8-12 也有所不同。

⑥场地自行车场地的照度计算和测量网格点可按第 8 章图 8-10 确定。

⑦雪上运动项目中较为特殊区域的照度计算/测量网格如下：

A. 自由式滑雪（Freestyle skiing）空中技巧（Aerials）：

a. 入跑和跳台（Inrun and table）13m 宽，2m/4m 网格。

b. 着陆区（Landing zone）20m 宽，2m/4m 网格。

c. 着陆过渡区（Landing transition zone）35m 宽，2m/4m 网格。

d. 终点区（Finish area）4m/8m 网格。

e. 蹬踏和空中跳跃（Kicker and jump "air"）区域垂直面示意见第 7 章图 7-50，1m/2m 网格，包括小丘和着陆区。

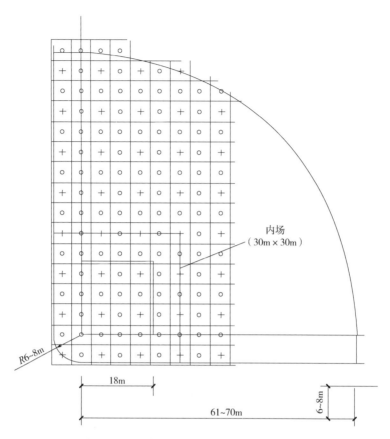

图 11-5　全球场地照度计算和测量网格点布置图

B. 雪上技巧（Moguls）。路线控制门之间的 10m 宽赛道，空中跳台及其飞行区垂直面见第 7 章图 7-51。

C. U 形场地技巧（Ski halfpipe）。计算网格 2m，测量网格 4m，U 形场地中心线四个方向垂直照度，U 形场地两侧场壁上方 6m 垂直面上三个方向的垂直照度。

3）水平照度和垂直照度应按中心点法进行测量（图 11-6），测量点应布置在每个网格的中心点上。

中心点法平均照度应按第 8 章式（8-3）计算：

①测量水平照度时，光电接收器应平放在场地上方的水平面上，测量时在场人员应尽量远离光电接收器，避免在其上产生任何阴影。

②测量垂直照度时，当摄像机固定时（图 4-4），光电接收面的法线方向应对准摄像机镜头的光轴，若没有特别要求，测量高度可取 1.5m 或按相关标准取值。当摄像机不固定时（图 4-3），可在网格上测量与四条边线平行的垂直面上的照度，测量高度可取 1m。测量时应排除对光电接收器的任何遮挡。

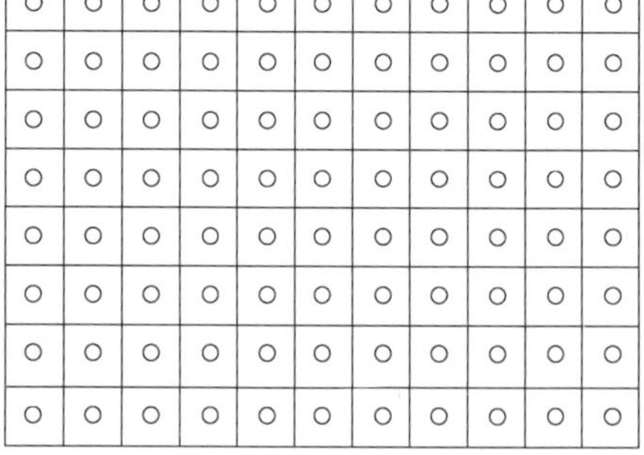

图 11-6　中心点法测量照度示意图

③对于设有 50% TV 应急照明的场地，可按 100% 和 50% 照明两种模式分别测量。

4）照度均匀度应按第 2 章式（2-1）和式（2-2）计算。

11.3　眩光测量

1. 比赛场地眩光测量点的确定

比赛场地眩光测量点应按下列方法确定：

1）眩光测量点选取的位置和视看方向应按安全事故、长时间观看及频繁地观看确定。观看方向可按运动项目和灯具布置选取。

2）比赛场地眩光测量点可按相关标准的要求确定。典型场地眩光测量点可按下列方式确定：

①《体育场馆照明设计及检测标准》（JGJ 153—2016）规定的足球场眩光测量点可按图11-7 确定。

②《体育场馆照明设计及检测标准》（JGJ 153—2016）规定的田径场眩光测量点可按图11-8 确定。需要时可将测量点增加到 9 个或 11 个。

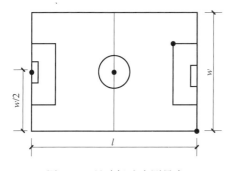

图 11-7　足球场眩光测量点

注：黑点代表眩光测量点。

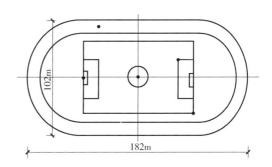

图 11-8　田径场眩光测量点

③《体育场馆照明设计及检测标准》（JGJ 153—2016）规定的网球场眩光测量点可按图 11-9确定。

④《体育场馆照明设计及检测标准》（JGJ 153—2016）规定的室内体育馆眩光测量点可按图 11-10 确定。

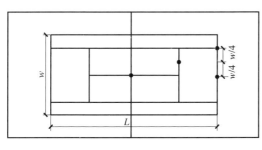

图 11-9　网球场眩光测量点

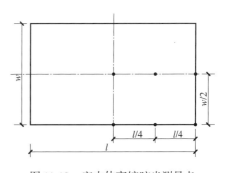

图 11-10　室内体育馆眩光测量点

2. 眩光测量

眩光测量应在测量点上测量主要视看方向观察者眼睛上的照度，并记录下每个点相对于光源的位置和环境特点，计算其光幕亮度和眩光指数值，取其各观测点上各视看方向眩光指数值中的最大值作为该场地的眩光评定值。

体育场馆眩光指数（GR）的计算应按第 8 章式（8-4）~ 式（8-7）计算。

3. 国家体育场眩光计算

图 11-11 为 HDTV 足球模式下的眩光测量点，为了更好地控制眩光，在 FIFA 的文件基础上，增加了在大禁区角上的眩光观测点，以考核这个重点位置的眩光情况。全部观察点的最大眩光数值为 42.0，满足技术要求，计算值见表 11-1。

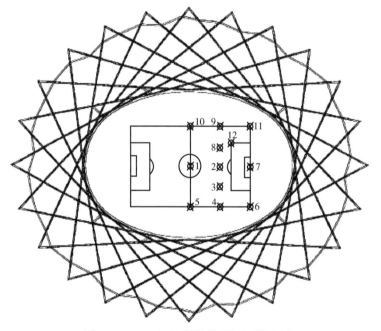

图 11-11　HDTV 足球模式下的眩光测量点

表 11-1　HDTV 足球模式下的眩光计算值

位置	眩光指数
FB	33.5
FB1	33.5
FB2	35.2
FB3	37.3
FB4	39.6
FB5	38.2
FB6	42
FB7	37.5
FB8	37.3
FB9	39.6
FB10	38.2
FB11	42
FB12	38.3

　　HDTV 田径模式下的眩光测量点如图 11-12 所示。为了更有效地控制眩光，除了进行 IAAF 要求的眩光计算之外，又增加了 18 个眩光计算点。全部眩光计算观察点最大眩光值为 42.6，完全满足技术要求。眩光计算值见表 11-2。

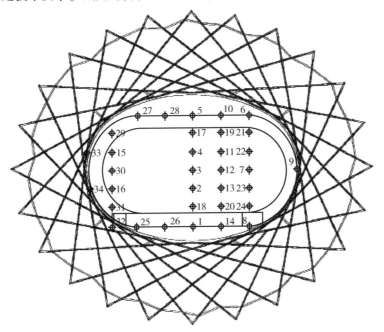

图 11-12　HDTV 田径模式下的眩光测量点

表 11-2　HDTV 田径模式下的眩光计算值

位置	眩光指数	位置	眩光指数
T1	38.4	T18	39.3
T2	34.8	T19	40
T3	33.8	T20	40
T4	34.8	T21	42.6
T5	38.5	T22	38.3
T6	42.1	T23	38.1
T7	37.9	T24	42.6
T8	42	T25	42.1
T9	32.9	T26	40.3
T10	40.3	T27	42.1
T11	37.5	T28	40.3
T12	35.6	T29	40.2
T13	37.5	T30	37.8
T14	40.3	T31	39.8
T15	39.2	T32	38.7
T16	37.7	T33	37.6
T17	39.3	T34	35.5

11.4　现场显色指数和色温测量

1）比赛场地对称时，可在 1/4 场地均匀布点进行测量（图 11-13）；比赛场地非对称时，可在全场均匀布点测量。测量点不少于 9 个点。

2）现场显色指数和色温应为各测点上测量值的算术平均值。现场色温比光源额定色温偏差不宜大于 10%，现场显色指数不宜小于光源额定显色指数 10%。这里检测的现场显色指数包含一般显色指数 R_a、特殊显色指数 R_9，重大比赛也可增检 TCLI。

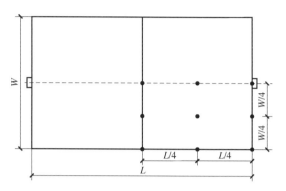

图 11-13　现场显色指数和色温测量点
注：黑点代表测量点。

11.5　现场频闪比测量

1）国家标准《LED 体育照明应用技术要求》（GB/T 38539—2020）要求，所有灯具输入电流频率相同时按 12 点法测量，不同时按 24 点法进行测量，测量点分布如图 11-14 所示，图 11-15 所示为对称的比赛场地 1/2 场地，不对称场地可将测量点均匀分布全场。测量点位于场地上方 1m 高度处，90 和 270°方向垂直面上。图 11-14 中 × 表示 12 点法测点，○ 表示 24 点法测点。

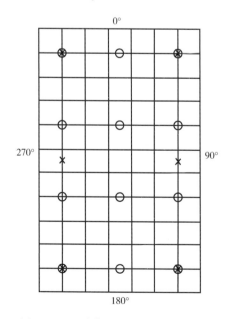

图 11-14　国家标准频闪比测量点示意图

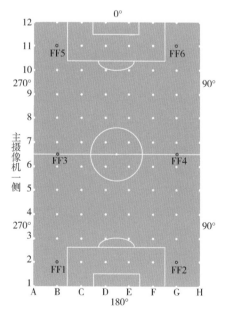

图 11-15　FIFA 2020 足球场频闪比测量点

2）频闪比测量仪器需要满足现场测试需要和以下要求：

①采用频率不应低于 20kHz。

②测量仪器数字模拟转化分辨率不应低于 12 位。

③在测试量程范围内，光度探头、放大器以及数字模拟转化装置对光强变化应具有线性响应。

11.6　现场电气参数测量

1）现场电气参数包括谐波、启动涌流、启动时间、运行电流、运行功率、最远处灯具电压降。

2）电气参数测量主要在体育照明配电间内进行，测量点位置见表 11-3。

表 11-3　现场电气参数测量点位置

测量参数类别	测量点
运行功率	总配电箱总开关下口
谐波、运行电流	总配电箱总开关下口、典型配出回路开关下口
启动涌流	典型配出回路开关下口
启动时间	单个回路、100% 灯具正常运行
最远处灯具电压降	最远处灯具处

3）电气参数测量采用带有谐波分析功能的多功能测试仪，并能捕捉灯具启动瞬间的涌流。

11.7　检测报告

1. 检测记录内容

检测记录应包括下列内容：

1）工程名称、工程地点、委托单位。

2）检测日期、时间、环境条件（供电电压、环境温度）。

3）检测依据：有关标准、规范，工程招标技术要求，相关体育组织、赛事组织及转播机构场地照明要求。

4）检测设备：仪器名称、型号、编号、校准日期。

5）场地尺寸：长度、宽度、高度、面积。

6）光源种类、功率、规格型号、数量、生产厂家。

7）灯具（含电器附件）类型、规格型号、数量、生产厂、安装天数、清洁周期（最好有已使用时间，上次清洁日期）。

8）灯具布置方式、安装高度。

9）控制系统及照明总功率。

10）检测项目（以下包括测量点图和对应的测量值）。

①水平照度。

②垂直照度：主摄像机方向垂直照度，四个方向垂直照度。

③眩光计算参数。

④现场显色指数。

⑤现场色温。

⑥现场频闪比。

⑦现场电气参数：谐波、启动涌流、启动时间、运行电流、运行功率、最远处灯具电压降。

11）测量值计算：

①平均照度 E_{ave}。

②照度比率 E_{have}/E_{vave}。

③照度均匀度 $U_1 = E_{min}/E_{max}$。

④照度均匀度 $U_2 = E_{min}/E_{ave}$。

⑤均匀度梯度 UG。

⑥眩光指数 GR。

⑦频闪比 FF。

12）检测人员签字：检验、记录、校核。

2. 检测报告中的图样

检测报告应提供灯具平、剖面布置图和开灯模式灯具布置图。

3. 检测结论

检测报告应对检测结果按设计标准给出检测结论。

第12章 LED体育照明的研究

国家游泳中心"水立方"原功能为游泳、跳水等水上项目，并成功举行了2008年北京奥运会游泳及跳水比赛。而2022年的冬奥会及冬残奥会，水立方举行男女冰壶和轮椅冰壶比赛。为了满足2022年冬奥会冰壶比赛的要求，"水立方"进行场地结构转换、室内环境控制、LED体育照明与建筑电气、控制系统适应性改造、能源综合利用提升及声学环境改造等一系列研究及准备工作。冰壶运动对场地及室内环境要求极高，世界冰壶联合会已明确各项技术要求，场地条件直接影响赛事顺利进行以及运动员竞技发挥、观众舒适度和电视转播效果，在此背景情况下，笔者承担了国家游泳中心冰壶场地LED体育照明及电气关键技术的研究。

冬奥会时"水立方"比赛大厅设有4条标准冰壶赛道和4500个观众席；冬奥会后将呈现冰上赛事、水上赛事、大型活动等功能快速转换，实现奥运场馆可持续发展。

本章主要分享LED体育照明有关研究成果，主要有：LED场地照明电气关键技术的研究、高可靠性前提下的LED场地照明控制策略的研究，另奉献我们最新研究成果——基于人工智能算法的体育照明优化研究。

感谢北京建筑大学岳云涛教授为课题研究提供试验场地及试验设备，并参与测试和指导！

12.1 LED 场地照明灯具的电气特性研究

12.1.1 LED 灯电气特性的内容

笔者对 LED 场地照明的电气特性进行系统的试验研究，详见表 12-1。

表 12-1　LED 灯的电气特性

序号	特性	含义
1	负荷性质	在额定电压、额定频率下，测试 LED 灯是感性负荷还是容性负荷
2	启动特性	在额定电压、额定频率下，LED 灯从接通电源到 LED 灯光输出稳定这段时间内相关参数的变化情况，包括电压、电流、谐波等的变化
3	冲击特性	在额定电压、额定频率下，LED 灯从接通电源到 LED 灯光输出稳定后整个运行期间灯电流的变化
4	谐波特性	给 LED 灯加以额定电压，在其稳定后输入线路的谐波特性
5	电压特性	在 LED 灯允许电压范围内，不同电压下 LED 灯的光输出特性

（续）

序号	特性	含义
6	调光特性	对 LED 灯进行调光，在不同光输出下的相关参数变化情况，包括电压、电流、谐波变化情况
7	熄弧特性	断电后重新通电的光输出特性
8	温度特性	在额定电压、额定频率时，LED 灯在不同环境温度下相关参数的变化情况，包括 LED 灯电流、光输出等
9	节能特性	在满足照明标准的前提下，比较 LED 与金卤灯两类照明系统总安装功率大小

试验灯具为中、美、欧知名品牌共计 8 款 600～1500W 体育照明灯具，本书参编单位 Musco、三雄极光和赛倍明也踊跃参加测试和试验。

12.1.2　LED 灯的启动特性和冲击特性

试验表明，LED 灯的冲击（又称为涌流）发生在启动过程中，因此我们将启动特性和冲击特性一起加以研究。

1. 试验数据

本次试验对 7 个品牌 7 款产品进行试验，试验数据列于表 12-2。

表 12-2　启动、冲击特性试验数据

编号		1	2	3	4	5	6	7
品牌		LS	WJ	SX	XN	TN	PL	MC
启动时间/ms		379	≈4000	323	444	1035	100	393
最大电流波动持续时间/ms		13	160	34	11	13	40	15
电流/A	最大正值	49.158	9.537	16.785	14.114	59.509	17.166	8.392
	最大负值	-9.537	-8.392	-15.64	-3.052	-44.632	-6.485	-26.321
	稳态值 I_e	3.1	7.9	2.9	2.1	6.2	3.8	2.1
	I_{max}/I_e	15.86	1.21	5.79	6.72	9.6	4.52	-12.53

2. 启动特性

从表 12-2 可知，2 号 WJ 的灯具启动时间较长，约 4s，试验时有明显的延时；5 号灯具 TN 的灯具启动时间超过 1s，相对较长；其他品牌的灯具均在 450ms 以下。

根据启动时间的长短可以将启动特性分为瞬时启动特性和延时启动特性两大类。

（1）瞬时启动特性　图 12-1 为瞬时启动特性的波形，分别为

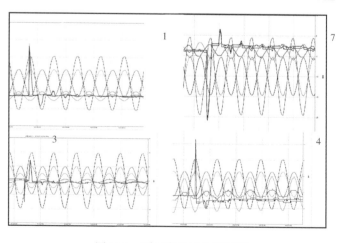

图 12-1　瞬时启动特性波形图

1、3、4、7 号灯具启动的波形图。从图中和表 12-2 可知，瞬时启动的 LED 灯启动过程有如下特点：

1）启动电流大。启动过程具有非常大的冲击电流，峰值电流倍数（即峰值电流与稳态电流之比）最大近 16 倍之多，远超预期。电流达到峰值后快速衰减，最终稳定在额定电流值。

2）启动时间短。启动时间比较短，从开始接通电源到灯电流稳定不到 0.5s 的时间，而出现最大值的时间在 0.8~4ms，峰值电流比较靠前。

3）峰值不确定性。多次试验发现，峰值的大小存在不确定性。这是因为灯具接通电源的时机是不确定的，接通电源瞬间的相位角不同，造成峰值大小也各不相同。

（2）延时启动特性　图 12-2 是延时启动特性波形图，为 2 号灯具 WJ 品牌的产品。从波形图可以看出：

1）启动有一段延时，实际感观在 2~4s，且延时是故意引入的。

2）启动电流相对较小，峰值电流约为 9.5A，峰值电流倍数只有 1.2 倍，远远小于瞬时特性的峰值电流倍数。

3）启动时电流到达峰值后，逐渐衰减，最终稳定在额定电流值。

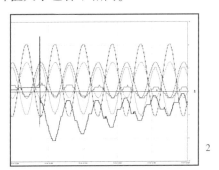

图 12-2　延时启动特性波形图

具有延时启动特性的 LED 灯具有较好的抑制冲击的效果，启动时峰值电流小，可以有效地保护灯具，延长光源的寿命，在控制领域该技术也被称为"软启动"。

（3）瞬时启动特性与延时启动特性的比较　LED 灯的瞬时启动与延时启动特性相反，特点相左，概括起来见表 12-3。

表 12-3　瞬时启动特性与延时启动特性的比较

启动特性类型		延时启动	瞬时启动
特点	启动电流	启动电流小，一般峰值电流不超过 $1.5I_e$，对系统冲击小	启动电流大，峰值电流高达 $15I_e$，甚至更大，对系统冲击大
	启动时间	启动时间长，多为 1~4s。有的具有软启动、软停止功能	启动时间短，多在 0.5s 以下，峰值电流为毫秒级

3. 冲击特性

从上述图表可知：

1）LED 灯的冲击出现在其启动过程。

2）瞬时启动的 LED 灯必须考虑冲击的影响，峰值电流的大小不确定，其与合闸通电时的相位角有关。图 12-3 所示，同一款 LED 灯两次试验，其峰值电流倍数分别为 7.8 倍和 3.9 倍，验证了峰值电流不确定性的特征。

为了获得启动时峰值电流最大值，我们采用相位跟踪技术，在相位角为 90° 时接通 LED 灯电源，相关数据见表 12-4。

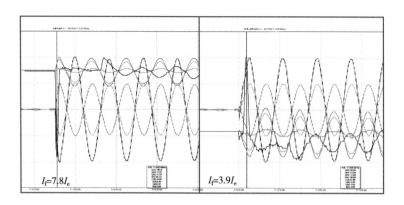

$I_f = 7.8I_e$ $I_f = 3.9I_e$

图 12-3 同一款 LED 灯两次试验其峰值电流倍数不同

表 12-4 某国际知名品牌 LED 灯的峰值电流倍数

电压相位角	峰值电流倍数/倍
0°	7.3
45°	20
90°	30

12.1.3 LED 灯的谐波特性

LED 灯需要直流供电，而直流电是由市电的交流电经整流、滤波等环节获得的，如果处理不好谐波会超标，对系统产生污染。因此，LED 灯的谐波特性研究是其电气特性研究的重要内容，有助于把脉 LED 灯的谐波特征。试验数据见表 12-5。

表 12-5 是第一次测试的数据，从表中可得：

1）总体上，这几款产品谐波控制得都不错，PF 均在 0.96 及以上。

2）4 号产品的 THD_i 远高于其他产品，达 25%。经了解，试验时该产品用错电源。说明驱动与灯的配合非常重要，轻者灯的性能打折扣，重者影响灯的寿命，甚至烧毁灯具。

3）1 号和 2 号灯具 THD_i 明显偏小。用各次谐波进行计算，其计算结果明显大于测试值，需重新测试。第二次试验分别为 4.6%、3.5%，属于正常。

4）各次谐波中，除 8 号 PL 品牌外，大多数试品三次谐波占比最高，符合单相负荷特征。其他次谐波各家差异较大。

12.1.4 LED 灯的电压特性

电压特性主要研究电源电压的变化对 LED 灯光输出的影响。因为照度与光通量成正比关系，所以本试验通过测量不同电压下的照度值来反映出电压与光通量的特性关系。表 12-6 和图 12-4 所示是 7 款 LED 灯在不同输入电压下的照度值。

表 12-5   LED 灯谐波试验数据

编号	1	2	3	4	5	6	7	8
品牌	LS	WJ	SX	XN	TN	CP	CP	PL
标称功率/W	600	1500	600	630	1300	500	760	960
U_{rms}/V	218.62	217.3	218.66	218	227.3	226.9	226.8	227
A_{rms}/A	2.9	7.6	2.8	3.1	5.86	2.26	3.46	4.298
THD_i（%）	0.9	0.8	11.9	25	13.9	8.4	9.1	4.6
有功功率/W	610~620	1640	600~610	640~650	1308	497	763	960
功率因数 PF	0.98~0.99	1	0.97	0.96	0.984	0.982	0.97	0.995
3 次谐波（%）	2	1.9	9.3	15.9	11.9	7.8	8.1	0.3
5 次谐波（%）	1.3	1.4	5.1	6.5	5.3			1.1
7 次谐波（%）	2	1	4.1	4.6	4.4		2.2	1.8
9 次谐波（%）	0.3	0.7	2.1	4.4	1.9	1.8	1.2	1.7
11 次谐波（%）	0.5	0.8	0.8	2.7				1.1
13 次谐波（%）	1.3	0.4	2	2.5	1	3	2.6	2.2
15 次谐波（%）	1	0.1	1	2.2				1.1
17 次谐波（%）	1	0.8	0.2	2.9				0.9
19 次谐波（%）		0.3	0.5	1.7			1.4	0.7
21 次谐波（%）			0.6	2.2				
23 次谐波（%）			0.6	1.9				
25 次谐波（%）			0.7	1.6				
27 次谐波（%）			0.4	2				
29 次谐波（%）			0.4	1.6				
31 次谐波（%）			0.1	1.5				
33 次谐波（%）			0.3	1.4				
35 次谐波（%）				1.6				
37 次谐波（%）				1.3				
39 次谐波（%）							1.3	

表 12-6   不同输入电压下 LED 灯的照度值

电压/V		100	120	140	160	180	200	220	240	260
照度值/（100lx）	WJ	—	450	442	438	436	436	436	432	432
	LS	379	374	368	366	362	360	356	354	352
	MC	229	229	229	229	223	222	220	218	217
	PL	109	121	146	157	156	155	155	155	—
	SX	141	140	139	138	137	136	135	135	134
	TN	—	471	471	472	687	689	684	696	—
	XN	96	96	95	95	95	94	94	93	93

注：1. 测量时，照度计的位置、距离保持不变，各款灯采用同一个照度计进行测量。

2. 灯的最大光强对准照度计。

3. 表中"—"表示不能正常工作。

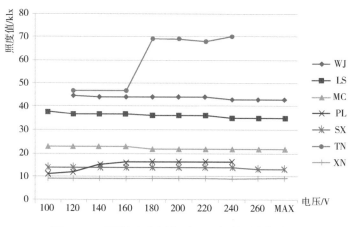

图 12-4 不同输入电压值下 LED 灯的照度折线图

从表 12-6 和图 12-4 可知，除 TN 外，其他品牌的 LED 灯在其有效电压范围内光输出相对稳定，变化很小。据了解，TN 试品当时尚未定型，其中一个模组工作不稳定，测试效果不令人满意。

试验表明，在有效电压范围内，LED 灯光输出保持相对恒定；除少数试品，谐波总体处于较低水平，参见表 12-7 和图 12-5。

表 12-7 不同输入电压下 LED 灯的电流畸变率 THD_i

U/V		100	120	140	160	180	200	220	240	260
THD_i (%)	WJ	—	4.3	6.7	4.8	4.7	4.4	3.5	3.5	49.7
	LS	4.6	4.5	4.7	4.7	4.2	4.0	4.6	6.0	8.1
	MC	3.3	3.6	4.2	4.5	4.9	5.4	5.9	7.0	7.9
	PL	10.2	11.9	11.5	6.2	4.0	4.0	4.7	5.2	—
	SX	6.6	7.7	8.5	9.4	10.2	11.2	11.6	13.9	13.9
	TN	—	12.0	13.3	14.7	13.4	13.7	14.7	14.6	—
	XN	4.1	4.7	5.3	6.2	6.9	7.7	8.7	10.7	11.3

注：表中"—"表示不能正常工作。

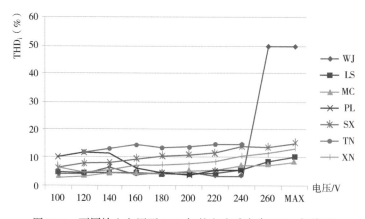

图 12-5 不同输入电压下 LED 灯的电流畸变率 THD_i 折线图

综上所述，LED 灯的电压特性可以概括为以下几点：

1）共有 7 款灯具参与测试，其中 5#灯具（TN 品牌）在低电压范围内中间模块不亮，不满足需要，其他灯具均表现良好。

2）所测试的灯具大多具有良好的电压特性，LED 灯的输入电压在较大范围内变化（多款可从 100～275V）能保持光输出基本不变，光输出变化率大多数低于 10%。在额定电压 ±10% 范围内变化（即 190～242V），光输出的变化率小于 2.5%，远优于金卤灯。

3）除个别极端状态下（输入电源在 260V 及以上）外，电压增加，谐波略有变化，所测产品的 THD_i 均在 15% 及以下。

试验还得出以下附带特性：

1）各试品在有效电压范围内随着灯输入电压增加，灯电流变化不大，但呈现减小趋势。

2）U-PF 特性方面，在有效电压范围内，PF 相对稳定，表现优秀，在 0.93 以上。

12.1.5　LED 灯的调光特性

本次试验研究只有 2#、4#和 9#灯可以调光，它们的调光特性相似，下面以 9#（MC 品牌）为例加以说明，相关测试数据参见表 12-8 和图 12-6。

表 12-8　不同光输出下 LED 灯的相关参数变化情况

照度		电压/V	THD_i（%）
百分数	照度值/（100lx）		
100%	184	220.3	6
91%	168	220.5	7.7
77%	141	220.8	8.5
68%	126	220.75	9.6
55%	102	221	12.3
47%	86	220.8	14.9
38%	69	221	18.9
22%	41	221.1	30
9%	17	221.5	58

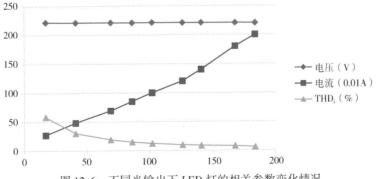

图 12-6　不同光输出下 LED 灯的相关参数变化情况

（图中横坐标为照度值，单位：100lx）

从表 12-8 和图 12-6 可知：

1）调光的过程，LED 灯的端电压基本不变。

2）灯光调暗的过程，电流近似线性减小。

3）灯光调暗的过程，谐波呈现增加的趋势。光输出在额定值 40% 及以上时 THD_i 较小，约为 15% 以下。光输出在额定值 40% 以下时，THD_i 显著增加。

12.1.6 LED 灯的熄弧特性

瞬时启动的 LED 灯不存在熄弧现象，到达峰值电流的时间为毫秒级，因此瞬时启动的 LED 灯具有良好的熄弧特性。相比延时启动的 LED 灯熄弧特性不佳，有秒级的熄弧时间。

而金卤灯的熄弧特性存在不确定性。例如，某国际知名品牌 2000W 金卤灯的熄弧特性，当一个电源断电，另一个电源投入，电源切换时间为 3ms 时仍然存在金卤灯熄灭现象，详见本书第 13.3 节，或参阅参考文献《国家体育场电气关键技术的研究与应用》。

12.1.7 LED 灯的节能特性

LED 灯与金卤灯相比，节能效果非常明显，下面通过两个实例进行说明。

1. 灯位不变，采用原系统

图 12-7 为北京奥体中心击剑馆照明改造项目，原系统为金卤灯，改造采用 LED 照明系统，灯位保持不变，原供配电系统基本不变，主要按原灯位换灯。改造前后相关参数列于表 12-9。

图 12-7 北京奥体中心击剑馆照明改造

表 12-9 北京奥体中心击剑馆照明改造前后情况

参数	单灯功率/W	数量/套	总功率/kW	平均照度/lx	照度功率比/（lx/W）
改造前	400	80	32	750	0.0234
改造后	180	80	14.4	850	0.0590
结论	− 220	0	− 17.6	+ 100	+ 0.0356
			− 55.0%	+ 13.3%	+ 151.9%

注：照度功率比是单位电功率所得到的照度。

改造后，照明总功率只有 14.4kW，不到原金卤灯系统的一半；平均照度提高了 100lx；照度功率比高达 0.0590lx/W，是原系统的 2.52 倍，节能效果显著，照度水平提高。

2. 整体照明系统改造

本案例位于上海浦东一家全民健身的游泳馆（图 12-8），使用频率很高。游泳馆的照明系统属于整体改造，由金卤灯系统改为 LED 照明系统。场地照明重新设计、重新建设，改造前后的相关技术参数列于表 12-10。

图 12-8　上海浦东游泳馆照明改造（本照片由 Musco 提供）

表 12-10　上海浦东游泳馆照明改造前后情况

项目	改造前	改造后	能耗节省
光源	金卤灯	LED	
灯具数量	60	44	减少 18 套
光源功率	27×400W 33×1000W	44×270W	31920W，减少 72.9%
照度/lx	451	555	提高 104lx
照度功率比/（lx/W）	0.010297	0.046717	4.54 倍

从表中可知，改造后灯具数量由 60 套减少到 44 套，减少约 26%；照明总功率由 43.8kW 减少到 11.88kW，减少近 73%；平均照度提高了 104lx；照度功率比是原金卤灯系统的 4.54 倍，提高 78%。整体照明系统改造的节能效果优于原灯位换灯的效果。

3. 小结

综上所述，在节能方面可以得出如下结论：

1）LED 灯在节能方面明显优于金卤灯照明系统，大大减少照明设备安装功率，供配电系统也可以得到简化。

2）通过同一场馆金卤灯系统与 LED 系统对比，LED 照明系统采用整体、统一设计，系统安装功率可大幅度减少，节能优势明显；而保留原照明配电系统，只在原灯位更换 LED 灯，系统安装功率也可减少。

12.1.8 LED 灯的负荷性质

经过对 8 款 LED 灯实测，被测的 LED 灯均呈现高感性特性，见表 12-11。

表 12-11　被测 LED 灯实测的功率因数

品牌	WJ	LS	CP3		PL	SX	TN	XN
产地	中国	中国	中国		欧洲	中国	欧洲	中国
有功功率/W	1640	610~620	497	763	960	600~610	1308	640~650
功率因数	1.00	0.98~0.99	0.982	0.97	0.995	0.97	0.984	0.96

注：表中有的数据不是固定值，每款灯经多次测试，有些数据略有变化。

驱动电源对 LED 灯的负荷性质影响较大，因此，既要防止功率因数过低，又要防止容性化。

12.1.9 LED 灯的温度特性

光源的额定光通量是在环境温度 25℃ 时测得的，温度特性是在不同环境温度下光通量的变化情况。本测试 LED 灯分别为 500W 和 1000W，驱动电源、SPD 与灯具本体一起放进温变试验箱内。试验数据见表 12-12。

表 12-12　试验数据

额定电压：220V；实际输入电压：219.8V；实测 PF=0.99，稳定						
额定功率	500W			1000W		
环境温度/℃	有功功率/W	输入电流/A	照度/lx	有功功率/W	输入电流/A	照度/lx
-25	493.5	2.261	27179	951.4	4.284	34723
-20	492.4	2.256	24969	950.1	4.212	35751
-15	490.9	2.25	21391	949.8	4.177	36017
-10	488.6	2.24	23844	948.4	4.17	35855
-5	487.1	2.233	23343	946.5	4.062	34596
0	485.8	2.227	25825	943.7	4.011	32001
5	484.3	2.221	25812			
10	480.4	2.202	22739	940.3	4.045	2660
15	475.4	2.18	26150			
20	474.7	2.182	21617	939.1	4.077	32163
25	475.1	2.184	21701	938.2	4.063	31936
30	470.7	2.165	21143	936.3	4.058	33428
35	468.8	2.154	20861			
40	468	2.15	20959	935.1	4.077	32524
45	470	2.147	20830			
50	466.3	2.144	20188	927.2	4.047	29191
55	466.6	2.146	20175			
60	469.1	2.156	19895	925.3	4.046	31173

（续）

额定电压：220V；实际输入电压：219.8V；实测 PF = 0.99，稳定					
额定功率	500W			1000W		
环境温度/℃	有功功率/W	输入电流/A	照度/lx	有功功率/W	输入电流/A	照度/lx
65	468.7	2.155	19737			
70	468.5	2.155	19373	923.7	4.071	30304
平均值		2.1904	22387		4.1	33023
最大值		2.261	27179		4.284	36017
最小值		2.144	19373		4.011	29191
U_1 = 最小值/最大值		94.80%	71.30%		93.60%	81.00%
U_2 = 最小值/平均值		97.90%	86.50%		97.80%	88.40%

注：1. 采用调压器，电压比较稳定，在 220.2 ~ 220.3V。

2. 照度为三次测量的平均值。

对表 12-12 数据进行简单分析，得出不同环境温度下的灯输入电流，如图 12-9 所示。

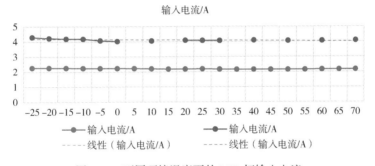

图 12-9　不同环境温度下的 LED 灯输入电流

由图 12-9 可知，不同环境温度下的 LED 灯输入电流近似恒定，受环境温度影响不大。

$U_1 = I_{i.\,min}/I_{i.\,max}$ 为灯输入电流最小值与最大值之比，由表可知，对于 500W 的 LED 灯，该值仅为 94.8%，1000W 的为 93.6%。

$U_2 = I_{i.\,min}/I_{i.\,ave}$ 为灯输入电流最小值与平均值之比，同样由表可知，500W 的 LED 灯，该值仅为 97.9%，1000W 的为 97.8%。

因此，环境温度从 -25 ~ 70℃ 范围内，灯输入电流变化甚微。

同样，由图 12-10 可知，不同环境温度下的 LED 灯光输出也近似恒定，受环境温度影响不大。

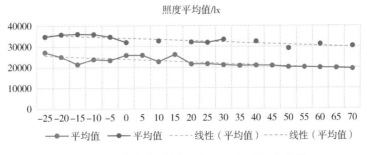

图 12-10　不同环境温度下的 LED 灯光输出曲线

感谢本书参编单位三雄极光提供试验场地、器材和仪器！

12.1.10　LED 灯与金卤灯电气特性的比较

综上所述，体育场馆的场地照明从金卤灯时代进入到 LED 时代，两者的电气特性进行比较，见表 12-13，LED 灯占据绝对优势，可以认为 LED 场地照明系统具备替代金卤灯系统的技术条件。

表 12-13　金卤灯场地照明系统与 LED 场地照明系统在电气特性方面的比较

特性类别	性能对比		评价	
	LED	金卤灯	LED	金卤灯
负荷性质	呈现高感性特征，无需无功补偿	感性负载，功率因数较低，需要无功补偿	★	
电压特性	比较宽泛的电压范围，且光输出稳定	电压变化对光输出影响很大	★	
启动特性、冲击特性	启动时间短	启动时间长	★	
	启动过程存在十几倍甚至几十倍的峰值电流	启动电流不足 2 倍		★
谐波特性	所测样本谐波较小	相对偏大	★	
调光特性	非常容易实现调光，可实现与观众互动，活跃赛场气氛	难度大，大容量不可调	★	
温度特性	在宽泛的温度范围内光通量变化甚微，可忽略不计	—	★	
熄弧特性	无弧可熄，电源转换时间决定熄弧的时间	熄弧时间 10～20min	★	
节能	同等照明效果，LED 系统小于 50% 金卤灯容量		★	

注：★表示在该方面占优。

12.2　LED 场地照明的保护类型和设置原则

12.2.1　LED 场地照明的保护类型

对于奥运会及类似级别的比赛，保护不应该留有死角，同时要求场地照明不能因为保护的误动作而中断照明影响比赛。根据目前断路器的现状，脱扣器的保护类型按其动作特性曲线大致可以分为几种类型，见表 12-14。

表 12-14　断路器脱扣器的保护特性曲线类型

类型	瞬时脱扣电流	应用场所
A 型	$(2 \sim 3) I_n$	适用于保护半导体电子线路，带小功率电源变压器的测量线路，或线路长且短路电流小的系统
B 型	$(3 \sim 5) I_n$	适用于住户配电系统，家用电器的保护和人身安全保护
C 型	$(5 \sim 10) I_n$	适用于保护配电线路以及具有较高接通电流的照明线路
D 型	$(10 \sim 20) I_n$	适用于保护具有很高冲击电流的设备，如变压器、电磁阀、电动机回路等

根据 12.1 节的试验，启动时峰值电流可达 30 倍之多，对于重要赛事或活动，如果采用瞬时启动的 LED 场地照明设备，D 曲线脱扣器的断路器也存在误动作的可能；如果选用延时启动的 LED 场地照明灯具，应选用 C 曲线脱扣器的断路器。

由于 LED 照明是新技术，许多标准尚未完善。为了解决 LED 灯的保护问题，我们会同本书的参编单位——贵州泰永长征技术股份有限公司共同研发一款符合 LED 灯特性的断路器，为 LED 照明回路量身定制，与 LED 灯的特性相吻合，能成功化解启动时大的冲击电流，避免误动作。该技术已获国家专利。

12.2.2　LED 场地照明保护的设置原则

根据以上试验及分析，LED 场地照明配电系统属于终端配电，其保护建议按以下原则设置：

1）LED 场地照明的保护类型宜按表 12-15 设置。

表 12-15　LED 场地照明保护类型

保护类型	设置建议	设置原则
短路保护	√	防止因短路造成设备损坏和事故发生
过负荷保护	○	高等级场馆过负荷保护可作用于报警、信号，不可切断电源；低等级场馆可设置过负荷保护
接地故障保护	○	高等级场馆建议接地故障保护可作用于报警、信号，不可切断电源
电弧故障保护	○或×	建议该保护作用于报警、信号，不可切断电源；或不设

注：√——应设置；○——可设置，但作用于报警；×——不应设置。

2）场地照明终端配电箱的进线处不建议设保护电器，只设隔离电器。

进线处设置保护电器增加了保护级数，不利于保护选择性的配合。进线保护可由上一级保护电器承担。

在进线侧设置隔离电器便于检修、维护时使用，在电源与负荷（即 LED 灯）之间形成断点，保障检修、维护人员的安全。

3）出线回路保护电器的保护特性应与 LED 灯具的特性相匹配。当采用瞬时启动的 LED 照明设备时，建议选用 LED 专用型断路器或对驱动电源提出限制性指标；当选用延时启动的 LED 照明灯具，可选用 C 曲线脱扣器的断路器。

由于 LED 的冲击特性比较特殊，启动时的峰值电流倍数达 30 倍，据著名的施耐德电气"Lighting technical guide"（照明技术指南）介绍，LED 灯最大峰值电流倍数近 250 倍。因此，现行的断路器 C 曲线脱扣器保护类型不能满足需要。

4）场地照明配电系统的每个出线回路所带 LED 灯的容量需与该回路的保护电器整定值和控制电器额定值相匹配。

该原则要求保护电器能真正起到保护该回路的作用，控制电器能可靠地控制该回路的开关控制。

5）场地照明分支回路中不应采用一个三相断路器保护三个单相分支回路。

该原则可以防止因某个分支回路故障造成三相断路器跳闸，影响非故障分支回路正常照明。

6）当 LED 照明灯具为相间负荷时，应采用两极保护电器和控制电器。

大功率的 LED 场地照明灯具有 380V 相间负荷，分别接在两个相线上，此时该回路需采用两极保护电器和控制电器。

7）场地照明主回路用的接触器应与 LED 场地照明灯具的特性相匹配。

接触器本身没有保护功能，保护由该回路中的保护电器完成，因此需要接触器能承受正常的大电流。该原则可以防止接触器被烧毁或触点粘连，保证 LED 灯的正常使用。

12.3 LED 场地照明的配电线缆的设置要求

根据 12.1 节的试验及分析，LED 场地照明配电系统的线缆建议按以下原则设置：

1）高等级场馆的场地照明用线缆应采用铜材质导体，不可使用铝、铝合金、铜包铝材质的导体。

铜芯线缆在导电性能、机械性能、可靠性等方面均优于铝芯、铜包铝和铝合金芯线缆，高等级场馆的场地照明负荷等级高，故此要求采用铜材质导体。

2）线缆载流量需考虑谐波的影响。

①不采用 UPS 或 EPS 的回路，其降低系数取 1.0。

②采用 UPS 或 EPS 的回路，3 次谐波占比较大，降低系数按表 12-16 选择。

表 12-16 4 芯和 5 芯电缆存在谐波电流时的降低系数

相电流中三次谐波分量（%）	降低系数		备注
	按相电流选择截面	按中性导体电流选择截面	
0～15	1	—	谐波相对较小，对导体选择影响不大，正常选择
15～33	0.86	—	谐波相对较大，对导体选择有影响。相导体载流量需计入 0.86 的系数，也就是相导体截面面积要加大
33～45	—	0.86	谐波相对大，对导体选择影响较大。导体应按照 N 导体选择，N 导体的载流量需计入 0.86 的系数，即 N 导体截面面积要加大
＞45	—	1	谐波相对很大，对导体选择影响大。导体也应按照 N 导体选择，N 导体的载流量需计入 1 的系数，即 N 导体截面面积要加大

注：相电流的三次谐波分量是三次谐波与基波（一次谐波）的比值，用% 表示。

③采用 UPS 或 EPS 的回路，多次谐波占比较大，总的电流均方根值按式（12-1）计算。

$$I_1 = \frac{I}{\sqrt{1 + THD_i^{\ 2}}} \tag{12-1}$$

式中 I——总的电流均方根值（A）；

$\quad\quad I_1$——基波电流（A）；

$\quad$ THD_i——电流谐波总畸变率。

没有采用 UPS 或 EPS 的回路谐波含量较低，主流产品的 THD_i 不足 12%，大部分在 10% 以下，可以不考虑谐波的影响。

对于带有 UPS 或 EPS 的配电系统，谐波的影响取决于 UPS 或 EPS 的谐波情况。如对北京某国家级的场馆调研表明，带有 UPS 的 LED 场地照明系统中含有大量的 5 次和 7 次谐波，对线缆载流量的影响较大，选择线缆时需要校正，校正系数按图 12-11 取值。图中横坐标为 THD_i，纵坐标为校正系数 K，$K = I/I_1$。

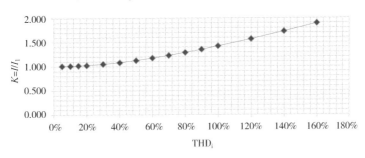

图 12-11　谐波影响的校正系数

计入谐波的影响后，包含各次谐波的总电流 $I = KI_1 \geqslant I_1$。因此，谐波增大了电流，对线缆的选择、保护设置等都产生相应的影响，可参阅《低压配电设计解析》10.4.2。

3）场地照明配电线缆的截面和长度应满足线缆压降的要求，LED 场地照明灯具端子处的电压偏差允许值宜为 ±10%。

根据 12.1 节可知，LED 灯具有良好的电压特性，LED 灯端子处电压偏差在 ±10% 范围内对光输出的影响可以忽略不计。

12.4　LED 场地照明的供电电源及配电系统设置要求

1）体育场馆的电源不建议采用有载调压变压器。

尽管《体育建筑电气设计规范》（JGJ 354—2014）和《体育场馆照明设计及检测标准》（JGJ 153—2016）对体育建筑中有载调压变压器的选用有相关条款要求，但有载调压变压器的使用是有苛刻的条件：

①电压偏差或波动不能保证照明质量或光源寿命。

②技术经济合理。

但是，LED 场地照明具有良好的电压特性，电压的影响可以忽略不计。另外，有载调压变压器的调压开关不仅昂贵，而且成为供配电系统的"命门"，一旦其出线故障，对整个供配电系统会产生灾难性后果。

2）甲级、特级场馆的场地照明应由双重电源同时供电，且每个电源应各承担50%的场地照明灯具。在重大赛事时，建议50%的场地照明由发电机组供电，另外50%的场地照明由市电电源供电。参见本书第9.1节。

重大赛事的发电机组一般由专业机构提供，对发电机组的维护、保养、运行等具有丰富经验，供电可靠性高，与市电形成真正的两套独立电源。

3）电源级双电源转换如果采用自动转换开关电器（ATSE）时宜选择PC级、三位置、四极、专用的ATSE。必要时可采用带旁路的ATSE。负荷级的ATSE应选用PC级、专用型的自动转换开关电器。PC级的ATSE需与其前面的短路保护电器相配合。

4）ATSE应具有"自投自复""自投不自复""互为备用"和"手动"等四种可选工作模式，在重要比赛或集会期间，ATSE宜选择在"自投不自复"工作模式。

带负荷进行电源转换存在一定的风险，所带负荷容量越大，风险也越大。在重要比赛或集会期间，建议ATSE选择在"自投不自复"工作模式，如果在比赛或活动期间遇到一个电源断电，ATSE可成功地进行电源转换；当该电源恢复供电后，不必冒险再转换回来，直到比赛或活动结束。

5）场地照明配电系统可参考，且不局限于以下几种。

下文中的配电级数划分如下：变压器低压侧为一级配电，设置在变电所内；二级配电为区域级的配电，电源由一级配电引来，出线到终端配电（即三级配电）；三级配电位于负荷侧，直接为负荷（灯具）供电。

①场地照明二级配电系统参考方案，如图12-12所示。

A. 场地照明的二级配电引自两个不同的电源，根据需要设置UPS。一般情况，高等级场馆带UPS的系统带50%的场地照明。

B. 二级配电装置、UPS安装在场地照明配电间。

C. 二级配电的出线回路数量由设计定。MCCB为塑壳断路器，其脱扣器类型为C曲线。

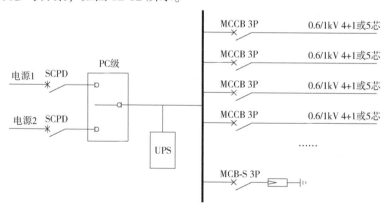

图12-12 场地照明二级配电系统方案

D. PC级的ATSE要求见本书第9.1节。

E. SPD前面的保护电器MCB-S应为SPD专用型产品，其选择要求详见本书第9.1节。

②场地照明终端配电系统参考方案，如图12-13所示。

A. 场地照明的终端配电引自场地照明二级配电装置。

B. 终端配电系统出线回路数量由设计确定。

C. MCB为微型断路器，建议采用LED专用型产品。

D. QAC 为接触器，如果回路额定电流不大，可直接采用智能照明控制系统的控制模块。QB 为隔离开关。

E. 终端配电需评估确定是否需要设置 SPD，一般室外场地照明需要设置。如需设置，其前面的保护电器 MCB-S 应为 SPD 专用型产品，其要求详见本书第 9.1 节。

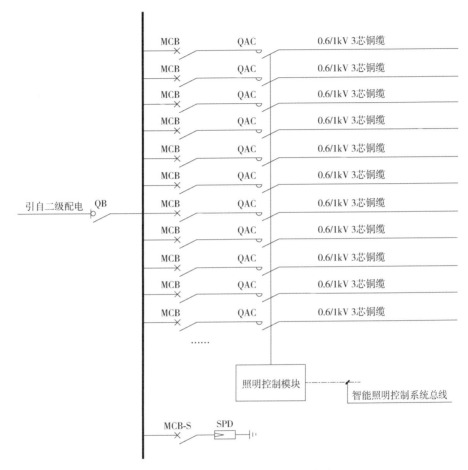

图 12-13　场地照明终端配电系统方案

12.5　基于人工智能算法的体育照明优化研究

12.5.1　体育照明设计的关键参数

体育场馆向着专业化、智能化方向发展，这对体育照明设计提出了更高的要求。在体育照明设计过程中，需执行相关标准，详见本书第 5 章。当各标准对体育照明的光参数有不同要求时，需执行最严格的参数要求。总结第 5 章体育照明主要光参数，光源参数是光源本身的属性，设计师首先要选择符合要求的光源。其他光参数与设计过程有很大关系。设计过程中的每一个灯具布置的细节都将影响最终光参数的输出结果，这些细节包括光源与场地的位置关系（三维坐标）、灯具光束角的选择、灯具的瞄准角以及灯具数量。

现代体育照明的设计通常需要照明软件进行辅助计算和仿真。本研究以开放、免费的DIALux4照明计算软件为工具来进行优化设计。

体育照明的设计步骤通常为：设计师首先是在软件中建立模型，然后要根据经验选择灯具，在模型中进行灯具排布，包括灯具位置和瞄准角，然后通过软件进行仿真。将仿真结果与标准值进行对比，反复调整灯具布置，直至满足照明各项光参数要求，如图12-14所示。

反复地调整灯具布置并进行仿真，这个过程会持续几次到几十次不等，这由设计师自身经验所决定。从布置到仿真到调整，这个过程有两个突出问题：一是为满足设计要求，需要人工手动不断地调整灯具布置参数，过程繁琐、耗时；二是即使最终结果满足要求，设计者也并不知道这个设计结果是否为最优解，即用最少数量的灯具满足标准要求。鉴于此，我们寻求新的方法来解决这两个问题，就是通过某些人工智能算法，使计算机预测灯具布置参数，辅助设计师快速、准确地布置灯具，且使设计结果无限趋近最优解。

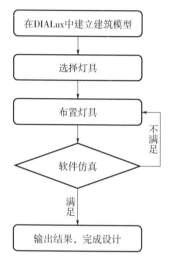

图12-14　体育照明设计主要步骤

12.5.2　人工智能算法在体育照明设计中的作用

体育照明设计之所以繁琐、复杂，是因为它是一个多输入多输出的系统，即输入的影响因子多，输出的光参数标准多，如图12-15所示。

1. PSO算法

粒子群优化算法（Particle Swarm Optimization，PSO）是一种精度高，易于计算的智能算法，其迭代原理为：PSO确定粒子长度，初始化粒子位置、速度和种群数量。根据下式计算粒子速度并更新粒子位置，判断其是否超出粒子位置，超出则以边界值代替。重新计算适应度后，更新个体极值与群体极值，并记录新的极值所对应的粒子位置。如此迭代直至满足要求。

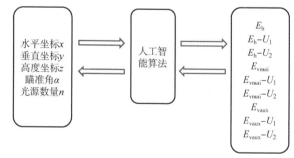

图12-15　输入输出参数

$$V_{i,k+1} = w(k)V_{i,k} + c_1 r_1 (P_{P,k} - X_{i,k}) + c_2 r_2 (P_{g,k} - X_{i,k}) \tag{12-2}$$

$$X_{i,k+1} = X_{i,k} + V_{i,k+1} \tag{12-3}$$

$$w(k) = w_s - (w_s - w_e)K/I_{max} \tag{12-4}$$

式中　$V_{i,k}$、$X_{i,k}$——第 k 次循环中第 i 个粒子的速度和位置；

　　　　r_1、r_2——0 ~ 1 的随机数；

c_1、c_2——非负常数，称为加速因子；

$w(k)$——线性递减惯性权值；

I_{max}——最多迭代次数；

w_s、w_e——初始权重、最终权重，$w_s > w_e$，这样能够保证 $w(k)$ 越来越小，使算法在迭代过程中有较强的局部搜索能力。

2. PSO 优化 SVM

支持向量机（Support Vector Machine，SVM）建立在统计学理论技术上，是结构风险最小化的近似实现。支持向量机算法避免了人工神经网络等方法的网络结构选择、过学习和欠学习，它可以提供一个在大量训练数据之间只有少数向量的全局优化的分离边界，并且近几年支持向量机在大量的工程中应用。支持向量机中参数的寻优没有具体的模式，故本节采用粒子群算法对参数寻优。

假设训练样本集 (x_i, y_i)，$i = 1, \cdots n$，$x_i \in R^n$，$y_i \in R$，x_i 为输入变量，y_i 为输出变量，假设 $\varphi(x)$ 能够将样本从低维转化到高维空间，则 SVM 在特征空间中构造非线性回归函数可表示为：

$$\hat{f}(x,\omega) = w\varphi(x) + b \tag{12-5}$$

$\varphi(x)$ 引入不敏感损失系数 ε，对于系统拟合误差，引入惩罚系数及松弛变量 c（$c > 0$）及松弛变量 $\alpha_i \geqslant 0$ 与 $\alpha_i^* \geqslant 0$（$i = 1, 2, \cdots, s$），则目标函数：

$$\min \frac{1}{2} \|\omega\|^2 + c \sum_{i=1}^{s} (\alpha_i + \alpha_i^*) \tag{12-6}$$

引入拉格朗日乘子 δ_i：

$$L(\omega,b,\delta,\varepsilon,\alpha) = \frac{1}{2}\|\omega\|^2 - c\sum_{i=1}^{s}(\alpha_i + \alpha_i^*) - \sum_{i=1}^{s}\delta_i\{\varepsilon + \alpha_i - y_i + [\varphi(x_i)\omega + b]\} -$$

$$\sum_{i=1}^{s}\delta_i^*\{\varepsilon + \alpha_i^* + y_i - [\varphi(x_i)\omega + b]\} \tag{12-7}$$

$K(x_i, x_j) = \varphi(x_i)\varphi(x_j)$，转化为标准模型为：

$$\max_{\delta,\delta_i^*}\left\{-\frac{1}{2}\sum_{i=1}^{s}\sum_{j=1}^{s}(\delta_i - \delta_i^*)(\delta_j - \delta_j^*)K(x_i,x_j) + \sum_{i=1}^{s}y_i(\delta_i - \delta_i^*) - \varepsilon\sum_{i=1}^{s}y_i(\delta_i + \delta_i^*)\right\}$$

$$\tag{12-8}$$

则可求得 ω^*，b^* 为：

$$\omega^* = \sum_{i=1}^{s}(\delta_i - \delta_i^*)\varphi(x_i) \tag{12-9}$$

$$b^* = \frac{1}{N_{sv}}\left\{\sum_{0 < \delta_i < c}\left[y_i - \sum_{x_i \in sv}(\delta_i - \delta_i^*)K(x_i,x_j) - \varepsilon\right] + \sum_{0 < \delta_i < c}\left[y_i - \sum_{x_j \in sv}(\delta_i - \delta_i^*)K(x_i,x_j) + \varepsilon\right]\right\}$$

$$\tag{12-10}$$

N_{sv} 为支持向量数量，SVM 回归函数为：

$$f(x,\omega) = \omega^*\varphi(x) + b^* = \sum_{sv}(\delta_i - \delta_i^*)K(x_i x) + b \tag{12-11}$$

$K(x_i, x_j)$ 为核函数。

PSO-SVM 算法的基本步骤：

对于 SVM 模型，其中有线性核函数、多项式核函数、径向基核函数可以选择，通过对数据的仿真，选取训练效果较好的核函数。

步骤一　首先录入训练集样本数据与测试集数据，初始化 SVM 模型参数。

步骤二　利用粒子群优化算法对 SVM 模型参数中的惩罚参数 C 与核函数参数 σ 进行优化，首先对粒子群算法进行初始化设置，包括种群最大迭代次数，惯性权重 ω，加速因子 c_1、c_2，确定粒子初始位置个体极值 pBest 和粒子群最优位置 gBest。

步骤三　计算粒子群中每个粒子的适应度。

步骤四　将每个粒子当前最优位置 pBest 与粒子群最优位置 gBest 比较，将最优解设置为当前最好位置 gBest。

步骤五　更新粒子的速度和位置，速度和位置的更新方程。

步骤六　将优化后的惩罚参数 C 与核函数参数 σ 写入 SVM 分类器模型，用训练集训练模型，判断模型识别率是否为最优，若满足，则输出该最优模型下的惩罚参数 C 和核函数参数 σ；若不满足，返回步骤四重新计算粒子适应度。

3. PSO-SVM 模型应用及结果分析

通过线性核函数、多项式核函数和径向基核函数对训练样本的仿真对比，发现径向基核函数表现最优，故选择径向基核函数。

在选定径向基核函数之后，设置 PSO 算法的种群最大迭代次数 $t_{max} = 1000$，$c_1 = 1.5$，$c_2 = 1.7$，惯性权重 ω 为 1，惩罚参数的范围为（0.1，100），核函数参数的范围为（0.01，100）。适应度曲线如图 12-16 所示。通过 PSO 优化后 SVM 中最优惩罚参数与核函数参数为：$\text{best}c = 6.2443$，$\text{best}\sigma = 0.1200$。

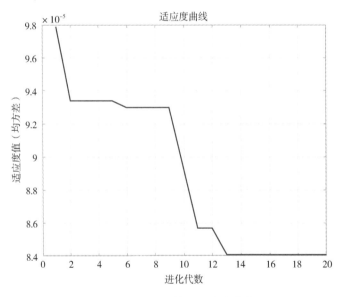

图 12-16　粒子群算法适应度曲线

采用 DIALux 建立体育场模型，调整影响因子时得到的数据，并将这些数据做定性量化处理。选取平均水平照度及其均匀度 U_1，U_2，主摄像机方向上的平均垂直照度及其均匀度 U_1，U_2，辅摄像机方向上的平均垂直照度及其均匀度 U_1，U_2，光通量，灯具安装高度，灯具的瞄准角共 12 项指标。

4. 优化设计流程

当运用 PSO-SVM 算法后，照明设计的流程如图 12-17 所示。

该优化流程中，人工智能算法辅助设计师完成了最主要的灯具数量选择、灯具布置及灯具瞄准角选择，高效解决了照明设计中最为繁琐的工作。即使仿真过程中出现不符合标准的光参数指标，也只需设计师对灯具进行局部微调，即可满足标准要求，微调的次数远远小于不用人工智能算法时调整灯具布置的次数，大大节省了照明设计时间。

笔者尝试使用可控精英策略和可变人口规模相结合的方法（MFGA）来优化灯具的瞄准点，此种方法可预测出每一个灯具的瞄准角，使仿真更加精准。

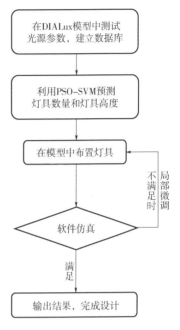

图 12-17　利用 PSO-SVM 优化体育照明的流程

12.5.3　马达加斯加国家体育场场地照明优化应用

马达加斯加国家体育场（图 12-18）是一个海外 EPC 改造项目，项目位于马达加斯加共和国首都塔那那利佛，原有座席约 15000 座，改造后约 4 万座，可举办非洲杯足球比赛。之所以选择该项目作为体育照明优化设计对象，其一，本项目布灯方式为场地四角布置，布置方式简单。由于灯杆水平坐标相对固定，能减少影响因子中的水平坐标 x 和垂直坐标 y，降低线性函数的维数，对 PSO-SVM 模型拟合与泛化能力进行提高。其二，本项目在接手前已有一版体育照明设计，方便将优化设计与原始照明设计进行数据对比分析，验证优化设计效果。

图 12-18　马达加斯加国家体育场

优化设计步骤如下：

第一步,选择合适光源后,在 DIALux 模型中测试光源参数,建立数据库。为了与原始数据对比更客观,优化设计直接使用了原 DIALux 模型与光源的光学参数,即相同功率、相同配光曲线。在模型中,一共测试了 230 组数据,将数据随机分为 200 组 PSO-SVM 模型训练样本数据与 30 组测试集数据,并进行训练、仿真。

第二步,在建立的 PSO-SVM 模型中预测灯具数量、高度与瞄准角。在模型中灯具光通量、水平平均照度、主辅摄像机方向上的垂直平均照度和照度均匀度为输入量,灯具数量及安装高度为输出量。经预测,本项目使用 1200W LED 灯 324 盏,灯具安装高度的中心点距地 48m。需要说明的是,因布灯方式简单,本项目瞄准角的预测一并使用 PSO-SVM 模型进行预测,未使用 MFGA 算法进行预测。在 PSO-SVM 模型中,瞄准角只能给出一个灯杆上所有灯具投射角的平均值,需要后期人工进行手动微调灯具瞄准角。

图 12-19 优化设计人机交互界面

在 MATLAB 的 GUI 功能中设计了人机交互界面(图 12-19),将水平平均照度、主摄像机方向上的垂直照度、1 号 2 号辅摄像机方向上的垂直照度输入到 GUI 界面中,输出得到四角灯杆灯具数量、瞄准角和灯具高度。

第三步,根据计算结果,在 DIALux 模型中布置灯具,进行仿真计算,得出场地相关的光参数。图 12-20、图 12-21 为优化前后照明效果的比较,参见表 12-17、表 12-18。

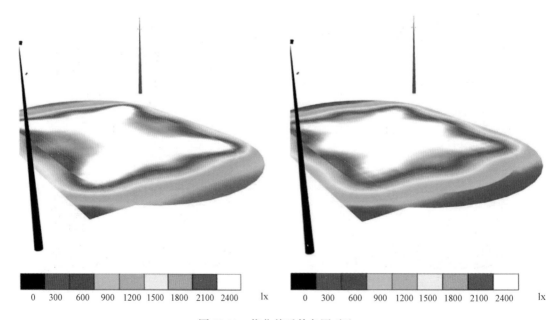

图 12-20 优化前后伪色图对比

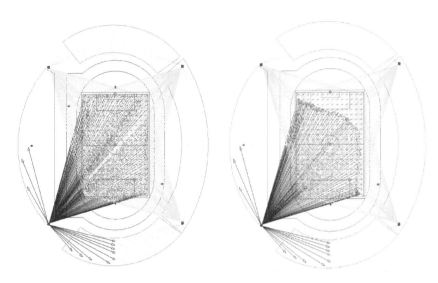

图 12-21　优化前后瞄准角对比

表 12-17　优化前后光参数的对比

参数	标准值 （FIFA 2011 V 级）	优化前	优化后
E_h/lx	≤3500	2453	2429
U_1	0.6	0.83	0.73
U_2	0.8	0.89	0.83
E_v（固定）/lx	2000	2079	2011
U_1	0.6	0.73	0.65
U_2	0.7	0.81	0.77
E_v（场地）/lx	1800	1933	1856
U_1	0.4	0.48	0.55
U_2	0.65	0.57	0.68

　　设计该项目时，FIFA 尚未推出 2020 版标准，故采用 FIFA 2011 版标准。由表 12-17 可以看出，优化设计解决了原设计某辅摄像机垂直照度均匀度未达标的问题。优化后的指标满足标准要求，且更趋近标准值，从设计角度来说各项指标是趋于最优解。

表 12-18　优化前后灯具数量、总功率的对比

类别	优化前	优化后	备注
灯具数量/盏	360	324　↓	优化后灯具减少 36 盏
总功率/kW	432	388.8　↓	优化后照明安装总功率减少 43.2kW

　　由表 12-18 可以看出优化设计后，照明灯具减少了 36 盏，照明安装总功率减少 43.2kW，占总功率的 10%。灯具的减少，同时带来照明配电系统如开关、电缆、控制回路及相应的配电箱柜、控制柜，以及灯杆荷载等一系列减少，既节电又节材。

第13章 金卤灯体育照明的研究

13.1 场地照明功率密度（LPD）的研究

体育场馆的场地照明标准高，单灯功率大，灯具数量多。从实际工程反馈的信息看，设计水平相差很大。以 2006 年世界杯赛场为例，同样是国际足联要求的场地，即 68m × 105m，Hanover 体育场场地照明安装功率约 346kW 即可达到主摄像机方向的垂直照明 1500lx 以上；而 Hamburg 体育场要用约 575kW 的场地照明实现相同的照明标准。同为足球专业体育场，后者与前者照明安装功率之比高达 1.66 倍。因此，从节约能源，减少投资，节省运行成本出发，应对体育场馆的场地照明功率密度进行限定。本专题研究从实际工程调研出发，通过数据分析得出相关结论。

本研究通过采集相关数据，并对数据进行分析、处理，从中得出所需的结论。本研究共采集了 87 个体育场馆的相关数据，如图 13-1 所示。

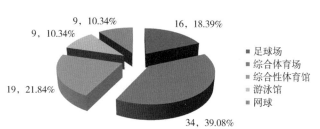

图 13-1 调研体育场馆的分布情况

13.1.1 工程调查

调查中涉及如下要求和约定条件：

1）单灯功率包括镇流器的额定功率，不同厂家、不同规格的镇流器功率不一样。

2）场地照明总功率 = Σ（单灯功率 × 灯具数量）。

3）LPD 值 = 场地照明总功率/场地面积 PA，PA 不包括缓冲区。

4）平均垂直照度为主摄像机方向上的垂直照度。

5）LPDI 为折算成每平方米场地面积、每 100lx 垂直照度的安装容量。

6）平均值 = 表中各场馆的算术平均值。

7）除峰平均值：除去离散较大的数据后，剩余部分的算术平均值。

1. 足球专用体育场

本次调查了 16 座足球专用的体育场（表 13-1），其中国内体育场 2 座，国外世界杯场地 14 座。场地面积为 PA = 105 × 68 = 7140（m²）。这些场地的主摄像机方向上的垂直照度均在 1500lx 以上，满足国际足联当时的顶级赛事要求。

表 13-1　足球专用的体育场

体育场名称	单灯功率/W	灯具数量	场地照明总功率/W	场地面积/m²	LPD/(W/m²)	LPDI/[W/(100lx·m²)]	平均垂直照度/lx	备注
安联体育场	2163	232	501816	7140	70.28	4.69	1500	
凯泽斯劳滕体育场			501816	7140	70.28	4.69	1500	
法兰克福体育场	2163	176	380688	7140	53.32	3.33	1600	
科隆体育场	2163	210	454230	7140	63.62	3.98	1600	
莱比锡岑特拉尔体育场	2163	224	484512	7140	67.86	3.99	1700	2006 年世界杯场地，数据来源于 FIFA
多特蒙德体育场			601314	7140	84.22	4.01	2100	
盖尔森基兴体育场	2163	212	458556	7140	64.22	2.68	2400	
汉诺威体育场	2163	160	346080	7140	48.47	3.23	1500	
汉堡体育场	1880	204	383520	7140	53.71	3.58	1500	
首尔体育场	2163	268	579684	7140	81.19	3.69	2200	2002 年世界杯
神户体育场			520336	7140	72.88	5.92	1230	
马赛体育场			337637	7140	47.29	3.15	1500	
图卢兹市政体育场			408304	7140	57.19	3.81	1500	1998 年世界杯
里昂兰德体育场			424008	7140	59.38	3.71	1600	
天津泰达足球场工程	2200	480	1056000	7140	147.90	7.39	2000	
上海金山体育场	2200	252	554400	7140	77.65	3.88	2000	
平均值					69.97	4.11		
最小值					47.29	2.68		
最大值					147.90	7.39		
除峰平均值					64.77	3.83		

从表 13-1 可以看出，各场馆场地照明功率密度相差较大，最小值 LPD 仅为 47.29W/m²，最大为 147.9W/m²。

2. 综合性体育场

本次调查了 34 座综合性体育场（表 13-2），体育场功能包括足球和田径。其中有奥运会主场、足球世界杯场地、世界田径锦标赛场地、全运会场地等。场地面积为 PA，符合国际田联和国际足联的场地要求，田径为 400m 标准赛道，面积约 16243m²，设计取值 17000m²。

表 13-2　综合性体育场

名称	单灯功率/W	灯具数量	场地照明总功率/W	场地面积/m²	LPD/(W/m²)	LPDI/[W/(100lx·m²)]	对应的平均垂直照度/lx	备注
中国国家体育场（鸟巢）	2163	594	1284822	17000	75.58	3.78	2000	2008 年奥运主场
雅典奥林匹克体育场	2163	579	1252377	17000	73.67	3.68	2000	2004 年奥运主场
戈特利布戴姆勒体育场			908460	17000	53.44	2.67	2000	2006 年世界杯场地
弗兰肯体育场			692160	17000	40.72	2.26	1800	2006 年世界杯场地
北京朝阳体育场			657552	17000	38.68	2.76	1400	
南京奥林匹克体育场			793821	17000	46.70	4.67	1000	2005 年全运会主场
赫尔辛基奥林匹克体育场			542913	17000	31.94	2.75	1160	2005 年田径世锦赛
广州奥林匹克体育场			777348	17000	45.73	3.05	1500	2001 年全运会主场
呼和浩特体育场	2078	268	556904	17000	32.76	2.08	1577	田径
济南体育场	2163	522	1129086	17000	66.42	3.21	2072	2009 全运会田径
山西体育场	2163	453	979839	17000	57.64	3.86	1495	设计值
杭州体育场	2163	625	1351875	17000	79.52	3.92	2031	田径
南昌体育场	2163	372	804636	17000	47.33	3.20	1479	城运会主场/田径
泗阳体育场	2163	327	707301	17000	41.61	4.03	1032	田径
福州体育场	2163	558	1206954	17000	71.00	3.07	2310	田径
大同体育场	2163	302	653226	17000	38.43	3.34	1151	田径
大连体育场	2165	510	1104150	17000	64.95	3.25	2000	田径，第12 届全运会
马鞍山体育场	2163	550	1189650	17000	69.98	3.05	2292	田径场地
山西体育中心	1560	464	723840	17000	42.58	3.04	1400	
贵州省新体育场改造工程	1560	168	262080	17000	15.42	1.54	1000	
天津团泊湖足球场	1560	220	343200	17000	20.19	2.02	1000	

（续）

名称	单灯功率/W	灯具数量	场地照明总功率/W	场地面积/m²	LPD/（W/m²）	LPDI/[W/(100lx·m²)]	对应的平均垂直照度/lx	备注
重庆南川区体育场	1560	144	224640	17000	13.21	1.32	1000	
泉州市海峡体育中心体育场	1560	508	792480	17000	46.62	2.33	2000	第 6 届农运会场地
荣成市文体中心体育场	1560	280	436800	17000	25.69	1.84	1400	第 11 届全运会
广州大学城中心区体育场	2200	328	721600	17000	42.45	3.03	1400	2010 年亚运会
昆明星耀体育中心	2200	208	457600	17000	26.92	1.79	1500	2007 年残运会
厦门市体育中心体育场	2200	196	431200	17000	25.36	1.81	1400	中超场地
广东佛山世纪莲体育场	2200	368	809600	17000	47.62	2.38	2000	2007 亚运会、世界杯外围赛
重庆奥林匹克体育中心体育场	2200	334	734800	17000	43.22	2.54	1700	2004 年亚洲杯
乌鲁木齐红山体育场	1560	220	343200	17000	20.19	2.02	1000	第 10 届全运会主场
重庆涪陵体育中心	1560	368	574080	17000	33.77	2.81	1200	第 2 届农民运动会
泰国国家体育场	2200	300	660000	17000	38.82	1.94	2000	
尼日利亚体育场	1560	216	336960	17000	19.82	1.98	1000	非洲杯
缅甸体育场	1560	356	555360	17000	32.67	1.48	2200	
平均值					43.25	3.26		
最小值					13.21	1.32		
最大值					79.52	4.67		
除峰平均值					44.08	2.64		

从表 13-2 可以看出，各场馆场地照明功率密度相差很大，差值大于足球专用场地。最小值 LPD 仅为 13.21W/m²，最大为 79.52W/m²，后者与前者之比高达 6.02 倍。由于田径场地面积大，场地照明用电量大，节能潜力也较大，突显对场地照明功率限值的节能意义。

3. 综合性体育馆

本次调查了 19 座综合性体育馆（表 13-3），体育馆是多功能的，包括两项以上运动项目。其中有多座奥运会场馆。场地面积按最大场地面积项目计算，最大场地面积项目的场地面积见表13-4。

表13-3 综合性体育馆

名称	单灯功率/W	灯具数量	场地照明总功率/W	场地面积/m²	LPD/(W/m²)	LPDI/[W/(100lx·m²)]	对应的平均垂直照度/lx	备注
亚运城体育馆	1105	236	260780	1352	192.88	8.77	2200	
五棵松体育馆	1105	130	143650	420	342.02	14.87	2300	篮球
无锡体育馆	1105	220	243100	2176	111.72	11.17	1000	
澳门威尼斯人体育馆	1070	148	158360	420	377.05	37.70	1000	NBA 场地，篮球等
泉州市海峡体育中心体育馆	1560	112	174720	800	218.40	10.92	2000	体操、篮球、排球
荣成文体中心体育馆	1560	60	93600	800	117.00	11.70	1000	体操等
烟台大学多功能体育馆	1560	52	81120	1568	51.73	5.17	1000	全运会，篮球、排球、体操
常州体育会展中心	1560	64	99840	1502	66.47	4.75	1400	中国羽毛球大师赛
2010 年世博演艺中心	1070	108	115560	1456	79.37	5.67	1400	篮球、冰球
山西体育馆	1060	136	144160	1456	99.01	6.80	1456	体操
大同体育馆	1000	188	188000	1456	129.12	7.64	1690	篮球、排球、体操
马鞍山体育馆	1105	136	150280	800	187.85	9.15	2052	手球
济南体育馆	1100	288	316800	1456	217.58	10.43	2086	全运会，体操
淄博体育馆	1105	120	156600	1456	107.55	9.44	1139	省运会，体操
	400	60						
大连体育馆	1100	212	233200	1800	129.56	6.78	1912	体操、篮球、冰球
南昌体育馆	1105	148	163540	1456	112.32	7.48	1502	城运会主馆，体操
悉尼大圆顶体育馆			385500	1456	264.77	12.85	2061	奥运会体操、篮球
巴塞罗那 Sant Jordi 体育馆	2000	168	363216	1200	302.68	24.21	1250	1992 年奥运会体育馆
	2000	216	466992	1800	259.44	18.53	1400	
	2000	240	518880	2700	192.18	15.37	1250	

（续）

名称	单灯功率/W	灯具数量	场地照明总功率/W	场地面积/m²	LPD/(W/m²)	LPDI/[W/(100lx·m²)]	对应的平均垂直照度/lx	备注
平均值					177.94	11.97		
最小值					51.73	4.75		
最大值					377.05	37.70		
除峰平均值					172.73	10.62		

从表 13-3 可以看出，各场馆场地照明功率密度相差巨大。烟台大学多功能体育馆为最小值 LPD，仅为 51.73W/m²；澳门威尼斯人体育馆由于要举行 NBA 比赛，其 LPD 值最大，为 377.05W/m²，后者与前者之比高达 7 倍多。

表 13-4　体育馆最大场地面积项目的场地面积

最大面积项目	长/m	宽/m	面积/m²
体操	52	28	1456
手球	40	20	800
室内足球	42	22	924
冰球	60	30	1800

4. 游泳馆

本次调查了 9 座游泳馆（表 13-5），其中 2 座游泳专用游泳馆，其余为游泳、跳水馆。游泳馆 PA 为 1250m²，游泳、跳水馆 PA 为 1975m²。

表 13-5　游泳馆

名称	单灯功率/W	灯具数量/套	场地照明总功率/W	场地面积/m²	LPD/(W/m²)	LPDI/[W/(100lx·m²)]	平均垂直照度/lx	备注
国家游泳中心	1065	308	328020	2000	164.01	8.20	2000	奥运会
广州亚运游泳跳水馆	1105	276	304980	2000	152.49	7.62	2000	
龙岗体育中心游泳馆	1105	180	198900	1250	159.12	7.96	2000	仅游泳
深圳湾游泳跳水馆	1105	176	194480	2000	97.24	6.95	1400	
上海东方体育中心	1070	248	265360	2000	132.68	6.63	2000	世锦赛
大同游泳馆	1105	145	160225	2000	80.11	6.20	1293	
山西游泳馆	1100	160	176000	2000	88.00	6.27	1404	
天津水上中心游泳馆	1640	248	406720	2000	203.36	9.96	2042	
深圳大运会游泳馆	1105	196	216580	1250	173.26	8.66	2000	游泳，大运会

（续）

名称	单灯功率/W	灯具数量/套	场地照明总功率/W	场地面积/m²	LPD/(W/m²)	LPDI/[W/(100lx·m²)]	平均垂直照度/lx	备注
济南奥体游泳馆	1060	314	332840	2000	166.42	6.98	2384	全运会
平均值					139.19	7.47		
最小值					80.11	6.20		
最大值					203.36	9.96		
除峰平均值					138.46	7.30		

从表 13-5 可以看出，游泳馆场地照明功率密度相差也较大，大同游泳馆为最小值 LPD，不足 1300lx 的垂直照度对应 80.11W/m² LPD 值；天津水上中心游泳馆垂直照度超过 2000lx，其 LPD 值最大，达到 203.36W/m²，后者与前者之比超过 2.5 倍。

5. 网球场

本次也调查了 9 座网球场（表 13-6），其中不乏举行过奥运会、网球大师杯等顶级赛事的场地。

表 13-6 网球场馆

名称	单灯功率/W	灯具数量	场地照明总功率/W	场地面积/m²	LPD/(W/m²)	LPDI/[W/(100lx·m²)]	对应的平均垂直照度/lx	备注
旗忠网球中心	1105	96	106080	264	401.82	36.53	1100	
旗忠网球中心综合运动	1105	172	190060	1760	107.99	9.82	1100	
旗忠网球中心	1560	48	74880	1211	61.83	4.42	1400	网球大师杯
国家网球中心	1600	116	185600	668.9	277.47	14.49	1915	奥运决赛
国家网球中心	1600	100	160000	668.9	239.20	12.52	1911	奥运半决赛
杭州奥博网球馆	1105	96	106080	668.9	158.59	7.77	2040	亚运会
天津团泊网球中心	1105	80	88400	668.9	132.16	12.20	1083	东亚运动会
济南网球中心（决赛）	1105	92	101660	264	385.08	18.42	2090	全运会
济南网球中心（半决赛）	1105	92	101660	264	385.08	18.11	2126	全运会
平均值					238.80	14.92		
最小值					61.83	4.42		
最大值					401.82	36.53		
除峰平均值					218.43	12.22		

从表 13-6 可以看出，网球馆场地照明功率密度相差也很大，尽管调查的样本数量有限，但也能说明照明设计有优化和提升的空间。旗忠网球中心一个拥有 5000 座位的网球场，曾于 2007 年举办过网球大师杯赛，其 LPD 不足 $62W/m^2$；该网球中心另外一座网球场，其 LPD 值最大，超过 $400W/m^2$，后者与前者之比近 6.5 倍。

13.1.2　场地照明单位照度功率密度的研究

1. 照明功率密度的表达方式

从上述各表可以看出，照明功率密度（LPD）是描述照明能耗的重要指标，它是单位面积上的照明安装功率。照明功率包括光源的功率、镇流器、驱动电源等附件的功率。这种表述方式为广大照明、电气从业人员所熟悉和接受。

但是，从表中可以发现，不同主摄像机方向上的垂直照度对应的 LPD 是不同的，理论上，照度越高，LPD 越大。文献《体育照明设计手册》引入了场地照明单位指标的概念，或者说是对照明功率密度的另一种描述，即单位面积、单位照度的照明安装功率，照明安装功率同样包括光源的功率、镇流器、变压器、驱动电源等附件功率。该概念被《体育建筑电气设计规范》（JGJ 354—2014）所采用，并正式命名为单位照度功率密度。

2. 现行值和目标值的确定

（1）足球专用体育场　将表 13-1 中 LPDI 转换成图 13-2，从各数据分布情况看，天津泰达足球场和神户体育场数据离散严重，不足以表明正常场地照明设计水平，连同最小值一并去除，求得除峰平均值 $LPDi_p = 3.83$，考虑到体育场的复杂性，将该组数据与 JGJ 354—2014 表 19.3.1 中的现行值和目标值进行对比分析，取现行值和目标值分别为 1.35 和 1.1 倍的 $LPDi_p$。16 个专用足球场有 14 座在 JGJ 354 规定的目标值以内，符合率达 87.5%，验证了规范切合实际情况。即图中红线和绿线。

（2）综合性体育场　同理，将表 13-2 中 LPDI 转换成图 13-3，从各数据分布情况看，南京奥林匹克体育场数据明显偏大，重庆南川区体育场数据明显偏小，不足以表明正常场地照

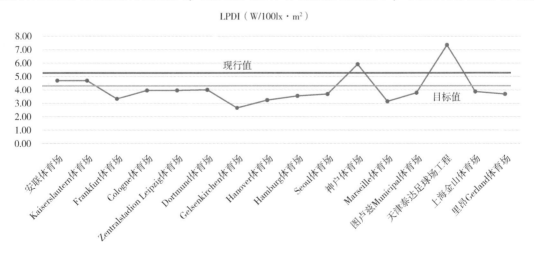

图 13-2　足球专用体育场 LPDI 值分布图

明设计水平，去除这两个数值求得除峰平均值 $LPDi_p = 2.64$，考虑到体育场的复杂性，将该组数据与 JGJ 354—2014 表 19.3.1 中的现行值和目标值进行对比分析，取现行值和目标值分别为 1.35 倍和 1.1 倍的 $LPDi_p$。34 座综合体育场中有 28 座在 JGJ 354 规定的现行值以内，符合率达 82.4%；18 座在 JGJ 354 规定的目标值以内，符合率达 52.9%。

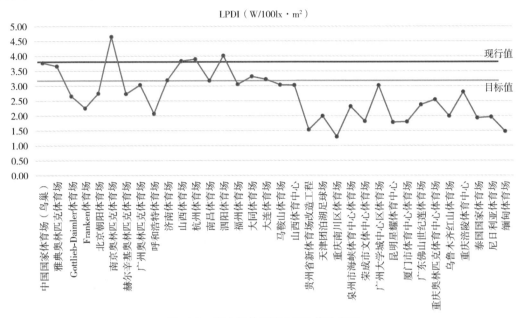

图 13-3　综合性体育场 LPDI 值分布图

（3）综合性体育馆　图 13-4 是将表 13-3 中 LPDI 转换成图形，从中可以看出各体育馆 LPDI 数据分布情况。澳门威尼斯人体育馆由于要进行 NBA 比赛，其 LPDI 较大，偏离正常数据，去除这个数值求得除峰平均值 $LPDi_p = 10.62$，将该组数据与 JGJ 354—2014 表 19.3.1 中的现行值和目标值进行对比分析，取现行值和目标值分别为 1.35 和 1.1 倍的 $LPDi_p$。19 座综合体育馆中有 14 座在 JGJ 354 规定的现行值以内，符合率达 73.7%；12 座在 JGJ 354 规定的目标值以内，符合率达 63.2%。即图中红线和绿线。

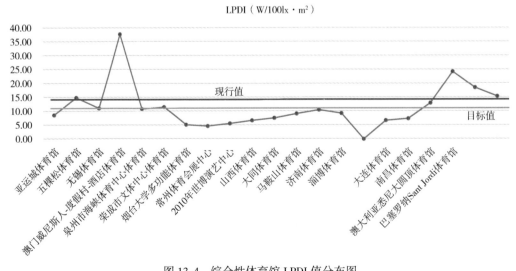

图 13-4　综合性体育馆 LPDI 值分布图

（4）游泳馆　图 13-5 是将表 13-5 中 LPDI 转换成图形，从中可以看出各游泳馆 LPDI 数据分布情况，图中数据相对集中，按常规各去掉一个最高值和最低值，求得除峰平均值 LP-Di$_p$ = 7.30，考虑到游泳馆的复杂性，同样将该组数据与 JGJ 354—2014 表 19.3.1 中的现行值和目标值进行对比分析，取现行值和目标值分别为 1.35 和 1.1 倍的 LPDi$_p$。9 座游泳馆都在 JGJ 354 规定的现行值以内，符合率达 100%；8 座在 JGJ 354 规定的目标值以内，符合率达 88.9%。即图中红线和绿线。

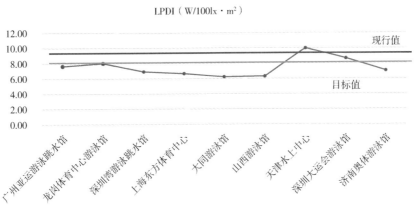

图 13-5　游泳馆 LPDI 值分布图

（5）网球场　图 13-6 是将表 13-6 中 LPDI 转换成图形，从中可以看出各网球场地 LPDI 数据分布情况，旗忠网球中心数据较离散，较其他场馆明显偏大。同时按常规另去掉一个最低值，求得除峰平均值 LPDi$_p$ = 13.33，考虑到网球场的复杂性，并将该组数据与 JGJ 354—2014 表 19.3.1 中的现行值和目标值进行对比分析，取现行值和目标值分别为 1.35 和 1.1 倍的 LPDi$_p$。9 座网球馆中 8 座在 JGJ 354 规定的现行值以内，符合率达 88.9%；6 座在 JGJ 354 规定的目标值以内，符合率达 75%。即图中红线和绿线。

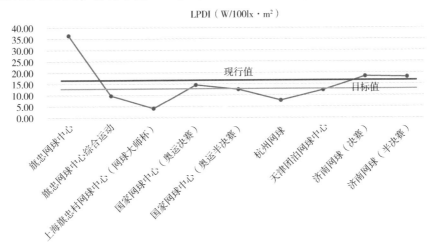

图 13-6　网球场 LPDI 值分布图

13.1.3　结论

综上所述，将调查的体育场馆 LPDI 数据汇总于表 13-7。

表 13-7　场地照明 LPDI　　　　　　［单位：W/（100lx·m²）］

场馆类型	足球场	综合体育场	综合性体育馆	游泳馆	网球
平均值	4.11	3.26	11.97	7.47	14.92
最小值	2.68	1.32	4.75	6.20	4.42
最大值	7.39	4.26	37.70	9.96	36.53
除峰平均值	3.83	2.64	10.62	7.30	12.22
最大值/最小值	2.76	3.23	7.94	1.61	8.26
平均值/最小值	1.53	2.47	2.52	1.20	3.38
除峰平均值/最小值	1.43	2.00	2.24	1.18	2.76
现行值	5.17	3.56	14.34	9.86	16.50
目标值	4.21	2.90	11.68	8.03	13.44

由此可知，该表与《体育建筑电气设计规范》（JGJ 354—2014）第 19.3.1 条基本一致，验证了规范的准确性和有效性，详见本书第 10 章表 10-8。

13.1.4　存在问题

本研究存在两个主要问题：

第一，收集的样本数量有些不足，尤其游泳馆和网球场样本各有 9 个，明显偏少，且数据离散性相对较大。

第二，现行值和目标值这两条线到底画在哪儿？欢迎读者提供数据并提出宝贵意见。

13.2　大型国际赛事竞赛区光环境调研及分析研究

笔者对 2011 年部分全球直播的国际赛事场地照明进行实测，将相关数据分享给读者。

1. 赛事情况

表 13-8 中的国际赛事均进行了全球直播，赛事获得巨大成功，其中场地照明为比赛、转播做出了巨大贡献！

表 13-8　2011 年进行全球直播的比赛赛事

场馆名称	比赛名称	比赛时间
国家游泳中心——水立方	FINA/ARENA 短池游泳世界杯-北京 2011	2011 年 11 月 08 日至 11 月 09 日
国家体育场——鸟巢	意大利超级杯足球赛	2011 年 8 月 6 日
上海东方体育中心	世界游泳锦标赛	2011 年 7 月 16 日至 31 日
旗忠网球中心 1 号场地	ATP 上海劳力士网球大师赛	2011 年 10 月 8 日至 16 日
旗忠网球中心 2 号场地	ATP 上海劳力士网球大师赛	2011 年 10 月 8 日至 16 日

2. 实测数据

笔者对表中的场地进行了测量，测量时间在比赛之前或赛后较近的时间段，这时的照明环境为正式比赛时的照明环境，测量具有代表性。

（1）测试点　鸟巢测试点如图 13-7 所示，水立方测试点如图 13-8 所示，旗忠网球中心 1 号、2 号场地测试点位分布图如图 13-9 所示，上海东方体育中心按国家标准要求设置测试点，由中国建筑科学研究院物理所测试，本次不再另行测量。

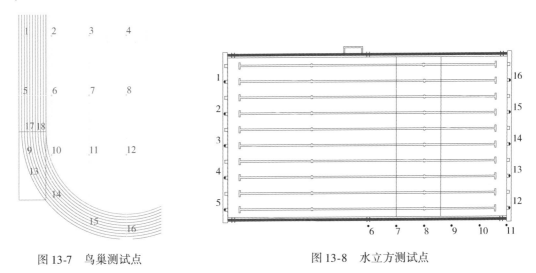

图 13-7　鸟巢测试点

图 13-8　水立方测试点

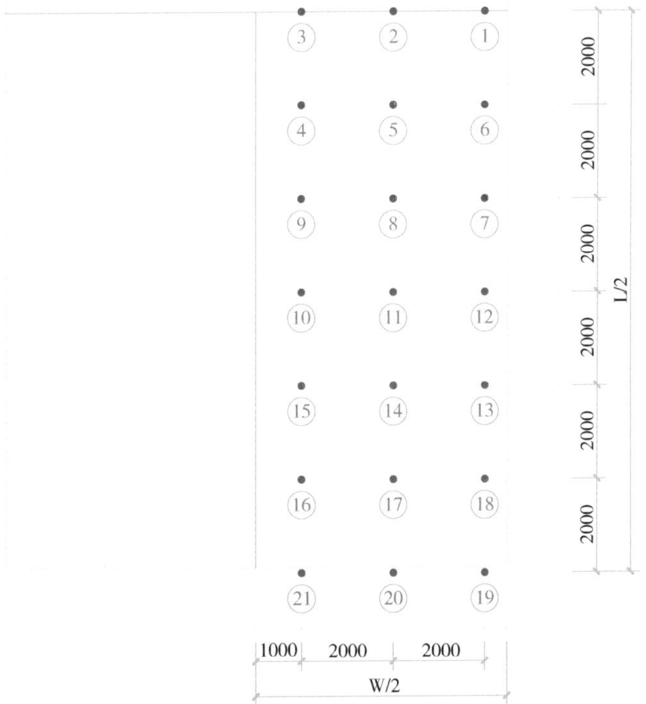

图 13-9　旗忠网球中心 1 号、2 号场地测试点位分布图

（2）测量数据　鸟巢、水立方测量数据见表 13-9，旗忠网球中心 1 号、2 号场地测量数

据见表 13-10。上海东方体育中心的测试数据将直接采用中国建筑科学研究院物理所的测试结果。

表 13-9 鸟巢、水立方测量数据

序号	鸟巢		水立方	
	T_c/K	R_a	T_c/K	R_a
1	5309.58	90.4	5678.33	77.5
2	5249.08	89.9	5709.75	77.5
3	5255.92	90.1	5685.64	77.6
4	5277.08	90	5697.33	77.6
5	5234.08	90.1	5709	77.6
6	5232.92	90.5	5703.17	78.1
7	5272.67	90	5767.31	77.9
8	5259.25	90	5727.58	78
9	5202.83	90.6	5716.23	78.2
10	5244.62	90.4	5722.33	78.2
11	5253.62	90.1	5701.23	78.5
12	5249.4	90.2	5718.58	78.4
13	5236.55	90.8	5732.08	78.1
14	5192.6	90.7	5738.33	78.1
15	5168.25	90.6	5732.15	78
16	5198.33	90.4	5732.75	78.1
17	5210.75	90.2	—	—
18	5226.14	90.1	—	—
平均值	5237.43	90.28	5716.99	77.96

表 13-10 旗忠网球中心 1 号、2 号场地测量数据

序号	1 号场地		2 号场地	
	T_c/K	R_a	T_c/K	R_a
1	5213	68.8	4808.68	67.4
2	5253.92	68.9	4812.68	67.6
3	5240	69	4808.55	67.6
4	5243.09	69.5	4800.96	67.8
5	5248.92	69.4	4795.82	68
6	5249.27	69.6	4796.3	67.4
7	5247.17	69.9	4808.91	67.6
8	5248.33	69.7	4795.36	67.7
9	5246.17	69.6	4790.68	67.7

（续）

序号	1 号场地		2 号场地	
	T_c/K	R_a	T_c/K	R_a
10	5237.21	69.9	4794.36	67.7
11	5235.83	69.9	4788.91	67.5
12	5249.83	69.9	4770.41	67.7
13	5243.58	70.4	4775.59	67.4
14	5237.73	70.3	4764.91	67.5
15	5236.25	70.1	4758.46	67.5
16	5201.67	70	4741.91	67.7
17	5228.42	70.7	4744.22	67.3
18	5253.92	70.5	4740.36	67.6
19	5251.67	70.5	4733.59	67.5
20	5236.75	70.6	4726.1	67.4
21	5216.75	70.6	4716.73	67.4
平均值	5239.02	69.9	4774.93	67.57

3. 数据分析

将表 13-9、表 13-10 的测试数据汇总到表 13-11。

表 13-11　部分场馆场地照明实际指标

场地名称	T_c/K	R_a	测试单位	测试时间
国家游泳中心——水立方	5717.00	78.00	国家灯具检测中心、上海照明工程检测中心	2011.10.18
国家体育场——鸟巢	5237	90.28	国家灯具检测中心、上海照明工程检测中心	2011.10.17
东方体育中心	4553	61	中国建筑科学研究院物理所	2011.8.15
旗忠网球中心 1 号场地	5239	69.9	上海电光源检测中心	2011.9.27
旗忠网球中心 2 号场地	4775	67.6	上海电光源检测中心	2011.9.27

4. 结论

综上所述，2011 年在我国举行的重大国际比赛，其场地照明的实际显色指数从 61 ~ 90.28，色温从 4553 ~ 5717K，并很好地为电视转播提供良好的照明环境。例如，国际泳联主席胡利奥·马戈利奥内说，上海游泳世锦赛是一场精彩纷呈、令人难忘的水上盛事，是迄今最好的一届国际泳联世锦赛。

13.3　2000W 金卤灯试验研究

笔者曾就 2000W 金卤灯进行试验研究，目的是搞清楚金卤灯的特性，便于在工程中正确、合理使用。

13.3.1 试验灯具

试验灯具见表13-12。

表 13-12 试验灯具

品牌	Thorn	National	Philips	GE
型号	MUNDIAL 2000	YA58081	MVF403	EF2000
光源	HQI-TS 2000/D/S	MQD2000B. E-D/PK	MHN-SA2000W	HQITS 2000/W/D/S
容量/W/电压/V	2000/380	2000/380	2000/380	2000/220
功率因数	0.9	0.9	0.9	0.9
光通量/lm	200000	200000	200000	200000
显色指数	93	93	92	>90
色温/K	5600	5600	5600	5800
寿命/h	6000	6000	6000	6000
效率	85%	84%	91%	—
启动时间/s	—	300	300	120 ~ 240
再启动时间/s	300	420 ~ 480	600	240
防护等级	IP65	IP65	IP65	IP65
重量/kg	14.5	17.5	13.7	16.3
体积/mm³	—	—	535 × φ556	550 ×650 ×350
实例	悉尼国家体育场	札幌圆顶体育场	中国国家体育场	水立方

13.3.2 启动特性

2000W 金卤灯的启动特性曲线如图 13-10 所示，黑线为松下灯具电流—时间曲线，红线为 GE 灯具电流—时间曲线，蓝线为索恩灯具电流—时间曲线。

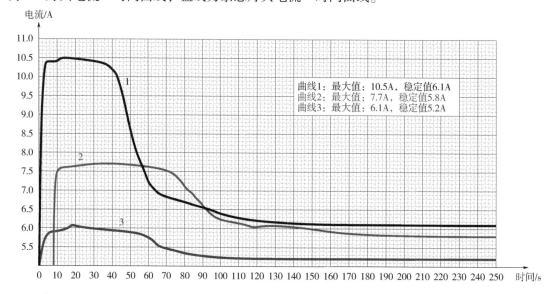

图 13-10 启动特性曲线

由于松下灯具没有补偿电容，电流较大，最大电流出现在启动后 12~16s 期间，最大电流值为 10.5A。约 2.5min 后（150s），工作电流趋于稳定，电流值为 6.1A。最大值/稳定值 = 10.5/6.1 = 1.72（倍）。

而 GE 公司的 EF2000、Thron 公司的 MUNDIAL 灯具由于有电容补偿，启动电流比较小。EF2000 最大电流出现在启动后 12~70s 期间，大电流持续时间长（约 1min），最大电流值为 7.7A。约 3.5min 后（210s），工作电流趋于稳定，电流值为 5.8A。最大值/稳定值 = 7.7/5.8 = 1.33（倍）。MUNDIAL 最大电流出现在启动后 19s，最大电流值为 6.1A。约 2min 后（120s），工作电流趋于稳定，电流值为 5.2A。最大值/稳定值 = 6.1/5.2 = 1.17（倍）。

13.3.3 电压特性

电压的变化对金卤灯光通量影响比较大，相关测试数据见表 13-13，如图 13-11 所示。由于照度与光通量成正比，因此电压-照度曲线同样可以反映电压-光通量的关系。

表 13-13 金卤灯电压-照度相关测试数据

电压/V	照度/lx			
	EF2000	YA58082	MVF403	MUNDIAL 2000
342	2700	2800	2600	2700
350	2900	2900	2800	2900
360	3100	3000	3000	3000
370	3300	3200	3200	3200
380	3500	3300	3400	3400
390	3700	3500	3600	3600
400	3900	3700	3800	3800
410	4200	3900	4000	4000

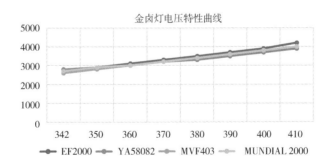

图 13-11 金卤灯电压-照度曲线

从图 13-11 可以得出：

1）电源电压与照度呈现近似线性关系，电压变化 10%，照度变化 20% 左右，表明电压对金卤灯光输出成倍影响。

2）4 款金卤灯的电压-照度曲线基本一致，相差不多。

13.3.4 金卤灯电源切换特性

1. 概念

对于甲级、特级的体育场馆，其场地照明分别为一级负荷和特级负荷，因此，对其应能保证供电的可靠性和连续性。除市电和柴油发电机组外，还应有其他保障措施，目前这些措施主要有采用热触发装置、UPS、EPS。

UPS 可以保证场地照明供电的连续性，但 UPS 应降容使用，试验表明，UPS 的负载率不超过 50%。EPS 切换时间过长，由市电切换至 EPS 供电时金属卤化物灯有熄灭的可能，不满足供电可靠性和连续性的要求。在欧洲，热触发装置有一些工程实例，但其价格昂贵让很多人望而却步。更糟糕的是，每次触发都会大大减少光源的寿命，影响灯的色温，不利于彩色电视转播。同时热触发装置有较短的转换时间，这段时间是黑灯期间，容易引起观众惊慌，存在事故隐患。由此可得，上述三种方案都有缺陷，必须找出一种新方案解决场地照明应急供电问题。因此，笔者于 2003 年首先提出了用场地照明专用电源装置 PSFL（Power Supply of Field Lighting）作为场地照明的应急电源，PSFL 有人称之为快速 EPS，它必须根据场地照明灯的特性进行设计，吸取 UPS 和 EPS 的优点。PSFL 的核心参数是切换时间。理论上，切换时间小于半个周波即可，即 10ms，在半周内切换，相当于波形畸变，不影响灯连续工作。事实上，实际情况与理论分析存在较大差距。

2. 定义

市电切换到 PSFL 供电有共同的特点，即它们都是三相交流电源，反映到电源切换的前后，波形由三个部分组成（图 13-12）。

Ⅰ区：该区为市电三相交流正弦波区域，为近似标准的正弦波。

Ⅱ区：为电源切换区域，反映电源由市电转换到 PSFL 的全过程。

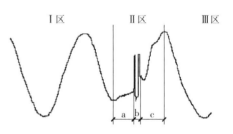

图 13-12 电源切换波形图

Ⅲ区：该区为 PSFL 供电的三相交流正弦波区域，波形也为近似标准的正弦波。

电源切换区——Ⅱ区是转换的重点，能否保证金属卤化物灯在电源转换过程中不灭，Ⅱ区是关键。Ⅱ区也由三部分组成。

a 段：为电源转换的初期。此时市电已经开始断电，从波形上看，电压还沿着原波形走势持续一段时间，但波形明显畸变。造成这一现象有以下原因：第一，开关断开有固有开断时间，这一过程实际上是开关触点拉弧时间；第二，金属卤化物灯的镇流器为电感性元件，当市电断电瞬间，电感性元件产生反向电势，阻止电流减少；第三，为提高功率因数，金属卤化物灯要加装补偿电容器，一般为 40～60μF，电容器在电源断电时有个放电过程，放电过程与时间常数 T 有关，$T=RC$。因此，这一时期构成复杂的 R、L、C 电路，称 a 段为电压维持段。

b 段：为电源转换期。此段市电彻底断开，PSFL 投入。触点突然吸合，并伴随抖动，导致波形剧烈振动。b 段经历的时间较短，在体育场馆金属卤化物灯的应用中，b 段一般小于 5ms。b 段也称为电源切换段。

c 段：电源转换的末期。与 a 段相反，c 段波形取决于开关固有合闸时间、金属卤化物灯镇流器反向电势的大小、电容器在电源接通时的充电过程，三种波形叠加，造成 c 段波形畸变。

对于电子转换开关，b 段表现得不明显，没有剧烈地振动，其经历的时间也大大缩短。

定义 1：切换时间 τ_1 为一路电源完全断开到另一路电源刚刚接入的时间，单位：ms。

图中 b 段所用的时间为切换时间 τ_1。市电开关拉弧已经完成，电感和电容的作用也已经结束，波形刚进入 b 段，这是 τ_1 的起点，b 段触点有一振荡，振荡结束点为 τ_1 的终点，也是 c 段的起点。

定义 2：切换时间 τ_2 为一路电源刚开始分断但没完全断开，到另一路电源完全接入的时间，单位：ms。

图中 Ⅱ 区所用的时间为切换时间 τ_2，τ_2 包括 a、b、c 段所用的时间之和。市电开关开始动作为 τ_2 的起点，经历 a 段畸形波形、b 段振荡波形、c 段畸形波形结束为止。

因此，切换时间是指由一路电源切换到另一路电源所用的时间。

3. 测试

1）EF2000 测试数据见表 13-14。

表 13-14　EF2000 测试数据

序号	切换	切换时间 τ_1/ms	切换时间 τ_2/ms	现象	备注
①	第一次由市电→PSFL	1.5	6	三盏灯灭一盏，其他灯闪动	三盏灯一个回路，波形如图 13-13 所示
②	第二次由市电→PSFL	1.5	6	又灭一盏灯	
③	第三次由市电→PSFL	1.5	6	又灭一盏灯	
④	试验一盏灯，由市电→PSFL	1.5	7.5	灯没灭，闪动	多次试验，现象相同，波形如图 13-13b 所示

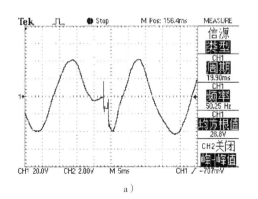 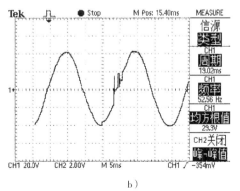

a）　　　　　　　　　　　　b）

图 13-13　EF2000 切换波形图

a）$\tau_1 = 1.5\,\mathrm{ms}$，$\tau_2 = 6\,\mathrm{ms}$　b）$\tau_1 = 1.5\,\mathrm{ms}$，$\tau_2 = 7.5\,\mathrm{ms}$

2）MVF403—2000W 测试数据见表 13-15。

表 13-15   MVF403—2000W 测试数据

序号	切换	切换时间 τ_1/ms	切换时间 τ_2/ms	现象	备注
①	第一次由市电→PSFL	1.5	15	三盏灯都没灭，但一盏灯闪动	三盏灯一个回路，波形如图 13-14 所示
②	第二次由市电→PSFL	1.5	22	三盏灯灭两盏灯	
③	第三次由市电→PSFL	1.5	22	又灭一盏灯	
④	第一次由市电→PSFL	1.5	20	灯不灭，闪动	
⑤	第二次由市电→PSFL	1.5	20	灯熄灭	

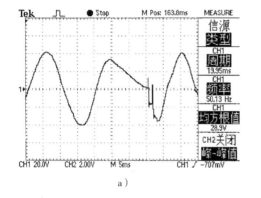 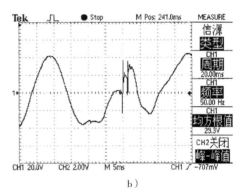

a)   b)

图 13-14   MVF403 切换波形图

a) $\tau_1 = 1.5\,\mathrm{ms}$，$\tau_2 = 15\,\mathrm{ms}$ b) $\tau_1 = 1.5\,\mathrm{ms}$，$\tau_2 = 22\,\mathrm{ms}$

4. 结论

通过试验及其数据和波形分析可以得出以下结论：

切换时间具有明显的不确定性。对于同一盏灯，具有相同切换时间 τ_1、τ_2，有时候灯不熄灭，有时候灯熄灭。表 13-14 序号④切换时间 $\tau_2 = 7.5\,\mathrm{ms}$，灯不熄灭；而序号③切换时间较短，$\tau_2 = 6\,\mathrm{ms}$，灯反而熄灭，不确定性十分明显。表 13-15 进一步证明了灯熄弧时间的不确定性。

综上所述，在切换过程中，金卤灯是否熄灭不取决于切换时间。因为，高强度气体放电灯没有切换时间的参数，因此不同光源或者同一光源每次切换，其切换时间各不相同，切换时间离散性较大。

第 4 篇

工程案例篇

第14章 奥运工程场地照明案例

14.1 国家速滑馆"冰丝带"场地照明

14.1.1 项目概况

国家速滑馆昵称冰丝带，位于北京市朝阳区奥林匹克公园西侧，国家网球中心南侧，2022年冬奥会承担速度滑冰项目的比赛和训练；冬奥会后成为能举办滑冰、冰球和冰壶等国际赛事及大众冰上活动的多功能场馆，场馆座席约12000座，为特级体育建筑。速滑馆占地面积166396m²；总建筑面积126000m²；建筑高度33.8m；全冰面冰场规模12000m²；建筑层数地上3层，地下2层。

冰丝带是一个全冰面的综合场馆，场地照明的设计除满足冬奥赛时速度滑冰的需求外，还要兼顾赛后多功能运营的需要。冰丝带的冰场分为五个单独制冰控制模块，奥运会赛时为一个400m的大道速滑道，滑道外赛道、内赛道、热身道宽度分别是5m、4m、5m；奥运会赛后，再增加一个4m宽的练习大道速滑道；两个61m×30m的短道速滑标准冰场及两个标准冰场之间的场地。其中短道速滑场地具有转化为冰球、花样滑冰等冰上运动的功能。冰面可以实现全冰面功能，五个区域分别控制。

14.1.2 体育照明等级及设计依据

冰丝带体育照明等级无疑是国际顶级的，代表当今国际最高场地照明水平。设计依据主要有《体育建筑电气设计规范》（JGJ 354—2014）、《体育场馆照明设计及检测标准》（JGJ 153—2016）、《建筑照明设计标准》（GB 50034—2013）、《LED体育照明应用技术要求》（GB/T 38539—2020）、奥组委及奥林匹克转播服务公司（OBS）相关要求、国际体育组织、国际照明委员会（CIE）、国际广播及电视机构和行业相关标准、规则，特别是OBS针对冰丝带速滑场地照明提出的指导性文件和具体建议。

比赛场地（FOP）位于地下一层，设计标高为−5.40m。从场地外侧至内场依次为5m宽缓冲区、5m宽外赛道、4m宽内赛道、5m宽热身道、4m宽练习道和内场区，如图14-1所示。

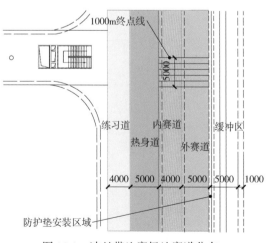

图14-1 冰丝带比赛场地赛道分布

综合上述设计依据，冰丝带场地照明标准见表14-1。

表 14-1　冰丝带场地照明标准

指标名称	照度/lx				照度均匀度				
	水平照度 E_h	主摄像机 照度方向 $E_{vmai.\,min}$	四方向 垂直照度 $E_{vaux.\,min}$	SSM 和 USSM 垂直照度	摄像机及 垂直照度		水平照度		均匀度梯度/ （%/2m）
	平均值	最小值	最小值	最小值	U_1	U_2	U_1	U_2	UG
赛道照明	—	≥1600	≥1200	≥1800	≥0.7	≥0.8	≥0.7	≥0.8	≤10%
内场照明	—	≥1200	≥900			≥0.7			
照明质量	眩光指数	显色指数				色温/K		频闪比		
	摄像机	TLCI	CRI	CRI（除 R_9）	R_9				
	GR_c	Q_a	R_a	$R_1 \sim R_{15}$		T_k		FF		
	≤40	≥85	≥85	≥85	≥45	5600		<1%		

注：SSM 为慢动作摄像机，USSM 为超慢动作摄像机。设计计算网格比赛道为 2m×2m，热身道是 4m×4m。

根据 OBS 的要求，主摄像机的定义为多个位置的固定机位，至少包括以下位置：

1）高位摄像机，位于 500m 终点线大约 25°位置。

2）高位摄像机，位于 1000m 起始线大约 15°位置。

3）摄像机朝前，以内侧赛道为中心。

4）摄像机朝后，以内侧赛道为中心。

5）1000m 起始线处。

6）FOP 水平处，缓冲区外侧，第一个弯道末端。

7）FOP 水平处，缓冲区外侧，最后一个弯道的末端。

8）FOP 水平，弯道中心内场。

9）轨道摄像机，缓冲区外侧，从 1500m 开始到第一个弯道的起点。

14.1.3　场地照明的布灯方式

由于冰丝带建筑呈双曲马鞍造型，东西屋面高点 33.8m，南北屋面低点 15.8m。结合双曲马鞍的场馆造型，同时考虑场地照明、扩声及消防设备等综合需求，场地内设置了三圈马道。全部场地照明灯具均安装在马道上。为保证照度均匀度，采用多种功率、不同配光形式的灯具，多功率等级灯具混合使用，功率范围从 450～900W，共计 1088 套，其中场地照明 940 套，观众席照明 148 套。即使是马道同一位置，考虑内环马道灯具双侧照射，灯具照射方向、角度不同、冰面反射要求不同，功率也有区别。灯具规格、型号、数量见表14-2。

表 14-2　灯具规格、型号、数量

编号	灯具型号	功率/W（含驱动）	光通量/lm	数量/套	备注
A	BVP622 LED580/957 900W LOUVER S3	900	58086	42	赛场照明
B	BVP622 LED577/957 900W LOUVER S5	900	57718	42	赛场照明

（续）

编号	灯具型号	功率/W（含驱动）	光通量/lm	数量/套	备注
C	BVP622 LED561/957 900W LOUVER S6	900	56183	30	赛场照明
D	BVP622 LED544/957 900W LOUVER S7	900	54456	28	赛场照明
E	BVP622 LED708/957 750W S6	750	70830	8	赛场照明
F	BVP622 LED708/957 750W T5R	750	70830	21	赛场照明
G	BVP622 LED484/957 750W LOUVER S3	750	48405	13	赛场照明
H	BVP622 LED481/957 750W LOUVER S5	750	48098	176	赛场照明
I	BVP622 LED468/957 750W LOUVER S6	750	46819	56	赛场照明
J	BVP622 LED454/957 750W LOUVER S7	750	45380	140	赛场照明
K	BVP622 LED567/957 600W S5	600	56667	28	赛场照明
L	BVP622 LED567/957 600W S6	600	56667	24	赛场照明
M	BVP622 LED567/957 600W S7	600	56667	56	赛场照明
N	BVP622 LED567/957 600W T5R	600	56667	36	赛场照明
W	BVP622 LED385/957 600W LOUVER S5	600	38478	36	赛场照明
P	BVP622 LED375/957 600W LOUVER S6	600	37455	24	赛场照明
Q	BVP622 LED363/957 600W LOUVER S7	600	36304	92	赛场照明
S	BVP622 LED425/957 450W S7	450	42500	60	赛场照明
T	BVP622 LED425/957 450W T5R	450	42500	28	赛场照明
U	BVP382 LED180CW SWB	150	18000	40	观众席照明
V	BVP382 LED180CW SMB	150	18000	108	观众席照明

14.1.4 照明计算方法

本项目使用的体育照明专业计算软件具有很高的真实和可靠性。场地灯具布置图如图 14-2 所示。计算结果与设计标准值对比见表 14-3。

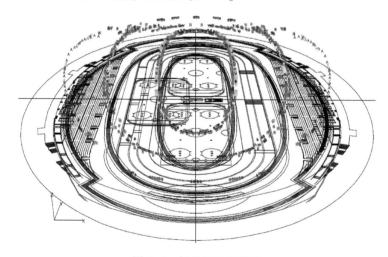

图 14-2　场地灯具布置图

表 14-3　计算结果与设计标准值对比　　　　　　　（照度单位：lx）

计算名称	平均值		最小值		最大值		均匀度 Min/Ave		均匀度 Min/Max	
	计算值	设计标准	计算值	设计标准	计算值	设计标准	计算值	设计标准	计算值	设计标准
全赛道-水平照度	2890	—	2555	—	3305	—	0.88	0.8	0.77	0.7
比赛赛道-水平照度	2876	—	2555	—	3305	—	0.89	0.8	0.77	0.7
热身赛道-水平照度	2935	—	2577	—	3264	—	0.88	0.8	0.79	0.7
比赛赛道垂直照度 B1-4	2139	—	1760	Min > 1600	2427	—	0.82	0.8	0.72	0.7
热身赛道垂直照度 B1-4	2169	—	1798	Min > 1600	2427	—	0.83	0.8	0.74	0.7
比赛赛道垂直照度 B5	2007	—	1869	Min > 1600	2098	—	0.93	0.8	0.89	0.7
比赛赛道垂直照度 C1-4	2190	—	1957	Min > 1600	2480	—	0.89	0.8	0.79	0.7
比赛赛道垂直照度 C5	1904	—	1728	Min > 1600	2126	—	0.91	0.8	0.81	0.7
比赛赛道垂直照度 D1-5	1876	—	1650	Min > 1600	2140	—	0.88	0.8	0.77	0.7
终点区垂直照度 D1-5	2054	—	1748	Min > 1600	2481	—	0.85	0.8	0.7	0.7
比赛赛道垂直照度 D6	1881	—	1661	Min > 1600	2141	—	0.88	0.8	0.78	0.7
终点区垂直照度 D6	2044	—	1762	Min > 1600	2440	—	0.86	0.8	0.72	0.7
比赛赛道垂直照度 K1-5	1987	—	1717	Min > 1600	2382	—	0.86	0.8	0.72	0.7
比赛赛道垂直照度 H	1892	—	1558	Min > 1600	2034	—	0.82	0.8	0.77	0.7
比赛赛道垂直照度 F1/F3	2286	—	1975	Min > 1600	2615	—	0.86	0.8	0.76	0.7
比赛赛道垂直照度 F2/F4	2266	—	1953	Min > 1600	2556	—	0.86	0.8	0.76	0.7
比赛赛道垂直照度 M1/M4	2283	—	1975	Min > 1600	2618	—	0.87	0.8	0.75	0.7
比赛赛道垂直照度 M2/M3	2278	—	1910	Min > 1600	2642	—	0.84	0.8	0.72	0.7

（续）

计算名称	平均值		最小值		最大值		均匀度 Min/Ave		均匀度 Min/Max	
	计算值	设计标准	计算值	设计标准	计算值	设计标准	计算值	设计标准	计算值	设计标准
比赛赛道垂直照度 FR2/L1	2212	—	1819	Min > 1600	2737	—	0.82	0.8	0.66	0.7
比赛赛道垂直照度 A1A2	1719	—	1632	Min > 1600	1786	—	0.95	0.8	0.91	0.7
1KM 起点区垂直照度 fr3	1856	—	1664	Min > 1600	2159	—	0.9	0.8	0.77	0.7
1.5KM 起点区垂直照度 fr3	1813	—	1600	Min > 1600	1978	—	0.88	0.8	0.81	0.7
比赛赛道垂直照度 G	2131	—	1797	Min > 1600	2478	—	0.84	0.8	0.73	0.7
比赛赛道垂直照度 AP1-3	2098	—	1808	Min > 1600	2601	—	0.86	0.8	0.7	0.7
比赛赛道垂直照度 FR1/E1	2078	—	1757	Min > 1600	2391	—	0.85	0.8	0.74	0.7
比赛赛道垂直照度 J	1971	—	1717	Min > 1600	2293	—	0.87	0.8	0.75	0.7
比赛赛道垂直照度 fc	2119	—	1808	Min > 1600	2479	—	0.85	0.8	0.73	0.7
轨道摄像机垂直照度-直道 1	2081	—	1739	Min > 1200	2392	—	0.84	—	0.73	—
轨道摄像机垂直照度-弯道 1	2007	—	1629	Min > 1200	2254	—	0.81	—	0.72	—
轨道摄像机垂直照度-弯道 2	1884	—	1562	Min > 1200	2066	—	0.83	—	0.76	—
轨道摄像机垂直照度-弯道 3	1926	—	1542	Min > 1200	2040	—	0.8	—	0.76	—
轨道摄像机垂直照度-弯道 4	1832	—	1282	Min > 1200	2225	—	0.7	—	0.58	—
轨道摄像机垂直照度-弯道 5	1921	—	1410	Min > 1200	2283	—	0.73	—	0.62	—
轨道摄像机垂直照度-直道 2	2107	—	1818	Min > 1200	2347	—	0.86	—	0.77	—
内场-水平照度	2533	—	2148	Ave > 0.5 E_h 赛道	3389	—	0.85	0.7	0.63	0.5

（续）

计算名称	平均值		最小值		最大值		均匀度 Min/Ave		均匀度 Min/Max	
	计算值	设计标准	计算值	设计标准	计算值	设计标准	计算值	设计标准	计算值	设计标准
内场-四方向垂直照度 x +	1754	—	1348	—	2181	—	0.77	—	0.62	—
内场-四方向垂直照度 x −	1750	—	1356	—	2183	—	0.77	—	0.62	—
内场-四方向垂直照度 y +	1514	—	1214	—	2004	—	0.8	—	0.61	—
内场-四方向垂直照度 y −	1512	—	1214	—	1998	—	0.8	—	0.61	—
内场垂直照度 B1-4	1786	—	1218	—	2336	—	0.68	—	0.52	—
赛场周边区-水平照度	2019	—	1549	$\approx 0.7E_h$ FOP	2575	—	0.77	0.6	0.6	0.4
赛场周边区-垂直照度	1421	—	960		1976	—	0.68	0.6	0.49	0.4
眩光最大值-全赛道所有观测位置	—	—	—	—	27.3	<30	—	—	—	—
眩光最大值-摄像机 A1/A2	—	—	—	—	25.2	<40	—	—	—	—
眩光最大值-摄像机 AP1-3	—	—	—	—	19	<40	—	—	—	—
眩光最大值-摄像机 B1-4	—	—	—	—	16	<40	—	—	—	—
眩光最大值-摄像机 B5	—	—	—	—	25.3	<40	—	—	—	—
眩光最大值-摄像机 C1-4	—	—	—	—	16.5	<40	—	—	—	—
眩光最大值-摄像机 C5	—	—	—	—	19.1	<40	—	—	—	—
眩光最大值-摄像机 D1-5	—	—	—	—	26.8	<40	—	—	—	—
眩光最大值-摄像机 D6	—	—	—	—	24	<40	—	—	—	—
眩光最大值-摄像机 F1/F3	—	—	—	—	25.6	<40	—	—	—	—

（续）

计算名称	平均值		最小值		最大值		均匀度 Min/Ave		均匀度 Min/Max	
	计算值	设计标准	计算值	设计标准	计算值	设计标准	计算值	设计标准	计算值	设计标准
眩光最大值-摄像机 F2/F4	—	—	—	—	26.7	<40	—	—	—	—
眩光最大值-摄像机 FR1/E1	—	—	—	—	17.8	<40	—	—	—	—
眩光最大值-摄像机 FR2/L1	—	—	—	—	19	<40	—	—	—	—
眩光最大值-摄像机 G	—	—	—	—	23.7	<40	—	—	—	—
眩光最大值-摄像机 H	—	—	—	—	23.9	<40	—	—	—	—
眩光最大值-摄像机 J	—	—	—	—	25	<40	—	—	—	—
眩光最大值-摄像机 K1-5	—	—	—	—	26.8	<40	—	—	—	—
眩光最大值-摄像机 M1/M4	—	—	—	—	26.2	<40	—	—	—	—
眩光最大值-摄像机 M2/3	—	—	—	—	27.2	<40	—	—	—	—
眩光最大值-摄像机 fc	—	—	—	—	22.2	<40	—	—	—	—
前 12 排观众席垂直照度-位置 1	537	$0.25 \sim 0.3$ E_vFOP	395	—	735	—	0.74	—	0.54	—
前 12 排观众席垂直照度-位置 2	550	$0.25 \sim 0.3$ E_vFOP	384	—	857	—	0.7	—	0.45	—
前 12 排观众席垂直照度-位置 3	606	$0.25 \sim 0.3$ E_vFOP	414	—	891	—	0.68	—	0.46	—
前部观众席-位置 1	1149	—	646	>50	2002	—	—	—	—	—
前部观众席-位置 2	808	—	278	>50	1919	—	—	—	—	—
前部观众席-位置 3	701	—	222	>50	1477	—	—	—	—	—
中部观众席	612	—	108	>50	1551	—	—	—	—	—
高位观众席	542	—	181	>50	1818	—	—	—	—	—
应急照明-前部观众席位置 1	28.9	>20	6.9	—	111.2	—	—	—	—	—
应急照明-前部观众席位置 2	42.6	>20	10.5	—	76.3	—	—	—	—	—

（续）

计算名称	平均值		最小值		最大值		均匀度 Min/Ave		均匀度 Min/Max	
	计算值	设计标准	计算值	设计标准	计算值	设计标准	计算值	设计标准	计算值	设计标准
应急照明-前部观众席位置 3	38.4	>20	7.7	—	107.5	—	—	—	—	—
应急照明-中部观众席	38.2	>20	2.8	—	89.1	—	—	—	—	—
应急照明-高位观众席	54.9	>20	3.3	—	378.8	—	—	—	—	—
应急照明-内场	22	>20	0.5	—	187	—	—	—	—	—
应急照明-全赛道	21.9	>20	1.5	—	202.2	—	—	—	—	—
供电回路 1-赛道水平照度	1443	≈50%	1054	—	1905	—	0.73	—	0.55	—
供电回路 1-赛道垂直照度	1111	—	695	—	1520	—	0.63	—	0.46	—
供电回路 1-内场水平照度	1318	≈50%	806	—	1910	—	0.61	—	0.42	—
供电回路 1-内场垂直照度	918	—	513	—	1698	—	0.56	—	0.3	—
供电回路 2-赛道水平照度	1447	≈50%	1102	—	1859	—	0.76	—	0.59	—
供电回路 2-赛道垂直照度	1028	—	678	—	1461	—	0.66	—	0.46	—
供电回路 2-内场水平照度	1215	≈50%	846	—	2266	—	0.7	—	0.37	—
供电回路 2-内场垂直照度	868	—	486	—	1420	—	0.56	—	0.34	—
训练-全赛道	551	500	348	—	777	—	0.63	—	0.45	—
训练-内场	415	>0.5E_h	255	—	613	—	0.61	—	0.42	—
清扫-赛道	161	>150	52	—	401	—	—	—	—	—
清扫-内场	157	>150	58	—	341	—	—	—	—	—
升旗区	774	>0.5 背景	223	—	1575	—	—	—	—	—
升旗区背景照明	1325	—	272	—	—	—	—	—	—	—

由于双曲造型的 3 圈马道，造成了灯具安装高度差异很大，如图 14-3 所示，对照度的均匀度带来较大的影响。灯具安装高度大于 25m 时，灯具功率不超过 900W；灯具安装高度为 20~25m 时，灯具功率不超过 750W；灯具安装高度小于 20m 时，灯具功率不超过 600W。

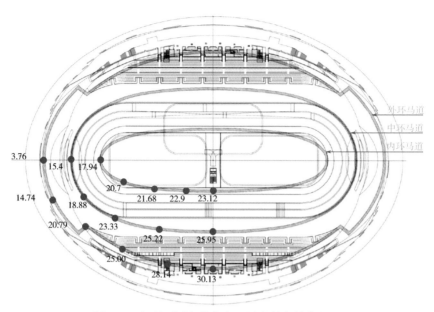

图 14-3 灯具不同安装高度（图中数字单位为 m）

14.1.5 配电及控制

场地照明配电系统示意图如图 14-4 所示，由于场地照明基本对称，所以该图为四分之一场地照明的系统。

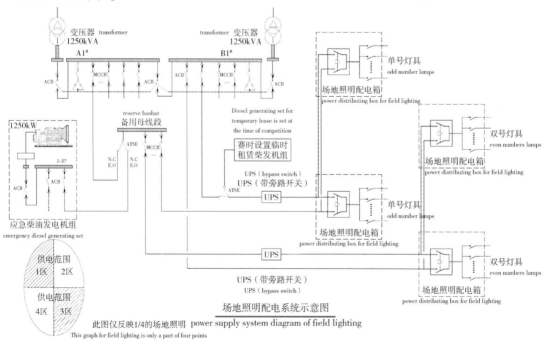

图 14-4 场地照明配电系统示意图

冰丝带使用的灯具全部采用 DMX512 调光控制，由高清晰彩电转播的 HDTV 模式向下的更低模式均由调光完成。场地照明控制系统图如图 14-5 所示。

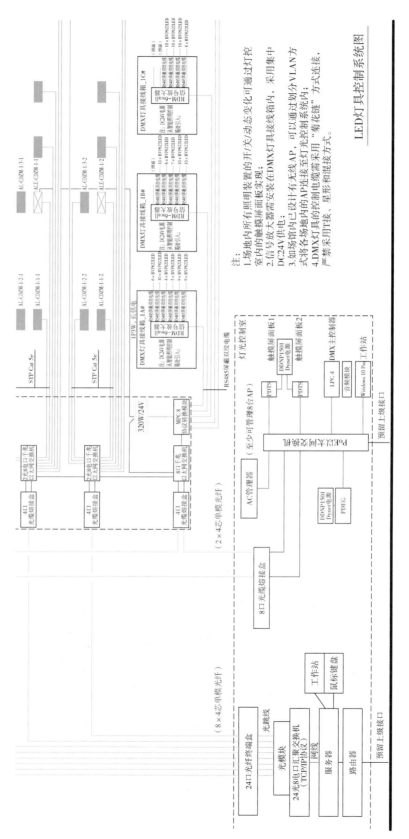

图14-5 场地照明控制系统图

14.1.6　防雷与接地

所有场地照明配电装置在配电柜内设置电涌保护器。马道上安装的所有灯具及相关的配电装置均可靠接地。

14.1.7　控制冰面反射光对转播机位的影响

速度滑冰的冰面，在低角度下，就像一面镜子，控制冰面反射光是场地照明实施的难点之一。根据 OBS 的要求，灯具的布置除消除对摄像机的直接眩光，还需要考虑冰面的反射，主摄像机拍摄 FOP 和热身道时，不允许有反射眩光或跳光（skip light）。灯具应安装于从摄像机位置拍摄过去无倒影的区域。

由于场馆为全冰面场地，冰面面积大，马道受场馆造型的原因，为双曲造型，灯具的安装受到制约，同时本场馆转播摄像机数量比较多，因此避免冰面反射对摄像机的影响难度非常大，需要针对每个摄像机进行验证，其验证过程也比较复杂。分析示例如下：

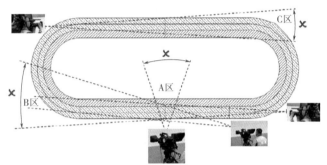

图 14-6　评测反射眩光 A、B、C 三个位置

根据 OBS 要求，需要评测三个位置 A、B、C 的反射眩光状态，如图 14-6 所示。

图 14-7 所示是反射眩光和灯具位置的关系，有些区域从反射眩光角度出发，不宜设置灯具，但根据摄像机垂直照度要求，这些区域还必须安装灯具才能满足要求。

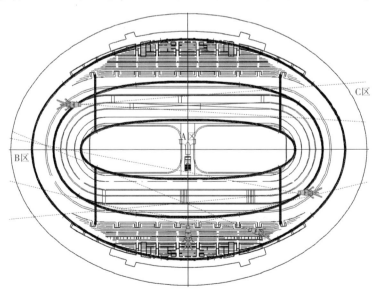

图 14-7　反射眩光和灯具位置的关系

对于摄像机 B，内圈马道的向内侧安装的灯具，如果不进行光线控制，将会在摄像机视野内形成跳光，如图 14-8 所示。

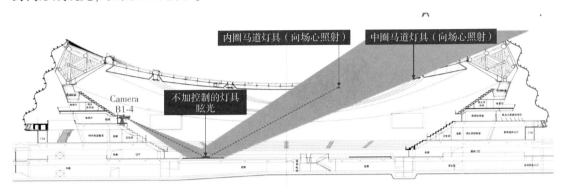

图 14-8　冰面反射对转播机位的影响

1）针对上述问题，在照明设计中提出以下解决措施：

①选择不同功率和配光角度的灯具，确定合理的马道安装位置，利用 BIM 技术，为每一盏灯具精确定位，选择合适的照射角度。

②单纯的遮光板对冰面倒影帮助不大，故采用加装合理的控光格栅方式。

③赛时在内场铺设非反光的地垫。

2）在解决问题同时，也带来了不利影响：

①为减轻或防止冰面反射，增加了控光格栅，灯具效率有所降低，这部分灯具需要在原计算选型功率基础上增加一级，造成整体能耗的增加。

②上面提到的根据不同的高度及位置，采用不同功率、不同型号的灯具对冰面反射光的控制有很大的帮助，但会带来灯具数量的增加。

14.2　国家游泳中心"水立方""冰立方"场地照明

14.2.1　项目工程简介

国家游泳中心（图 14-9）别名"冰立方""水立方"，是 CCDI 原创建筑作品，位于北京市朝阳区奥林匹克公园中心区内，南邻北四环，东望鸟巢，与鸟巢一起是奥林匹克中心区两栋世界著名的标志性建筑。2008 年奥运会赛时总建筑面积为 8.7 万 m^2，拥有标准座席 17000 个；2008 年赛后改造，总建筑面积为 9.4 万 m^2，拆除 11000 个临时座席，仅保留 4000 个永久座席，另可设 2000 个可拆除座位。建筑地下 2 层，地上 4 层，地面上高度 31m。建筑围护结构采用双层聚四氟乙烯（ETFE）薄膜气枕单元和源于数学界"泡沫"理论的多面体钢架钢结构组成的墙体和屋面。地下部分为混凝土结构，桩基础，地上为多面体钢架钢结构体系。为了 2022 年北京冬奥会及冬残奥会，国家游泳中心在"水立方"基础上增加了"冰立方"模式，实现冰水运动的转换。冬奥会期间，冰立方设置了四条 45m × 5m 的标准冰壶场地及配套服务设施（图 14-10）。

图 14-9　国家游泳中心外景

图 14-10　"冰立方"内景

　　"冰立方"是冬奥会历史上体量最大的冰壶场馆，是全球唯一的水上项目和冰上项目均可运行的双奥场馆，也是世界上首个在泳池上架设冰壶赛道的奥运场馆，在北京冬奥会和冬残奥会上承担冰壶项目和轮椅冰壶项目的比赛，同时也是全球第一个拥有智能化泳池转换冰场技术的场馆。冬奥会结束后，场馆根据现场实际需求，随时进行水上功能和冰上功能的自由切换，也是体育场馆反复利用、持久利用、综合利用理念最好的诠释，"冰立方"是奥运场馆可持续发展的典范。

14.2.2　体育照明等级及设计依据

　　场地照明设计需同时满足冰壶、游泳池、跳水池、观众席及应急疏散等照明要求。根据奥林匹克转播服务公司（OBS）及国际奥组委（IOC）对电视转播的要求，冰壶（FOP）满足主摄像机最小垂直照度大于1600lx，朝向场地四个方向的最小垂直照度大于1120lx。

　　冬奥会后场地将切换成游泳馆模式，游泳池和跳水池将满足《体育场馆照明设计及检测标准》（JGJ 153—2016）等相关标准要求，即主摄像机平均垂直照度2000lx，辅助摄像机及朝向场地四个方向的平均垂直照度1400lx。

　　主席台面的平均水平照度值大于200lx，观众席的最小水平照度值大于50lx。观众席和运动场地安全照明的平均水平照度值大于20lx。

　　相关标准详见本书第5章相关内容。

14.2.3　灯具型号及规格、数量

针对该场馆的结构特点及运动类型，比赛场地选用 236 套 TLC-LED-1200 灯具，冬奥会期间开启 186 套灯具用于冰壶比赛照明。另增加 24 套 TLC-RGBW-600 灯具用于现场灯光秀，增加演绎效果，活跃赛场气氛，与观众积极互动，并实现与音响联动，如图 14-11 所示。

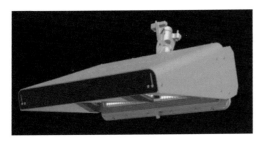
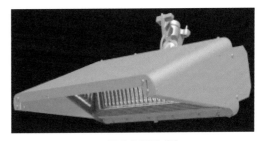

TLC-LED-1200　　　　　　　　　　　TLC-RGBW-600

图 14-11　国家游泳中心采用的灯具

观众席采用 24 套 TLC-LED-1150 灯具，30 套 LED100W 用于安全照明。

14.2.4　布灯形式

场馆设有内外两圈 25m 高直条马道，根据马道与场地的位置关系，结合赛前、赛后不同的照明标准要求，比赛灯具采用光带式布置方式，考虑到该场馆运动类型的多功能性、特殊性、复杂性、多变性等因素，灯具选择合适的安装位置分布于马道上，在满足相关照明要求的前提下，保证最佳的照明效果，如图 14-12、图 14-13 所示。

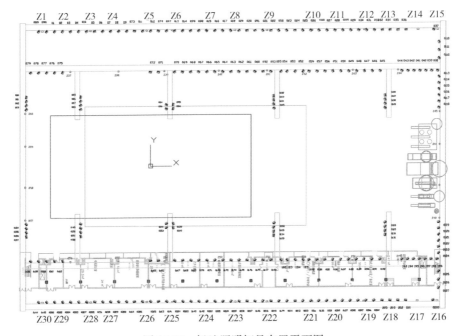

图 14-12　场地照明灯具布置平面图

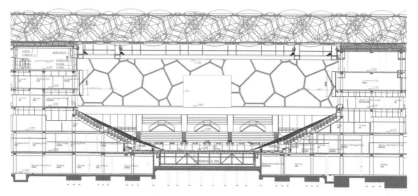

图 14-13　场地照明灯具布置剖面图

14.2.5　照明计算

"冰立方"根据场馆实际使用需求设置有两套完整的照明系统，2022 年冬奥会期间的冰壶比赛照明系统及赛后的游泳、跳水比赛照明系统。表 14-4、表 14-5 为两套系统的照度计算结果。

表 14-4　冬奥会冰壶比赛照明设计值与要求值对比

模式	计算方式	设计值					要求值		
		平均值	最小值	最大值	最小值/最大值	最小值/平均值	最小值	最小值/最大值	最小值/平均值
01 Final-Sheet 2	Horizontal	3360	3040	3668	0.83	0.90	—	—	—
02 Final-Sheet 2-Centreline	Main Cam(−37, 3, 7)	2045	1943	2138	0.91	0.95	1600	0.70	—
02 Final-Sheet 2-Centreline	+ x orthogonal	2107	1765	2248	0.78	0.84	1120	—	—
02 Final-Sheet 2-Centreline	+ y orthogonal	2557	2143	2821	0.76	0.84			
03 Final-Sheet 2	− x orthogonal	1656	1287	1820	0.71	0.78			
03 Final-Sheet 2	− y orthogonal	2379	2015	2739	0.74	0.85			
03 Final-Sheet 2	CAM fc(−17, 3, 26)	2658	2146	3316	0.65	0.81	—	—	—
03 Final-Sheet 2	CAM fd(17, 3, 26)	2931	2298	3603	0.64	0.78			
03 Final-Sheet 2	CAM A(−45, 3, 10)	2116	1969	2245	0.88	0.93			
03 Final-Sheet 2	CAM B-2(−37, 3, 7)	2039	1900	2185	0.87	0.93			
03 Final-Sheet 2	CAM C(−29, 3, 3)	1810	1721	1900	0.91	0.95			
03 Final-Sheet 2	CAM D(31, 3, 3)	2278	2007	2456	0.82	0.88			
03 Final-Sheet 2	CAM E(36, 3, 6)	2511	2120	2806	0.76	0.84			
03 Final-Sheet 2	CAM fah(24, 3, 1.5)	2106	1744	2246	0.78	0.83			
03 Final-Sheet 2	CAM fc(−17, 3, 26)	2634	1931	3352	0.58	0.73			
03 Final-Sheet 2	CAM fd(17, 3, 26)	2907	2091	3658	0.57	0.72			
03 Final-Sheet 2	CAM fn(−12, 6, 1.5)	1867	1649	2557	0.65	0.88			
03 Final-Sheet 2	CAM fp(12, 6, 1.5)	2128	1707	2773	0.62	0.80			
03 Final-Sheet 2	CAM fw(0, 6, 1.5)	1979	1694	2485	0.68	0.86			

（续）

模式	计算方式	设计值					要求值		
		平均值	最小值	最大值	最小值/最大值	最小值/平均值	最小值	最小值/最大值	最小值/平均值
04 Preliminaries&Semi final-Sheet 1	Horizontal	3055	2611	3388	0.77	0.85	—	—	—
05 Preliminaries&Semi final-Sheet 1-Centreline	Main Cam（−37，9，7）	1910	1830	2026	0.90	0.96	1600	0.70	—
05 Preliminaries&Semi final-Sheet 1-Centreline	+ x orthogonal	1931	1540	2081	0.74	0.80	1120	—	—
05 Preliminaries&Semi final-Sheet 1-Centreline	+ y orthogonal	2215	1610	2629	0.61	0.73			
06 Preliminaries&Semi final-Sheet 1	− x orthogonal	1544	1057	1697	0.62	0.68			
06 Preliminaries&Semi final-Sheet 1	− y orthogonal	1871	1542	2211	0.70	0.82			
06 Preliminaries&Semi final-Sheet 1	CAM fa（−17，9，26）	2474	1986	3094	0.64	0.80	—	—	—
06 Preliminaries&Semi final-Sheet 1	CAM fb（17，9，26）	2687	2176	3282	0.66	0.81			
06 Preliminaries&Semi final-Sheet 1	CAM B-1（−37，9，7）	1897	1706	2083	0.82	0.90			
06 Preliminaries&Semi final-Sheet 1	CAM fa（−17，9，26）	2449	1725	3185	0.54	0.70			
06 Preliminaries&Semi final-Sheet 1	CAM fb（17，9，26）	2674	1913	3419	0.56	0.72			
06 Preliminaries&Semi final-Sheet 1	CAM fk（−12，12，1.5）	1773	1539	2380	0.65	0.87			
06 Preliminaries&Semi final-Sheet 1	CAM fm（12，12，1.5）	1966	1545	2558	0.60	0.79			
06 Preliminaries&Semi final-Sheet 1	CAM fv（0，12，1.5）	1863	1541	2305	0.67	0.83			
06 Preliminaries&Semi final-Sheet 1	CAM fz（−27，9，3）	1707	1549	1840	0.84	0.91			
07 Preliminaries&Semi final-Sheet 3	Horizontal	3360	3040	3668	0.83	0.90	—	—	—
08 Preliminaries&Semi final-Sheet 3-Centreline	Main Cam（−37，−3，7）	2045	1943	2138	0.91	0.95	1600	0.70	—

（续）

模式	计算方式	设计值					要求值		
		平均值	最小值	最大值	最小值/最大值	最小值/平均值	最小值	最小值/最大值	最小值/平均值
08 Preliminaries&Semi final-Sheet 3-Centreline	+ x orthogonal	2107	1765	2248	0.78	0.84	1120	—	—
08 Preliminaries&Semi final-Sheet 3-Centreline	+ y orthogonal	2382	2019	2740	0.74	0.85			
09 Preliminaries&Semi final-Sheet 3	− x orthogonal	1656	1287	1820	0.71	0.78			
09 Preliminaries&Semi final-Sheet 3	− y orthogonal	2555	2140	2820	0.76	0.84			
09 Preliminaries&Semi final-Sheet 3	CAM fe(−17, −3, 26)	2657	2147	3315	0.65	0.81	—	—	—
09 Preliminaries&Semi final-Sheet 3	CAM ff(17, −3, 26)	2931	2297	3603	0.64	0.78			
09 Preliminaries&Semi final-Sheet 3	CAM B-3(−37, −3, 7)	2039	1900	2185	0.87	0.93			
09 Prelimtnaries&Semi final-Sheet 3	CAM fe(−17, −3, 26)	2633	1931	3352	0.58	0.73			
09 Prelimtnaries&Semi final-Sheet 3	CAM ff(17, −3, 26)	2906	2091	3658	0.57	0.72			
09 Prelimtnaries&Semi final-Sheet 3	CAM fr(−12, 0.1.5)	1799	1553	2488	0.62	0.86			
09 Prelimtnaries&Semi final-Sheet 3	CAM fs(12, 0, 1.5)	2073	1671	2677	0.62	0.81			
09 Prdininaries&Semi final-Sheet 3	CAM fx(0, 0, 1.5)	1913	1611	2419	0.67	0.84			
10 Preliminaries-Sheet 4	Horizontal	3055	2612	3388	0.77	0.85	—	—	—
11 Preliminaries-Sheet 4-Centreline	Main Cam(−37, −9, 7)	1910	1830	2026	0.90	0.96	1600	0.70	—
11 Preliminaries-Sheet 4-Centreline	+ x orthogonal	1931	1540	2081	0.74	0.80	1120	—	—
11 Preliminaries-Sheet 4-Centreline	+ y orthogonal	1874	1546	2212	0.70	0.83			
12 Preliminaries-Sheet 4	− x orthogonal	1544	1057	1697	0.62	0.68			
12 Preliminaries-Sheet 4	− y orthogonal	2214	1608	2629	0.61	0.73			

（续）

模式	计算方式	设计值					要求值		
		平均值	最小值	最大值	最小值/ 最大值	最小值/ 平均值	最小值	最小值/ 最大值	最小值/ 平均值
12 Preliminaries-Sheet 4	CAM fh(−17，−9，26)	2474	1986	3093	0.64	0.80			
12 Preliminaries-Sheet 4	CAM fj(17，−9，26)	2687	2176	3283	0.66	0.81			
12 Preliminaries-Sheet 4	CAM B-4(−37，−9，7)	1897	1706	2083	0.82	0.90			
12 Preliminaries-Sheet 4	CAM faa(−27，−9，3)	1707	1549	1840	0.84	0.91			
12 Preliminaries-Sheet 4	CAM fh(−17，−9，26)	2449	1725	3184	0.54	0.70	—	—	—
12 Preliminaries-Sheet 4	CAM fj(17，−9，26)	2674	1913	3419	0.56	0.72			
12 Preliminaries-Sheet 4	CAM ft(−12，−6，1.5)	1625	1401	2032	0.69	0.86			
12 Preliminaries-Sheet 4	CAM fu(12，−6，1.5)	1856	1445	2164	0.67	0.78			
12 Preliminaries-Sheet 4	CAM fy(0，−6，1.5)	1728	1387	2037	0.68	0.80			

表 14-5　赛后游泳、跳水照明计算值与要求值对比

模式	计算方式	设计值					要求值		
		平均值	最小值	最大值	最小值/ 最大值	最小值/ 平均值	平均值	最小值/ 最大值	最小值/ 平均值
1 DIVING-HDTV Level 6	Horizontal	4950	4193	5575	0.75	0.85	—	0.70	0.80
1 DIVING-HDTV Level 6	MAIN TV	2759	2113	3178	0.66	0.77	2000	0.60	0.70
1 DIVING-HDTV Level 6	EAST	1417	893	1700	0.53	0.63			
1 DIVING-HDTV Level 6	NORTH	2254	1610	2586	0.62	0.71			
1 DIVING-HDTV Level 6	SEC TV	2066	1669	2466	0.68	0.81	1400	0.40	0.60
1 DIVING-HDTV Level 6	SOUTH	2254	1610	2586	0.62	0.71			
1 DIVING-HDTV Level 6	WEST	1445	1060	1740	0.61	0.73			
2 Diving-10m Platform Vertical B	Main TV	2766	2225	3009	0.74	0.80			
3 Diving-10m Platform Vertical A	Sec TV	1775	1099	2124	0.52	0.62			
4 Diving-7.5m Platform Vertical A	Sec TV	1836	1412	2074	0.68	0.77			
5 Diving-7.5m Platform Vertical B	Main TV	2944	2752	3072	0.90	0.93	—		
6 Diving-5m Platform Vertical B	Main TV	2520	2277	2658	0.86	0.90			
7 Diving-5m Platform Vertical A	Sec TV	1645	1449	1776	0.82	0.88			
8 Diving-3m Platform Vertical B	Main TV	2759	2479	3013	0.82	0.90			

（续）

模式	计算方式	设计值					要求值		
		平均值	最小值	最大值	最小值/最大值	最小值/平均值	平均值	最小值/最大值	最小值/平均值
9 Diving-3m Platform Vertical A	Sec TV	1475	1308	1606	0.81	0.89			
10 Diving-1m Platform Vertical B	Main TV	2267	2030	2441	0.83	0.90	—		
11 Diving-1m Platform Vertical A	Sec TV	1420	1243	1556	0.80	0.88			
12 Diving-INTL TV Level 5	Horizontal	2970	2515	3345	0.75	0.85	—	0.60	0.80
12 Diving-INTL TV Level 5	Main TV	1655	1268	1907	0.66	0.77	1400	0.50	0.70
12 Diving-INTL TV Level 5	Sec TV	1240	1002	1480	0.68	0.81	1000	0.30	0.50
13 Diving-NATL TV Level 4	Horizontal	1980	1677	2230	0.75	0.85	—	0.50	0.70
13 Diving-NATL TV Level 4	Main TV	1104	845	1271	0.66	0.77	1000	0.40	0.60
13 Diving-NATL TV Level 4	Sec TV	826	668	986	0.68	0.81	750	0.30	0.50
14 Diving-Level 3	Horizontal	812	696	940	0.74	0.86	500	0.40	0.60
15 Diving-Level 2	Horizontal	580	497	672	0.74	0.86	300	0.30	0.50
16 Diving-Level 1	Horizontal	348	298	403	0.74	0.86	200	—	0.30
17 Diving-TV Emergency	Horizontal	2632	2203	2893	0.76	0.84	—	0.50	0.70
17 Diving-TV Emergency	Main TV	1454	1101	1664	0.66	0.76	1000	0.40	0.60
17 Diving-TV Emergency	Sec TV	1005	750	1210	0.62	0.75	750	0.30	0.50
18 Pool-HDTV Level 6	Horizontal	4795	4150	5720	0.73	0.87	—	0.70	0.80
18 Pool-HDTV Level 6	Main TV	2381	1757	2947	0.60	0.74	2000	0.60	0.70
18 Pool-HDTV Level 6	EAST	1526	1104	1843	0.60	0.72			
18 Pool-HDTV Level 6	NORTH	2078	1619	2614	0.62	0.78			
18 Pool-HDTV Level 6	SOUTH	2078	1619	2614	0.62	0.78	1400	0.40	0.60
18 Pool-HDTV Level 6	Sec TV	1514	1301	1877	0.69	0.86			
18 Pool-HDTV Level 6	WEST	1416	933	1734	0.54	0.66			
19 Pool-TV Level 5	Horizontal	3356	2905	4004	0.73	0.87	—	0.60	0.80
19 Pool-TV Level 5	Main TV	1667	1230	2063	0.60	0.74	1400	0.50	0.70
19 Pool-TV Level 5	Sec TV	1060	911	1314	0.69	0.86	1000	0.30	0.50
20 Pool-TV Level 4	Horizontal	2637	2282	3146	0.73	0.87	—	0.50	0.70
20 Pool-TV Level 4	Main TV	1310	966	1621	0.60	0.74	1000	0.40	0.60
20 Pool-TV Level 4	Sec TV	833	716	1033	0.69	0.86	750	0.30	0.50
21 Pool-Level 3	Horizontal	871	743	1090	0.68	0.85	500	0.40	0.60
22 Pool-Level 2	Horizontal	544	464	681	0.68	0.85	300	0.30	0.50

（续）

模式	计算方式	设计值					要求值		
		平均值	最小值	最大值	最小值/最大值	最小值/平均值	平均值	最小值/最大值	最小值/平均值
23 Pool-Level 1	Horizontal	327	279	409	0.68	0.85	200	—	0.30
24 Pool-TV Emergency	Horizontal	2617	2177	3130	0.70	0.83	—	0.50	0.70
24 Pool-TV Emergency	Main TV	1269	934	1608	0.58	0.74	1000	0.40	0.60
24 Pool-TV Emergency	Sec TV	794	711	880	0.81	0.90	750	0.30	0.50
25 Seating#1	Horizontal	423	135	864	0.16	0.32	最小值 >50		—
26 Seating#2	Horizontal	361	82.8	981	0.08	0.23			
27 Seating#3	Horizontal	364	226	539	0.42	0.62			
28 Seating#4	Horizontal	377	213	585	0.36	0.56			
29 Seating#1-Egress	Horizontal	26.5	18.9	34.5	0.55	0.71	平均值 >20		—
30 Seating#2-Egress	Horizontal	25.1	14.4	35.1	0.41	0.57			
31 Seating#3-Egress	Horizontal	21.5	16.6	26.3	0.63	0.77			
32 Seating#4-Egress	Horizontal	22.8	19.3	27.9	0.69	0.85			
33 Field-Egress	Horizontal	22.5	17.1	27.4	0.62	0.76			

14.2.6　配电及控制、接地与防雷

为了冬奥会，国家游泳中心做适当的改造，改造的电气系统有：比赛场地照明系统升级、UPS 不间断电源系统更新、EPS 应急电源系统更新。

其中，TV 应急照明为特级负荷，其他场地照明和观众席照明为一级负荷。

供电电源为 2 路 10kV 市电双重电源供电，分别引自安惠 110kV 变电站和惠翔 110kV 变电站。高压系统采用单母线分段接线方式，任一路 10kV 失电，另一路电源可通过 10kV 母联断路器自动投入带全部负荷。"冰立方"设有 1 个总变电所，2 个分变电所。另外，赛时可临时租赁柴油发电机组供电。

体育照明的双重电源为同时工作、互为备用，接入到照明配电箱的自动转换开关电器（ATSE）。同时比赛场地 50% 的场地照明已接入 UPS 系统，其供电时间不小于 10min。

场地照明配电系统图如图 14-14 所示。

特级负荷的供电除由双重电源供电外，还增加了应急电源，如图 14-15 所示。因为在实际中很难得到两个真正的独立电源，电网的某些故障可能引起全部电源进线失电，造成停电事故。因此，在设计时对该类负荷由与电网无关的、独立的应急电源供电。所以这部分照明负荷接入了 EPS 系统，系统供电时间不小于 60min。

供电网络中有效地独立及正常专用馈电线路是保证两个供电线路不大可能同时中断供电。因此，如上段所述，比赛场地的另外 50% 的场地照明接入了来自冬奥组委临时租赁的柴油发电机组，如图 14-16 所示。

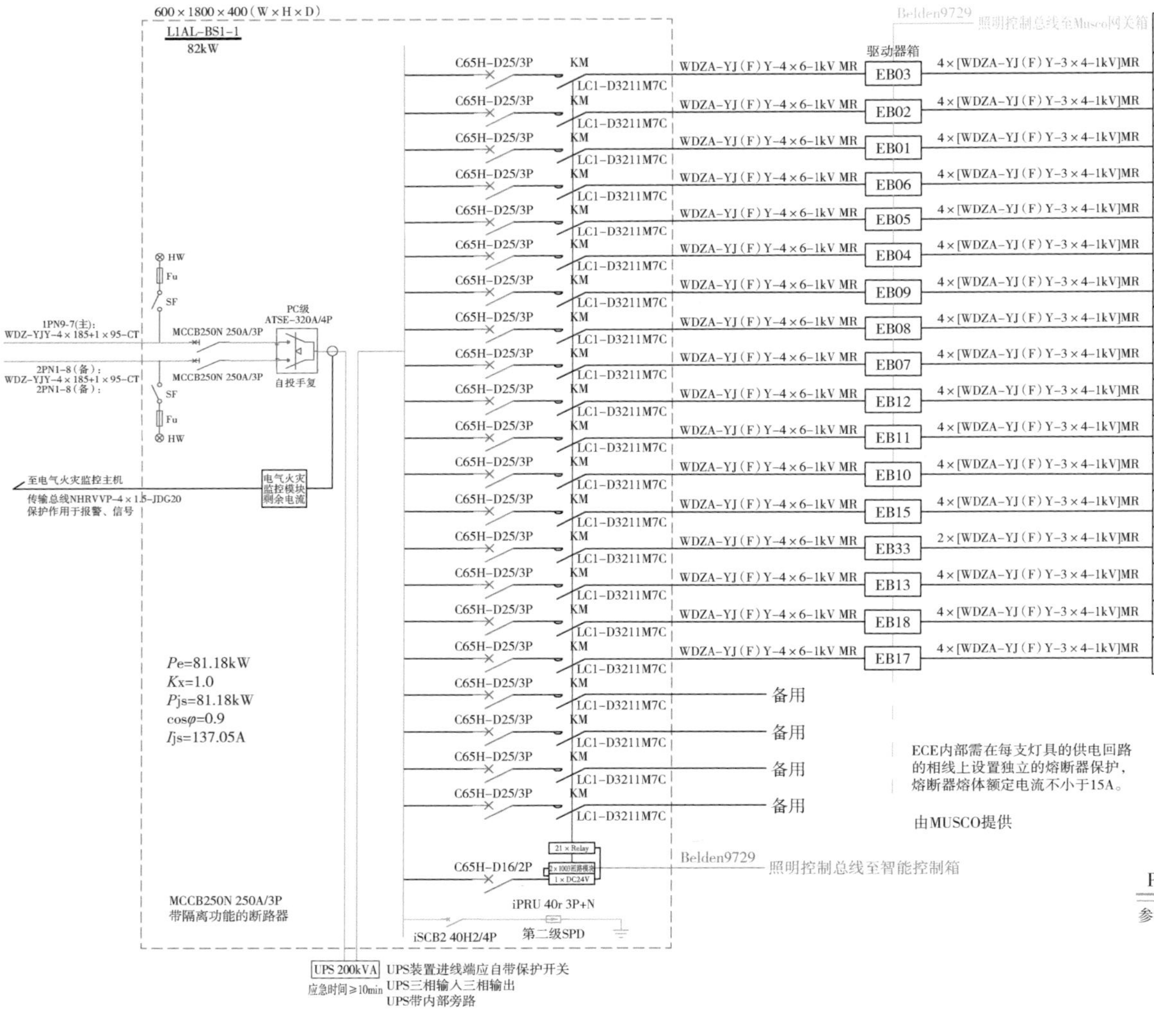

回路编号	灯具数量	计算功率 kW	计算电流 A	灯具编号
L1	4	4.92	8.31	14，17，18，19
L2	4	4.92	8.31	8，9，12，13
L3	4	4.92	8.31	1，2，6，7
L4	4	4.92	8.31	33，37，38，39
L5	4	4.92	8.31	28，29，30，31
L6	4	4.92	8.31	20，21，26，27
L7	4	4.92	8.31	61，62，64，65
L8	4	4.92	8.31	56，57，58，60
L9	4	4.92	8.31	40，46，48，49
L10	4	4.92	8.31	81，86，87，88
L11	4	4.92	8.31	71，72，73，77
L12	4	4.92	8.31	66，67，68，70
L13	4	4.92	8.31	102，103，104，107
L14	2	2.46	4.15	235，236
L15	4	4.92	8.31	91，92，93，94
L16	4	4.92	8.31	124，129，130，133
L17	4	4.92	8.31	118，119，120，121

ECE内部需在每支灯具的供电回路的相线上设置独立的熔断器保护，熔断器熔体额定电流不小于15A。

由MUSCO提供

PB1场地照明配电柜

参考尺寸：750×1600×400

图14-14　场地照明配电系统图

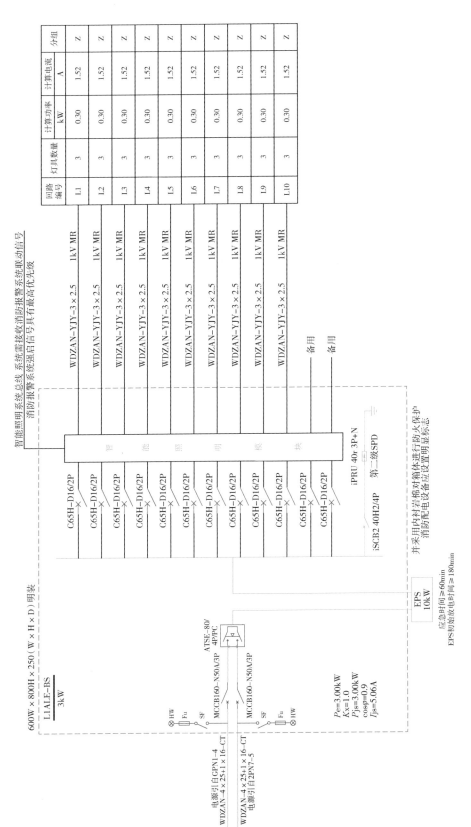

图14-15　应急照明配电系统图

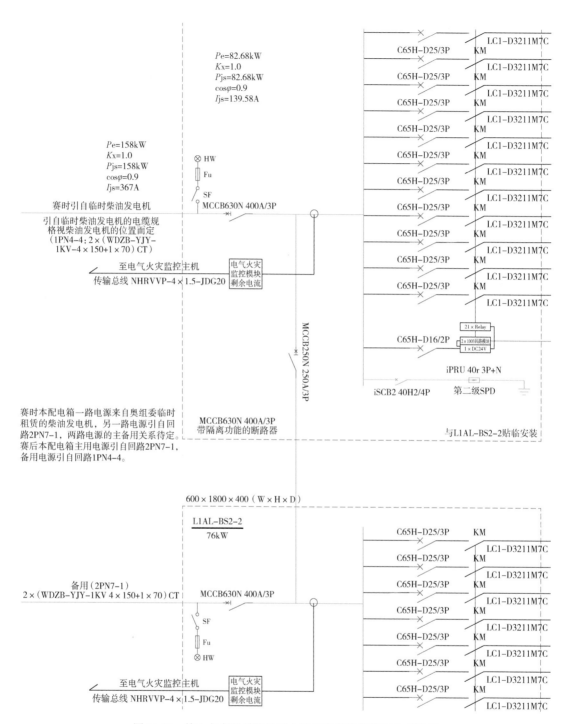

图 14-16　接入冬奥组委柴油发电机组的场地照明配电系统图

照明配电柜的设计基于驱动电源的电气特征，主要有：三相进线的隔离开关与接线端子，工厂预制的相序 AB/BC/AC，每套灯具单独的短路保护。

照明配电柜与灯具驱动电源箱被安装在场馆二层 5 号和 6 号配电间（图 14-17），每个配电间空间有限，考虑到场馆灯具之多，因此场地照明采用了三相 380V 电源供电，可以减少配电柜与驱动电源箱这段电缆芯数（3P + PE），优化了电缆的大小、减小了线槽的体积，增加了施工安装的便捷性和灵活性。

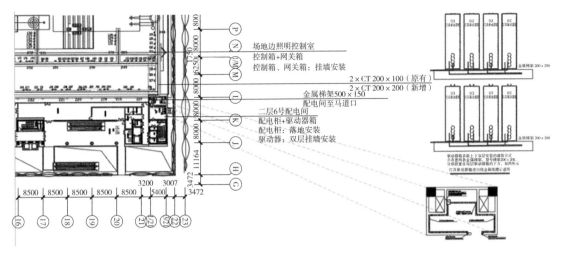

图 14-17　二层 6 号配电间布置

此外，由于场地使用了瞬时启动的 LED 照明灯具，为了躲过启动瞬间的冲击电流，避免断路器误动作，在照明配电柜的各支路上，统一选用了 D 曲线脱扣的断路器实施保护。

场馆属于二类防雷建筑，场地照明没有单独设置防直击雷措施，但所有照明配电柜以及有电子设备的终端配电箱内均设置电涌保护器。低压系统采用 TN-S 接地方式，所有电气装置及装置外可导电部分均通过 PE 线可靠接地。防雷接地、安全接地和功能接地采用联合接地。改造部分新增的防雷、接地、等电位等设施接入原有系统。接地电阻经实测满足要求，不需补打人工接地极。

14.2.7　场馆照明的控制系统

"冰立方"不仅要满足比赛时严苛的使用需求，在赛后运营中也要起到重要的作用。场馆的定位是综合性现代多功能场馆，比赛灯具会有灯光秀或与舞台灯具结合演绎的需求，所以必须选择信号传输速度快、延迟性小、复杂效果多、赛后运营便利的系统，最终选择了 DMX512。场地照明控制系统图如图 14-18 所示。

该系统与比赛照明灯具通过网关箱连接，灯具驱动电源可实现连续调光，最高支持 HDTV 高清转播级别，通过调光可满足不同级别赛事活动的不同照度要求。不同模式可瞬间开启，一键切换。

每个 LED 驱动电源具有独立地址，通过 DMX 设备可进行开关及调光，控制便捷高效，最大化的提高用户舒适度及高效的节能效果。

系统在局域网覆盖范围内可实现触摸屏、手机 APP 随时随地控制。此外，表演戏剧效果，如闪电、追逐、波浪、随机、淡入淡出或赛场灯光秀表演，并可与音乐实现联动，增强现场的视听效果，打造出感官盛宴，满足体育场赛事期间的体育展示功能。

DMX控制截面系统–LED

系统概览

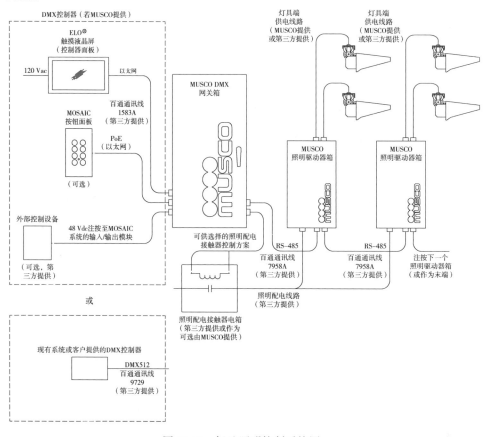

图 14-18　场地照明控制系统图

系统采用开放式 UDP 通信协议，支持与建筑设备管理系统、比赛设备管理系统通信。专用的照明控制系统既与其他设备管理系统通信，又独立于其他控制系统之外，其他控制系统无法控制场地照明的正常使用。

14.2.8　照明设备安装调试

本书支持单位玛斯柯是全球著名的体育照明制造商，具有丰富的场馆照明设计、建设经验。在"冰立方"灯具安装过程中，支架以不破坏马道为前提，特殊定制与现场马道结构相匹配的支架，灯具安装无需在马道上打孔，确保安装便捷、安全可靠，外形简洁、美观、坚固，无外露导线，利于维护及重新调整安装位置，保证了安全高效的安装维护。

灯具的水平投射角度和垂直投射角度已根据最终设计预设，并在出厂前全部精准调试，现场安装极为简便，专用的瞄准工具复核灯具角度之后便可投入使用，确保了实际安装效果与照明设计结果的一致。当有变更照明需求时，也可通过专用的瞄准工具现场进行重新瞄准，如图 14-19、图 14-20 所示。

图 14-19　灯具瞄准复核调试

图 14-20　照明测试

14.2.9　最终效果

2022 年 2 月 2 日至 3 月 13 日,"冰立方"成功举办了 2022 年冬奥会冰壶比赛、冬残奥会轮椅冰壶比赛,是所有竞赛场馆中比赛场次最多、赛程最长的场馆。验证了该体育照明系统的可靠性,系统运行良好,赛事灯光效果完美,受到参赛运动员的一致称赞和相关各方的高度肯定。最终效果参见图 14-10。

14.3　国家跳台滑雪中心"雪如意"场地照明

14.3.1　工程简介

北京 2022 年冬奥会国家跳台滑雪中心位于河北省张家口市崇礼区,为张家口奥林匹克体育公园内三个国家滑雪中心之一。

国家跳台滑雪中心由顶部建筑、滑道区、下部看台区组成,分为 HS106 标准跳台和

335

HS140 大跳台，由各自的出发区、助滑道、飞行落地区、共用的缓冲区、观众席区构成。HS106 坡长 106m，起跳点海拔 1750m；HS140 坡长 140m，起跳区海拔 1771.5m。滑道区两侧设有挡风屏障，中部根据比赛需要设有裁判台及教练台。国家跳台滑雪中心是中国第一个国际等级专用跳台滑雪场。

国家跳台滑雪中心比赛场地照明灯杆基础的实施、灯具的调试精度要求都非常高，是目前国内要求最高、最专业的滑雪场地。

国家跳台滑雪中心依山峦而卧，外观结构与中国古代吉祥饰物"如意"的 S 形曲线完美融合，被形象地称为"雪如意"，如图 14-21 所示。

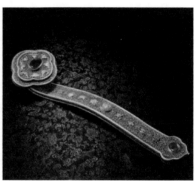

图 14-21　国家跳台滑雪中心实景

14.3.2　体育照明等级及设计依据

体育照明等级为Ⅵ级。设计依据除我国相关标准外，还有如下标准或技术要求：

1）北京冬奥组委及体育部关于国家跳台滑雪中心、国家冬季两项中心、国家越野滑雪中心照明设计需求及灯具参数要求。

2）北京 2022 冬奥会和冬残奥会业务领域电力供应原则。

3）体育转播照明通用指南。

4）体育专用转播照明要求　跳台滑雪。

14.3.3　采用灯具型号及规格、数量

起点区照明：采用 17 套 600W LED 照明灯。

助滑道照明：采用 806 套 48W 助滑道专用线型 LED 灯。

起跳、空中飞行和落地结束区域照明：采用 599 套 1580W 大功率投光灯 LED 灯。

14.3.4　布灯形式

专用线型灯具安装在助滑道两侧，每侧 2～3 条连续安装，保证在助滑道表面和运动员立面照明效果符合比赛和转播要求。

投光灯高杆照明设置在体育场以外，标准台一侧设置 5 个灯杆，高度分别为 30m、

40m、45m、55m、50m；大跳台一侧设置 6 个灯杆，高度分别为 30m、30m、40m、45m、55m、50m；观众席和缓冲区设置 4 个 50m 灯杆，保证在起跳衔接区、腾空落地区、缓冲区任意点的照明至少来自 3 个方向，如图 14-22 所示。

图 14-22　国家跳台滑雪中心照明效果

14.3.5　照明计算

经过计算和设计，照明技术指标及照明效果如下：

1）固定摄像机垂直照度最小值 $E_{c\,cam} > 1600lx$，全部固定摄像机垂直照度均匀度 $U_1 > 0.7$，$U_2 > 0.8$。

2）全部水平照度均匀度 $U_1 > 0.7$，$U_2 > 0.8$。

3）眩光计算值以最大值作为结果取值，根据 CIE112 的定义，场地反射率 ρ 取值为 0.7，摄像机位置的 GR 计算值最大不超过 40。运动员在起始区雪道的 GR 最大值需要小于 50。相邻的雪道照明造成的眩光不能互相对运动员造成影响。

4）灯具的色温均为 5600～5700K，显色指数 $R_a > 85$，$R_9 \geqslant 45$。

5）灯具的单灯频闪比 FF 小于 2%。

6）观众席照明的最小照度不低于 50lx。视野覆盖前 12 排观众席的摄像机的平均垂直照度需要达到 FOP 垂直照度的 25%～30%。

7）应急照明灯具是场地照明的一部分，平均照度值需大于 20lx。

国家跳台滑雪中心照明瞄准方向如图 14-23、图 14-24 所示。

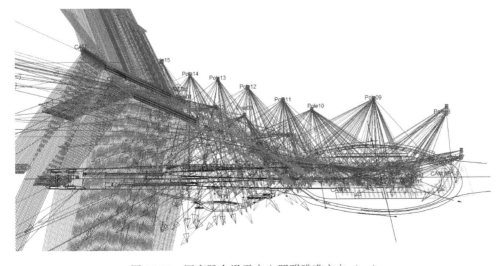

图 14-23　国家跳台滑雪中心照明瞄准方向（一）

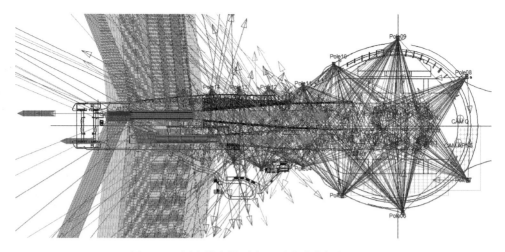

图 14-24 国家跳台滑雪中心照明瞄准方向（二）

部分场地照明计算数据见表14-6。

表 14-6 部分场地照明计算数据

计算名称	照度/lx			照度均匀度	
	平均值	最小值	最大值	U_2	U_1
LN-start Eh	1997	1788	2120	0.9	0.84
LN-start Ec B	1824	1676	1916	0.92	0.87
LN-start Ec C	2204	1899	2516	0.86	0.75
LN-start Ec fnc	1843	1629	2028	0.88	0.8
LN-in run1 Eh	1258	1168	1577	0.93	0.74
LN-in run2 Eh	1461	1372	1552	0.94	0.88
LN-in run1 Ec fna	2127	1780	2414	0.84	0.74
LN-in run2 Ec fna	1742	1657	1803	0.95	0.92
LN-in run1 Ec D	1866	1687	2158	0.9	0.78
LN-in run2 Ec D	2069	1975	2213	0.95	0.89
LN-in run1 Ec fnc	1893	1708	2151	0.9	0.79
LN-in run2 Ec fnc	2026	1672	2123	0.83	0.79
LN-take offEc D	2205	2041	2285	0.93	0.89
LN-take offEc J1	1988	1799	2078	0.9	0.87
LN-take offEc G	2129	1839	2250	0.86	0.82
LN-Eh flight1	3353	3104	3546	0.93	0.88
LN-Eh flight2	3782	3658	3877	0.97	0.94
LN-Eh flight3	3829	3653	3932	0.95	0.93
LN-Eh flight4	3245	2718	3542	0.84	0.77
LN-Eh flight5	2839	2432	3233	0.86	0.75
LN-Eh flight6	2574	2196	2967	0.85	0.74
LN-Eh flight7	3016	2463	3350	0.82	0.74
LN-Eh flight8 （landing）	2868	2565	3031	0.89	0.85
LN-Ec J1-1.5m-flight1	2535	2318	2637	0.91	0.88

14.3.6　照明配电

照明配电采用220V/380V、50Hz、TN-S配电系统，电源引自新建照明专用箱变。

根据"北京冬奥组委规划建设部第11期会议纪要"，FOP照明对赛事和转播至关重要，供电系统要求如下：照明供电系统分为至少A、B两个系统，每个系统各带50%照明负荷。A、B两个系统配置所带照明负荷100%备用柴油发电机组。柴油发电机组不能在系统间共用。A、B两个系统配置满足100%照明负荷的不间断电源装置（UPS），UPS供电时间不少于10min，且具备实时监测功能；供电系统采用交叉布线，由两个末端配电系统来给灯具分配电能，如图14-25所示。

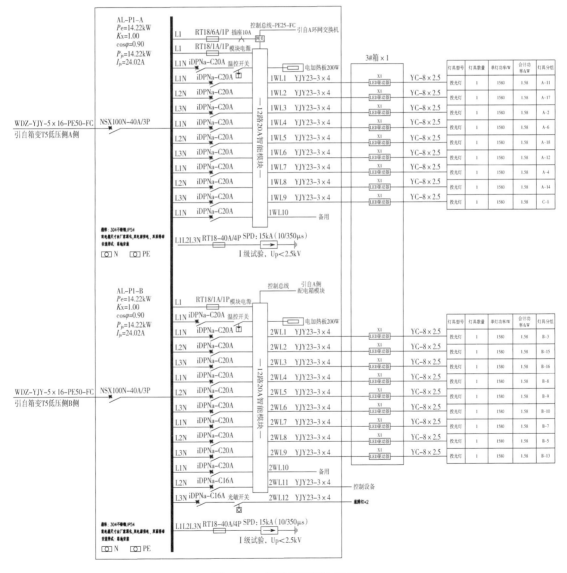

图 14-25　场地照明配电系统

14.3.7　照明控制

两种类型的灯具使用不同的调光方式，投光灯使用 DMX512 方式，线型投光灯使用 DA-LI 调光模式，通过同一个系统进行整合。

1）控制系统架构：建立基于以太网的网络，配电箱端设置灯具供电的控制和灯具的调光控制，由供电控制子系统完成错时启动、维护时段等模式的切换，由调光系统完成比赛、训练、娱乐的模式切换。

2）照明控制终端设置在照明控制室内，设置控制面板和计算机终端，同时设置以太网-RS485 网关；由控制室引出单模光纤以一路或多路闭环方式环绕所有灯杆下的照明配电箱，并最终返回控制室内；灯杆下照明配电箱内设置交换机、以太网-RS485 网关、总线电源、开关模块，开关模块直接控制每个灯具开关。

3）控制平台的核心层通过以太网网络将装有总控软件的服务器、DMX 主控器、协议转换器、触摸控制屏和以太网网关等功能模块组网并实现互相通信。DMX512 主控器通过主流协议，经 DMX512 协议转换器转换后实现对 DMX 灯具的开关、调光控制及反馈信号采集，控制的最小单元为一盏灯。

部分场地照明控制系统图如图 14-26 所示。

14.3.8　防雷与接地

1）高杆灯杆接闪杆采用圆钢和钢管焊接经热浸锌制成，直径不小于 25mm。
2）照明接地系统与灯杆的防雷接地装置可靠相连。
3）固定在灯杆上的照明灯具及其他用电设备和线路采取相应的防止闪电电涌侵入的措施，无金属外壳或保护网罩的用电设备处在接闪器的保护范围内。
4）配电箱内在电源侧装设 I 级试验的电涌保护器，其电压保护水平不大于 2.5kV，用电涌保护器做防雷、过压保护，电涌保护器下端就近与防雷装置相连并做可靠接地。
5）高杆灯杆防雷接地装置要求如下：
①高杆灯杆设有接地装置，接地电阻不大于 10Ω。
②接地极通过镀锌扁钢与灯杆主体连接，连接处采用螺栓连接。
③灯杆各结合点接触良好，螺母压紧时不得损伤防腐涂层。

14.3.9　其他

国家跳台滑雪中心及其场地照明实际图如图 14-27 所示。
1）跳台滑雪项目场地是地势落差最大的室外自然条件场地，落差过程的追踪是照明设计的重要内容。跳台滑雪的摄像机数量众多，不同位置、种类、功能的超高清晰摄像机的照明需求均需满足。

2）助滑道段照明设计：需要满足助滑道水平照度、运动员多方向摄像机的垂直照度的要求。

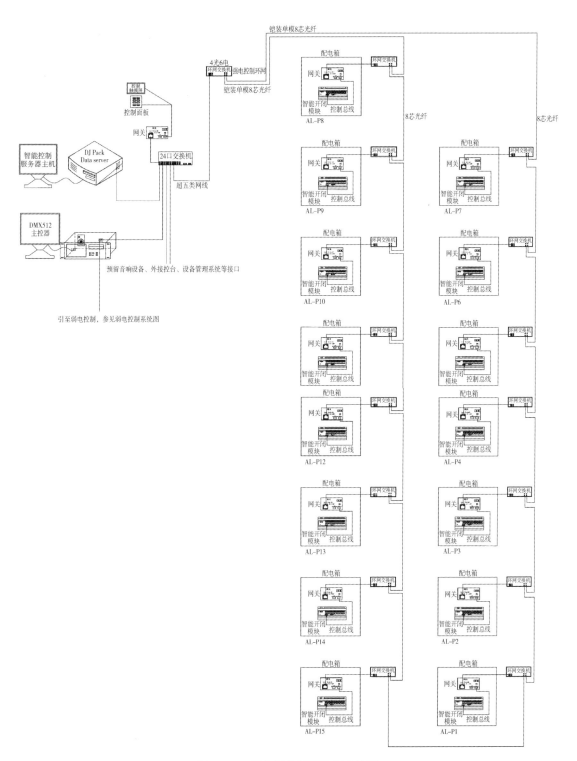

图 14-26　部分场地照明控制系统图

飞行段照明设计：需要考虑背景照明的雪面照明均匀度，同时需要满足不同高度下的面对各个摄像机的垂直照度和均匀度要求。

图 14-27　国家跳台滑雪中心及其场地照明实际图

缓冲和混合区照明设计：需要满足雪面水平照度均匀度和面对多个摄像机垂直照度和均匀度的要求。

3）灯具数量和最佳灯具瞄准点设计：本着最大化满足转播摄像机对光环境、最满足运动员比赛需要的需求，同时减小和避免高杆设备在转播视线中的突兀原则，从高杆的定位、灯具数量、瞄准点、照度、均匀度、眩光控制、色温、频闪比、显色指数等各方面对效果进行严格控制，从而达到 OBS、冬奥组委、国际雪联等的要求，实现最佳的转播效果。

4）最大限度避免对摄像机和运动员的眩光。跳台滑雪运动员的视线不同于平面运动，为了保证转播效果，灯具的位置和投射方向必须考虑运动员的需求。

5）灯具使用环境为低温环境，在比赛时段的夜间更可能低于 -25℃，灯具和照明系统的耐低温能力是重大考验。

6）从可持续发展理念出发，体育照明设计之初就考虑了赛后运营，赛后全部赛时灯具均转为赛后使用，可以通过智能控制系统的开关和调光组合，完成不同场景的照明效果。

14.4　国家雪车雪橇中心"雪游龙"场地照明

14.4.1　工程介绍

北京 2022 年冬奥会及冬残奥会延庆赛区场馆设施——国家雪车雪橇中心昵称"雪游龙"，是笔者老东家中国建筑设计研究院有限公司的作品，其坐落于延庆小海坨山南麓山谷地带一侧的条形山脊之上。该建筑为甲级体育建筑，场馆赛时总席位数 7500 个，分站席和座席。赛道遮阳系统采用钢木混合结构，其他附属建筑地下采用混凝土框架剪力墙结构，地上采用钢结构和混凝土框架剪力墙结构。气候分区为寒冷地区ⅡA。用地面积 18.69hm²，总建筑面积 5.25 万 m²，构筑物面积 2.15 万 m²。地上 2~5 层，地下 1~2 层；层高 4.00~7.50m。

国家雪车雪橇中心顺道建馆，沿赛道设置出发区、结束区、运行与后勤综合区、出发训练道（冰屋）及团队车库、制冷机房等附属设施，如图 14-28 所示。

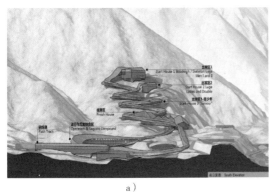

a）　　　　　　　　　　　　　　　　b）

图 14-28　国家雪车雪橇中心
a）赛道组合立面图　b）航拍图

1. 赛道

国家雪车雪橇中心赛道是国际雪车联合会认证的亚洲第 3 条、世界第 17 条雪车雪橇赛道，垂直落差 121m，长度 1975m，共设有 16 个弯道；在场馆北区，10 个弯道密集布置，形成一系列连续的 S 形布局，在 S 形赛段所围合的范围内设置了观赛区位与摄影点位，以欣赏、捕捉赛车过弯时的精彩瞬间；在场馆中部，设置了一段极具特色的 380°螺旋弯道（20°投影重叠），并在其中心配置了观赛广场，观众于此可以欣赏赛车环绕一圈飞驰而过的震撼画面；在场馆南区的后 5 个弯道也各具难度与特色。

2. 出发/运行

国家雪车雪橇中心共设置了 3 个出发区和 2 个出发口，为不同的比赛项目、运动员（青少年）训练以及游客体验提供了不同的出发点位。在海拔高度相对较低的场馆南区设置了运营及后勤综合区，在赛时用于场馆的管理、服务、保障工作，在赛后则会转化为生态恢复研究中心。

3. 结束/广场

结束区位于场馆中部，包含了终点收车区、观赛看台、颁奖区、媒体采访转播区、控制塔、运动员用房、管理用房、奥林匹克大家庭用房等一系列功能空间，是一个高度集成、功能复杂的综合性建筑。

4. 制冷/冰屋

制冷机房位于场馆南区外侧紧邻赛道最低点，是场馆的"心脏"，其内置的制冷系统通过预埋在赛道内部的制冷管为整条赛道输送和回取制冷剂（重力回流方式）。训练道冰屋坐落于场馆西南区的赛道外侧，是国家队运动员用于出发训练的室内训练场地，内含两条雪橇训练道、一条雪车训练道和一条 50m 热身跑道。

14.4.2　设计依据

设计依据除国家现行的有关规范、规程及相关行业标准、各类政策性文件外，场馆电力设计依据包括：

1）国家体育场奥运工程设计大纲。

2）电视转播要求。

3）奥运会场馆与基础设施指南。

4）2022 年第 24 届冬季奥林匹克运动会义务细则。

5）北京 2022 冬奥会和冬残奥会业务领域电力供应原则。

6）运动会服务部电力需求。

7）北京冬奥组委电力业务领域关于场馆规划建设的相关需求。

8）北京冬奥会场馆媒体运行规划设计服务手册。

9）其他与赛事供电、配电、用电相关的奥组委各部门文件。

14.4.3 采用灯具型号、规格及数量

1. 遮阳棚内灯具

国家雪车雪橇中心赛道遮阳棚下照明灯具采用 ENDO 出品的线性投光灯，共 7144 只，其中 48W 灯具 352 只，40W 灯具 5699 只，30W 灯具 1093 只。

灯具采用 LED 光源，$R_a > 90$，$R_9 > 50$，满足标准要求。其 53°×120°配光满足照明设计需求，灯具内设有白色反光器，在提升赛道方向垂直照度及摄像机方向照度的同时，侧向的光可以有效地减弱防撞木凸出部造成的阴影。同时，这种配光效果下的冰面水平照度不会过高。

根据赛道宽 1.5～2m，高 1.4～4m 的特点，结合研究试验与计算，确定灯具采用光束角 60°左右的配光。根据单项组织对防撞木凸出部分阴影不可明显延伸到赛道冰面上的要求，选择水平方向半角 140°左右的配光，如图 14-29 所示。

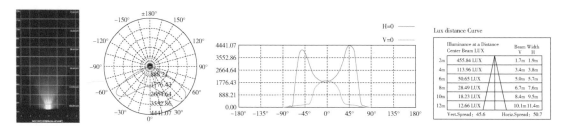

图 14-29　遮阳棚下灯具配光参数

灯具呈浅灰色，防护等级 IP65，灯具重量 4.5kg/只（不含支架），内置变压器。长 1025mm 宽 60mm 高 86mm，简洁小巧，利于灯具布置。

采用一种特殊光学防眩膜粘附于灯具玻璃内侧，在照度、光束角影响及防眩光之间找到了平衡。在减弱眩光，消除光源在冰面上反光亮点的同时，预防灯具的钢化玻璃因撞击等原因破碎时对运动员造成伤害的可能。

灯具配置可调角度 320°支架，提升灯具在各种情况下的适用性。配置遮光板、防坠索。

2. 辅房内灯具

（1）高大空间　国家雪车雪橇中心辅房内为高大空间，竞赛及准备区灯具采用 LED 投光灯，单灯功率 240W，5700K，53°、79°两种配光。灯具数量见表 14-7。

（2）热身区、观众席、混采区　国家雪车雪橇中心热身区、观众席、混采区灯具采用 LED 投光灯，5700K，光束角 110°。灯具数量见表 14-8。

表 14-7 辅房高大空间灯具数量

部位	53°灯具/只	79°灯具/只
出发区 1	353	114
出发区 2	61	54
结束区	301	—

表 14-8 辅房热身区、观众席、混采区灯具数量

部位	单灯功率/W	灯具个数/只
热身区	30.5	240
观众席	40	49
混采区	40	200

14.4.4 灯具布置

雪车雪橇场馆采用人工照明满足比赛、转播及现场的观看需求。由于整条赛道没有标准段，U 形槽、防撞木的形式各轴跨均不相同，赛道照明结合空间特点及控制需求分区设计。分为直赛道、弯道、过渡段、辅房内赛道及与遮阳棚交接处四类区域。

辅房外赛道照明灯具于遮阳棚梁下沿赛道布置，梁底标高为 4m，因此大部分区域设定发光面高度为 4m。

设计中注意光线的连续性，原则上灯具需端对端安装，呈现出连续的光路，避免因高速运动造成明暗切换的闪烁效应。由于赛道遮阳棚梁下高度随地势等原因变化，不同高度设置不同功率的灯具，造成设计及实施难度增大，且不利于后期运维，因此对于高度变化不大的区域可适当通过对支撑系统进行优化，局部下降灯具安装高度，尽可能使赛道灯具保持在同一高度，如图 14-30 所示。

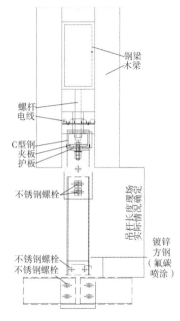

图 14-30 赛道照明系统与钢木组合梁衔接图

辅房内照明系统充分考虑结构荷载及风荷载，结合既有结构构件、室内吊顶考虑安装方式，隐藏照明系统安装构件及管线，如图 14-31 ~ 图 14-33 所示。

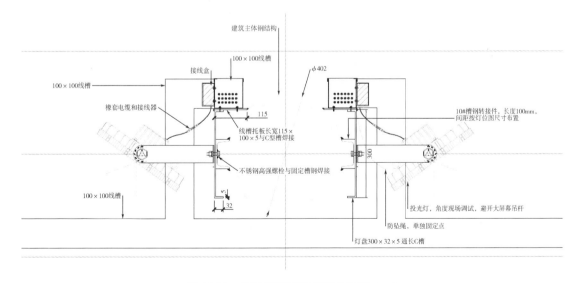

图 14-31 辅房照明系统安装示意图（一）

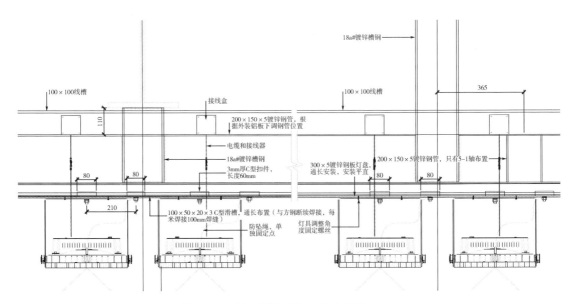

图 14-32　辅房照明系统安装示意图（二）

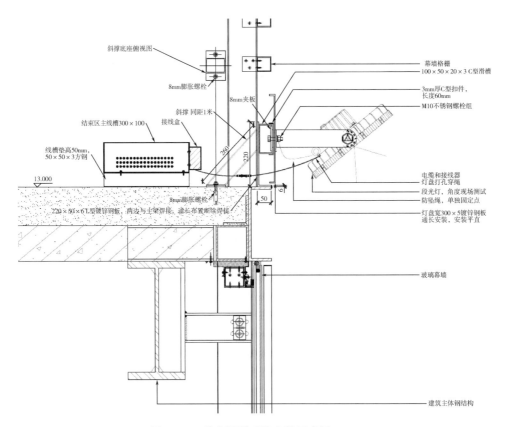

图 14-33　辅房照明系统安装示意图（三）

　　观众席照明系统安装示意图如图 14-34 所示。混采区照明系统安装示意图如图 14-35 所示。

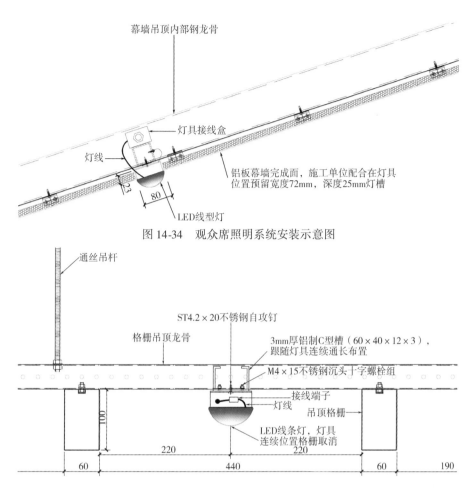

图 14-34　观众席照明系统安装示意图

图 14-35　混采区照明系统安装示意图

1. 直赛道

直赛道于屋面下安装两排端到端线性灯具，结合控制需求按 "2 + 2"，局部 "1 + 3" 的灯具组合设置。安装位置考虑避免在赛道及其侧壁冰面造成阴影，避免安装于赛道中心线的正上方，同时需避免对观众造成直射眩光，如图 14-36 ~ 图 14-38 所示。

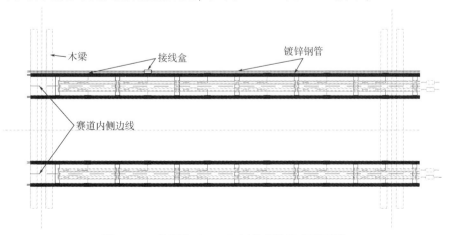

图 14-36　直赛道 "2 + 2" 灯具安装示意平面图

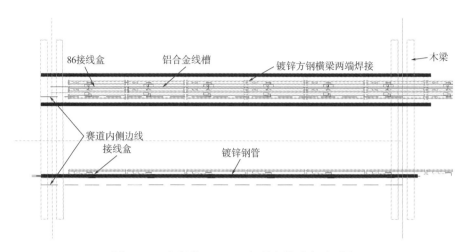

图 14-37　直赛道 "1 + 3" 灯具安装示意平面图

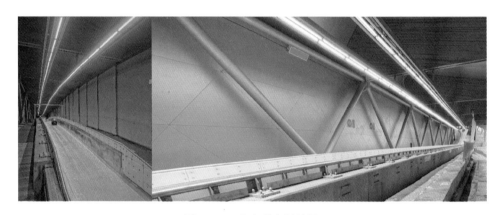

图 14-38　直赛道实际效果

2. 弯道

弯道为了满足照度及控制需求可能需要设置两排以上的灯具，需将其视为两条 "线"。换言之，如果需要三排灯具，则需要将其中两排并排在一起视作单独的一排灯具，即 "1 + 3" 的灯具组合，如图 14-39 ~ 图 14-41 所示。

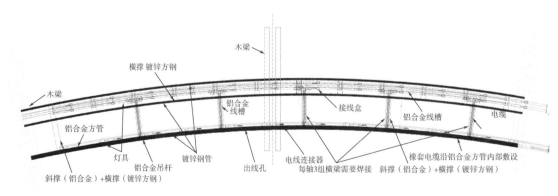

图 14-39　曲线段灯具安装示意平面图

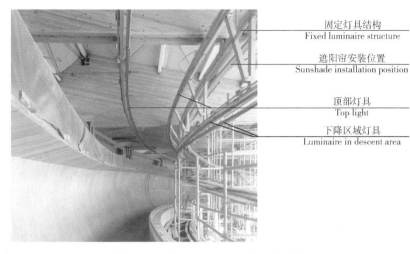

固定灯具结构
Fixed luminaire structure

遮阳帘安装位置
Sunshade installation position

顶部灯具
Top light

下降区域灯具
Luminaire in descent area

图 14-40　弯道遮阳帘与灯具系统位置

图 14-41　弯道实际效果

3. 过渡段

过渡段是指直赛道与弯道、弯道与弯道衔接处，灯具布置一般在"2+2"与"1+3"、"1+3"与"3+1"间切换，并且由于进入弯道后防翻滚设施尺寸逐渐增大，赛道外侧灯具可采用下吊方式减轻因防翻滚遮挡光路导致的冰面阴影，如图 14-42 所示。

4. 辅房内赛道及与遮阳棚交接处

除遮阳棚外，赛道会穿过出发区、结束区及沿赛道辅房，这些位置屋面可能远高于遮阳棚梁下高度，如果将灯具下吊安装，其支撑系统不仅下吊高度大、结构难度大、施工难度大且不美观。经与单项组织及转播商沟通，允许高大空间使用点型投光灯进行照明。但需注意，一方面，应严格控制灯具瞄准角及眩光，注意照明系统与屋面的结合方式，避免影响建筑美观；另一方面，需严格把控线型投光灯与点型投光灯交接处的照明质量，保证光路的连

图 14-42　过渡段照明效果

349

续性，避免对运动员造成影响，如图 14-43、图 14-44 所示。

图 14-43　辅房内赛道及与遮阳棚交接处

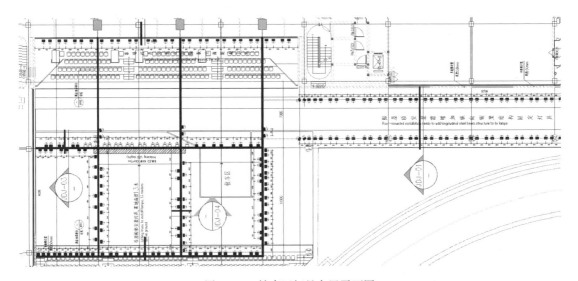

图 14-44　结束区灯具布置平面图

灯具均避免瞄准以摄像机为中心的 50°锥形范围且避免反射光对摄像机工作的影响。

14.4.5　计算

1. 照明标准

雪车、雪橇赛道照明设计标准在《建筑照明设计标准》（GB 50034—2013）、《民用建筑电气设计标准》（GB 51348—2019）、《体育场馆照明设计及检测标准》（JGJ 153—2016）的基础上，参照 OBS 指南进行设计。结合国际无舵雪橇联合会 FIL（International Luge Federation）及国际雪车和钢架雪车联盟 IBSF（International Bobsleigh Skeleton Federation）的认证意见进行设计优化，见表 14-9。

表 14-9　国家雪车雪橇中心赛道照明标准

控制模式	E_h/lx	E_h		E_{vmai}/lx	E_{vmai}		E_{vaux}/lx	E_{vaux}		R_a	R_9	T_{cp}/K	GR
		U_1	U_2		U_1	U_2		U_1	U_2				
清扫模式	150	—	—	—	—	—	—	—	—	—	—	—	—
国家比赛（训练）	—	—	—	1000	0.7	0.5	750	0.5	0.4	80	0	4000	50
国际比赛	—	—	—	1400	0.8	0.6	1000	0.5	0.4	80	0	5600	50
HDTV	—	—	—	2000	0.8	0.7	1400	0.6	0.5	90	45	5600	50

1）冰面反射的光线不应对摄像机及人员造成影响。

2）赛道冰面不可存在阴影。

3）冰面反射系数选取 0.7。

4）由于奥运会举办时间较短，因此奥运会期间赛道照明可允许高出对应项目所要求照度标准值 20% ~ 25%，维护系数可按 0.95 考虑。

5）出于节能考虑，赛道平均水平照度与平均垂直照度的比值按不大于 2 设计。

6）灯具应无闪烁（FKF），灯具驱动器及控制装置应为电子型，输出频率 ≥1000Hz。优先选择低功率灯具，灯具应来自同一制造商的同一生产批次。

7）奥运会期间环境温度对照明质量的影响需要提前考虑，包括耐低温、防结露等。

2. 模拟计算

国家雪车雪橇中心照明模拟计算采用 Dialux 软件，赛道全程分三个计算面（图 14-45）进行照明计算：

1）主摄像机方向计算面 A：计算面尺寸 6m×1m，计算面底距赛道底 1m。

2）其他摄像机方向计算面 B：计算面尺寸 1m×1m，计算面底距赛道底 1m。

3）水平计算面 C：计算面尺寸 6m×1m，计算面贴冰面设置。

a）

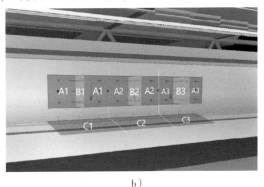
b）

图 14-45　计算面设置参考图

a）直赛道　b）弯道

由于篇幅所限，将省略计算书。

14.4.6　配电与控制

国家雪车雪橇中心照明配电系统充分考虑赛时需求和赛后利用的兼顾。在电气设计基本原则的基础上，遵循赛前赛后同步规划、四季运营、可持续、永久-非永久设施统筹、永久设施一步到位等原则。

同其他雪上项目一样，雪车雪橇赛道具有赛时赛后用电需求不统一的特点。赛时临时负荷多且用电需求大，对 10kV/0.4kV 变配电及自备应急电源系统进行赛时赛后负荷容量及等级的区分，临时负荷临时解决，能够有效地节省项目投资与运行成本。

1. 变电所设置情况

场馆根据负荷容量、供电距离及分布、用电设备特点等因素合理设置变电所、配电间位置，使其位于负荷中心或大功率用电设备集中的制冷、采暖、制冰等用电设备附近。

国家雪车雪橇中心永久变压器总安装容量 15060kVA，临时箱变安装容量 500kVA，场馆临时柴油发电机组 725kW，冬奥临时柴油发电机组 1870kW。

变压器和柴油发电机组配置情况见表 14-10。

表 14-10　国家雪车雪橇中心变压器和柴油发电机组配置情况

位置	变压器容量/kVA	变压器容量/kVA	数量/台	高压电缆长度/m	冬奥临时柴油发电机组/kW	场馆临时柴油发电机组/kW
出发区一	永久建筑变电所	800	2	1200	250	125
出发区三	永久建筑室外箱式变电站	315	2	1000	200	—
结束区	永久建筑变电所	1600	2	800	720	200
运行区	永久建筑变电所及高压总配	2000	2	总配	500	400
氨制冷机房	永久建筑变电所及高压总配	2500	2	总配	—	—
观众主广场	广场室外箱式变电站	315	2	400	200	—
OBS 转播区	临时箱变设置于转播区场地内	500（预留）	1	—	2×500（预留）	—

2. 照明供电点

国家雪车雪橇中心赛道照明配电箱沿赛道均匀设置，结合顺道建馆的特点，设赛道照明供电点。

3. 照明配电

国家雪车雪橇中心 10kV 供电电源分别引自海陀、玉渡两座 110kV/10kV 变电站，供电线路为专线电源。

定义赛道照明负荷等级为一级，赛时为一级负荷中特别重要的负荷。赛道照明供电分为 A、B 两个系统，要求同 14.3.6。

沿赛道设置照明配电箱，综合考虑赛道智能化、计时记分、给水伴热、变形缝化冰，制冷系统自控等用电需求。照明配电系统示意图如图 14-46 所示。

4. 照明控制

国家雪车雪橇中心采用 KNX-EIB 智能照明控制系统，通过控制强电回路的模块通断，实现多模式控制。并根据规范要求设置手动控制，手动控制既可以于塔台（位于结束区）进行控制，塔台可以监控到赛道每一个角度，照明场景控制器设置于塔台；也可以于赛道配电箱内就地控制，用于安装调试检修与应急。自动控制于塔台控制各个模式的切换，当自动模式失效的情况下，可于塔台内手动强启控制各个模式。

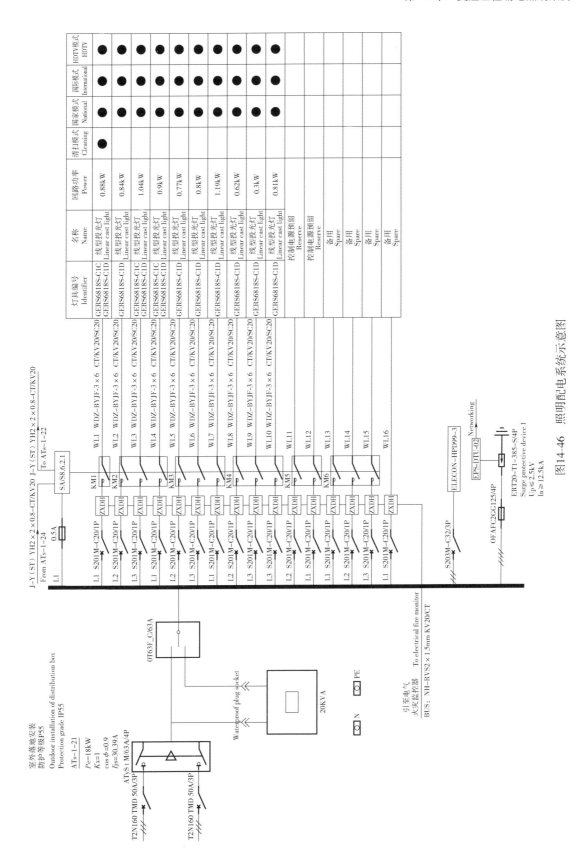

图14-46　照明配电系统示意图

灯具编号 Identifier	名称 Name	回路功率 Power	清扫模式 Cleaning	国家模式 National	国际模式 International	HDTV模式 HDTV
GERS6818S-C1C GERS6818S-C1D	线型投光灯 Linear cast light	0.88kW	●	●	●	●
GERS6818S-C1D	线型投光灯 Linear cast light	0.84kW		●	●	●
GERS6818S-C1C GERS6818S-C1D	线型投光灯 Linear cast light	1.04kW		●	●	●
GERS6818S-C1C GERS6818S-C1D	线型投光灯 Linear cast light	0.9kW		●	●	●
GERS6818S-C1D	线型投光灯 Linear cast light	0.77kW		●	●	●
GERS6818S-C1D	线型投光灯 Linear cast light	0.8kW		●	●	●
GERS6818S-C1D	线型投光灯 Linear cast light	1.19kW		●	●	●
GERS6818S-C1D	线型投光灯 Linear cast light	0.62kW		●	●	●
GERS6818S-C1D	线型投光灯 Linear cast light	0.3kW		●	●	●
GERS6818S-C1D	线型投光灯 Linear cast light	0.81kW		●	●	●
	控制电源预留 Reserve					
	控制电源预留 Reserve					
	备用 Spare					
	备用 Spare					
	备用 Spare					
	备用 Spare					

14.4.7 防雷与接地

国家雪车雪橇中心按二类防雷建筑物设计，建筑的防雷装置能满足防直击雷、侧击雷、雷电磁脉冲和雷电波的侵入，并满足总等电位联结的要求。在屋面下暗敷设 $\phi10$ 热镀锌圆钢与金属栏杆可靠焊接；辅房部分引下线利用建筑内所有柱子或剪力墙内两根 $\phi16$ 以上主筋通长焊接作为引下线，引下线上端与暗敷接闪带焊接，下端与混凝土柱内钢筋焊接，并与基础接地网焊接；凡凸出屋面的所有金属构件，如金属扶手栏杆、照明灯带、金属装饰等均与接闪带可靠焊接。赛道部分利用所有结构 V 形钢柱作为防雷引下线。要求该钢柱上与接闪带可靠连接，下与 U 形槽内上下两层主筋可靠连接。

接地系统为 TN-S 系统，利用 U 形槽轴线上的上下两层主筋中的两根 $\phi16$ 以上主筋焊接形成的基础接地网作为总等电位接地极。赛道固定柱、摇摆柱钢筋下部与筏板接地钢筋连接，上部与赛道钢筋连接。筏板接地钢筋与基础桩内钢筋和人字钢柱连接。每段 U 形槽首尾外甩 40mm×4mm 热镀锌扁钢可靠连接。沿赛道设置室外接地电阻测试井，要求接地电阻不大于 1Ω，实测不能满足要求时补打人工接地极，所有防雷引下线必须与其可靠焊接。U 形槽内明敷 40mm×4mm 接地热镀锌扁钢作为总等电位扁钢带，每隔 5m 与 U 形槽基础钢筋可靠焊接。主要部位接地示意图如图 14-47 所示。

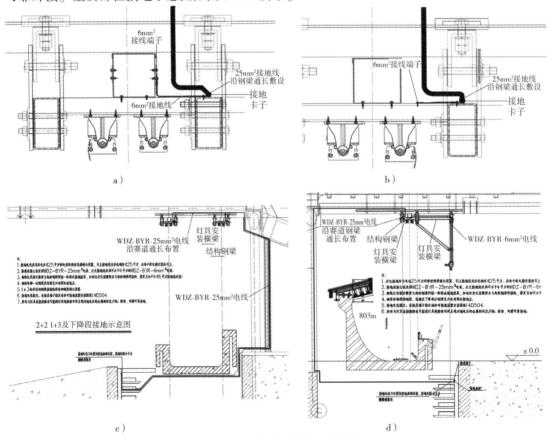

图 14-47 主要部位接地示意图

a) 赛道线槽接地示意图　b) 灯具安装横梁接地示意图　c) 2+2、1+3 及下降段接地示意图　d) 弯道下降段接地示意图

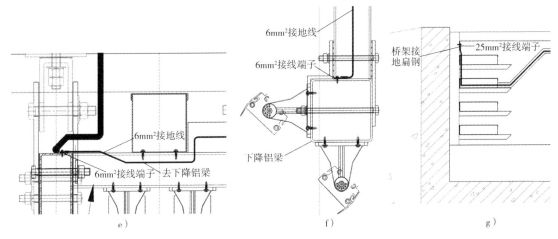

图 14-47 主要部位接地示意图（续）
e）下降段钢、铝梁接地示意图（一） f）下降段钢、铝梁接地示意图（二）
g）U 形槽内支架接地示意图

照明馈电回路均带 PE 线。照明配电箱内设置 I 类试验的电涌保护器。

14.5 国家体育场"鸟巢"场地照明

14.5.1 工程概况

国家体育场"鸟巢"是 2008 年北京夏季奥林匹克运动会的主体育场，位于北京市奥林匹克中心区内，北四环路北，北辰东路西，与"水立方"分居中轴线延长两侧。2008 年奥运会期间，"鸟巢"共有 91000 座位，其中固定座席 80000 座，临时座席 11000 座。"鸟巢"用于 2008 年奥运会田径和足球决赛及奥运会开幕式和闭幕式，也是 2022 年冬奥会开闭幕式的场地。"鸟巢"还曾举行世界田径锦标赛等重大国际比赛，并举行过多场大型文艺演出活动。体育场总建筑面积约为 258000m²，建筑最高点为 67.78m，属特级体育建筑特大型体育场。"鸟巢"属于地上建筑，建筑物四周由缓坡堆积形成 0 层，坡顶标高 6.8m。

由于"鸟巢"的特殊地位，尽管其体育照明还是传统的金卤灯，但场地照明系统还是非常有特点的，故此进行介绍。

14.5.2 照明标准

综合北京奥运会转播标准 BOB、国际田联 IAAF、国际足联 FIFA、当时我国国家及行业标准，国家体育场场地照明工程按照表 14-11 的标准进行设计。

表 14-11　国家体育场场地照明设计标准

开灯模式序号	开灯模式	类型	照度梯度	照度比率 E_h/E_v	水平照度 最小 E_{hmin}	水平照度 平均 E_{have}	$U_1=E_{hmin}/E_{hmax}$	$U_2=E_{hmin}/E_{have}$	垂直照度 最小 E_{vmin}	平均 E_{vave} 四方向	平均 E_{vave} 主摄像机	$U_1=E_{vmin}/E_{vmax}$	$U_2=E_{vmin}/E_{vave}$	观众席 E_{have}/lux
1	日常维护					75								75
2	训练、娱乐					150	0.3	0.5						
3	俱乐部比赛	球类				300	0.4	0.6						
4		田径												
5	无电视转播国内、国际比赛	球类	20%/5m			750	0.5	0.7						≥75
6		田径												
7	彩电转播一般比赛	球类	20%/5m	0.5~2			0.6	0.8			≥1000	0.4	0.6	≥75
8		田径												
9	彩电转播重大比赛	球类	20%/5m	0.5~2			0.6	0.8		≥1000	≥1400	0.5	0.7	≥75
10		田径												
11	高清晰度彩电转播重大比赛	球类	20%/5m	0.75~1.5			0.7	0.8	≥1000　慢动作摄像机 ≥18000	≥1500	≥2000	0.6	0.7	前12排 0.2E_v ≤0.25E_v 最末排 ≥0.1E_v
12		田径	20%/5m									最好0.7 逻辑中心	最好0.8 逻辑中心	
13		全场	20%/5m									0.9	0.9	
14	彩电转播应急照明	球类	20%/5m	0.5~2			0.6	0.8	≥700		≥1000	0.4	0.6	
15		田径												
16	应急安全照明					10								10

统一参数：灯具维护系数取 0.8　灯光草坪反射系数取 0.2

光源要求：显色指数 $R_a>90$　色温 $T_k=5600K$　整场眩光等级 GR<50　固定摄像机眩光等级 GR<40

14.5.3　布灯方式

国家体育场采用侧向布灯方式，东西两侧各有两条马道，后排马道为锯齿形，单排灯，距地 36～49m 不等。前排马道中间为双层布灯，两边为单排布灯，马道高 39～46m 不等，如图 14-48 所示。

实施后的国家体育场照明系统与建筑的整体感非常好，从场内看，建筑物声学吊顶整洁、协调，光带部位所开的长条形

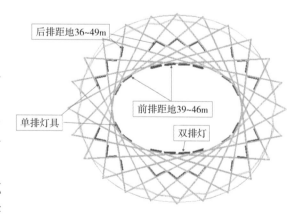

后排距地36~49m
前排距地39~46m
单排灯具
双排灯

图 14-48　马道布置图

孔不仅能满足照明的要求，还给场内的 PTFE 吊顶增添了灵气，视觉效果甚佳。该体育照明工程曾荣获 2009 年中国照明学会中照照明特别大奖！

图 14-49 所示中悬吊的灯具不是用于体育照明，是为开幕式设置的临时照明，属于舞台照明，因此在设计综合性体育场时需要考虑这一需求。屋顶边缘长形开口处为体育照明灯具。北侧体育照明灯具的位置略有变化，主要为火炬让开位置，因为火炬及点火方式处于严格保密状态。

图 14-49　体育照明灯具布置实景

灯具安装详图如图 14-50 所示，马道充分利用了钢结构，桥架、镇流器箱等较重的物品放在钢结构上，在紧邻钢结构处另设一条马道，用于承载灯具和人，荷载将大大减少。PTFE膜离灯具有一定的距离要求，防止灯具表面温度过高而影响膜的寿命。测试表明，灯具开灯后，灯具前的热辐射很严重，温度超过 60℃，灯罩表面温度更高，对人、物均产生不利的影响。详见本书第 6 章 6.2.4。

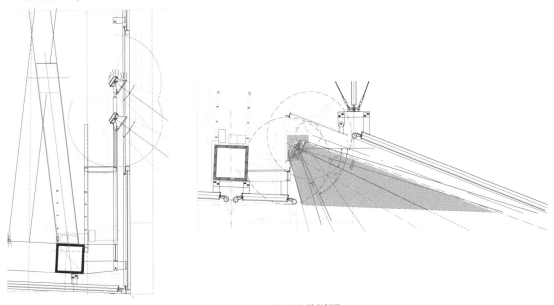

图 14-50　灯具安装详图

14.5.4 照明器具

"鸟巢"采用 MVF403 系列灯具,用于比赛照明的共有五种配光,主要型号及主要参数见表 14-12。

表 14-12 灯具、光源主要型号及主要参数

灯具型号	光源型号	单灯功率/W	数量/套	光通量/lm	使用场所
MVF403 CAT-A1	MHN-A2KW400V956	2163	60	200000	场地照明
MVF403 CAT-A3			365		
MVF403 CAT-A5			53		
MVF403 CAT-A2			83		
MVF403 CAT-A4			33		
MVF403 CAT-A7	MHN-LA 1kW/956	1105	28	90000	观众席照明
RVP350L/400 A8Y	CDM-TT400W	415	140	34000	
QVF 137/1kW N	T3 P L 1kW	1000	72	24200	安全照明

注:表中功率包括镇流器功率。光源的其他主要参数为:显色指数 $R_a = 92$,相关色温 $T_k = 5600K$,额定功率 2000W,额定电压 380V/50Hz,为单相线间负荷,接于两个相线间。

14.5.5 计算结果

结合国家体育场及奥运会比赛的特点,考虑到赛后利用,照明计算需要确定一些主要参数,详见表 14-13。

表 14-13 主要计算参数

设计参数	设定取值		备注
	奥运期间	非奥运期间	
大气吸收系数	0.1	0.15	奥运会在 8 月份举行,此时雾天概率较低,但雨水较多,及当时一定程度的空气污染,因此,大气吸收系数取 10%。奥运会后,照明标准将比奥运会低,又有可能在雾天比赛,此时该系统取 15%
灯具维护系数	0.9	0.95	奥运会前应将灯具维护一次,但考虑到调试、试灯等因素,维护系数取 0.9,而没有取 1。赛后照明要求低于奥运标准,故取 0.95
场地反射系数	0.20		考虑草坪、跑道等材料的反射
灯具瞄准角	通常灯具瞄准角≤65°;第一跑道灯具瞄准角≤68°;与固定相机纵向交角≥25°时瞄准角≤70°		

经过专业软件计算,在表 14-14 中分别列出了高清电视模式下的田径比赛和足球比赛的照明主要数值,限于篇幅,不再给出其他模式、各子项的计算值,请读者见谅。

表 14-14 照明计算结果

项目	参数类型	平均照度	最小值	最大值	均匀度 U_1	均匀度 U_2
田径	水平照度 E_h/lx	3320	2807	3668	0.77	0.85
	垂直照度 E_{vmai}/lx	2040	1626	2519	0.65	0.80

（续）

项目	参数类型	平均照度	最小值	最大值	均匀度 U_1	均匀度 U_2
足球	水平照度 E_h/lx	2927	2705	3196	0.85	0.92
	垂直照度 E_{vmai}/lx	2016	1642	2275	0.72	0.81

14.5.6　防雷接地

由于体育照明系统采用两侧马道安装，建筑物防直击雷措施完全能保护体育照明系统。因此，"鸟巢"体育照明系统仅在其一级、二级配电处设置限压型 SPD。请参考本书第 9 章相关内容。

14.6　日本横滨国际体育场场地照明

14.6.1　工程简介

建成于 1998 年的横滨国际体育场位于日本横滨市，是日本目前规模最大、容纳人数最多的多用途体育场，共有座位 73237 个，曾举办过第 32 届夏季奥运会足球赛、2002 年世界杯决赛及多项橄榄球、足球赛事，现为横滨水手队主场。为了顺利完成 2019 橄榄球世界杯和 2020 年东京奥运会足球比赛任务，该体育场于 2018 年进行了 LED 场地照明改造，其目标是改善体育场的照明质量，满足球员和观众对照明的不同需求，在满足赛事组织要求的特定照明标准的同时，帮助场馆提升能源效率。横滨国际体育场照明系统改造工程选用了本书参编单位 MUSCO 的 TLC for LED® 照明系统，其眩光控制技术有效改善场地内眩光对场内球员的影响，并让球迷体验前所未有的夜间赛事氛围和娱乐体验。

14.6.2　体育照明等级及设计依据

该工程主要根据橄榄球世界杯（RWC）TIER 1 + 指标（见表 14-15），及国际足联（FIFA）Class IV 标准（见表 14-16）进行设计，结合奥林匹克广播服务公司（OBS）提出的要求，横滨国际体育场足球场固定摄像机方向垂直照度最小值≥2000lx，场地摄像机垂直照度最小值≥1600lx，水平照度值与固定摄像机垂直照度值不大于 2.0；橄榄球场地固定摄像机平均垂直照度≥2000lx，场地摄像机平均垂直照度≥1200lx，平均水平照度值≥2500lx。

表 14-15　横滨国际体育场橄榄球照明要求

2019 年橄榄球世界杯场馆照明		垂直照度			水平照度			光源参数		眩光要求
		E_{vcam} Ave	Uniformity		E_{hcam} Ave	Uniformity		T_k	R_a	GR
等级	计算朝向	Lux	U_1	U_2	Lux	U_1	U_2			
TIR 1 +	固定摄像机	2000	0.65	0.80	2500	0.65	0.80	>4500K	≥65	≤45
	场地摄像机	1200	0.60	0.70						

表 14-16　横滨国际体育场足球照度要求

FIFA 国际足联 场馆照明		垂直照度			水平照度			光源参数	
		E_{vcam} Ave	Uniformity		E_{hcam} Ave	Uniformity		T_k	R_a
等级	计算朝向	Lux	U_1	U_2	Lux	U_1	U_2		
Class Ⅳ	固定摄像机	2000	0.50	0.65	2500	0.60	0.80	>4000K	≥65
	场地摄像机	1400	0.35	0.60					

14.6.3　采用灯具型号及规格、数量

本次照明系统改造共采用 580 套 1400W 大功率 LED 灯具，各项技术指标很好地满足了 RWC、FIFA 及 OBS 的要求。具体灯具型号、规格、参数如下：

灯具重量为 48kg，尺寸为 813mm（长）×660mm（宽）×300mm（高），显色指数为 90，色温为 5700K，功率因数为 0.95，频闪比为 2‰～4‰，灯具外形如图 14-51 所示，与“水立方”所采用的灯具截然不同（参见图 14-11）。

14.6.4　布灯形式

针对本项目，设计时首先分析了灯具的安装高度和位置，根据 FIFA 对安装高度的要求（参见本书 7.2 节），灯具高度宜满足安装位置至场地中线与场地平面的夹角不小于 25°，由于横滨国际体育场主体结构较低，灯具安装高度仅为 35m，安装位置距离场地较远，网架结构距离场地中线约为 85m，该夹角仅为 22°，无法满足 FIFA 的要求。较低的安装高度会导致垂直照度均匀度差，增加了眩光的控制难度，格外考验设计师对灯具、配光的选择及对灯具投射角度的控制。

所有灯具需安装在体育场现有网架前沿，结合 FIFA 及 RWC 标准中“No flood light zone”（无泛光区）的要求，最终安装位置如图 14-52 所示中蓝色部分网架结构。选择具体的灯具位置和投射方向时，需要考虑灯具对运动员的影响，特别避开容易对运动员造成眩光的区域，同时考虑场地布置、观众以及运动员的视觉感观效果，避免相邻光线投向同一位置形成光斑，使光线尽量均匀分布，互相覆盖，场地内的点位有多个方向的光线来源。

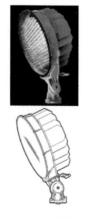

图 14-51　LED 灯具示意图

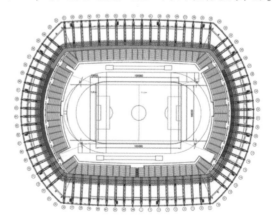

图 14-52　灯具安装位置要求

根据照明要求、结构特点及 LED 灯具的特性，照明设计运用近边配宽光束、中线配较窄光束、远边配窄光束三层叠加的组合方式，并进行交叉投射，使照明及转播效果最佳，配光方案如图 14-53 所示。

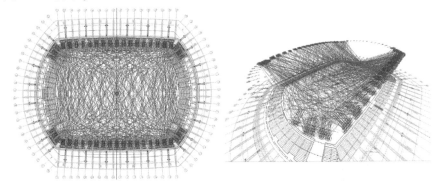

图 14-53　配光方案

14.6.5　眩光控制

经现场考察原照明设备存在较大的眩光问题，除了避开足球运动的眩光区，本次改造综合考虑多方面因素，选用适合于该场地并具有防眩光装置的 LED 照明灯具，每颗灯珠均配有透镜及反射罩，大大提高了光输出效率及防眩光效果，并有效降低外溢光的输出，解决夜间照明的光污染问题。

14.6.6　设备的安装维护

横滨国际体育场所有灯具要求仅能安装在一圈环形网架前沿，安装空间少，一般的单层支架无法满足 580 套灯具的安装，量身定制的特殊结构灯具支架可最多提供 3 层的安装空间，解决了这一难题。所有支架均设有简易爬梯及平台，利于维护或重新调整安装位置，外形简洁、美观、坚固，无外露导线，更安全。结构设计时等比例模拟灯具实物与网架结构的关系，并将结构尺寸 3D 效果图导入专业体育照明设计软件中模拟，使安装后的照明结果与设计结果相符，结构大样图及现场安装图如图 14-54、图 14-55 所示。

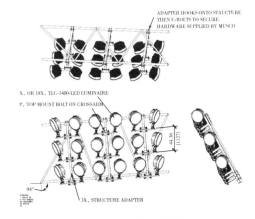

图 14-54　结构大样图

图 14-55　现场安装图

361

14.6.7 照明控制

随着 LED 在体育场馆中越来越广泛的运用，将金卤灯替换为可控性优越的 LED 灯具，除了需满足日常所需的照明及转播要求，还需要兼有实现灯光秀等演绎效果的功能。

LED 灯具有瞬时开启、关闭和渐变的特性，既能用于比赛照明，又能通过控制系统编程，打造灯光秀，提升现场气氛。渐变效果可以降低灯光突然开启时人眼的不适应感，让整个体育场在明与暗之间渐变切换，给现场热烈的气氛增添一份灵动。最终实际照明效果如图 14-56 所示。

图 14-56 体育场实际照明效果

总之，从照明、电气、安装、维护等方面，对横滨国际体育照明系统改造工程的要求、难点与挑战进行剖析，项目选用了全新优质的 LED 照明系统，不仅可以满足体育场高质量照明及电视转播要求，还可以改善场地内眩光对球员、裁判的影响，将给现场观众、球员、裁判及电视机前的观众带来全新的舒适的视觉体验。

14.7 冰壶训练场场地照明

14.7.1 项目简介

冰壶训练场是"冰立方"南侧广场地下新建的两座层高 11m 的冰上运动训练场，为"冰立方"配套。两块场地面积接近 3000m²，是第一个符合奥运标准的地下冰壶场。在北京冬奥会期间，作为冰壶运动员的训练场所，赛后面向公众开放，成为青少年冰壶、冰球培训基地，从而推广大众冰雪运动。

　　场地由 5 条标准冰壶赛道组成，冰面面积 1830m²，可转换成花样滑冰、短道速滑、冰球场地，如图 14-57 所示。

14.7.2　体育照明等级及设计依据

　　地下冰场对光源设置做了充分研究。利用导光管、采光井把阳光引进室内，可以满足白天的日常照明及训练照明需求；开启部分 LED 投光灯，冰场水平照度即可达到 1000lx，符合冰壶场馆照明Ⅲ级标准，满足花样滑冰、短道速滑、冰球、冰壶专业比赛照明需求，是北京冬奥会绿色环保理念践行者的典型场馆。

14.7.3　采用灯具型号及规格、数量

　　结合建筑结构和运动的特点，本项目采用本书参编单位赛倍明的体育照明系统。冰场安装 64 套 S350 LED 灯；冰壶场地安装 S350 LED 灯 44 套。S350 LED 灯采用一体化光学器件设计，低眩光、高光效，明亮而不失柔和，如图 14-58 所示。

　　为了克服冰面光反射问题，灯具采用了一体式光学设计结构，内置光学柔光扩散板，整个发光面亮度变化均匀，从而有效减小眩光，提升观测舒适性，如图 14-59 所示。

图 14-58　S350 灯具外观

图 14-57　冰壶训练场实景图

图 14-59　一体化光学设计

14.7.4　布灯形式和计算

1. 冰场

　　结合冰场的结构特点和运动特点，采用在场地两侧的弧形结构处下吊灯具的布灯方式，灯具安装高度 10m，如图 14-60 所示。

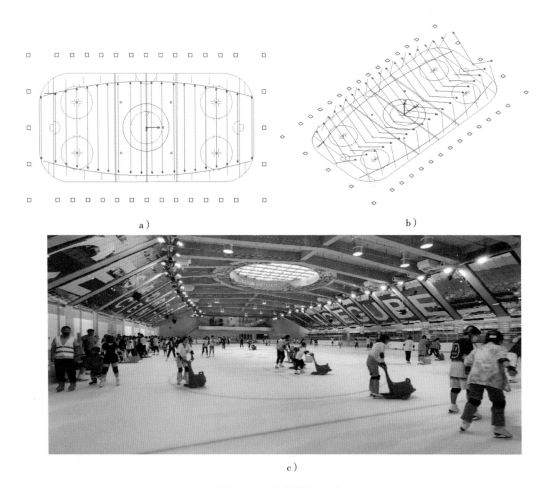

a)　　　　　　　　　　　　　　　b)

c)

图 14-60　冰场布灯方式

a）冰场布灯平面图　b）冰场布灯侧视图　c）冰场实景图

2. 冰壶场

冰壶场地采用满天星吊装的布灯方式,吊装高度 10m,如图 14-61 所示。

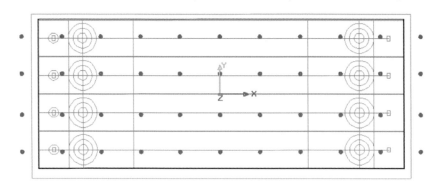

图 14-61　冰壶场布灯平面图

由于训练场不需要考核垂直照度,故场地水平照度计算值见表 14-17。

表 14-17　场地水平照明计算值

场地	平均值/lx	最大值/lx	最小值/lx	U_1	U_2
冰球	1136	1434	817	0.57	0.72
冰壶	1172	1255	1035	0.82	0.88

14.7.5　配电及控制、接地与防雷

场地照明负荷供电采用了双重电源供电，接入到照明配电箱内的自动转换开关电器 ATSE，如图 14-62 所示。

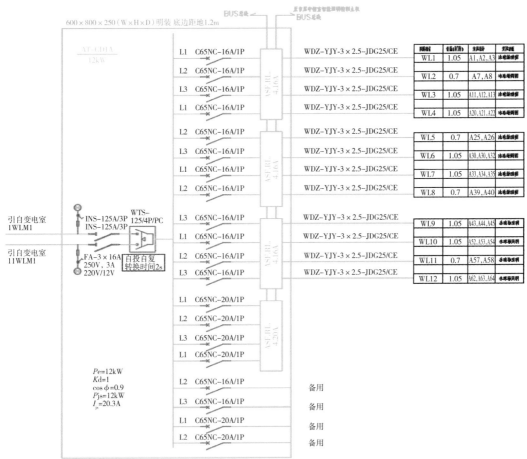

图 14-62　场地照明配电系统图

控制采用智能总线控制方式，可以对比赛场地照明灯具进行编组控制，并显示工作状态，智能照明控制主机位于首层中控室，并在中控室设置控制终端，实现场地的场景控制，如图 14-63 所示。

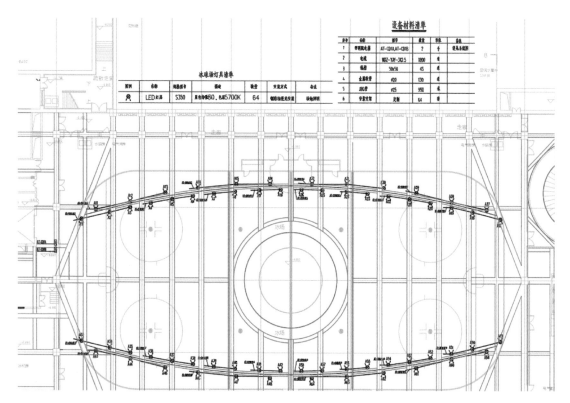

图 14-63　冰场灯具布置图

配电系统采用 TN-S 系统，所有电气装置及装置外可导电部分均应通过 PE 线可靠接地。

整个冬奥会期间，该体育照明系统运行良好、团队保障有力，赛事灯光效果完美，受到冬奥组委会及各国参赛运动员的一致称赞和高度肯定。

第15章 洲际赛事体育照明工程案例

15.1 杭州奥博中心体育场场地照明

15.1.1 工程简介

杭州奥体博览中心位于杭州钱塘江南岸、钱江三桥以东，滨江新城和萧山区钱江世纪城区块，是第19届亚洲运动会的主体育中心，由主体育场、网球中心、体育馆、游泳馆等组成。图15-1为杭州奥林匹克中心主体育场、网球中心实景，昵称"大莲花"和"小莲花"，均为CCDI设计作品。

图15-1　杭州奥林匹克中心主体育场、网球中心实景

体育场为特级体育建筑，总建筑面积213692m²，总座席数80011席，是我国三座8万人体育场之一。该体育场罩棚结构最高点59.4m，地上6层，地下1层，包括训练场，田径、足球场地各一片。体育场用于杭州亚运会田径、足球决赛及开闭幕式。

15.1.2 体育照明等级及设计依据

主体育场体育照明等级根据《体育场馆照明设计及检测标准》（JGJ 153—2016）及《LED体育照明应用技术要求》（GB/T 38539—2020），按第5章表5-83超高清电视转播（UHDTV）重大国家比赛、重大国际比赛标准进行设计。

15.1.3 布灯形式及照明计算

主体育场设置双环形马道，前排马道中间为双层布灯，后排马道为单排布灯。马道宽度1.2m，高1.8m。电缆桥架在马道内壁同侧分层安装，上下间距0.4m，如图15-2所示。

主体育场比赛场地照明选用844套1400W LED专业体育照明灯具，观众席照明选用68套1150W LED专业体育照明灯具，场地应急照明选用20套1150W LED专业体育照明灯具。照度计算见表15-1。

观众席照明灯具

场地照明灯具

强电电缆线槽

图 15-2 马道灯具布置及灯具安装图

表 15-1 照度计算

模式	计算方式	Illumination					Circuits	灯具数量
		平均值	最小值	最大值	最小值/最大值	最小值/平均值		
01 田径-UHDTV 超高清电视转播	水平照度	3888	3356	4803	0.70	0.86	A, C, D, E, F, G, B, I	816
02 田径-UHDTV 超高清电视转播	固定摄像机 1（0，-124，40）	2652	2238	3292	0.68	0.84	A, C, D, E, F, G, B, I	816
02 田径-UHDTV 超高清电视转播	移动摄像机 + x	1763	1259	2525	0.50	0.71	A, C, D, E, F, G, B, I	816
02 田径-UHDTV 超高清电视转播	移动摄像机 + y	2277	1716	2976	0.58	0.75	A, C, D, E, F, G, B, I	816
02 田径-UHDTV 超高清电视转播	移动摄像机 - x	1759	1258	2475	0.51	0.72	A, C, D, E, F, G, B, I	816
02 田径-UHDTV 超高清电视转播	移动摄像机 - y	2253	1615	2804	0.58	0.72	A, C, D, E, F, G, B, I	816
03 100 米终点线摄像机	固定摄像机 3（42，-120，40）	3357	2963	3564	0.83	0.88	A, C, D, E, F, G, B, I	816
04 100 米起点线摄像机	固定摄像机 2（-58，-52，1.5）	1952	1670	2093	0.80	0.86	A, C, D, E, F, G, B, I	816
05 100 米高速轨道摄像机	移动摄像机	1847	1586	2214	0.72	0.86	A, C, D, E, F, G, B, I	816
06 赛后完成表情摄像机	超慢镜头回放（60，-47，1.5）	2056	2012	2095	0.96	0.98	A, C, D, E, F, G, B, I	816
07 跳远	固定摄像机 4（-35，89，20）	2624	2352	3024	0.78	0.90	A, C, D, E, F, G, B, I	816
07 跳远	移动摄像机	1340	1207	1493	0.81	0.90	A, C, D, E, F, G, B, I	816
08 跳远起跳线	固定摄像机 5（-35，56，1.5）	1934	1934	1934	1.00	1.00	A, C, D, E, F, G, B, I	816
09 跳远沙坑	超慢镜头回放 1（-48，53，1.5）	2462	2358	2524	0.93	0.96	A, C, D, E, F, G, B, I	816
09 跳远沙坑	超慢镜头回放 2（-45，50，1.5）	2520	2492	2559	0.97	0.99	A, C, D, E, F, G, B, I	816

（续）

模式	计算方式	Illumination					Circuits	灯具数量
		平均值	最小值	最大值	最小值/最大值	最小值/平均值		
10 田径-HDTV 转播重大国际比赛	水平照度	3072	2705	3486	0.78	0.88	A, C, D, E, F	616
11 田径-HDTV 转播重大国际比赛	固定摄像机 1（0，-124，40）	2129	1678	2669	0.63	0.79	A, C, D, E, F	616
11 田径-HDTV 转播重大国际比赛	移动摄像机 + x	1484	950	1883	0.50	0.64	A, C, D, E, F	616
11 田径-HDTV 转播重大国际比赛	移动摄像机 + y	1810	1091	2317	0.47	0.60	A, C, D, E, F	616
11 田径-HDTV 转播重大国际比赛	移动摄像机 - x	1484	950	1883	0.50	0.64	A, C, D, E, F	616
11 田径-HDTV 转播重大国际比赛	移动摄像机 - y	1805	1077	2318	0.46	0.60	A, C, D, E, F	616
12 前排观众席	垂直照度	800	371	1196	0.31	0.46	A, B, C, D, E, F, G, I	816
13 主席台	垂直照度	237	180	292	0.62	0.76	A, B, C, D, E, F, G, I	816
14 足球-UHDTV 转播超高清电视转播	水平照度	3433	2998	3934	0.76	0.87	A, B, D, F, G, H	454
15 足球-UHDTV 转播超高清电视转播	固定摄像机 1（0，-92，20）	2334	2028	2671	0.76	0.87	A, B, D, F, G, H	454
15 足球-UHDTV 转播超高清电视转播	移动摄像机 + x	1710	1213	2284	0.53	0.71	A, B, D, F, G, H	454
15 足球-UHDTV 转播超高清电视转播	移动摄像机 + y	2345	1656	2924	0.57	0.71	A, B, D, F, G, H	454
15 足球-UHDTV 转播超高清电视转播	移动摄像机 - x	1705	1213	2256	0.54	0.71	A, B, D, F, G, H	454
15 足球-UHDTV 转播超高清电视转播	移动摄像机 - y	2173	1622	2656	0.61	0.75	A, B, D, F, G, H	454
16 足球-禁区	固定摄像机 2（-124，0，20）	2558	2217	2747	0.81	0.87	A, B, D, F, G, H	454
16 足球-禁区	固定摄像机 3（-40，-87，20）	2697	2382	2946	0.81	0.88	A, B, D, F, G, H	454
16 足球-禁区	移动摄像机	2335	1912	2694	0.71	0.82	A, B, D, F, G, H	454
16 足球-禁区	超慢镜头回放（-55，20，1.5）	2397	2003	2786	0.72	0.84	A, B, D, F, G, H	454

场地照明光源相关色温为 5700K，一般显色指数为 90，LED 灯具功率因数大于 0.9，谐波电流总畸变率（THD_i）不大于 10%，频闪比小于 1%。灯具防护等级 IP65。照明设施安装后效果如图 15-3 所示。

图 15-3　杭州奥体中心主体育场效果

15.1.4　配电及控制

1. 照明配电

根据《体育建筑电气设计规范》（JGJ 354—2014）的规定，TV 应急的场地照明为一级负荷中特别重要负荷，其他场地照明为一级负荷。

本项目体育照明采用两路市电＋固定柴发机组为体育照明供电，为 50% 体育照明预留临时发电机接驳条件。在举行国际重大赛事时接入临时备用发电机，作为 50% 的场地照明的主用电源，其余 50% 体育照明由双路市电供电，当其中任意一路市电故障时，均不会影响体育照明正常工作，可以保证比赛及应急电视转播继续进行。杭州奥体主体育场、网球中心电气主接线示意图如图 15-4 所示，体育场配电箱系统图如图 15-5 所示。

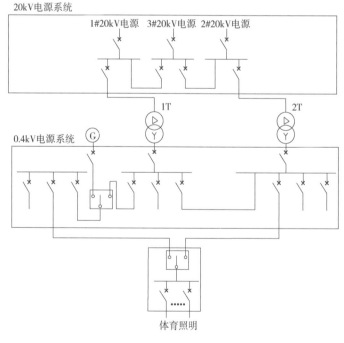

图 15-4　杭州奥体主体育场、网球中心电气主接线示意图

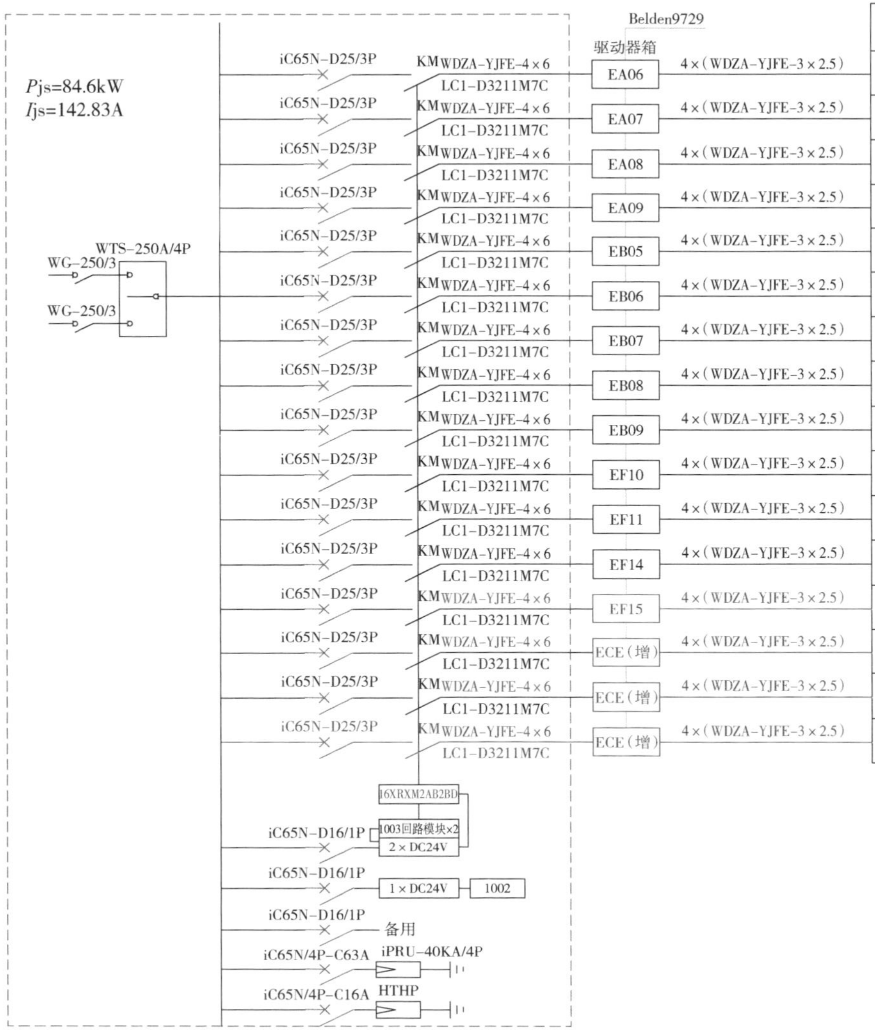

回路编号	灯具数量	计算功率 kW	计算电流 A	分组	灯具编号
L1	4	5.60	9.45	A	A-21, 22, 23, 24
L2	4	5.60	9.45	A	A-25, 26, 27, 28
L3	4	5.60	9.45	A	A-29, 30, 31, 32
L4	4	5.60	9.45	A	A-33, 34, 35, 36
L5	4	4.60	7.77	S	S-109, 110, 111, 112
L6	4	4.60	7.77	S	S-113, 114, 115, 116
L7	4	4.60	7.77	S	S-117, 118, 119, 120
L8	4	4.60	7.77	S	S-121, 122, 123, 124
L9	4	4.60	7.77	S	S-125, 126, 127, 128
L10	4	5.60	9.45	C	151, 156, 159, 161
L11	4	5.60	9.45	C	162, 165, 172, 178
L12	4	5.60	9.45	C	220, 222, 223, 224
L13	4	5.60	9.45	C	232, 235, 237, 243
L14	4	5.60	9.45	G	
L15	4	5.60	9.45	G	
L16	4	5.60	9.45	G	

图 15-5　体育场配电箱系统图

2. 照明控制

本项目照明控制采用智能控制，灯光控制模式见表 15-2。照明控制系统采用 DMX512 调光协议，调光控制系统使用物理按键结合触摸屏控制，在局域网覆盖范围内可实现触摸屏随时随地控制，调光控制如图 15-6 所示。程序能随时修改或编制输入新的程序，控制系统设有自动分路延时启动功能，以防止灯具集中启动的冲击电流。每个驱动器箱均内置一块控制面板，所有驱动器可通过信号控制线逐一连接，实现调光控制、远程诊断的功能。

表 15-2　灯光控制模式

序号	模式
1	田径 UHDTV 转播重大国家比赛、重大国际比赛模式
2	田径 HDTV 转播重大国家比赛、重大国际比赛模式
3	田径 TV 转播重大国家比赛、重大国际比赛模式
4	田径 TV 转播国家比赛、国际比赛模式
5	足球 UHDTV 转播重大国家比赛、重大国际比赛模式
6	足球 HDTV 转播重大国家比赛、重大国际比赛模式
7	足球 TV 转播重大国家比赛、重大国际比赛模式
8	足球 TV 转播国家比赛、国际比赛模式
9	专业比赛模式
10	业余比赛、专业训练模式
11	健身、业余训练模式
12	灯光秀模式

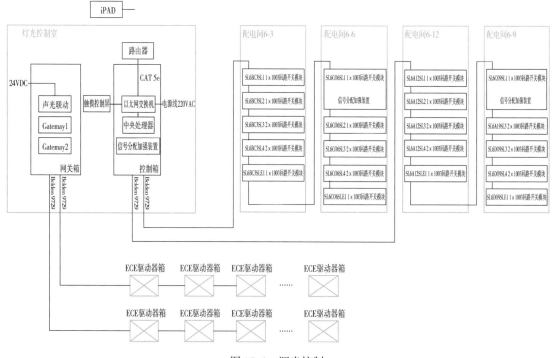

图 15-6　调光控制

比赛场地照度需实现最高达到超高清转播级别并可实现逐级递减模式，照明控制实现即时开启关闭、灯光秀、音乐灯光联动功能，满足赛事期间的体育展示功能，并且通过调光满足不同级别赛事活动的不同照度要求。

15.1.5　接地形式

体育照明配电系统接地形式与建筑物供电系统统一设计，采用 TN-S 系统。

15.2　杭州奥博中心网球中心决赛场场地照明

15.2.1　工程简介

网球中心位于主体育场的东北部，为特级体育建筑，达到举办国际单项大赛及洲际性比赛的标准。网球中心总座席数 1.58 万座，包含 1 个 1 万座的决赛场，2 个 2000 座的半决赛场（其中一个设 2000 座临时座席），8 片预赛场地（含临时座席 1600 座），10 片练习场地，另设一个含 4 片场地的室内网球馆。网球中心决赛场（T1 馆）设有可开启屋顶，建筑面积为 27448m²，可开启屋盖钢结构最高点 37.96m，参见图 15-1。

15.2.2　体育照明等级及设计依据

网球中心决赛场（T1 馆）体育照明也按第 5 章表 5-83 超高清电视转播（UHDTV）重大国家比赛、重大国际比赛标准进行设计。

15.2.3　布灯形式及计算

网球中心决赛场设置单环形马道，单排布灯。马道宽 1.2m，高 1.8m。电缆桥架在马道内壁同侧分层安装，上下间距 0.4m。场地照明灯具投射三维模型如图 15-7 所示。

比赛场地照明选用 112 套 980W LED 专业体育照明灯具，观众席照明选用 60 套 200W LED 照明灯具，场地应急照明选用 20 套 200W LED 专业体育照明灯具。照度计算见表 15-3。

场地照明光源相关色温为 5700K，一般显色指数为 90，LED 灯具功率因数大于 0.9，

图 15-7　场地照明灯具投射三维模型

谐波电流总畸变率（THD$_i$）不大于10%，频闪比小于1%，灯具防护等级IP65。照明设施安装后效果见图15-8。

表15-3 照度计算

Calculation Summary							
Scene：网球超高清							
Label	CalcType	Units	Avg	Max	Min	Min/Avg	Min/Max
固定摄像机1_PA	Illuminance	Lux	2359	2607	2068	0.88	0.79
固定摄像机2_PA	Illuminance	Lux	2338	2537	2173	0.93	0.86
水平照度_PA	Illuminance	Lux	3733	3840	3486	0.93	0.91
水平照度_TA	Illuminance	Lux	3611	3993	3009	0.83	0.75
眩光	Illuminance	Lux	3566	3998	2856	0.80	0.71
眩光	Glare Rating	N. A.	22.17	25.2	10.0	0.45	0.40
眩光	Glare Rating	N. A.	19.86	24.8	10.0	0.50	0.40
眩光	Glare Rating	N. A.	19.62	22.6	10.0	0.51	0.44
眩光	Glare Rating	N. A.	23.12	26.6	10.0	0.43	0.38
眩光	Glare Rating	N. A.	19.77	24.3	10.0	0.51	0.41
眩光	Glare Rating	N. A.	20.56	23.7	10.0	0.49	0.42
主摄垂直照度_PA	Illuminance	Lux	2401	2773	2068	0.86	0.75
主摄垂直照度_TA	Illuminance	Lux	2327	3185	1868	0.80	0.59
X+辅摄垂直照度_PA	Illuminance	Lux	1605	1816	1403	0.87	0.77
X+辅摄垂直照度_TA	Illuminance	Lux	1533	2038	1128	0.74	0.55
Y+辅摄垂直照度_PA	Illuminance	Lux	1611	1762	1231	0.76	0.70
Y+辅摄垂直照度_TA	Illuminance	Lux	1487	1805	915.3	0.62	0.51

图15-8 网球中心决赛场（T1馆）效果

15.2.4 配电及控制

1. 照明配电

根据《体育建筑电气设计规范》（JGJ 354—2014）要求，TV应急的场地照明为一级负荷中特别重要负荷，其他场地照明为一级负荷。主接线示意图参见图 15-4，配电箱系统图如图 15-9 所示。

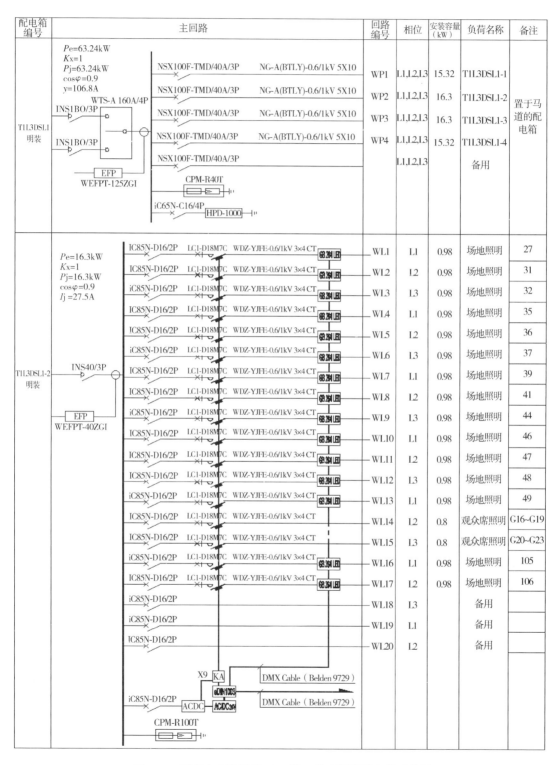

图 15-9　网球中心决赛场（T1 馆）体育照明配电箱系统图

2. 照明控制

本项目采用智能照明控制系统，DMX512 调光协议。与体育场类似，调光控制系统使用物理按键结合触摸屏控制，在局域网覆盖范围内可实现触摸屏随时随地控制，调光控制如图 15-10 所示。比赛场地照度从超高清转播级别可实现逐级递减模式，照明控制可实现即时开启关闭、灯光秀、音乐灯光联动功能，满足赛事期间的体育展示功能，并且通过调光满足不同级别赛事活动的不同照度要求。

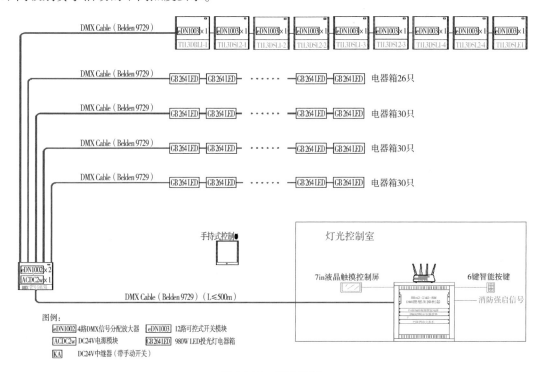

图例：
eDN1002 4路DMX信号分配放大器　eDN1003 12路可控式开关模块
ACDC2w DC24V电源模块　GB2641LED 980W LED投光灯电器箱
KA DC24V中继器（带手动开关）

图 15-10　调光控制

15.2.5　接地形式

体育照明配电系统接地形式与建筑物供电系统统一考虑，采用 TN-S 系统。

15.3　羊山攀岩中心场地照明

15.3.1　工程概况

绍兴柯桥羊山攀岩中心位于绍兴市柯桥区齐贤街道，羊山公园东南侧，项目场馆由比赛场地、热身场地、室内馆及相关配套设施组成，总用地面积 18710m²，建筑面积 8746.98m²，座位 2100 个，其中固定座位 950 个，临时座位 1150 个。

如图 15-11 所示，这里将承办杭州亚运会攀岩项目，设有男女个人速度赛、男女速度接力赛、男女两项全能赛，将产生 6 枚金牌。

图 15-11　羊山攀岩中心内景

15.3.2　体育照明等级及设计依据

1. 我国标准

攀岩属于小众运动项目，在《建筑照明设计标准》（GB 50034—2013）、《体育场馆照明设计及检测标准》（JGJ 153—2016）、《体育建筑电气设计规范》（JGJ 354—2014）、《体育建筑智能化系统工程技术规程》（JGJ/T 179—2009）等规范、标准中均没有其场地照明标准值规定。我国仅在国家体育总局的《攀岩运动设施建设验收规范》、《体育场所开放条件与技术要求　第 4 部分：攀岩场所》（GB 19079.4—2014）中对照明做出简单的规定，分别如下：

1）攀岩区域照度应不小于 100lx。

2）开放夜场的攀岩场所应有应急照明灯。

2. 国际攀联（iFSC）的转播照明标准

当运动员面对墙壁时，地台上和墙壁上的垂直照度、水平照度应为 1000～1500lx。光线应该围绕在运动员周围，照亮墙壁、面部、手/脚和攀爬点，而不会产生眩光。典型通用要求如下：

1）网格上 4 个方向的最小垂直照度：>1400lx。

2）照度均匀性 U_1：>0.7。

3）照度均匀性 U_2：>0.8。

4）均匀度梯度：<5%/1m。

5）垂直照度与水平照度之比：>1:2。

6）眩光指数（GR）：<35（室内场地）或40（室外活动）。

7）频闪比FF：<1%（无闪烁）。

8）显色性：$R_a>90$，$R_9>50$，TLCI>85。

9）相关色温：5000~6000K。

10）12排观众溢出照明：<FOP平均照度的25%。

3. 亚运会标准

《2022年第19届亚运会场馆建设要求攀岩》对场地及观众席照明要求采用了《攀岩运动设施建设验收规范》及《体育场所开放条件与技术要求 第4部分：攀岩场所》（GB 19079.4—2014）的要求，既应覆盖整个场地，又可满足突发情况的应急照明灯，攀岩区域照度应不小于100lx。显然，按此要求难以满足亚运会高清电视转播的要求。

所以在场馆建设、实施过程中不断研讨、不断调整，最终完成设计和建设任务。

15.3.3 布灯形式及灯具选择

攀岩馆分为主比赛场地、室内训练馆。比赛场地布灯如图15-12所示，在亚运会期间作为攀岩比赛的预、决赛场地，需进行高清电视转播。

图 15-12 比赛场地布灯

攀岩主比赛场地赛道分为：比赛难度道、比赛攀石道、比赛速度道，场地照明采用48套VAS-Arena Flood Sports Lighting-900W DMX调光灯具，如图15-13所示，安装详图如图15-14所示；观众席照明采用32套Matrix Flood-600W灯具，安全照明采用8套Matrix Flood-600W灯具，安装详图如图15-15所示。场地照明灯具安装在临时座椅前方，地面支架安装，观众席、安全照明灯具在罩棚下马道上安装，马道高度22m。

图 15-13　主比赛场地情况

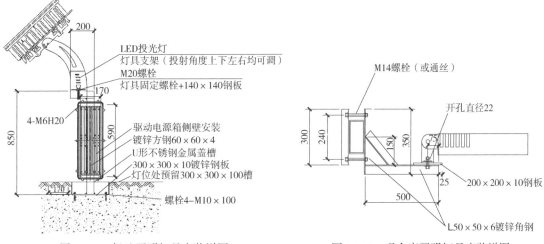

图 15-14　场地照明灯具安装详图　　　　图 15-15　观众席照明灯具安装详图

室内训练馆赛道分为训练难度道、训练速度道、训练热身墙。5 套 SLS002-900W 灯具，9 套 FLM-350W 灯具。900W 灯具在墙面侧壁支架安装，350W 灯具在顶棚钢梁支架抱箍安装，安装详图如图 15-16 所示。

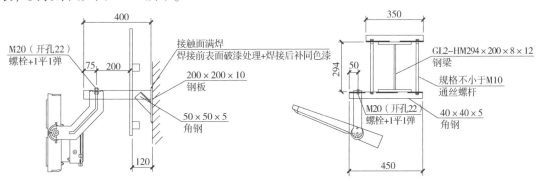

图 15-16　训练场灯具安装详图

15.3.4　照度计算结果

照度计算结果如图 15-17 ~ 图 15-20 所示。

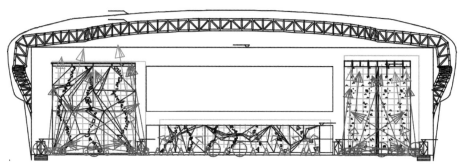

图 15-17　攀岩主比赛场地灯具投射点位图

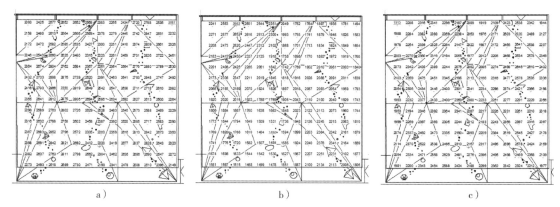

a)　　　　　　　　　b)　　　　　　　　　c)

图 15-18　难度区照明计算结果

a) 难度区 E_h　b) 难度区 E_v cam1　c) 难度区 E_v cam2

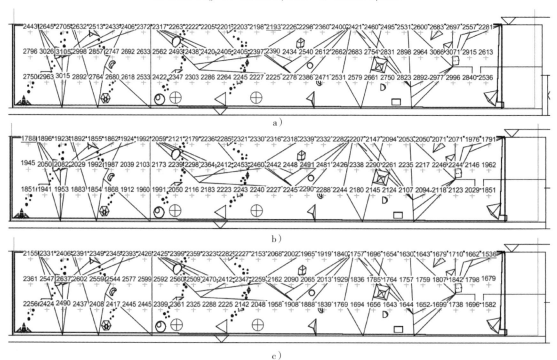

a)

b)

c)

图 15-19　攀岩区照明计算结果

a) 攀石区 E_h　b) 攀石区 E_v cam1　c) 攀石区 E_v cam2

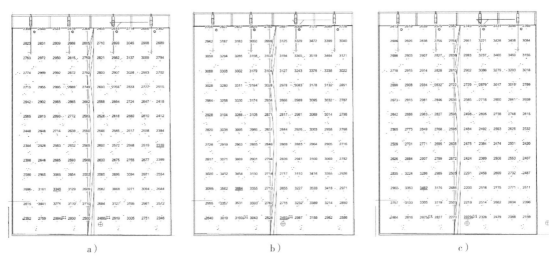

图 15-20　速度区照明计算结果

a）速度区 E_h　b）速度区 E_v cam1　c）速度区 E_v cam2

攀岩项目场地照明具有特殊性，首先满足亚组委颁布的"场馆建设要求-攀岩 20-01-03 （正式）"中的技术要求。照明设计时根据不同的赛道，不同的摄像机位分别进行计算，场地照明安装灯位结合建筑及赛道角度的特性，选择地面支架安装，同时单灯最大功率为 900W，通过 DMX 调光可实现单灯单控及群组场景控制，轻松实现不同场景及与追光灯具合理搭配的快速切换。每盏灯具适配 360° 物理防眩光措施，通过灯具投射角度与物理防眩相结合的方式，最大限度地减小灯具对运动员造成的眩光，如图 15-21 所示。

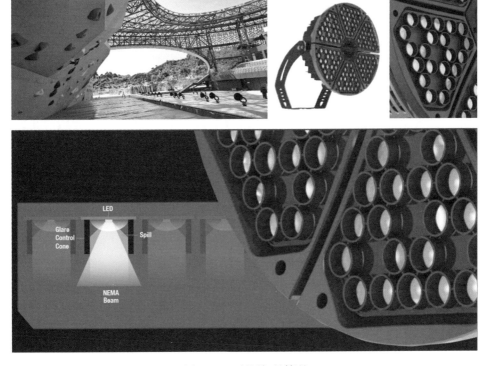

图 15-21　所用灯具情况

15.3.5 配电与控制

亚运会比赛场地按照一级负荷供电。市电电源按《体育建筑电气设计规范》（JGJ 354—2014）的规定由两路 10kV 电源供电。根据《2022 年第 19 届亚运会场馆及设施电气配置导则》（试行稿）的要求，本场馆一次主接线采用单母线分段接线，设分段（联络）断路器，分段断路器装设母分备自投和手投，如图 15-22 所示。系统预留与临时柴油发电机连接的接口。

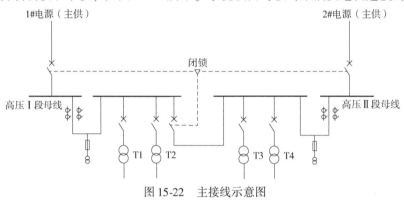

图 15-22　主接线示意图

攀岩馆采用智能照明控制系统，训练馆采用手动控制方式。由于篇幅所限，不再赘述！

15.4　淳安场地自行车馆场地照明

15.4.1　工程概况

淳安场地自行车馆是 2022 年第 19 届杭州亚运会的赛场之一，位于千岛湖旅游度假区金山坪区块、亚运板块。为迎接第 19 届亚运会自行车 6 项赛事的举办，亚运板块涵盖场地自行车、公路自行车、小轮车、山地自行车、铁人三项及公开水域的场地及赛道，以及其他配套的酒店、运营、服务点等设施。场馆北临严家村，南临洪畈村以及千岛湖自然水域。场馆占地面积 9700m²，总建筑面积 24282m²，建筑高度 40.15m，局部 3 层，座席数为 3040 席。建筑类别为中型甲级体育建筑。图 15-23 为自行车馆首层平面图。

15.4.2　体育照明等级及设计依据

淳安自行车馆按照《体育场馆照明设计及检测标准》（JGJ 153—2016）第Ⅵ级 HDTV 转播重大国际比赛等级设计，照明设计标准详见本书第 5.16 节。赛道表面采用漫射材料以防止反射眩光。观众席前 12 排和主席台面向场地方向的平均垂直照度不低于比赛场地主摄像机方向平均垂直照度的 10%，主席台面的平均水平照度值不低于 200lx，观众席的最小水平照度值不低于 50lx。

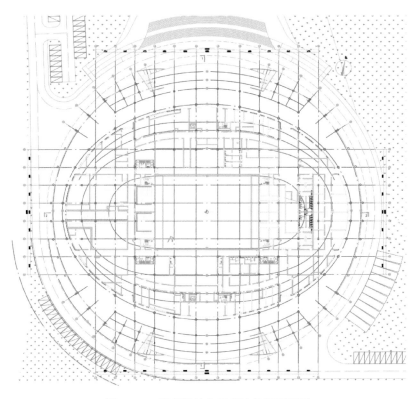

图 15-23　淳安场地自行车馆首层平面图

15.4.3　布灯形式及灯具选择

1. 体育照明灯具选择

自行车馆采用 LED 灯具，根据不同的模式及场景功能需求，采用多种功率 LED 灯具组合形式，实现各种场景及模式需求。灯具代码及灯具参数见表 15-4、表 15-5。

表 15-4　灯具代码表

灯具代码	灯具数量/套	灯具功率/W	初装光通量/(lm/套)	维护系数	总负荷功率/kW
A	64	900	85000	0.8	57.6
B	32	900	85000	0.8	28.8
C	20	900	85000	0.8	18.0
D	16	600	56600	0.8	9.6
E	196	600	56600	0.8	117.6
G	24	450	42500	0.8	10.8
H	40	450	42500	0.8	18.0
M	24	486	61433	0.8	11.66
N	4	486	61433	0.8	1.95
O	20	150	18000	0.8	3.0

表 15-5　不同场景模式灯具代码对照表

场景模式	灯具代码及灯具数量										负荷功率 /kW
	A	B	C	D	E	G	H	M	N	O	
TV 应急	32	12	4	8	104	12	24	0	0	0	130.2
HDTV 转播	64	32	20	16	196	24	40	0	0	0	260.4
观众席	0	0	0	0	0	0	0	24	4	0	3.0
消防应急	0	0	0	0	0	0	0	0	0	20	13.61

2. 布灯方式

淳安场地自行车馆设置双环形马道，双侧单排布灯，兼顾场地照明及观众席照明。内环马道部分区域采用单侧马道单排布灯为重点区域照明。马道灯具平面设置如图 15-24 所示，场地照明灯具投射概览如图 15-25 所示。

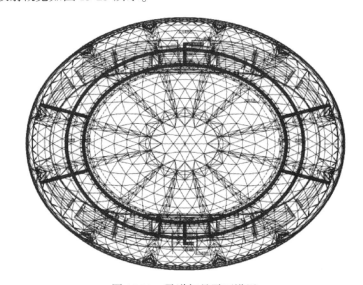

图 15-24　马道灯具平面设置

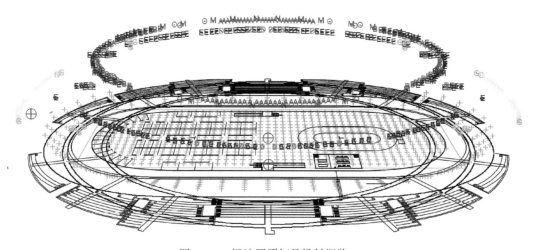

图 15-25　场地照明灯具投射概览

3. 照明计算

照明计算见表 15-6。

表 15-6　照明计算

计算	转换模式	型号	单位	平均值	最小值	最大值	最小值/平均值	最小值/最大值
赛道 水平照度	1	照度→Dd	lux	3970	3336	4790	0.84	0.70
赛道 主摄像机	1	照度→Aa	lux	2261	1796	2978	0.79	0.60
赛道 – 辅摄像机#1	1	照度→Bb	lux	1745	1102	2638	0.63	0.42
赛道 – 辅摄像机#2	1	照度→Cc	lux	1862	1185	2973	0.64	0.40
TV 应急 赛道 水平照度	2	照度→Dd	lux	1992	1504	2444	0.75	0.62
TV 应急 赛道 主摄像机	2	照度→Aa	lux	1146	751	1732	0.66	0.43
TV 应急 赛道 – 辅摄像机#1	2	照度→Bb	lux	906	520	1368	0.57	0.38
TV 应急 赛道 – 辅摄像机#2	2	照度→Cc	lux	948	547	1463	0.58	0.37
观众席	4	表面照度	lux	150	58	244	0.39	0.24
应急 座位席	3	水平照度	lux	21.1	15.1	27.4	0.71	0.55
应急 全场	3	表面照度	lux	24.9	12.7	34.3	0.51	0.37

15.4.4　配电与控制

同样，由于照明配电比较成熟，在此处省略，读者可参阅上述体育场馆的体育照明配电系统。

而该项目智能照明控制系统仅有 4 种模式，通过控制不同灯具实现不同场景模式下的照明需求。场景模式与灯具代码对应关系见表 15-5。

15.5　Raymond James 体育场场地照明

15.5.1　项目概况

Raymond James 体育场坐落于美国佛罗里达州的坦帕港，是美国职业橄榄球大联盟 NFL 的坦帕港海盗队的主场，同时是 2021 年第 55 届 "超级碗" 总决赛场地。为提供更好的电视转播效果，业主提出对原有场地比赛照明系统进行升级改造，将传统的金卤灯替换为 LED 灯具，并融入了舞台氛围灯光效果。

1. 灯具布置

体育场原本采用了八根灯塔的布灯方式，此次改造仍然沿用原灯塔。LED 灯具从场地的各个方向进行投射，确保灯光均匀覆盖全场，并且从各个方向均保证有良好的垂直照明效果，满足主摄像机和辅摄像机的照明需求。

图 15-26　体育场灯具布置

2. 设计依据

本项目根据 NFL 照明标准进行设计，场地水平照度平均值需大于 250fc（约为 2690lx），固定摄像机和场地边线摄像机垂直照度平均值需大于 200fc（约为 2152lx），球门底线方向辅摄像机垂直照度平均值需大于 150fc（约为 1614lx）。具体要求见表 15-7。

表 15-7　场地照明标准限值

	水平照度			垂直照度		光源特性		眩光指数
	E_h ave	照度均匀度		E_v cam ave	照度均匀度	色温	显色指数	
计算方向	fc	最大:最小	平均:最小	fc	最大:最小	T_k	R_a	GR
固定摄像机，包括场地边线摄像机	250	1.25:1	1.2:1	200	1.35:1	5000—5700	≥80	≤40
底线区摄像机（球门线）				150	1.5:1			
看台（前 30 排）	125	2:1	N/A	N/A	N/A			

	水平照度	
活动	每层看台	照度均匀度
音乐会地面	5～10fc	N/A
音乐会看台	2～5fc	N/A
出口照明	3fc（1 fcmin）	Per Code
维护	15～20fc	3:1

注：1fc = 10.764lx。

摄像机位置如图 15-27 所示，剖面图如图 15-28 所示。

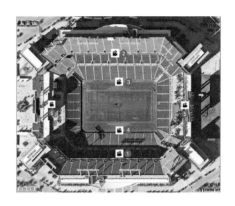

摄像机位置：

1—反向高位摄像机，位于上层
看台下面

2—主摄像机，高位

3—西侧边线摄像机，低位

4—东侧边线摄像机，低位

5—北侧底线摄像机，高位，在
记分牌附近

6—南侧底线摄像机，高位，在
记分牌附近

图 15-27　摄像机位置

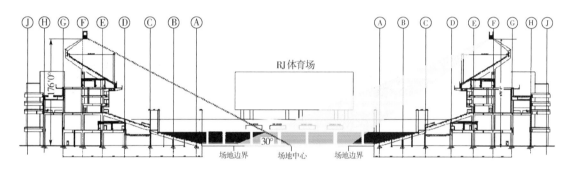

图 15-28　剖面图

15.5.2　改造前后对比

1）改造前，场地采用传统 1500W 金卤灯系统，现场图片及灯具配置如图 15-29 所示。改造前灯具数量见表 15-8。

图 15-29　改造前情况

表 15-8　改造前灯具数量

编号	安装高度/ft	灯具数量/套	单灯功率/W
灯架 A1	176	108	1500
灯架 A2	176	72	1500
灯架 B1	176	108	1500
灯架 B2	176	72	1500
灯架 C1	176	108	1500
灯架 C2	176	72	1500
灯架 D1	176	108	1500
灯架 D2	176	72	1500

注：1 英尺（ft）=0.3048 米（m）。

2）改造后，采用赛倍明多功能一体化灯具，灯具选型及配置如下：

①灯具选型。为了满足场地比赛的照明需求，以及提供更好的娱乐效果，选用了 Sportsbeams（赛倍明）的 S800 Chroma 全色域 LED 灯具，如图 15-30 所示。该灯具集合了白光、彩光、可调色温等功能于一身，一套灯具同时满足场地比赛、氛围渲染、娱乐等需求。

②灯具配置。全色域 LED 灯具配置见表 15-9。

图 15-30　全色域 LED 灯具

表 15-9　全色域 LED 灯具配置

灯塔编号	灯具配置			
	型号 1	数量	型号 2	数量
灯架 A1	S800 Chroma	104	S600	2
灯架 A2	S800 Chroma	72	S600	1
灯架 B1	S800 Chroma	104	S600	2
灯架 B2	S800 Chroma	72	S600	1
灯架 C1	S800 Chroma	104	S600	2
灯架 C2	S800 Chroma	72	S600	1
灯架 D1	S800 Chroma	104	S600	2
灯架 D2	S800 Chroma	72	S600	1
合计	S800 Chroma	704	S600	12

15.5.3　照明计算及实测值

1. 照明计算

采用专业软件模拟计算，如图 15-31 所示，结果见表 15-10。

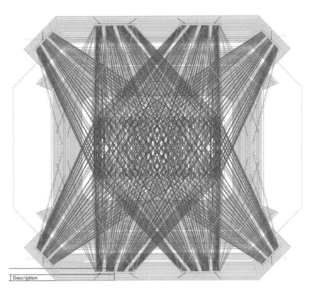

图 15-31　照明计算

表 15-10　模拟计算结果

计算汇总									
条目	单位	平均值	最大值	最小值	平均:最小	最大:最小	分组	灯具数量	调光百分比
橄榄球-水平	fc	252	278	233	1.1	1.2	A，B	664	100%
橄榄球-主摄	fc	233	257	191	1.2	1.4	A，B	664	100%
橄榄球-反方向主摄	fc	233	256	191	1.2	1.3	A，B	664	100%
橄榄球-边线摄像机	fc	212	243	181	1.2	1.3	A，B	664	100%
橄榄球-边线摄像机	fc	212	243	181	1.2	1.3	A，B	664	100%
橄榄球-北侧底线摄像机	fc	158	182	124	1.3	1.5	A，B	664	100%
橄榄球-南侧底线摄像机	fc	158	182	124	1.3	1.5	A，B	664	100%
前 30 排东侧观众席	fc	120	171	73	1.6	2.3	A，B，C	688	100%
前 30 排南侧观众席	fc	94	170	55	1.7	3.1	A，B，C	688	100%
前 30 排西侧观众席	fc	120	171	73	1.6	2.3	A，B，C	688	100%
前 30 排北侧观众席	fc	94	170	55	1.7	3.1	A，B，C	688	100%
北侧观众席	fc	21	38	6	3.6	6.3	A，B，C	688	100%
南北侧观众席	fc	21	38	6	3.6	6.3	A，B，C	688	100%
场地演出场景	fc	9	9	7	1.3	1.3	B，C	72	50%
观众席演出场景	fc	5	9	1	4.7	9.0	B，C	72	50%
观众席应急	fc	6	19	1	6.4	19.0	D	40	100%
场地维护模式	fc	17	18	13	1.3	1.4	B	48	100%

分组汇总				
组别	灯具型号	开启状态	调光状态	灯具数量
A	S800 Chroma	On	1.00	616
B	S800 Chroma	On	1.00	48
C	S800 Chroma	On	1.00	24
D	S800 Chroma	On	1.00	40

场地内眩光模拟计算数据见表 15-11，计算最大眩光值 36。

表 15-11　场地内眩光模拟计算结果

计算汇总							
条目	观察位置	Obs X	Obs Y	Obs Z	平均值	最大值	最小值
眩光	Obs 1	0	0	4.92	25	33	17
眩光	Obs 2	75	0	4.92	25	33	12
眩光	Obs 3	150	0	4.92	26	35	20
眩光	Obs 4	75	40	4.92	25	34	10
眩光	Obs 5	0	80	4.92	26	34	10
眩光	Obs 6	75	80	4.92	26	34	10
眩光	Obs 7	150	80	4.92	26	36	10

观众席眩光计算最大眩光值 33。

2. 实测值

安装完毕后经实际测量，照明指标满足设计和标准要求，见表 15-12。

表 15-12　实际测量值

类别	平均值/fc	最大值/fc	最小值/fc	最小值/最大值	平均值/最小值
水平照度	264	292	241	1.21	1.10
南侧底线摄像机方向的垂直照度	185	210	155	1.35	1.19
北侧底线摄像机方向的垂直照度	180	202	140	1.44	1.29
东侧反向摄像机方向的垂直照度	270	306	228	1.34	1.18
西侧摄像机方向的垂直照度	270	306	230	1.33	1.17

15.5.4　配电拓扑图

美国电气标准和做法与我国有一定差别，本项目的配电系统仅供大家参考。采用多路277V 电源进线，每盏灯既有电源进线，又有数据控制线。图 15-32 为体育场西侧灯架 A2 照明配电与数据控制单线图，体育场西侧共有 4 个类似的系统，分别为灯架 A1、A2、D1、D2；余下的 4 个灯架位于体育场东侧，其系统与该图相似。

15.5.5　照明控制系统

照明控制采用 ETC 智能照明控制系统，实现比赛模式、演唱会模式、清扫模式等多场景的模式控制、切换，并可通过控制系统控制 Chroma 灯具的颜色变换，实现灯光随着音乐节奏自动色彩变化，通过娱乐灯光变化效果，烘托场地的氛围，提升观众兴致，如图 15-33、图 15-34 所示。

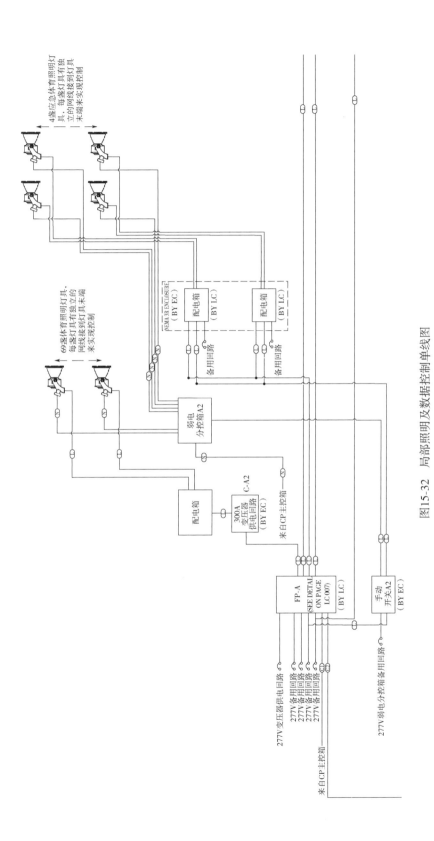

图15-32　局部照明及数据控制单线图

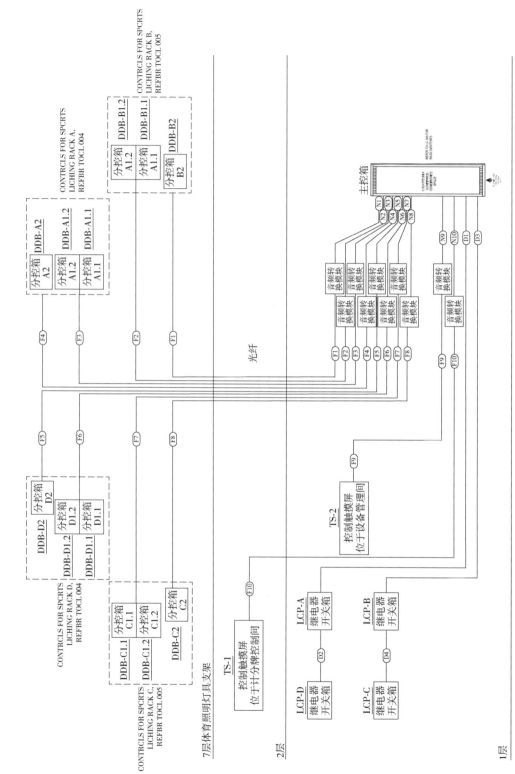

图15-33　照明控制系统

照明要求控制场景如下:

1) Football 橄榄球 NFL 电视转播。

2) Football 30% 橄榄球开灯 30% 模式。

3) Football 50% 橄榄球开灯 50% 模式。

4) Full Lighting 全照明模式。

5) Introduction 开幕式。

6) Intermission 中场休息。

7) Concert Infill 180-degree stage 音乐会半场模式。

8) Concert Infill 360-degree stage 音乐会全场模式。

9) Concert Infill Half House, 音乐会半场模式。

10) Maintenance Full 全维护模式。

11) Maintenance Lower 低维护模式。

12) Maintenance Upper 高维护模式。

13) Blackout 停电。

14) Chasing Lights 追光。

15) Random Flashing Lights 随机闪光模式。

16) Flashing Lights 闪光模式。

17) Five spare zones to be determined in the future with the Tampa Sports Authority 预留 5 个备用模式。

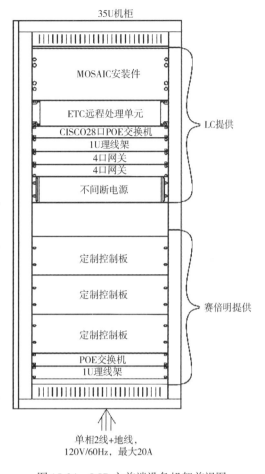

图 15-34　LCP 主前端设备机架前视图

15.5.6　节能分析

通过这次场地照明升级，节能效果比较明显，照明安装功率减少近一半，见表 15-13。

表 15-13　改造前后节能对比

	节能分析	传统灯具方案	LED 方案		节省比例
		1500W 金卤灯	800W LED	600W LED	
1	光源功率/W	1500	800	600	
2	整灯功率/W	1560	800	600	
3	灯具数量/套	720	704	12	
4	总功率/kW	1123.2	570.4		
5	节能比				49%

15.6 杭州市体育馆——亚运会拳击比赛馆场地照明

15.6.1 项目概况

杭州体育馆为亚运会拳击项目比赛场馆，位于杭州市拱墅区，地处亚运村西北侧，相距10km，包含比赛馆及附属训练馆。体育馆始建于 1966 年，为文保建筑，因其独特的马鞍形屋面造型使得其成为 20 世纪杭州市标志性体育建筑，如图 15-35 所示。体育馆总建筑面积34202m²，观众席位数 4300 个。改造后的杭州体育馆主体被完全保留，"船体"也保持不变。

图 15-35　杭州体育馆外景

15.6.2 照明等级及设计依据

虽然这次亚运会杭州体育馆举行拳击比赛，但平时还是以比较普及的篮球、排球等项目为主。因此，其比赛场地的照明设计需考虑到不同运动项目、不同使用功能对灯光照明系统的要求，还要满足电视转播的要求。

亚运会拳击比赛的照度最低要求参见本书第 5.11 节表 5-37 的Ⅵ级标准，竞赛期间照明标准最终由组委会、国际拳联或主转播机构确定。照明设计需考虑场馆赛后利用情况，对灯光照明系统做到分级、分区域控制，对各照明模式进行开关、切换控制，并采用智能照明控制系统。

场馆灯光形成"剧场效果"，FOP 区、拳台为主灯光区域，比赛开始后 FOP 外区域（观众区域）灯光调暗、淡出。

15.6.3 场地信息、采用灯具型号及数量

本项目为老场馆改造，建筑马道装灯高度 11.7m，为亚运会拳击决赛场地，赛时灯具布

置如图 15-36 所示。赛时场地照明采用 40 套 Matrix Flood-600W 前抛光灯具，24 套灯具安装在拳击场地周围的太空架上，安装高度为 7m；其余安装在马道上。

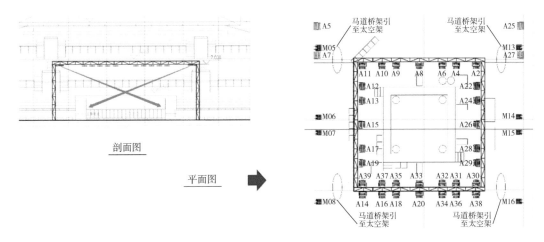

图 15-36　赛时灯具布置

赛后调整灯位满足 CBA 篮球比赛要求，赛后灯具布置如图 15-37 所示。赛后全部灯具移到马道上，并新增 8 套 VAS-Arena Flood Sports Lighting-900W 和 20 套 Matrix Flood-600W，补充篮球模式下的垂直照度，安装高度均为 11.7m，满足篮球 HDTV 级别照明要求。

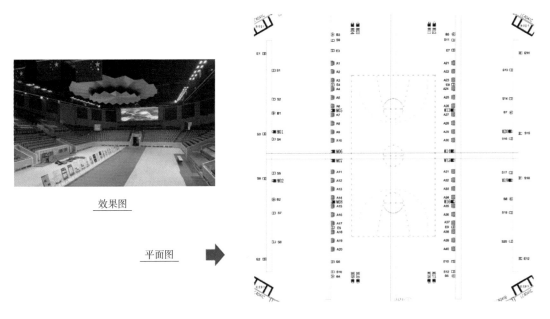

图 15-37　赛后灯具布置

15.6.4　照度计算结果与标准值对比

赛时场地照明灯具投射点位图如图 15-38 所示，计算结果见表 15-14。赛时 TV 应急照明计算结果见表 15-15。

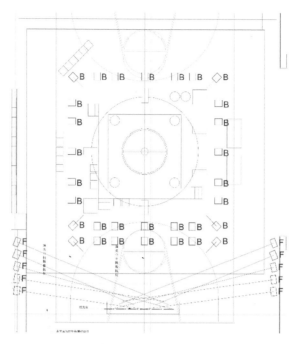

图 15-38　赛时场地照明灯具投射点位图

表 15-14　赛时场地照明计算结果

Calculation Summary			平均照度	最大照度	最小照度	均匀度 U_1	均匀度 U_2
Label	CalcType	Units	Avg	Max	Min	Min/Avg	Min/Max
EH 拳击	Illuminance	lux	3558	3749	3394	0.95	0.91
EVaux - Y 拳击	Illuminance	lux	2655	2933	2414	0.91	0.82
EVaux Hand 拳击	Illuminance	lux	2580	2836	2305	0.89	0.81
EVaux + X 拳击	Illuminance	lux	2607	2841	2393	0.92	0.84
EVaux - X 拳击	Illuminance	lux	2755	3094	2522	0.92	0.82
EVaux Y 拳击	Illuminance	lux	2512	2726	2304	0.92	0.85
EVmai 拳击	Illuminance	lux	2682	2929	2458	0.92	0.84

注：照度计算网格高度：主、辅摄像垂直照度为 1.5m、水平照度高度为拳击台面往上 1m。照度计算网格尺寸 1m×1m。

表 15-15　赛时 TV 应急照明计算结果

Calculation Summary			平均照度	最大照度	最小照度	均匀度 U_1	均匀度 U_2
Label	CalcType	Units	Avg	Max	Min	Min/Avg	Min/Max
EH TV 应急 拳击	Illuminance	lux	1929	2072	1826	0.95	0.88
EVaux Hand TV 应急 拳击	Illuminance	lux	1247	1394	1083	0.87	0.78
EVmai TV 应急 拳击	Illuminance	lux	1375	1548	1186	0.86	0.77

赛时采用的 40 套前抛光灯具 Matrix Flood-600W，其灯具 0°角安装，在保证主、辅摄像机和水平照度的同时，最大化地减少灯光对运动员造成的眩光干扰。

15.6.5 配电及控制系统描述

同样，该场馆场地照明按照一级负荷供电，由两路 10kV 市电电源供电，一次主接线同亚运攀岩场馆，参见图 15-22，为节省篇幅此处不再赘述。

本体育馆采用智能照明控制系统，适配 DMX 控制系统，每盏灯具设有独立的地址码，便于赛时和赛后的场景编程。限于篇幅，同样不赘述。

15.6.6 设计调试心得

杭州体育馆是杭州最早的几大体育场馆之一，为了提升场馆服务水平，落实"绿色、智能、节俭、文明"的办赛理念，场地照明灯具从设计之初就秉承着用最少的灯具满足最大的使用功能，赛时照明的全部 40 盏 Matrix Flood-600W 灯具，赛后全部转换为篮球模式照明灯具。

由于拳击赛事灯具安装高度在 5 ~ 7m，灯具选型上可采用"LED 高顶棚灯"或小功率"LED 投光灯"来满足拳击比赛的照度要求，如采用以上类型灯具赛后就不能再使用于篮球赛事。同时老场馆马道高度只有 11.7m，如采用大功率 LED 投光灯，眩光极难控制。设计师巧妙地选用 TC 配光的产品灯具，灯具 0°角安装，光线偏配光投射，内置 360°物理防眩光圈，既满足拳击赛时对垂直照度的需求，赛后灯具安装于马道来实现篮球 HDTV 级别赛事，也不会造成眩光超标，一举多得，如图 15-39 所示。

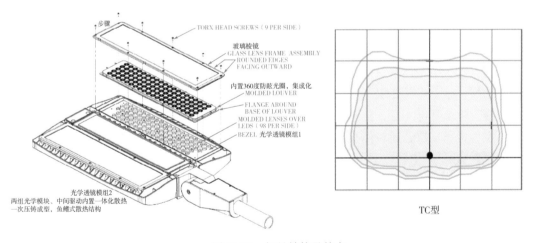

图 15-39 灯具结构及特点

第16章 其他体育照明工程案例

16.1 衢州体育中心场地照明

16.1.1 工程简介

衢州体育中心是 CCDI 与 MAD 合作的作品,位于浙江省衢州市柯城区,总用地面积约 32.7 万 m²。衢州体育中心将成为世界上最大的覆土建筑群,极具创意和个性。体育中心有体育场、体育馆、游泳馆、综合馆、停车楼和地下室等。衢州体育中心鸟瞰图如图 16-1 所示,其主要分布如下:

体育场:乙级中型体育场,29317 个座位,包含训练场,田径、足球各一片,地上 4 层,建筑高度 45m,建筑面积 58565m²。

体育馆:甲级大型体育馆,9422 个座位,包含比赛场地一片,地下 2 层,地上局部 4 层,建筑高度 41.6m,建筑面积 70224m²。

游泳馆:乙级中型体育馆,1984 个座位,包含比赛池、跳水池、训练池、戏水池,地下 1 层,地上局部 2 层,建筑高度 38.6m,建筑面积 32506m²。

综合馆:乙级中型体育馆,1984 个座位,包含篮球训练馆、网球训练馆、乒乓球训练馆,地下 1 层,地上局部 2 层,建筑高度 23.87m,建筑面积 13310m²。

停车楼:地上局部 4 层,建筑高度 17.8m,建筑面积 27785m²。

地下室:地下 2 层,建筑面积 49173m²。

图 16-1 衢州体育中心鸟瞰图

16.1.2 体育场

1. 体育照明等级及设计依据

体育场体育照明等级为《体育场馆照明设计及检测标准》（JGJ 153—2016）Ⅳ级——TV 转播国家比赛、国际比赛等级，详见本书第 5.1、5.2 节；主席台面水平照度不低于 200lx，观众席最小水平照度不低于 50lx；观众席和运动场地安全照明的平均水平照度不低于 20lx。

2. 布灯形式及计算

体育场体育照明采用场地四周光带 + 灯塔布置方式，在场地上方西侧罩棚设置两条弧形马道，东侧罩棚设置一条弧形马道，在场地东南、东北侧设置 2 个灯塔，灯塔高 52m。马道宽度 1.2m，高 1.8m。西侧场地照明、观众席照明均安装在马道上，东侧场地照明安装在灯塔上，观众席照明安装在马道上。体育场照明设备及效果如图 16-2 所示。

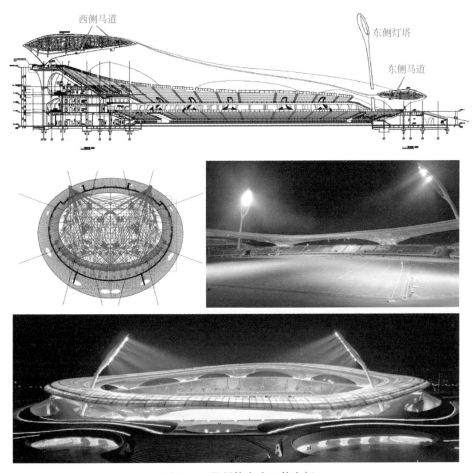

图 16-2 衢州体育中心体育场

体育场比赛场地照明选用 258 套 1400W LED 专业体育照明灯具，观众席照明选用 48 套 490W LED 照明灯具，场地应急照明选用 10 套 490W LED 专业体育照明灯具。照度计算见表 16-1。

表 16-1　照度计算

Calculation	Switching Mode	Type	Unit	Ave	Min	Max	Min/Ave	Min/Max
足球Ⅳ级-Ev – Y	1	Vertical Illuminance	lux	941	563	1488	0.60	0.38
田径Ⅳ级-Eh	2	Horizontal Illuminance	lux	1276	989	1843	0.78	0.54
田径Ⅳ级-Evmain	2	Illuminance→Aa	lux	1092	683	1674	0.63	0.41
田径Ⅳ级-Ev + X	2	Vertical Illuminance	lux	758	418	1285	0.55	0.33
田径Ⅳ级-Ev – X	2	Vertical Illuminance	lux	757	414	1285	0.55	0.32
田径Ⅳ级-Ev + Y	2	Vertical Illuminance	lux	812	495	1153	0.61	0.43
田径Ⅳ级-Ev – Y	2	Vertical Illuminance	lux	1044	522	1692	0.50	0.31
座位-南下-Eh	3	Surface Illuminance	lux	224	153	571	0.68	0.27
座位-南上-Eh	3	Surface Illuminance	lux	116	60	167	0.52	0.36
座位-东下-Eh	3	Surface Illuminance	lux	281	139	595	0.49	0.23
座位-东上-Eh	3	Surface Illuminance	lux	147	45	369	0.31	0.12
座位-南下-Ev	3	Vertical Illuminance	lux	204	158	323	0.78	0.49
座位-东下-Ev	3	Vertical Illuminance	lux	176	105	313	0.59	0.33
主席台-Eh	3	Surface Illuminance	lux	239	201	282	0.84	0.71
主席台-Ev	3	Vertical Illuminance	lux	210	177	257	0.84	0.69
场地清扫	5	Horizontal Illuminance	lux	108	39	265	0.36	0.15
场地安全疏散	4	Horizontal Illuminance	lux	24.5	13.7	48.3	0.56	0.28
座位-南下-安全疏散 Eh	4	Surface Illuminance	lux	34.8	20.8	46.4	0.60	0.45
座位-南上-安全疏散 Eh	4	Surface Illuminance	lux	39.1	9.7	71.7	0.25	0.14
座位-东下-安全疏散 Eh	4	Surface Illuminance	lux	39.9	20.1	77.3	0.50	0.26
座位-东上-安全疏散 Eh	4	Surface Illuminance	lux	46.9	3.5	207.6	0.07	0.02

场地照明光源色温为 5700K，显色指数为 90，LED 灯具功率因数大于 0.9，谐波电流总畸变率（THD_i）不大于 10%，频闪比小于 1%。灯具防护等级 IP65。

3. 配电及控制

（1）照明配电　根据《体育建筑电气设计规范》（JGJ 354—2014）要求，场地照明按二级负荷进行设计。

本项目体育照明采用 2 路市电为体育照明供电，为 50% 体育照明预留临时发电机接驳条件。在举行国际重大赛事时，可根据赛事等级要求，接入临时备用发电机，作为 50% 的场地照明的主用电源，其余 50% 体育照明由双路市电供电，当双路市电故障时，仍有 50% 照度可以保证比赛及应急电视转播继续进行。主接线示意图如图 16-3 所示，配电箱系统图如图 16-4 所示。

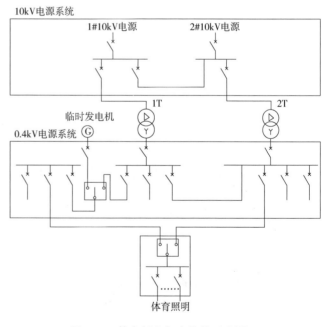

图 16-3　体育场电气主接线示意图

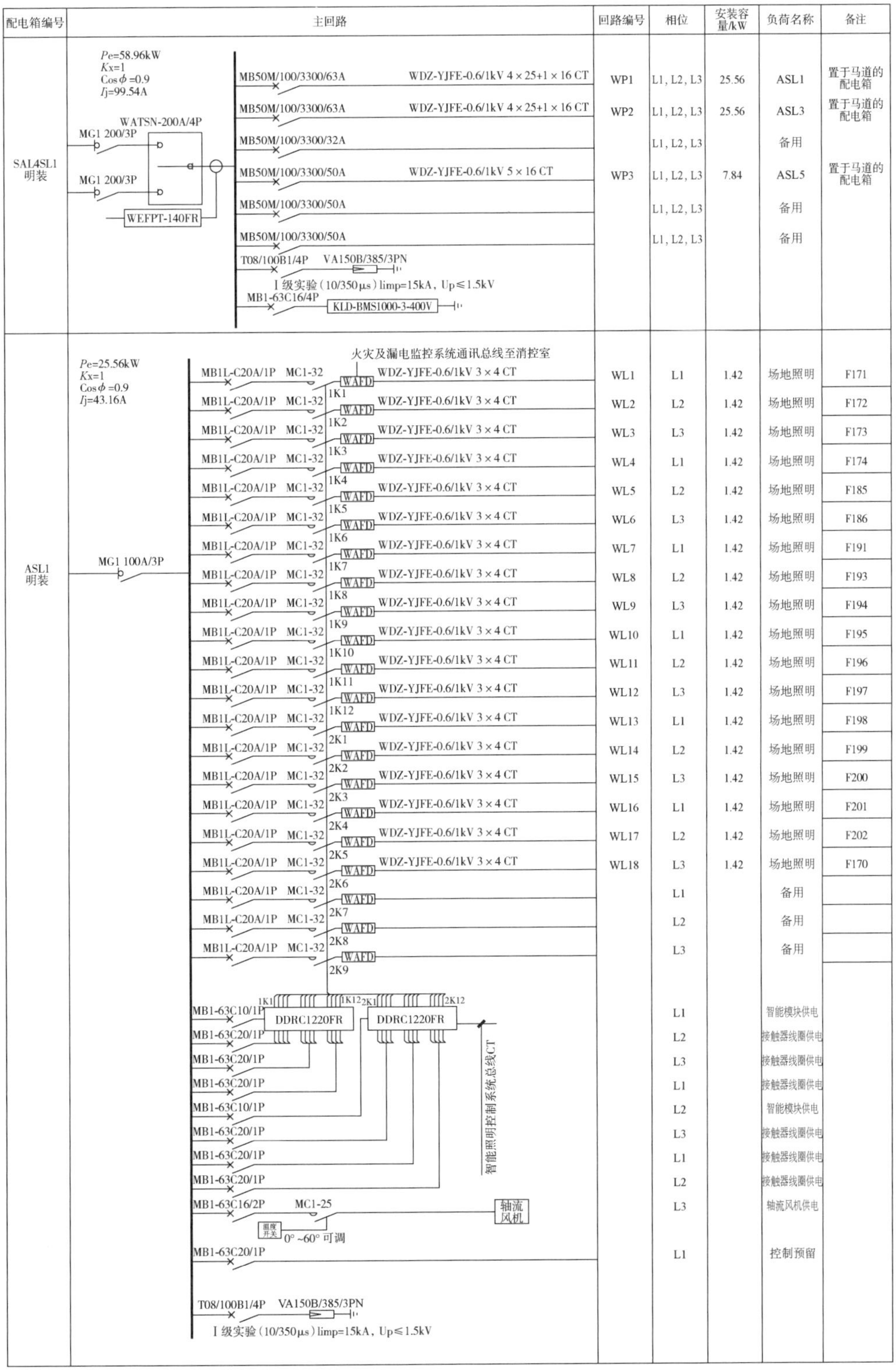

配电箱编号	主回路	回路编号	相位	安装容量/kW	负荷名称	备注
SAL4SL1 明装	Pe=58.96kW Kx=1 $\cos\phi$=0.9 Ij=99.54A WATSN-200A/4P MG1 200/3P MG1 200/3P WEFPT-140FR MB50M/100/3300/63A WDZ-YJFE-0.6/1kV 4×25+1×16 CT	WP1	L1, L2, L3	25.56	ASL1	置于马道的配电箱
	MB50M/100/3300/63A WDZ-YJFE-0.6/1kV 4×25+1×16 CT	WP2	L1, L2, L3	25.56	ASL3	置于马道的配电箱
	MB50M/100/3300/32A		L1, L2, L3		备用	
	MB50M/100/3300/50A WDZ-YJFE-0.6/1kV 5×16 CT	WP3	L1, L2, L3	7.84	ASL5	置于马道的配电箱
	MB50M/100/3300/50A		L1, L2, L3		备用	
	MB50M/100/3300/50A		L1, L2, L3		备用	
	T08/100B1/4P VA150B/385/3PN I 级实验(10/350μs)limp=15kA, Up≤1.5kV MB1-63C16/4P KLD-BMS1000-3-400V					
ASL1 明装	Pe=25.56kW Kx=1 $\cos\phi$=0.9 Ij=43.16A MG1 100A/3P 火灾及漏电监控系统通讯总线至消控室 MB1L-C20A/1P MC1-32 [WAFD] WDZ-YJFE-0.6/1kV 3×4 CT	WL1	L1	1.42	场地照明	F171
	MB1L-C20A/1P MC1-32 1K1 [WAFD] WDZ-YJFE-0.6/1kV 3×4 CT	WL2	L2	1.42	场地照明	F172
	MB1L-C20A/1P MC1-32 1K2 [WAFD] WDZ-YJFE-0.6/1kV 3×4 CT	WL3	L3	1.42	场地照明	F173
	MB1L-C20A/1P MC1-32 1K3 [WAFD] WDZ-YJFE-0.6/1kV 3×4 CT	WL4	L1	1.42	场地照明	F174
	MB1L-C20A/1P MC1-32 1K4 [WAFD] WDZ-YJFE-0.6/1kV 3×4 CT	WL5	L2	1.42	场地照明	F185
	MB1L-C20A/1P MC1-32 1K5 [WAFD] WDZ-YJFE-0.6/1kV 3×4 CT	WL6	L3	1.42	场地照明	F186
	MB1L-C20A/1P MC1-32 1K6 [WAFD] WDZ-YJFE-0.6/1kV 3×4 CT	WL7	L1	1.42	场地照明	F191
	MB1L-C20A/1P MC1-32 1K7 [WAFD] WDZ-YJFE-0.6/1kV 3×4 CT	WL8	L2	1.42	场地照明	F193
	MB1L-C20A/1P MC1-32 1K8 [WAFD] WDZ-YJFE-0.6/1kV 3×4 CT	WL9	L3	1.42	场地照明	F194
	MB1L-C20A/1P MC1-32 1K9 [WAFD] WDZ-YJFE-0.6/1kV 3×4 CT	WL10	L1	1.42	场地照明	F195
	MB1L-C20A/1P MC1-32 1K10 [WAFD] WDZ-YJFE-0.6/1kV 3×4 CT	WL11	L2	1.42	场地照明	F196
	MB1L-C20A/1P MC1-32 1K11 [WAFD] WDZ-YJFE-0.6/1kV 3×4 CT	WL12	L3	1.42	场地照明	F197
	MB1L-C20A/1P MC1-32 1K12 [WAFD] WDZ-YJFE-0.6/1kV 3×4 CT	WL13	L1	1.42	场地照明	F198
	MB1L-C20A/1P MC1-32 2K1 [WAFD] WDZ-YJFE-0.6/1kV 3×4 CT	WL14	L2	1.42	场地照明	F199
	MB1L-C20A/1P MC1-32 2K2 [WAFD] WDZ-YJFE-0.6/1kV 3×4 CT	WL15	L3	1.42	场地照明	F200
	MB1L-C20A/1P MC1-32 2K3 [WAFD] WDZ-YJFE-0.6/1kV 3×4 CT	WL16	L1	1.42	场地照明	F201
	MB1L-C20A/1P MC1-32 2K4 [WAFD] WDZ-YJFE-0.6/1kV 3×4 CT	WL17	L2	1.42	场地照明	F202
	MB1L-C20A/1P MC1-32 2K5 [WAFD] WDZ-YJFE-0.6/1kV 3×4 CT	WL18	L3	1.42	场地照明	F170
	MB1L-C20A/1P MC1-32 2K6 [WAFD]		L1		备用	
	MB1L-C20A/1P MC1-32 2K7 [WAFD]		L2		备用	
	MB1L-C20A/1P MC1-32 2K8 [WAFD] 2K9		L3		备用	
	MB1-63C10/1P 1K1 DDRC1220FR DDRC1220FR 1K12 2K1 2K12		L1		智能模块供电	
	MB1-63C20/1P		L2		接触器线圈供电	
	MB1-63C20/1P		L3		接触器线圈供电	
	MB1-63C20/1P		L1		接触器线圈供电	
	MB1-63C20/1P		L2		接触器线圈供电	
	MB1-63C10/1P 智能照明控制系统总线 CT		L3		智能模块供电	
	MB1-63C20/1P		L1		接触器线圈供电	
	MB1-63C20/1P		L2		接触器线圈供电	
	MB1-63C20/1P		L3		接触器线圈供电	
	MB1-63C20/1P		L1		接触器线圈供电	
	MB1-63C20/1P		L2		接触器线圈供电	
	MB1-63C16/2P MC1-25 轴流风机		L3		轴流风机供电	
	角度开关 0°~60° 可调					
	MB1-63C20/1P		L1		控制预留	
	T08/100B1/4P VA150B/385/3PN I 级实验(10/350μs)limp=15kA, Up≤1.5kV					

图 16-4 体育场体育照明配电箱系统图

（2）照明控制　智能照明控制系统采用 DMX512 调光协议，调光控制系统使用物理按键结合触摸屏控制，在局域网覆盖范围内可实现触摸屏随时随地控制，调光控制如图 16-5 所示。比赛场地照明从 TV 转播级别实现逐级递减模式，照明控制能实现即时开启关闭、灯光秀、音乐灯光联动功能，满足赛事期间的体育展示功能，并且通过调光满足不同级别赛事活动的不同照明要求。

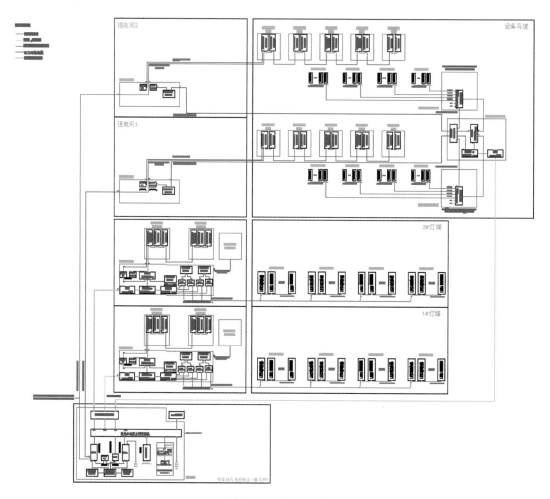

图 16-5　调光控制

4. 防雷及接地形式

体育场灯杆防直击雷利用金属灯拍、金属灯杆作为防雷接闪器、引下线。金属灯杆底部与体育场接地网可靠连接。金属灯拍、金属灯杆、接地网形成良好的电气通路。

体育照明配电系统接地形式与体育场建筑物供电系统一致，采用 TN-S 系统。

16.1.3　体育馆

1. 体育照明等级及设计依据

体育馆体育照明等级按《体育场馆照明设计及检测标准》（JGJ 153—2016）篮球Ⅵ级

HDTV 转播重大国家比赛、重大国际比赛和体操Ⅳ级 TV 转播国家比赛、国际比赛等进行设计。主席台面水平照度不低于 200lx，观众席最小水平照度不低于 50lx。观众席和运动场地安全照明的平均水平照度不低于 20lx。相关标准参见本书第 5 章 5.6 节和 5.9 节。

2. 布灯形式及计算

体育馆体育照明采用场地四周光带布置方式，为了尽可能不破坏原有的建筑设计风格，同时又能够满足比赛场地照明需求，设置隐形马道，体育馆屋面设置一圈管廊隐藏在屋顶混凝土壳中，在管廊底部设置马道，在壳体下方留孔，制作支架将灯具伸入场地安装灯具，既解决了体育照明灯具的安装与调试，又解决了灯具运行与维护难的问题。体育馆照明设备及效果如图 16-6 所示。

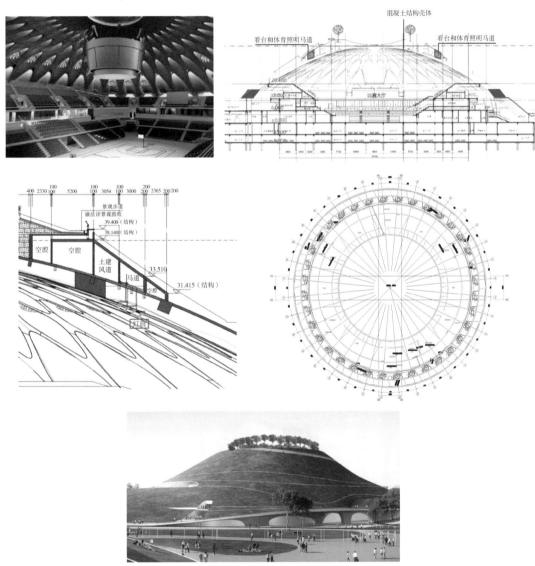

图 16-6　衢州体育中心体育馆

体育馆比赛场地照明选用 164 套 800W LED 专业体育照明灯具，观众席照明选用 28 套 350W LED 照明灯具，场地应急照明选用 12 套 350W LED 专业体育照明灯具。照度计算见表 16-2。

表 16-2 照度计算

Label	Units	Avg	Max	Min	Min/Avg	Min/Max	Chanel	Fixture #
篮球-水平	lux	4220	4709	3526	0.84	0.75	A，B	112
篮球-垂直主摄	lux	2233	2523	1743	0.78	0.69	A，B	112
篮球-垂直辅摄 1	lux	1424	1700	971	0.68	0.57	A，B	112
篮球-垂直辅摄 2	lux	1491	1780	989	0.66	0.56	A，B	112
篮球-垂直辅摄 3	lux	1424	1700	971	0.68	0.57	A，B	112
篮球-垂直辅摄 4	lux	1491	1780	989	0.66	0.56	A，B	112
体操-水平	lux	1922	2424	1349	0.70	0.56	A，C	100
体操-垂直主摄	lux	1061	1352	755	0.71	0.56	A，C	100
体操-垂直辅摄	lux	828	1091	522	0.63	0.48	A，C	100
观众席照明-VIP	lux	346	567	148	0.43	0.26	A，B，D	140
观众席照明-前排垂直	lux	224	859	38	0.17	0.04	A，B，D	140
观众席照明-水平	lux	269	1800	58	0.22	0.03	A，B，D	140
场地应急	lux	24	30	19	0.79	0.63	E	12
观众席应急	lux	23	40	9	0.39	0.23	E	12

场地照明光源色温为 5700K，一般显色指数为 90，LED 灯具功率因数大于 0.9，谐波电流总畸变率（THD$_i$）不大于 10%，频闪比小于 1%。

3. 配电及控制

（1）照明配电 该体育馆场地照明的负荷等级为一级负荷，符合《体育建筑电气设计规范》（JGJ 354—2014）规定。

本项目体育照明采用 2 路市电为体育照明供电，为 50% 体育照明预留临时发电机接驳条件。在举行国际重大赛事时，可根据赛事等级要求，接入临时备用发电机，作为 50% 的场地照明的主用电源，其余 50% 体育照明由双路市电供电。当双路市电故障时，仍有 50% 照度可以保证比赛及应急电视转播继续进行。主接线示意图和配电箱系统图可参见图 16-3、图 16-4。

（2）照明控制 场地照明采用智能照明控制系统，采用多进多出的形式，实现智能化开关控制，把所有灯具按健身和业余训练、业余比赛及专业训练、专业比赛、TV 转播国家比赛及国际比赛、HDTV 转播重大国家比赛及重大国际比赛要求等多种开关模式，以满足电视转播、比赛及训练、维护的照明要求。控制拓扑图如图 16-7 所示。

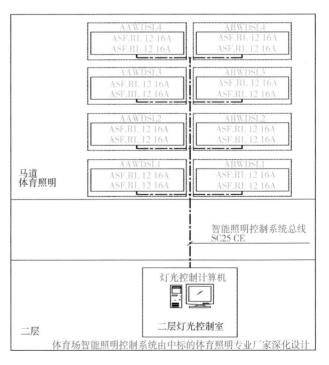

图 16-7 控制拓扑图

4. 接地形式

体育照明配电系统接地形式与建筑物供电系统一致，都采用 TN-S 系统。

16.2　福州清华附中三馆场地照明

16.2.1　项目简介

清华福州分校（包括小学、初中、高中）位于福州市三江口片区，占地约 337 亩，其中体育绿化用地 135 亩，除了基础的操场、篮球馆，还配备了游泳馆、跳水馆、冰球馆等运动场馆，如图 16-8、图 16-9 所示。

图 16-8　篮球馆外观　　　　　　　　图 16-9　游泳跳水馆外观

篮球馆为乙级中型体育建筑，设计使用年限为 50 年，无座席。总建筑面积为 4000m²，建筑高度 35m，建筑地上 2 层。

游泳、跳水馆也为乙级中型体育建筑，设计使用年限也为 50 年，座席 500 座。总建筑面积 5000m²，建筑高度 35m，建筑地上 2 层。

16.2.2　体育照明等级及设计依据

场地照明设计主要依据《体育场馆照明设计及检验标准》（JGJ 153—2016）篮球、体操、游泳、跳水等项目Ⅳ级——TV 转播要求，体育场馆场地照明设计主要指标有照度、照度均匀度、色温、显色指数、眩光指数等参数。竞赛前还需要第三方检测机构对场地照明指标进行检验认证。

因此，要求在设计阶段综合考虑各种因素，严格执行设计标准。具体技术指标可参考参见本书第 5.6 节、第 5.9 节和第 5.15 节。

16.2.3 灯具选择及布灯形式

体育场所用灯具及配光如图 16-10 所示。

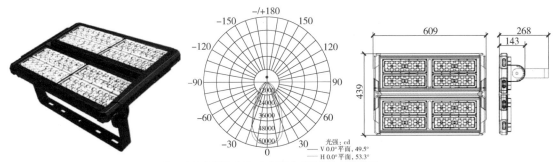

光强: cd
— V 0.0°平面, 49.5°
— H 0.0°平面, 53.3°

注: 配光曲线供参考, 不同规格其数值会略有不同。

图 16-10 所用灯具及配光

篮球馆采用 400W LED 投光灯 76 套用于篮球照明, 200W LED 投光灯 12 套用于安全应急照明, 200W LED 投光灯 48 套用于羽毛球场地照明, 满足 JGJ 153—2016 规定的 Ⅳ 级 TV 转播要求。

游泳、跳水馆选用 400W LED 投光灯 159 套用于游泳馆、跳水馆照明, 200W LED 投光灯 18 套用于安全应急照明, 200W LED 投光灯 11 套用于观众席照明, 满足 JGJ 153—2016 规定的 Ⅳ 级要求。

本项目的体育照明灯具由本书参编单位三雄极光提供。

1. 篮球馆布灯方式

篮球馆布灯方式如图 16-11 所示, 采用单马道长方形布置, 马道距地高度为 14m。

灯具布置在马道适当位置, 选择适当的灯具配光形式, 并合理调整灯具瞄准角, 可以较好地兼顾水平照度、垂直照度和照度均匀度, 并且可以有效控制眩光。

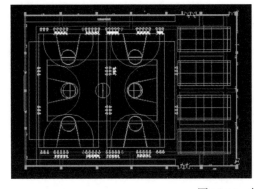

图 16-11 篮球馆布灯方式

2. 游泳跳水馆布灯方式

游泳跳水馆布灯方式如图 16-12 所示, 马道也采用单马道长方形布置, 高度也是 14m。灯具瞄准图如图 16-13 所示。

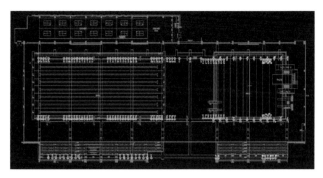

图 16-12　游泳跳水馆布灯方式

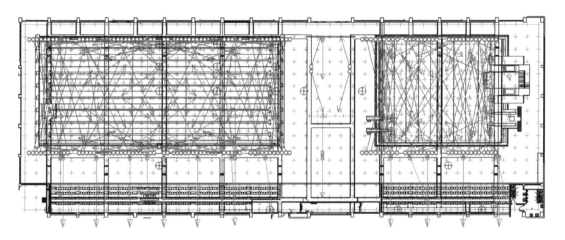

图 16-13　游泳跳水馆灯具瞄准图

16.2.4　计算结果

篮球馆场地照明计算值与标准值对比见表 16-3，符合标准的要求。

表 16-3　篮球馆场地照明计算值与标准值对比

等级	类型	E_h			E_{vmai}			E_{vaux}		
		lx	U_1	U_2	lx	U_1	U_2	lx	U_1	U_2
I	标准值	300	—	0.3	—	—	—	—	—	—
	计算值	333	—	0.5	—	—	—	—	—	—
II	标准值	500	0.4	0.6	—	—	—	—	—	—
	计算值	522	0.59	0.74	—	—	—	—	—	—
III	标准值	750	0.5	0.7	—	—	—	—	—	—
	计算值	809	0.84	0.93	—	—	—	—	—	—
IV	标准值	—	—	—	1000	0.4	0.6	750	0.3	0.5
	计算值	—	—	—	1335	0.45	0.62	790	0.59	0.85

其中，光源的 $R_a \geqslant 80$，$R_9 \geqslant 20$，$T_{cp} \geqslant 4000K$，$GR \leqslant 29.4$。

游泳馆场地照明计算值与标准值对比见表16-4，符合标准的要求。

表 16-4　游泳馆场地照明计算值与标准值对比

等级	类型	E_h			E_{vmai}			E_{vaux}		
		lx	U_1	U_2	lx	U_1	U_2	lx	U_1	U_2
应急模式	计算值	37.8	—	—	—	—	—	—	—	—
观众席	计算值	99	—	0.45	—	—	—	—	—	—
清扫模式	计算值	168	—	0.13	—	—	—	—	—	—
I	标准值	200	—	0.3	—	—	—	—	—	—
	计算值	225	—	0.48	—	—	—	—	—	—
II	标准值	300	0.3	0.5	—	—	—	—	—	—
	计算值	336	0.55	0.8	—	—	—	—	—	—
III	标准值	500	0.4	0.6	—	—	—	—	—	—
	计算值	519	0.6	0.78	—	—	—	—	—	—
IV	标准值	—	0.5	0.7	1000	0.4	0.6	750	0.3	0.5
	计算值	—	0.61	0.71	1005	0.64	0.73	808	0.37	0.56

其中，光源的 $R_a \geqslant 80$，$R_9 \geqslant 20$，$T_{cp} \geqslant 4000\mathrm{K}$。

跳水馆场地照明计算值与标准值对比见表16-5，符合标准的要求。

表 16-5　跳水馆场地照明计算值与标准值对比

等级	类型	E_h			E_{vmai}			E_{vaux}		
		lx	U_1	U_2	lx	U_1	U_2	lx	U_1	U_2
应急模式	计算值	37.8	—	—	—	—	—	—	—	—
观众席	计算值	99	—	0.45	—	—	—	—	—	—
清扫模式	计算值	168	—	0.13	—	—	—	—	—	—
I	标准值	200	—	0.3	—	—	—	—	—	—
	计算值	225	—	0.48	—	—	—	—	—	—
II	标准值	300	0.3	0.5	—	—	—	—	—	—
	计算值	336	0.55	0.8	—	—	—	—	—	—
III	标准值	500	0.4	0.6	—	—	—	—	—	—
	计算值	519	0.6	0.78	—	—	—	—	—	—
IV	标准值	—	0.5	0.7	1000	0.4	0.6	750	0.3	0.5
	计算值	—	0.61	0.71	1005	0.64	0.73	808	0.37	0.56

其中，光源的 $R_a \geqslant 80$，$R_9 \geqslant 20$，$T_{cp} \geqslant 4000\mathrm{K}$。

16.2.5　安装与测试

图16-14记录了三馆的安装与测试情况，尤其游泳、跳水测试具有一定难度。

图 16-14　安装及测试组图

16.3　济南万达文化体育旅游城冰篮球馆场地照明

16.3.1　工程简介

冰篮球馆是 CCDI 的优秀作品之一，位于济南市，东至纵一路，南临室外乐园，西至韩仓河绿化带，北至经十路，占地面积 23823m²，是甲级大型体育建筑，设有 10362 个座位，包含比赛场、训练场，地下 1 层，地上局部 5 层，建筑高度 35.67m，建筑面积 52294m²。

冰篮球馆可实现快速冰球、篮球之间的转场，其实就是将冰球比赛的板墙拆掉，然后覆盖"冰被"，再安装木地板的过程。篮球场转冰球场，就是一个相反的程序。冰篮球馆鸟瞰图如图 16-15 所示。

图 16-15　冰篮球馆鸟瞰图

16.3.2　体育照明等级及设计依据

冰篮球馆体育照明等级按 JGJ 153—2016 第Ⅳ级——TV 转播国家比赛、国际比赛设计，预留Ⅵ级——HDTV 转播重大国家比赛、重大国际比赛等级的安装条件。主席台面水平照度不低于 200lx，观众席最小水平照度不低于 50lx。观众席和运动场地安全照明的平均水平照度不低于 20lx。具体标准值参见本书第 5.6 节、5.24 节相关内容。

16.3.3　布灯形式及计算

冰篮球馆体育照明灯具采用场地上方沿马道环形布置方式，在比赛大厅上方环形设置两圈主马道，马道高度为 28.4m，所有灯具（包括场地照明灯具、观众席照明灯具和安全照明灯具）均布置在马道上。灯具布置图如图 16-16 所示。

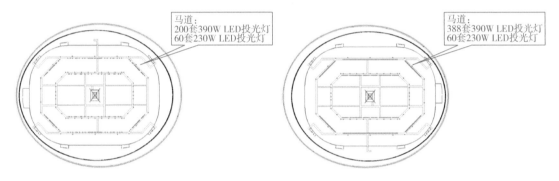

图 16-16　灯具布置图

冰篮球馆比赛场地照明设计Ⅵ级 388 套 390W LED 专业体育照明灯具，实际安装 200 套灯具，余下的预留套体育照明灯具安装条件。观众席照明选用 60 套 230W LED 照明灯具，场地应急照明选用 14 套 230W 和 4 套 390W LED 专业体育照明灯具。照度计算见表 16-6。

表 16-6　照度计算

计算	开关模式	类型	单位	平均值	最小值	最大值	最小值/平均值	最小值/最大值
主观众席后排单独照度	26	Horizontal Illuminance	lux	141	82	256	0.58	0.32
侧观众席前排单独照度	26	Horizontal Illuminance	lux	90.1	68.7	115.5	0.76	0.59
侧观众后排单独照度	26	Horizontal Illuminance	lux	155	90	255	0.58	0.35
场地应急照度	27	Horizontal Illuminance	lux	37.6	27.9	47.8	0.74	0.58
主观众席前排应急照度	27	Horizontal Illuminance	lux	55.1	40.8	83.0	0.74	0.49
主观众席后排应急照度	27	Horizontal Illuminance	lux	43.0	3.8	102.8	0.09	0.04
侧观众席前排应急照度	27	Horizontal Illuminance	lux	46.6	39.2	57.8	0.84	0.68
侧观众席后排应急照度	27	Horizontal Illuminance	lux	45.1	2.5	84.4	0.06	0.03
羽毛球 PA-Ⅵ级-Eh	5	Horizontal Illuminance	lux	3292	3003	3482	0.91	0.86

（续）

计算	开关模式	类型	单位	平均值	最小值	最大值	最小值/平均值	最小值/最大值
羽毛球 PA-Ⅵ级-Evmain	5	Illuminance→Aa	lux	2023	1850	2210	0.91	0.84
羽毛球 PA-Ⅵ级-Evx	5	Vertical Illuminance	lux	1552	1445	1789	0.93	0.81
羽毛球 PA-Ⅵ级-Evy	5	Vertical Illuminance	lux	1410	1292	1501	0.92	0.86
羽毛球 TA-Ⅵ级-Eh	5	Horizontal Illuminance	lux	3351	3003	3561	0.90	0.84
羽毛球 TA-Ⅵ级-Evmain	5	Illuminance→Aa	lux	2042	1813	2299	0.89	0.79
羽毛球 TA-Ⅵ级-Evx	5	Vertical Illuminance	lux	1556	1236	1896	0.79	0.65
羽毛球 TA-Ⅵ级-Evy	5	Vertical Illuminance	lux	1406	1284	1503	0.91	0.85
观众席前排垂直照度	1	Vertical Illuminance	lux	698	277	1568	0.40	0.18
篮排球Ⅵ级-Eh	4	Horizontal Illuminance	lux	3482	3154	3694	0.91	0.85
篮排球Ⅵ级-Evmain	4	Illuminance→Aa	lux	2040	1777	2410	0.87	0.74
篮排球Ⅵ级-Evx	4	Vertical Illuminance	lux	1548	1355	1694	0.88	0.80
篮排球Ⅵ级-Evy	4	Vertical Illuminance	lux	1445	1197	1698	0.83	0.71
冰球Ⅵ级-Eh	1	Horizontal Illuminance	lux	3805	3151	4672	0.83	0.67
冰球Ⅵ级-Evmain	1	Illuminance→Aa	lux	2087	1811	2342	0.87	0.77
冰球Ⅵ级-Evx	1	Vertical Illuminance	lux	1617	1223	1912	0.76	0.64
冰球Ⅵ级-Evy	1	Vertical Illuminance	lux	1545	1087	2071	0.70	0.52
体操Ⅵ级-Eh	2	Horizontal Illuminance	lux	3754	3104	4123	0.83	0.75
体操Ⅵ级-Evmain	2	Illuminance→Aa	lux	2074	1816	2326	0.88	0.78
体操Ⅵ级-Evx	2	Vertical Illuminance	lux	1626	1301	1881	0.80	0.69
体操Ⅵ级-Evy	2	Vertical Illuminance	lux	1559	1172	1915	0.75	0.61
手球Ⅵ级-Eh	3	Horizontal Illuminance	lux	3496	2910	3885	0.83	0.75
手球Ⅵ级-Evmain	3	Illuminance→Aa	lux	2011	1687	2178	0.84	0.77
手球Ⅵ级-Evx	3	Vertical Illuminance	lux	1561	1132	1756	0.72	0.64
手球Ⅵ级-Evy	3	Vertical Illuminance	lux	1497	1170	1759	0.78	0.67
冰球Ⅳ级-Eh	6	Horizontal Illuminance	lux	1895	1475	2299	0.78	0.64
冰球Ⅳ级-Evmain	6	Illuminance→Aa	lux	1037	691	1629	0.67	0.42
冰球Ⅳ级-Evx	6	Vertical Illuminance	lux	809	476	1140	0.59	0.42
冰球Ⅳ级-Evy	6	Vertical Illuminance	lux	767	530	973	0.69	0.54
篮球Ⅳ级-Eh	18	Horizontal Illuminance	lux	1923	1651	2201	0.86	0.75
篮球Ⅳ级-Evmain	18	Illuminance→Aa	lux	1110	758	1527	0.68	0.50
篮球Ⅳ级-Evx	18	Vertical Illuminance	lux	831	610	1045	0.73	0.58
篮球Ⅳ级-Evy	18	Vertical Illuminance	lux	757	584	997	0.77	0.59
羽毛球 PA-Ⅳ级-Eh	22	Horizontal Illuminance	lux	1815	1602	1930	0.88	0.83
羽毛球 PA-Ⅳ级-Evmain	22	Illuminance→Aa	lux	1079	975	1196	0.90	0.82
羽毛球 PA-Ⅳ级-Evx	22	Vertical Illuminance	lux	820	722	950	0.88	0.76

（续）

计算	开关模式	类型	单位	平均值	最小值	最大值	最小值/平均值	最小值/最大值
羽毛球 PA-Ⅳ级-Evy	22	Vertical Illuminance	lux	765	642	875	0.84	0.73
羽毛球 TA-Ⅳ级-Eh	22	Horizontal Illuminance	lux	1839	1604	2059	0.87	0.78
羽毛球 TA-Ⅳ级-Evmain	22	Illuminance→Aa	lux	1074	871	1390	0.81	0.63
羽毛球 TA-Ⅳ级-Evx	22	Vertical Illuminance	lux	810	573	962	0.71	0.60
羽毛球 TA-Ⅳ级-Evy	22	Vertical Illuminance	lux	757	554	950	0.73	0.58
体操Ⅳ级-Eh	10	Horizontal Illuminance	lux	1873	1439	2179	0.77	0.66
体操Ⅳ级-Evmain	10	Illuminance→Aa	lux	1038	746	1370	0.72	0.54
体操Ⅳ级-Evx	10	Vertical Illuminance	lux	820	554	1032	0.67	0.54
体操Ⅳ级-Evy	10	Vertical Illuminance	lux	788	575	1074	0.73	0.54
手球Ⅳ级-Eh	14	Horizontal Illuminance	lux	1756	1350	2040	0.77	0.66
手球Ⅳ级-Evmain	14	Illuminance→Aa	lux	1025	694	1273	0.68	0.55
手球Ⅳ级-Evx	14	Vertical Illuminance	lux	794	518	971	0.65	0.53
手球Ⅳ级-Evy	14	Vertical Illuminance	lux	756	476	1044	0.63	0.46

场地照明光源色温为 5700K，一般显色指数为 90，LED 灯具功率因数大于 0.9，谐波电流总畸变率（THD_i）不大于 10%，频闪比小于 1%。

16.3.4 配电及控制

场地照明的负荷等级为一级负荷，符合《民用建筑电气设计标准》（GB 51348—2019）和《体育建筑电气设计规范》（JGJ 354—2014）的规定。

与衢州体育中心类似，本项目体育照明采用 2 路市电为体育照明供电，为 50% 体育照明预留临时发电机接驳条件。主接线示意图参见图 16-3，配电箱系统图见图 16-4。

智能照明控制系统采用 DMX512 调光协议，也是比较成熟而又常用的系统，在此不必赘述！

16.3.5 接地形式

体育照明配电系统接地形式与建筑物供电系统一致，均采用 TN-S 系统。

16.4 梅州市曾宪梓体育场场地照明

梅州市曾宪梓体育场位于广东省梅州市梅县区新城，占地面积约 32000m²，建筑面积约 4600m²，标准座位数约 20000 个，内含国际标准足球场和田径场，室外与文体中心相连，有篮球场、羽毛球场等体育健身设施，面积约 7000m²，是梅州市现今功能最完善、设施最先进的体育场。

此体育场原来使用 2000W 金卤灯，大部分灯具无法点亮，照度衰减严重，无法满足举办大型赛事要求，通过按原灯位更换之后，场地水平照度达到 2000lx，均匀度 $U_1 > 0.7$，$U_2 > 0.8$，主摄像机垂直照度 1200lx 以上，场地照明效果达到了中超联赛标准，如图 16-17、图 16-18 所示。

图 16-17　改造前灯光效果

图 16-18　改造后灯光效果

项目改造前，场地照明使用传统的金卤灯，耗电量大，照度低，均匀度差，光衰严重，眩光大，满足不了大型比赛电视转播要求。

项目改造后，安装功率降低 25%，用电量等比例降低，而照明水平大大提高，满足电视转播中超比赛要求。主要技术参数见表 16-7。

表 16-7　梅州市曾宪梓体育场主要技术参数

单灯功率/W	1500
照明等级	Ⅳ
使用灯具数量/套	216
布灯方式	灯杆
灯杆高度/m	4 根 45

本项目所采用的灯具技术参数参见本书附录 A.4。

16.5　云南玉溪高原体育运动中心体育场场地照明

云南玉溪高原体育运动中心主体育场建筑面积 47984.69m² （含副场），建筑高度 45m，可容纳观众 13000 人，为小型体育建筑，如图 16-19 所示。

钢结构屋盖采用半椭球形桁架膜结构，跨度 197m。比赛场地按照举办国际赛事的标准设计。主体育场可供田径及足球等赛事使用，满足国内 Ⅳ 级标准要求，预留升级到国际单项赛事标准的条件。

本书参编单位的华夏北斗星为该项目提供了专业 LED 体育照

图 16-19　玉溪高原体育中心主体育场

明系统，该场馆严格按标准进行设计、施工，体育场垂直照度达到 1000lx，满足我国 Ⅳ 级——TV 转播国家比赛、国际比赛要求，该项目承办了云南省第十六届运动会。

体育场主要技术参数见表 16-8。

表 16-8　云南玉溪高原体育运动中心体育场主要技术参数

灯具功率/W	1200
照明等级	Ⅳ
使用灯具数量/套	196
布灯方式	马道布灯
安装高度/m	20～35

本项目所采用的灯具技术参数参见本书附录 A.4。

16.6　咸阳奥体中心体育场体育照明

16.6.1　工程简介

咸阳奥体中心体育场也是 CCDI 的设计作品，位于陕西省大西安（咸阳）文体功能区，规划控制用地 1059 亩，一期体育场建设用地 300 亩，旁边配备一个人工湖和火炬台。咸阳奥体中心体育场位于咸阳北塬一路以北、南湖以西、平福大道东侧、秦都区双照镇境内，是咸阳的一个集体育比赛、全民健身、体育用品集散、户外装备配备配送为一体的国际化、地标性文化体育休闲中心，具备承担国际国内单项比赛和国内综合性运动会的能力。该体育场是 2018 年陕西省省运会的主场馆，也是 2021 年陕西省举办第十四届全运会的场馆之一。

该项目为甲级大型体育场，设计使用年限 50 年，座席数 40000 座，总建筑面积 71646m²，建筑高度 50m，地上 4 层，停车数为 850 辆，如图 16-20 所示。

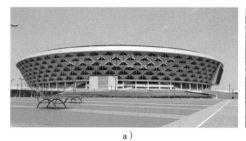

a)   b)

图 16-20　咸阳奥体中心体育场

a) 外景　b) 内景

16.6.2　体育照明等级及设计依据

咸阳奥体中心体育场按《体育场馆照明设计及检测标准》（JGJ 153—2016）的Ⅵ级标准设计、建设，即主摄像机方向上的平均垂直照度≥2000lx，辅摄像机（场地四个方向）的平均垂直照度≥1400lx。主席台面的平均水平照度值大于200lx，观众席的最小水平照度值大于50lx。观众席和运动场地安全照明的平均水平照度值大于20lx。详细标准值参见本书第5章。

16.6.3　灯具型号、规格及数量

咸阳奥体中心体育场采用本书参编单位三雄极光产品，PAK-L07-2KOA-AA-LJ 2000W 金卤灯 428 套用于场地照明，PAK-L78-1K0A-AD 1000W 的应急卤钨灯 136 套用于安全照明，PAK-L07-400L-AE-LJ 400W 金卤灯 116 套用于观众席照明，外观如图 16-21 所示。

a)   b)   c)

图 16-21　所用灯具外观

a) PAK-L07-2KOA-AA-LJ　b) PAK-L78-1KOA-AD　c) PAK-L07-400L-AE-LJ

16.6.4　布灯形式

体育场设有内外两圈环形马道，高度为49m，比赛灯具采用光带布置方式。考虑到体育场的多功能性、特殊性、复杂性、多变性等因素，灯具的安装位置经过计算分布于马道上，在满足相关照明要求的前提下，保证最佳的照明效果，如图 16-22 和图 16-23 所示，马道细节如图 16-24 所示。

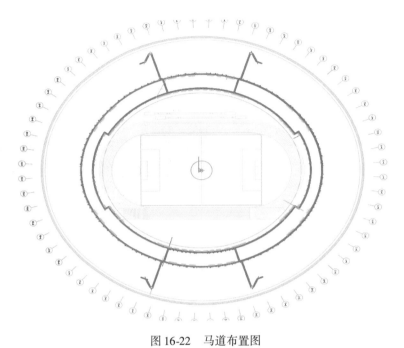

图 16-22   马道布置图

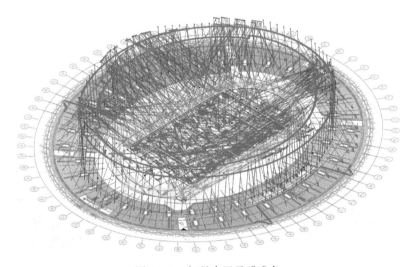

图 16-23   灯具布置及瞄准角

图 16-24   马道细节

16.6.5 计算结果

咸阳奥体中心体育场场地照明计算值与标准值对比见表 16-9。

表 16-9 咸阳奥体中心体育场场地照明计算值与标准值对比

等级	类型	E_h			E_{vmai}			E_{vaux}			GR
		lx	U_1	U_2	lx	U_1	U_2	lx	U_1	U_2	
I	标准值	200	—	0.3	—	—	—	—	—	—	55
	计算值	220	—	0.45	—	—	—	—	—	—	42.3
II	标准值	300	—	0.5	—	—	—	—	—	—	50
	计算值	327	—	0.53	—	—	—	—	—	—	42.3
III	标准值	500	0.4	0.6	—	—	—	—	—	—	50
	计算值	569	0.43	0.6	—	—	—	—	—	—	42.3
IV	标准值	—	0.5	0.7	1000	0.4	0.6	750	0.3	0.5	50
	计算值	—	0.66	0.8	1221	0.62	0.76	1034	0.6	0.79	42.3
V	标准值	—	0.6	0.8	1400	0.5	0.7	1000	0.3	0.5	50
	计算值	—	0.69	0.8	1774	0.59	0.73	1264	0.5	0.7	42.3
VI	标准值	—	0.7	0.8	2000	0.6	0.7	1400	0.4	0.6	50
	计算值	—	0.8	0.9	2613	0.6	0.7	1787	0.6	0.7	42.3

其中，光源的 $R_a = 91$，$T_{cp} = 5700\text{K}$。

16.6.6 其他

安装后场地照明的调试及测试如图 16-25 所示。

图 16-25 场地照明的调试及测试组图

陕西省第十六届运动会成功在咸阳奥体中心体育场举行，场地照明效果良好，经历了大型运动会的检验，圆满完成相关赛事任务，场地照明系统运行平稳、安全，受到参赛运动员的一致称赞和相关各方的高度肯定。

16.7 汕头正大体育馆照明

16.7.1 工程简介

正大体育馆位于汕头市东部城市经济带，占地面积 62.2 亩，总建筑面积 15000m²，正大体育馆主馆是亚青会羽毛球比赛的主场馆，主体结构 4 层，底层主体为正方形，二层以上呈八角形，建筑物中央为比赛场地，南北两侧为观众席，东西两侧除前面设部分观众席外，后面的四层为辅助用房如图 16-26 所示。

该项目为乙级中型体育馆，设计年限 50 年，拥有 3900 个座席，建筑高度 50m，地上 4 层，停车数 350 辆。

图 16-26　正大体育馆外景

16.7.2 体育照明等级及设计依据

体育馆场地照明设计依据《体育场馆照明设计及检验标准》（JGJ 153—2016）及《体育照明使用要求及检验方法第 2 部分：综合体育馆》（TY/T 1002.2—2009）。具体技术指标为 JGJ 153—2016 篮球Ⅳ级——满足 TV 转播要求，即 $E_{vmai} \geq 1000lx$，$E_{vaux} \geq 750lx$，$R_a \geq 80$，$T_{cp} \geq 4000K$，$GR \leq 30$，详细要求参见本书第 5 章 5.6 节。

16.7.3 布灯形式

灯具布置在马道适当位置，马道采用长方形布置，高度 17m。采用 600W LED 投光灯 60 套，400W 的 LED 投光灯 8 套，照明控制采用 DMX512 控制系统，如图 16-27 ~ 图 16-29 所示。

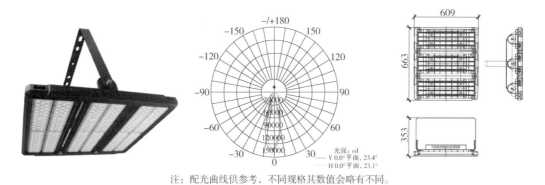

注：配光曲线供参考，不同规格其数值会略有不同。

图 16-27　所选用的灯具

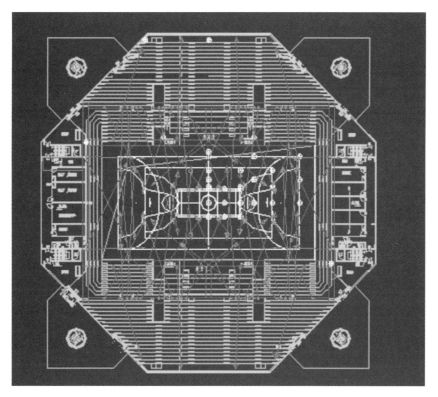

图 16-28　马道布置图

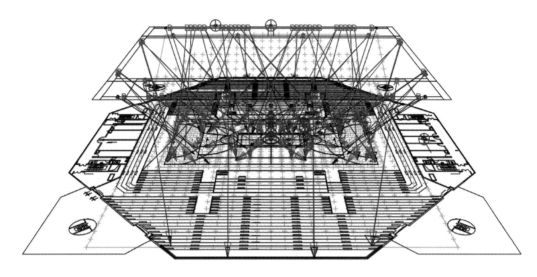

图 16-29 灯具瞄准角

16.7.4 照明计算

经专业软件计算，得出本项目场地照明的计算结果，见表 16-10。

表 16-10 场地照明的计算结果

等级	类型	E_h			E_{vmai}			E_{vaux}		
		lx	U_1	U_2	lx	U_1	U_2	lx	U_1	U_2
I	标准值	300	—	0.3	—	—	—	—	—	—
	计算值	313	—	0.82	—	—	—	—	—	—
II	标准值	500	0.4	0.6	—	—	—	—	—	—
	计算值	586	0.74	0.83	—	—	—	—	—	—
III	标准值	750	0.5	0.7	—	—	—	—	—	—
	计算值	776	0.89	0.74	—	—	—	—	—	—
IV	标准值	—	—	—	1000	0.4	0.6	750	0.3	0.5
	计算值	—	—	—	1202	0.53	0.67	753	0.61	0.81

其中，光源的 $R_a \geqslant 80$，$R_9 \geqslant 20$，$T_{cp} \geqslant 4000\mathrm{K}$，$GR \leqslant 29$。

16.7.5 配电系统

场地照明配电系统如图 16-30 所示，供大家参考！

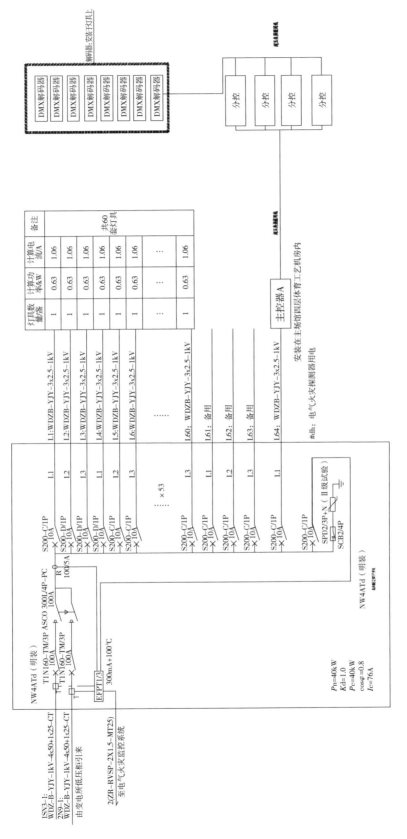

图16-30　场地照明配电系统

16.7.6 现场安装及测试

图 16-31 为该项目安装、调试的情况，供参考！

图 16-31　安装、调试组图

16.8　武夷新区体育中心体育场照明

武夷新区体育中心位于建阳西区生态城北侧、武夷新区城市核心区南端，占地面积 435 亩，总建筑面积 165912.91m²，主要由体育场、综合体育馆及配套用房组成，是福建省第十七届省运会主场馆，如图 16-32 所示。

体育场为中型甲级体育场，占地面积 49742m²，高 40m，可容纳 2.5 万人。

图 16-32　武夷新区体育中心全貌

16.8.1　设计依据

体育场的体育照明设计满足《体育场馆照明设计及检测标准》（JGJ 153—2016）中所规定的足球Ⅴ级及田径Ⅳ级的要求，参见本书第 5.1 节和 5.2 节。同时观众席前 12 排和主席台面向场地方向的平均垂直照度不低于比赛场地主摄像机方向平均垂直照度的 10%，主席台面的平均水平照度值不低于 200lx，观众席最小水平照度不低于 50lx。观众席和运动场地安全照明的平均水平照度不低于 20lx。

16.8.2　布灯方式

体育场比赛照明采用 286 套 1600W 大功率 LED 灯具，沿周圈式马道安装，安装位置避开球门线中点 ±15° 范围布灯敏感区。马道高度 37m，每个瞄准点至少来自三个方向照明光线。

为保证最优的灯光效果，减少眩光，设计上严格避开眩光区的同时，也采用了眩光更小的一体化光学的 LED 灯具，如图 16-33 所示。

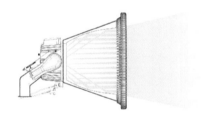

图 16-33　LED 灯具

该灯具 LED 光源后置，光束经高精度纯铝反射器混光后，透过微镜头光学玻璃发出。因无反差式眩光，整体光束更均匀、更柔和。灯具布置图如图 16-34 所示。

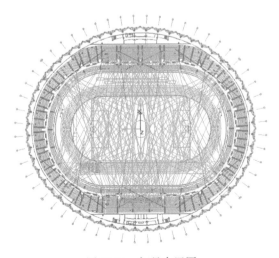

图 16-34　灯具布置图

16.8.3 检测结论

体育照明系统安装、调试后，实测值与标准值对比见表 16-11。

表 16-11　实测值与标准值对比

参数		实测值	标准值	判定
主摄像机垂直照度	平均照度值/lx	2076	1400	合格
	均匀度 U_1	0.5	0.5	合格
	均匀度 U_2	0.73	0.7	合格
辅摄像机垂直照度	平均照度值/lx	1036	1000	合格
	均匀度 U_1	0.34	0.3	合格
	均匀度 U_2	0.53	0.5	合格
光源色度参数	一般显色指数 R_a	82.4	80	合格
	特殊显色指数 R_9	15.7	0	合格
	相关色温 T_{cp}/K	5554	5500	合格
眩光	GR	40	50	合格

16.8.4 配电及控制

体育场体育照明电源引自 el1/el2 两个变压器，满足一级负荷供电要求。体育照明配电柜分别位于东西两侧的灯控室内，采用 TN-S 配电系统。

控制系统采用本书参编单位赛倍明（Sportsbeams）研发的、具有自主知识产权的 Intellibeams 智能照明管理系统，该系统基于 Ethernet 以太网协议对整个灯光控制系统进行实时监测和控制。每盏灯具都配置独立的 DSP 数字处理芯片和温度传感器，且分配唯一 IP 地址，使得每个灯具都是一个智能终端，可实现如下功能：

1）开、关灯和单灯无极调光。

2）一键场景切换。

3）统计分析、日志。

4）音乐灯光秀。

除实现以上常规的控制模式外，软件还可以实时监测 LED 芯片的工作状态，当异常情况造成超温时，灯具能够实现自我保护，自动降低灯具功率或关闭灯具。避免由高温引起的灯具损坏或火灾等其他高温安全隐患，而且延长了灯具的寿命。

体育场体育照明建成后的实景照片如图 16-35 所示。

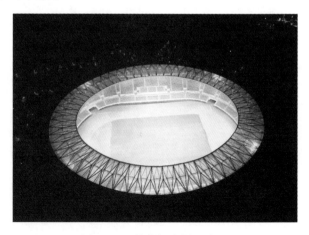

图 16-35　体育场实景照片

附　录

附录 A　体育场馆常用体育照明设备选编

A.1　Musco 主要灯具

Musco 是世界著名的体育照明专业公司，其产品行销世界各地，为国际上顶级体育建筑和顶级赛事提供了优秀的体育照明系统，其部分 LED 体育照明产品的技术参数见表 A-1。

表 A-1　Musco 采用的 LED 体育照明产品的技术参数

序号	型号	功率 W	光通量 lm	光效 lm/W	灯具效率 %	额定电压 V	额定电流 A	相关色温 K	显色性 R_a	R_9	TLCI	频闪比 %	可选调光范围 %	启动冲击电流 A	驱动电源灯带灯具数量 盏	寿命 h	质量 kg	长×宽×厚 mm	外形图 图 A-1	接线方案图 图 A-2
1		1430	160000	112					75，最小 70		—									
2	TLC-LED-1500	1430	147200	103	95	220/380	8.06/4.67	5700	≥80	≤63.8	≥66	<1	0~100	<40256μs	1	>120000	30	660×686×559	a	a
3		1430	131200	92					90		≥75									
4		1430	121600	85					≥90		≥90									
5		1400	147000	105					75，最小 70		—									
6	TLC-LED-1400NB	1400	135240	97	95	220/380	7.42/4.3	5700	≥80	≤63.8	≥66	<1	0~100	<40256μs	1	>120000	48	φ660	a	a
7		1400	120540	86					90		≥75									
8		1400	111720	80					≥90		≥90									

序号	型号																			
9	TLC-LED-1200	1170	136000	116	95	220/380	6.6/3.82	5700	75，最小70	—	≤63.8	<1	0~100	<40256μs	1	>120000	20	660×610×483	a	a
10		1170	125120	107					≥80		≥66									
11		1170	111520	95					90		≥75									
12		1170	103360	88					≥90		≥90									
13	TLC-LED-900	890	89600	101	95	220/380	5.0/2.9	5700	75，最小70	—	≤63.8	<1	0~100	<40256μs	1	>120000	18	660×546×305	a	a
14		890	82432	93					≥80		≥66									
15		890	68096	77					≥90		≥90									
16	TLC-LED-600	580	65600	113	95	220/380	3.22/1.86	5700	75，最小70	—	≤63.8	<1	0~100	<40256μs	2	>120000	18	660×546×305	b	b
17		580	60352	104					≥80		≥66									
18		580	49856	86					≥90		≥90									
19	TLC-LED-400	400	46500	116	95	220/380	2.18/1.27	5700	75，最小70	—	≤63.8	<1	0~100	<40256μs	2	>120000	18	660×546×305	b	b
20		400	42780	107					≥80		≥66									
21		400	35340	88					≥90		≥90									

注：1. 额定功率包括驱动电源功率。
2. 工作电流已计入 0.90 的功率因数。
3. 灯具自带熔断器，熔体额定值为 15A。如果采用单相电源，则中性线不设断路器和熔断器。
4. 本系列灯具防撞等级为 IK07，灯具本体防护等级为 IP65，电气箱防护等级为 IP54。
5. 最高环境温度为 50℃，最大风速为 67m/s。

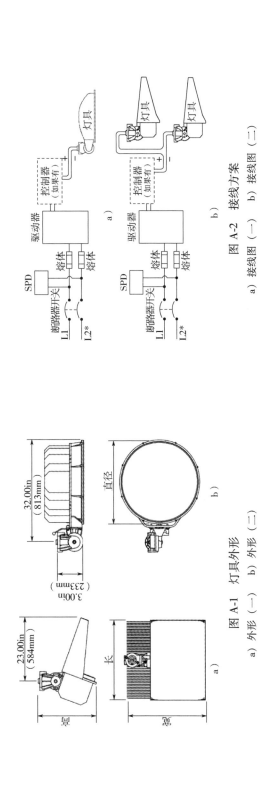

图 A-1　灯具外形
a) 外形（一）　b) 外形（二）

图 A-2　接线方案
a) 接线图（一）　b) 接线图（二）

A.2　哈勃照明灯具

哈勃照明是一家美国企业，有丰富的照明产品线，其部分 LED 体育照明产品的技术参数见表 A-2。

表 A-2　哈勃 LED 体育照明产品的技术参数

型号	功率	光通量	光效	灯具效率	额定电压	相关色温	显色性 R_a	显色性 R_9	频闪比	可选调光范围	驱动电源带灯具数量	防撞等级 IK	灯具防护等级 IP	电气箱防护等级 IP	寿命	质量	长×宽×厚	外形
	W	lm	lm/W	%	V	K			%	%	盏				h	kg	mm	
VFS 1500W	1500	168200	>112	95	220 或 380	5700	70	>20	<1	0~100	1	8	66	66	>100000	29.5	φ650	圆形
	1500	156000	>104				80							66		29.5	φ650	
	1500	136615	>91				90							66		29.5	φ650	
Matrix-600W	600	74430	>124				70							/		39.1	754×635×101	长方形
	600	72080	>119.3				80							/		39.1	754×635×101	
	600	57020	>95				90							/		39.1	754×635×101	

注：Matrix-600W 是一体化灯具，包含驱动电源；VFS 1500W 驱动电源为分体的，表中质量不包括驱动电源。

A.3　三雄极光主要灯具

　　三雄极光体育照明产品比较全，最大功率可达 1500W，并有多种配光可供选择。主要 LED 投光灯光参数见表 A-3，电气及其他技术参数如表 A-4。

表 A-3　三雄极光主要 LED 投光灯光参数

型号	产品描述	功率 W	光通量 lm	光效 lm/W	灯具效率 %	额定电压 V	额定电流 A	相关色温 K	显色性 R_a	显色性 R_9	TLCI	频闪比 %	可选调光范围 %
PAK475602	500W 10°	500	65000	125/130/130	88	AC220	2.4	3000/4000/5700	80	<0	≥60	<3.2	0~100
PAK475603	500W 25°	500	65000	125/130/130	88	AC220	2.4	3000/4000/5700	80	<0	≥60	<3.2	0~100
PAK475605	500W 45°	500	65000	125/130/130	88	AC220	2.4	3000/4000/5700	80	<0	≥60	<3.2	0~100
PAK475606	500W 60°	500	65000	125/130/130	88	AC220	2.4	3000/4000/5700	80	<0	≥60	<3.2	0~100
PAK475607	750W 10°	750	97500	125/130/130	88	AC220	3.6	3000/4000/5700	80	<0	≥60	<3.2	0~100
PAK475608	750W 25°	750	97500	125/130/130	88	AC220	3.6	3000/4000/5700	80	<0	≥60	<3.2	0~100
PAK475610	750W 45°	750	97500	125/130/130	88	AC220	3.6	3000/4000/5700	80	<0	≥60	<3.2	0~100
PAK475611	750W 60°	750	97500	125/130/130	88	AC220	3.6	3000/4000/5700	80	<0	≥60	<3.2	0~100
PAK475612	1000W 10°	1000	130000	125/130/130	88	AC220	4.8	3000/4000/5700	80	<0	≥60	<3.2	0~100

（续）

型号	产品描述	功率 W	光通量 lm	光效 lm/W	灯具效率 %	额定电压 V	额定电流 A	相关色温 K	显色性			频闪比 %	可选调光范围 %
									R_a	R_9	TLCI		
PAK475613	1000W 25°	1000	130000	125/130/130	88	AC220	4.8	3000/4000/5700	80	<0	≥60	<3.2	0~100
PAK475615	1000W 45°	1000	130000	125/130/130	88	AC220	4.8	3000/4000/5700	80	<0	≥60	<3.2	0~100
PAK475616	1000W 60°	1000	130000	125/130/130	88	AC220	4.8	3000/4000/5700	80	<0	≥60	<3.2	0~100
PAK475617	1250W 10°	1250	162500	125/130/130	88	AC220	6.0	3000/4000/5700	80	<0	≥60	<3.2	0~100
PAK475618	1250W 25°	1250	162500	125/130/130	88	AC220	6.0	3000/4000/5700	80	<0	≥60	<3.2	0~100
PAK475620	1250W 45°	1250	162500	125/130/130	88	AC220	6.0	3000/4000/5700	80	<0	≥60	<3.2	0~100
PAK475621	1250W 60°	1250	162500	125/130/130	88	AC220	6.0	3000/4000/5700	80	<0	≥60	<3.2	0~100
PAK475622	1500W 10°	1500	195000	125/130/130	88	AC220	7.2	3000/4000/5700	80	<0	≥60	<3.2	0~100
PAK475623	1500W 25°	1500	195000	125/130/130	88	AC220	7.2	3000/4000/5700	80	<0	≥60	<3.2	0~100
PAK475625	1500W 45°	1500	195000	125/130/130	88	AC220	7.2	3000/4000/5700	80	<0	≥60	<3.2	0~100
PAK475626	1500W 60°	1500	195000	125/130/130	88	AC220	7.2	3000/4000/5700	80	<0	≥60	<3.2	0~100

表 A-4 三雄极光主要 LED 投光灯电气及其他技术参数

型号	产品描述		启动冲击电流	驱动电源带灯具数量	防撞等级	灯具防护等级	电气箱防护等级	最大风速	最高环境温度	寿命	质量	长×宽×厚	外形
			A	盏	IK	IP	IP	m/s	℃	h	kg	mm	
PAK475602	500W	10°	85	1	IK08	IP66	IP66	52	45℃	50000	12.8	625×175×395	方形
PAK475603	500W	25°	85	1	IK08	IP66	IP66	52	45℃	50000	12.8	625×175×395	方形
PAK475605	500W	45°	85	1	IK08	IP66	IP66	52	45℃	50000	12.8	625×175×395	方形
PAK475606	500W	60°	85	1	IK08	IP66	IP66	52	45℃	50000	12.8	625×175×395	方形
PAK475607	750W	10°	85	1	IK08	IP66	IP66	52	45℃	50000	17.2	625×175×535	方形
PAK475608	750W	25°	85	1	IK08	IP66	IP66	52	45℃	50000	17.2	625×175×535	方形
PAK475610	750W	45°	85	1	IK08	IP66	IP66	52	45℃	50000	17.2	625×175×535	方形
PAK475611	750W	60°	85	1	IK08	IP66	IP66	52	45℃	50000	17.2	625×175×535	方形
PAK475612	1000W	10°	85	1	IK08	IP66	IP66	52	45℃	50000	22	625×175×676	方形
PAK475613	1000W	25°	85	1	IK08	IP66	IP66	52	45℃	50000	22	625×175×676	方形
PAK475615	1000W	45°	85	1	IK08	IP66	IP66	52	45℃	50000	22	625×175×676	方形
PAK475616	1000W	60°	85	1	IK08	IP66	IP66	52	45℃	50000	22	625×175×676	方形
PAK475617	1250W	10°	85	1	IK08	IP66	IP66	52	45℃	50000	26.5	625×175×816	方形
PAK475618	1250W	25°	85	1	IK08	IP66	IP66	52	45℃	50000	26.5	625×175×816	方形
PAK475620	1250W	45°	85	1	IK08	IP66	IP66	52	45℃	50000	26.5	625×175×816	方形
PAK475621	1250W	60°	85	1	IK08	IP66	IP66	52	45℃	50000	26.5	625×175×816	方形
PAK475622	1500W	10°	85	1	IK08	IP66	IP66	52	45℃	50000	31	625×175×956	方形
PAK475623	1500W	25°	85	1	IK08	IP66	IP66	52	45℃	50000	31	625×175×956	方形
PAK475625	1500W	45°	85	1	IK08	IP66	IP66	52	45℃	50000	31	625×175×956	方形
PAK475626	1500W	60°	85	1	IK08	IP66	IP66	52	45℃	50000	31	625×175×956	方形

注: 1. 灯具有黑色和银灰色，其他颜色可定制。
2. 光束角为 50% 最大光强的夹角。
3. 光效栏中 "/" 数据与色温栏相对应。

A.4 广东北斗星主要灯具

广东北斗星研发的 LED 体育照明系统包括灯体、高效节能恒流恒压恒隔离型驱动电源、智能照明控制系统、电气箱、3D 安装支架等。北斗星主要灯具光参数见表 A-5，电气及其他技术参数见表 A-6。

表 A-5　北斗星主要灯具光参数

技术参数 型号	功率 W	光通量 lm	光效 lm/W	灯具效率 %	额定电压 V	额定电流 (@220V) A	相关色温 K	显色性 R_a	R_9	TLCI	频闪比 %	可选调光范围 %
BDX-1500U	1500	180000	120	93	120~480	6.55	5700	>90	>20	>80	1.6	0~100
LK-500B	500	80000	160	95	100~240	2.18	5700	>80	>0	>70	1.64	0~100
BDX-GM280-D	280	30800	110	90	100~240	1.18	5700	>80	>0	>70	1.58	0~100

表 A-6　电气及其他技术参数

技术参数 型号	启动冲击电流 A	驱动电源带灯具数量 盏	熔断器额定值 A	防撞等级 IK	灯具防护等级 IP	电气箱防护等级 IP	最大风速 m/s	最高环境温度 ℃	寿命 h	质量 (不含驱动) kg	长×宽×厚 mm
BDX-1500U	17	1	16A	08	67	54	42	50	>140000	30	651×478×743
LK-500B	26	1	5A	08	67	54	42	50	>100000	14	603×390×645
BDX-GM280-D	27	1	4A	08	67	54	42	50	>100000	13.5	682×323×290

灯具外形尺寸如图 A-3 所示。

灯具 BDX-500 配光曲线如图 A-4 所示。

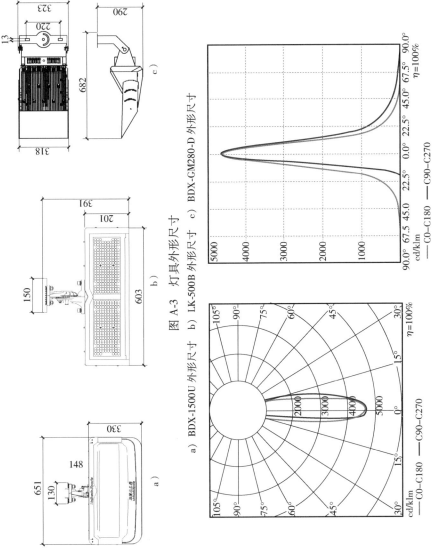

图 A-3 灯具外形尺寸

a) BDX-1500U 外形尺寸 b) LK-500B 外形尺寸 c) BDX-GM280-D 外形尺寸

图 A-4 灯具 BDX-500 配光曲线

A.5 赛倍明主要灯具

赛倍明体育照明主要灯具光参数见表 A-7，电气及其他技术参数见表 A-8，灯具外观如图 A-5 所示。

表 A-7　赛管明体育照明主要灯具光参数

序号	型号	功率 W	光通量 lm	光效 lm/W	灯具效率 %	额定电压 V	额定电流 A	相关色温 K	显色性 R_a	显色性 R_9	显色性 TLCI	频闪比 %	可选调光范围 %
1	S1500 Mono	1500	162000~196500	108~131		277~500	3~5.4						
2	S1500 Chroma	1500						2200~6000	70~90	0~65	>85	<1	0~100
3	S800 Mono	800	84800~102400	106~128	≥0.95	177~305 或 320~525	1.5~4.5						
4	S800 Chroma	800											
5	S600	550	57750~70400	105~128			2~6						
6	S350 Mono	350	38150~47250	109~135		100~300	1.2~3.5						
7	S350 Chroma	350											

表 A-8　电气及其他技术参数

序号	型号	启动冲击电流 A	驱动电源带灯具数量 盏	防暴等级 IK	灯具防护等级 IP	电气箱防护等级 IP	最大风速 m/s	最高环境温度 ℃	寿命 h	质量 kg	长×宽×厚 mm	接线方案 I类灯具
1	S1500 Mono	53	1	IK08	IP66	≥IP66	55	50	≥100000	≤40	562×572×775	相线、中性线、PE
2	S1500 Chroma	53								≤40		
3	S800 Mono	45								≤30	533×826×638	
4	S800 Chroma	45.5								≤30		
5	S600	36.9								≤30	520×532×662	
6	S350 Mono	45.9								≤25	400×450×660	
7	S350 Chroma	28.2								≤25		

图 A-5　灯具外观
（图中序号对应表 A-7 中的序号）

附录 B　常用电气设备选编

B.1　施耐德万高

B.1.1　ATSE 技术参数

1. TansferPact WTS

TansferPact WTS 是本书参编单位施耐德万高的优秀产品，其外观如图 B-1 所示，产品型号说明如图 B-2 所示，功能参数见表 B-1。为方便设计人员选择和校验 ATSE 的短路性能，表 B-2 ～ 表 B-5 提供了 TansferPact WTS 与断路器的配合表。

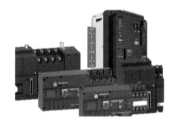

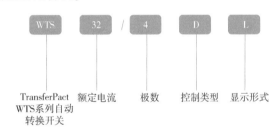

图 B-1　TansferPact WTS 自动转换开关外观　　　　图 B-2　TansferPact WTS 产品型号说明

表 B-1　TansferPact WTS 产品功能参数

壳架规格		63	160	250	630	1600	4000
技术参数							
额定工作电流/A	AC-33A	—	16、20、25、32、40、50、63、80	100、125、160、200	250、320、400、500、630	800、1000、1250、1600	2000、2500
	AC-33B	16、20、25、32、40、50、63	100、125、160	200、250	—	—	3200、4000
电器级别		PC 级					
工作位置		2/3					
极数		2P/3P/4P	3P/4P				
控制器类型		D					

435

（续）

壳架规格	63	160	250	630	1600	4000
技术参数						
显示方式	L-LCD 液晶屏					
默认额定工作电压 U_e/V（AC 50Hz/60Hz）	230/400	400				
额定绝缘电压 U_i/V	800				1000	
额定冲击耐受电压 U_{imp}/V	6000	8000		12000		
额定短时耐受电流 I_{cw}	5kA/100ms	10kA/100ms	15kA/100ms，10kA/500ms	25kA/100ms，20kA/500ms	70kA/100ms，50kA/1s	65kA/1s
机械寿命/次	10000					
电气寿命/次	6000					
安装与连接						
开关安装方式	导轨/底板		底板		背板	
控制器安装方式	一体式/门板式				门板式	
接线方式	电缆/铜排	铜排				
辅助附件						
位置反馈	■	■	■	■	■	■
端子罩	□	□	□	□	—	—
相间隔板	—	□	□	□	□	□
导轨卡扣	□	□	—	—	—	—
负载侧接线扩展排	□	□	—	—	□（垂直方向）	2000~2500A □（垂直方向）

注：表中"■"——标配；"□"——选配；"—"——不配。

表 B-2　TansferPact WTS 自动转换开关与施耐德断路器的配合表（一）

上级：Acti9 iC60，C120，NG125；下级：WTS 100 壳架，160 壳架 U_e：≤415V AC											
	转换开关		100 壳架						160 壳架			
负载	额定电流/A		32	40	50	63	80	100	80	100	125	160
	I_{th}/A 60℃		32	40	50	63	80	100	80	100	125	160
	I_{cw}/kA		3	3	3	3	3	3	5.5	5.5	5.5	5.5
	I_{cm}/kA		15	15	15	15	15	15	20	20	20	20
断路器	电流	I_{cu}/kA	转换开关额定限制短路电流和额定短路接通能力									
iC60N	≤32	10	T	T	T	t	t	t	t	t	t	t
B-C-D 曲线	40	10		T	T	T	T	t	t	t	t	t
	50	10			T	T	T	T	T	t	t	t
	63	10				T	T	T	T	T	t	t

（续）

iC60H	≤32	15	T	T	T	t	t	t	t	t	t	t
B-C-D 曲线	40	15		T	T	T	T	T	t	t	t	t
	50	15			T	T	T	T	T	T	t	t
	63	15				T	T	T	T	T	t	t
iC60L	≤25	25	T	T	T	t	t	t	t	t	t	t
B-C-D-K-Z 曲线	32	20	T	T	T	T	T	T	t	t	t	t
	40	20		T	T	T	T	T	t	t	t	t
	50	15			T	T	T	T	T	T	t	t
	63	15				T	T	T	T	T	t	t
C120N	63	10				T	T	T	T	T	t	t
B-C-D 曲线	80	10					T	T	T	T	T	t
1P 240V	100	10									T	T	T
2，3，4P 415V	125	10									T	T
C120H	63	15				T	T	T	T	T	t	t
B-C-D 曲线	80	15					T	T	T	T	T	t
1P 240V	100	15									T	T	T
2，3，4P 415V	125	15									T	T
NG125N	≤32	25	T	T	T	t	t	t	t	t	t	t
	40	25		T	T	T	T	T	t	t	t	t
	50	25			T	T	T	T	T	t	t	t
B-C-D 曲线	63	25				T	T	T	T	T	t	t
	80	25					T	T	T	T	T	t
	100	25									T	T	T
	125	25									T	T
NG125H	≤32	36	T	T	T	t	t	t	t	t	t	t
	40	36		T	T	T	T	T	t	t	t	t
C 曲线	50	36			T	T	T	T	T	t	t	t
	63	36				T	T	T	T	T	t	t
	80	36					T	T	T	T	T	T
NG125L	≤32	50	T	T	T	t	t	t	t	t	t	t
	40	50		T	T	T	T	T	t	t	t	t
C 曲线	50	50			T	T	T	T	T	t	t	t
	63	50				T	T	T	T	T	t	t
	80	50					T	T	T	T	T	T

表 B-3　TansferPact WTS 自动转换开关与施耐德断路器的配合表（二）

上级：ComPacT NSXm；下级：WTS 100 壳架，160 壳架

U_e：≤415V AC

负载	转换开关		100 壳架						160 壳架			
	额定电流/A		32	40	50	63	80	100	80	100	125	160
	I_{th}/A 60℃		32	40	50	63	80	100	80	100	125	160
	I_{cw}/kA		3	3	3	3	3	3	5.5	5.5	5.5	5.5
	I_{cm}/kA		15	15	15	15	15	15	20	20	20	20
断路器	I_{cu}/kA	I_r/A	转换开关额定限制短路电流和额定短路接通能力									
NSXm E TMD Micrologic 4.1	16	≤32	T	T	T	t	t	t	t	t	t	t
		≤40		T	T	T	T	T	t	t	t	t
		≤50			T	T	T	T	T	t	t	t
		≤63			T	T	T	T	T	t	t	t
		≤80					T	T	T	T	t	t
		≤100						T		T	T	t
		≤125									T	T
		≤160										T
NSXm B TMD Micrologic 4.1	25	≤32	T	T	T	t	t	t	t	t	t	t
		≤40		T	T	T	T	T	t	t	t	t
		≤50			T	T	T	T	T	t	t	t
		≤63			T	T	T	T	T	t	t	t
		≤80					T	T	T	T	t	t
		≤100						T		T	T	t
		≤125									T	T
		≤160										T
NSXm F TMD Micrologic 4.1	36	≤32	T	T	T	t	t	t	t	t	t	t
		≤40		T	T	T	T	T	t	t	t	t
		≤50			T	T	T	T	T	t	t	t
		≤63			T	T	T	T	T	t	t	t
		≤80					T	T	T	T	t	t
		≤100						T		T	T	t
		≤125									T	T
		≤160										T
NSXm N TMD Micrologic 4.1	50	≤32	36/75	36/75	36/75	36/75	36/75	36/75	t	t	t	t
		≤40		36/75	36/75	36/75	36/75	36/75	t	t	t	t
		≤50			36/75	36/75	36/75	36/75	T	t	t	t
		≤63				36/75	36/75	36/75	T	t	t	t
		≤80					36/75	36/75	T	T	t	t
		≤100						36/75		T	T	t
		≤125									T	T
		≤160										T

（续）

NSXm N TMD Micrologic 4. 1	70	≤32	36/75	36/75	36/75	36/75	36/75	36/75	t	t	t	t
		≤40		36/75	36/75	36/75	36/75	36/75	t	t	t	t
		≤50			36/75	36/75	36/75	36/75	T	t	t	t
		≤63				36/75	36/75	36/75	T	t	t	t
		≤80					36/75	36/75	T	T	t	t
		≤100						36/75		T	T	t
		≤125									T	T
		≤160										T

表 B-4　TansferPact WTS 自动转换开关与施耐德断路器的配合表（三）

上级：ComPacT NSX100-250；下级：WTS 100 壳架，160 壳架

U_e：≤415V AC

负载	转换开关		100 壳架						160 壳架			
	额定电流/A		32	40	50	63	80	100	80	100	125	160
	I_{th}/A 60℃		32	40	50	63	80	100	80	100	125	160
	I_{cw}/kA		3	3	3	3	3	3	5. 5	5. 5	5. 5	5. 5
	I_{cm}/kA		15	15	15	15	15	15	20	20	20	20
断路器	I_{cu}/kA	I_r/A	转换开关额定限制短路电流和额定短路接通能力									
NSX100B NSX160B TMD/TMG/ Micrologic	25	≤32	T	T	T	t	t	t	t	t	t	t
		≤40		T	T	T	T	T	t	t	t	t
		≤50			T	T	T	T	T	t	t	t
		≤63				T	T	T	T	t	t	t
		≤80						T		T	t	t
		≤00						T		T	T	t
		≤25									T	T
		≤60										T
NSX250B TMD/TMG/ Micrologic	25	≤32	T	T	T	t	t	t	t	t	t	t
		≤40		T	T	T	T	T	t	t	t	t
		≤50			T	T	T	T	T	t	t	t
		≤63				T	T	T	T	t	t	t
		≤80						T		T	t	t
		≤100						T		T	T	t
		≤125									T	T
		≤160										T
NSX100F NSX160F TMD/TMG/ Micrologic	36	≤32	T	T	T	t	t	t	t	t	t	t
		≤40		T	T	T	T	T	t	t	t	t
		≤50			T	T	T	T	T	t	t	t
		≤63				T	T	T	T	t	t	t

（续）

型号										
NSX100F NSX160F TMD/TMG/ Micrologic	36	≤80					T	T	t	t
		≤100					T	T	T	t
		≤125							T	T
		≤160								T
NSX250F TMD/TMG/ Micrologic	36	≤32		25/52			t	t	t	t
		≤40			25/52		t	t	t	t
		≤50			25/52		T	t	t	t
		≤63				25/52	T	t	t	t
		≤80				25/52		T	t	t
		≤100					25/52	T	T	t
		≤125							T	T
		≤160								T
NSX100N/H NSX160N/H TMD/TMG/ Micrologic	50/70	≤32		36/75			t	t	t	t
		≤40			36/75		t	t	t	t
		≤50			36/75		T	t	t	t
		≤63				36/75	T	t	t	t
		≤80				36/75		T	t	t
		≤100					36/75	T	T	t
		≤125							T	T
		≤160								T
NSX250N/H TMD/TMG/ Micrologic	50/70	≤32	25/52				t	t	t	t
		≤40			25/52		t	t	t	t
		≤50			25/52		T	t	t	t
		≤63				25/52	T	t	t	t
		≤80				25/52		T	t	t
		≤100					25/52	T	T	t
		≤125							T	T
		≤160								T
NSX100S/L/R NSX160S/L/R TMD/TMG/ Micrologic	100/150/ 200	≤32			36/75			65/143		
		≤40			36/75				65/143	
		≤50				36/75			65/143	
		≤63				36/75			65/143	
		≤80					36/75		65/143	
		≤100					36/75		65/143	
		≤125							65/143	
		≤160								65/143

（续）

断路器	Icu	I_r						
NSX250S/L/R TMD/TMG/ Micrologic	100/150/ 200	≤32	25/52				65/143	
		≤40		25/52			65/143	
		≤50		25/52			65/143	
		≤63			25/52		65/143	
		≤80			25/52		65/143	
		≤100				25/52	65/143	
		≤125					65/143	
		≤160						65/143

表 B-5　TansferPact WTS 自动转换开关与施耐德断路器的配合表（四）

上级：ComPacT NSX100-630 NS630b；下级：WTS 250 壳架，630 壳架

U_e：≤415V AC

负载		转换开关	250 壳架				630 壳架			
		额定电流/A	100	160	200	250	320	400	500	630
		I_{th}/A 60℃	100	160	200	250	320	400	500	630
		I_{cw}/kA	15/0.1s				25/0.1s			
			10/0.5s				20/0.5s			
			8/1s				15/1s			
		I_{cm}/kA	30	30	30	30	40	40	40	40
断路器	I_{cu}/kA	I_r/A	转换开关额定限制短路电流和额定短路接通能力							
NSX100B/F/N/H/ S/L NSX160B/ F/N/H/S/ L NSX250B/ F/N/H/S/L TMD/TMG/ Micrologic	25/36/50/70/ 100/150	≤100	T	T	T	T	T	T	T	T
		≤160		T	T	T	T	T	T	T
		≤200			T	T	T	T	T	T
		≤250			T	T	T	T	T	T
NSX100R NSX250R TMD/TMG/ Micrologic	200	≤100	T	T	T	T	T	T	T	T
		≤160		T	T	T	T	T	T	T
		≤200			T	T	T	T	T	T
		≤250			T	T	T	T	T	T
NSX400F/N/H/S/L NSX630F/N/H/S/L Micrologic 注意： 最小 I_n 100A 最大 I_n 570A	36/50/70/ 100/150	100	T	T	T	T	T	T	T	T
		≤160		T	T	T	T	T	T	T
		≤200			T	T	T	T	T	T
		≤250				T	T	T	T	T
		≤320					T	T	T	T
		≤400						T	T	T
		≤500							T	T
		≤630								T

（续）

型号	断路器 I_{cu}	额定电流								
NSX400R NSX630R Micrologic 注： 最小 I_n 100A 最大 I_n 570A	200	100	150/330				T	T	T	T
		≤160		150/330			T	T	T	T
		≤200			150/330		T	T	T	T
		≤250				150/330	T	T	T	T
		≤320					T	T	T	T
		≤400						T	T	T
		≤500							T	T
		≤630								T
NS630b/800 N	50	≤320					20/50			
		≤400						20/50		
		≤500							20/50	
		≤630								20/50
NS630b/800H	70	≤320					20/50			
		≤400						20/50		
		≤500							20/50	
		≤630								20/50
NS630b/800 L	150	≤320					T	T	T	T
		≤400						T	T	T
		≤500							T	T
		≤630								T

表 B-2 ~ 表 B-5 注：1. T——转换开关可完全和上级的断路器额定极限短路分断能力相配合；t——此配合下断路器可以保护转换开关，但此搭配不是很合适；空格——无法保证断路器保护转换开关。

2. 表中保护配合部分，"/"前的数值为转换开关被保护范围有效值，"/"之后为峰值。

3. I_{cu}是在 380~415V 电压的分断能力。

2. PCS-ATMT3BRCb

PCS-ATMT3BRCb 产品外观如图 B-3 所示，产品型号说明如图 B-4 所示。

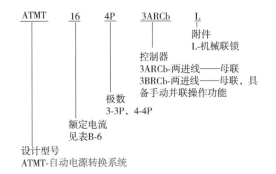

ATMT　16　4P　3ARCb　L

附件
L-机械联锁

控制器
3ARCb-两进线——母联
3BRCb-两进线——母联，具备手动并联操作功能

极数
3-3P，4-4P

额定电流
见表B-6

设计型号
ATMT-自动电源转换系统

图 B-3　PCS-ATMT3BRCb 产品外观　　　　图 B-4　PCS-ATMT3BRCb 产品型号说明

表 B-6　ATMT 额定电流　　　　　　　　（单位：A）

ATMT	06	08	10	12	16	20	25	32	40	40b	50	63
额定电流	630	800	1000	1250	1600	2000	2500	3200	4000	4000	5000	6300

B.1.2　SPD 技术参数

施耐德电气电源类 SPD 产品型号说明如图 B-5 所示，产品型号及参数见表 B-7。

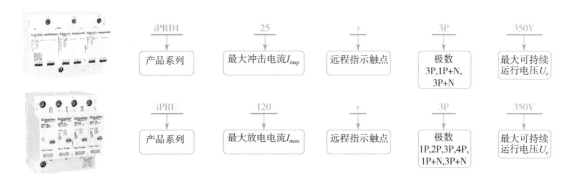

图 B-5　施耐德电气电源类 SPD 产品型号说明

表 B-7　施耐德电气电源类 SPD 产品型号及参数

产品名称	U_n/V	U_c/V	U_p/kV	波形/μs	I_{max}/kA	I_n/kA	极数	工作状态指示窗口	远程指示触点
iP RD1 25r/25	230/400	350	1.9	10/350	$I_{imp}=25$(L/N) 100(N/PE)	40		有	有/无
iP RD1 20r/20	230/400	350	1.6	10/350	$I_{imp}=20$(L/N) 80(N/PE)	30	3P 1P+N 3P+N	有	有/无
iP RD1 15r/15	230/400	350	1.6	10/350	$I_{imp}=15$(L/N) 60(N/PE)	—		有	有/无
iP RF1 12.5r/12.5	230/400	350	1.5 1.2(@ I_n 10kA)	10/350	$I_{imp}=12.5$ (L/N) 50(N/PE)	20	3P 1P+N 3P+N	有	有/无

IPRD1 系列 / IPRF1 系列

（续）

产品名称	U_n/V	U_c/V	U_p/kV	波形/μs	I_{max}/kA	I_n/kA	极数	工作状态指示窗口	远程指示触点
 iP RU 120r/120	230/400	350/440	2.5	8/20	120	60		有	有/无
iP RU 100r/100	230/400	350/440	2.2	8/20	100	50		有	有/无
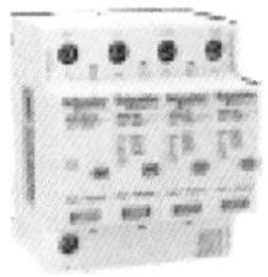 iP RU 80r/80	230/400	350/440	2.0	8/20	80	40		有	有/无
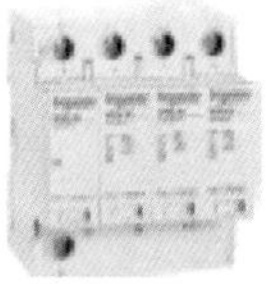 iP RU 65r/65	230/400	350/440	1.9	8/20	65	35	1P 2P 3P 4P 1P+N 3P+N	有	有/无
 iP RU 40r/40	230/400	350/440	1.5	8/20	40	20		有	有/无
 iP RU 20r/20	230/400	350/440	1.45	8/20	20	10		有	有/无
 iP RU 10r/10	230/400	350/440	1.2	8/20	10	5		有	有/无

IPRU 系列

注：表中 U_c/V 所列标注 350V/440V 是指对 1P+N 或 3P+N 产品，L、N 之间 350V，L、PE 之间 440V。

B.1.3 SPD 专用保护装置

施耐德电气 SPD 专用保护装置 iSCB 的产品型号说明如图 B-6 所示，iSCB 的产品选型如图 B-7 所示，iSCB 参数表见表 B-8。

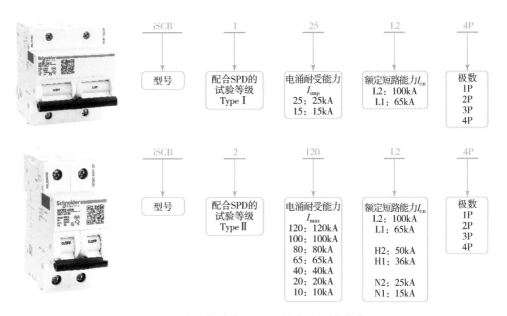

图 B-6 SPD 专用保护装置 iSCB 的产品型号说明

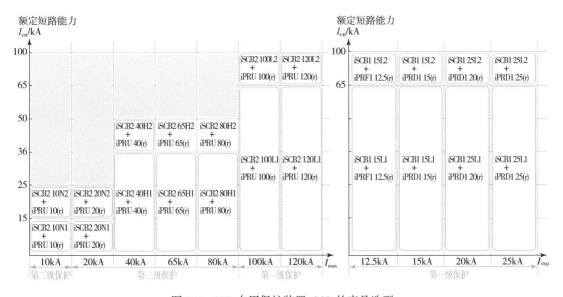

图 B-7 SPD 专用保护装置 iSCB 的产品选型

表 **B-8** 施耐德电气 SPD 专用保护装置 **iSCB** 参数

	产品名称	U_n/V	配合 SPD 的波形/μs	I_{max}/kA	I_n/kA	额定短路能力 I_{cn}/kA	极数
iSCB 系列	iSCB1 25	230/400	10/350	$I_{imp}=25$kA	80	100 65	1P 2P 3P 4P
	iSCB1 15	230/400	10/350	$I_{imp}=15$kA	80	100 65	
	iSCB2 120	230/400	8/20	120	60	100 65	
	iSCB2 100	230/400	8/20	100	50	100 65	
	iSCB2 80	230/400	8/20	80	40	50 36	
	iSCB2 65	230/400	8/20	65	35	50 36	

（续）

产品名称	U_n/V	配合 SPD 的波形/μs	I_{max}/kA	I_n/kA	额定短路能力 I_{cn}/kA	极数
iSCB2 40	230/400	8/20	40	20	50 36	
iSCB2 20	230/400	8/20	20	10	25 15	1P 2P 3P 4P
iSCB2 10	230/400	8/20	10	5	25 15	

（左侧纵排：iSCB 系列）

B.1.4　专用保护一体式 SPD

施耐德电气专用保护一体式电涌保护器 iPEC 产品型号说明如图 B-8 所示。

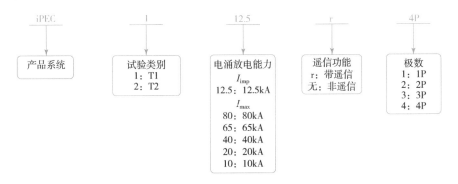

图 B-8　专用保护一体式电涌保护器 iPEC 产品型号说明

B.2　泰永长征

本书支持单位贵州泰永长征技术股份有限公司提供可靠与高品质自动转换开关电器（ATSE）和 LED 回路专用断路器，适用于体育照明供配电系统。

B.2.1 ATSE

1. 执行主要标准

1）《低压开关设备和控制设备 第1部分：总则》（GB 14048.1—2012）。

2）《低压开关设备和控制设备 第6-1部分：多功能电器 转换开关电器》（GB/T 14048.11—2016）。

3）《低压开关设备和控制设备 第6部分：第1篇 自动转换开关电器》（IEC 60947-6-1）。

2. 产品功能与特点

TBBQ3系列ATSE是专用PC级双电源自动转换开关，适用于交流50Hz/60Hz，额定工作电压400V，额定电流为16～5000A的场合。

1）TBBQ3系列ATSE采用一体化设计，开关本体采用积木式结构，体积小、重量轻，节省安装空间。

2）驱动机构采用励磁式电磁驱动，线圈瞬间吸合完成转换功能，可靠性更高，转换时间在200ms以内，可以保证很高的同步性。

3）采用拍合式触头，有效保证触头接触面积。

4）采用银合金触头工艺及引弧触头技术增加导电性，防止氧化并提高短时耐受值，提高在线路中抗短路冲击的能力。

5）同时具备独立灭弧室，灭弧迅速，提高接通分断能力，延长使用寿命。

6）在使用类别方面，TBBQ3全系列满足AC-33iA/AC-33B双使用类别。

7）具备中性线重叠转换功能及抽出式带旁路功能（可选）。

8）同时有多种智能控制器可供选择，以满足各种不同用途的需要。

泰永长征在国内首创并获得国家专利的抽出式带旁路的转换开关，可以在生产过程中实现不断电检修，保证供电连续性。而中性线重叠转换功能，则是很好地解决了传统ATSE在切换过程中，由于中性线"悬空"而发生"零地"电位漂移引起的安全隐患问题。

智能控制器采用微处理器控制，两路电源的过欠压值、延迟时间等参数现场可调；控制器具有"短路拒动"国家专利技术（可选），在ATSE下端电路发生短路故障引起上端断路器故障跳闸时ATSE不动作，避免因ATSE转换造成二次短路的发生；同时控制器具有行业内首创的"相位侦测"技术（可选），解决传统ATSE控制器只监测电压变化而无法有效判断电动机负载缺相问题，从而避免ATSE不转换造成电动机负载烧毁问题。

TBBQ3系列产品除通过CQC认证外，还通过了CE、CB、TUV等多项国际认证；双电源自动转换开关及控制器均通过EMC检验，能够抗电源电压闪变、瞬变等电磁干扰；同时I_{cw}、I_q、I_{cm}值等多项核心参数认证齐全，对产品质量提供了强有力的保证。

TBBQ3外形如图B-9所示。

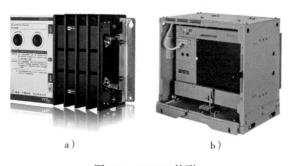

图 B-9 TBBQ3 外形
a）常规型 TBBQ3 b）抽出型带旁路 TBBQ3-W

3. TBBQ3 系列产品参数表

TBBQ3 系列 ATSE 技术参数见表 B-9。

表 B-9　TBBQ3 系列 ATSE 技术参数

壳架电流 I_{nm}/A		63	160	250	400
额定电流 I_e/A		16、20、25、32、40、50、63	80、100、125、160	200、250	320、400
分类	标准型	●	●	●	●
	中性线重叠转换型	●	●	●	●
额定电压 U_e/V		AC 400			
额定频率/Hz		50/60			
极数		2P、3P、4P、3N			
接线方式		板前			
操作电流/A	110V AC/DC	6	6	8	12
	220V AC/DC	3	3	4	6
脱扣电流/A	110V AC/DC	1.4	1.4	1.4	2
	220V AC/DC	0.7	0.7	0.7	1
额定短时耐受电流 I_{cw}/kA		7.5	15	15	20
额定限制短路电流 I_q/kA	断路器保护时	35	50	50	65
	熔断器保护时	100	120	120	120
额定短路接通能力 I_{cm}（峰值）/kA		12.75	30	30	40
转换时间/ms		≤70			
寿命/次	电气寿命	10000	10000	10000	10000
	机械寿命	20000	20000	20000	20000
操作循环次数/（次/h）		120	120	120	120
电器级别		专用型一体化 PC 级			
使用类别		AC-33iA AC-33B			
符合标准		GB/T 14048.11—2016、IEC 60947-6-1			
主触头工作位置数		三位/两位	三位/两位	三位/两位	三位/两位
控制器	CI	●	●	●	●
	CII	●	●	●	●
	CIII	●	●	●	●
	CIV	●	●	●	●
	CH3	●	●	●	●
	CH4	●	●	●	●
	CH5	●	●	●	●
	C800	●	●	●	●

（续）

壳架电流 I_{nm}/A		800	1600		3200		5000	
额定电流 I_e/A		500、630、800	1000、1250	1600	2000、2500	3200	4000	5000
产品分类	标准型	●	●	●	●	●	●	●
	中性线重叠转换型	●	●	●	●	●	●	●
额定电压 U_e/V		AC400						
额定频率/Hz		50/60						
极数		3P、4P、3N						
接线方式		板后						
操作电流/A	110V AC/DC	16	24	28	28	28	32	32
	220V AC/DC	8	12	14	14	14	16	16
脱扣电流/A	110V AC/DC	2.4	3	4	4	4	4	4
	220V AC/DC	1.2	1.5	2	2.5	2.5	3	3
额定短时耐受电流 I_{cw}/kA		50	50	50	65	65	80	80
额定限制短路电流 I_q/kA	断路器保护时	—	—	—	—	—	—	—
	熔断器保护时	120	120	120	120	120	200	200
额定短路接通能力 I_{cm}（峰值）/kA		110	110		143		176	
转换时间/ms		≤100					≤250	
寿命/次	电气寿命	6000	6000	6000	6000	6000	3000	3000
	机械寿命	20000	20000	20000	20000	20000	10000	10000
操作循环次数/（次/h）		120	60	60	30	30	30	30
电器级别		专用型一体化 PC 级						
使用类别		AC-33iA、AC-33B						
符合标准		GB/T 14048.11—2016、IEC 60947-6-1						
主触头工作位置数		三位/两位	三位	三位	三位	三位	三位	三位
控制器	CI	—	—	—	—	—	—	—
	CII	—	—	—	—	—	—	—
	CIII	●	●	●	●	●	●	●
	CIV	●	●	●	●	●	●	●
	CH3	●	●	●	●	●	●	●
	CH4	●	●	●	●	●	●	●
	CH5	●	●	●	●	●	●	●
	C800	●	●	●	●	●	●	●

注：表中●为具有此功能，—为无此功能。

4. TBBQ3-W 系列产品参数

TBBQ3-W 系列 ATSE 技术参数见表 B-10。

表 B-10　TBBQ3-W 系列 ATSE 技术参数

壳架电流 I_{nm}/A		400	800	1600		3200		5000
额定电流 I_e/A		100、250、320、400	500、630、800	1000、1250	1600	2000、2500	3200	4000
分类	标准型	●						
	中性线重叠转换型			●				
额定电压 U_e/V		AC 400						
额定频率/Hz		50/60						
极数		3P、4P、3N						
连接方式		抽出式						
接线方式		板后						
操作电流/A	110V AC/DC	12	16	28	28	20	24	32
	220V AC/DC	6	8	12	14	10	12	16
脱扣电流/A	110V AC/DC	2	2.4	3	4	4	4	4
	220V AC/DC	1	1.2	1.5	2	2.5	2.5	3
额定短时耐受电流 I_{cw}/kA		20 50	50	50	50	65	65	80
额定限制短路电流 I_q		120	120	120	120	120	120	120
额定短路接通能力 I_{cm}（峰值）/kA		40	110	110		143		176
转换时间/ms≤		70	100	100	100	100	100	250
寿命/次	电气寿命	10000	6000	6000	6000	6000	6000	3000
	机械寿命	20000	20000	20000	20000	20000	20000	10000
操作循环次数/（次/h）		120	120	60	60	30	30	30
电器级别		专用型一体化 PC 级						
使用类别		AC-33iA AC-33B						
符合标准		GB/T 14048.11—2016、IEC60947-6-1						
控制器		CIII、CIV、CH3、CH4、CH5、C800						

注：表中●为具有此功能。

5. C 系列控制器技术参数

C 系列控制器技术参数见表 B-11。

表 B-11　C 系列控制器技术参数

控制器型号	末端型		基本型		高级型			
	CI	CII	CIII	CIV	CH3	CH4	CH5	C800
电流范围	<400A		全系列					
适用本体								
两工作位	●	●	●	●	●	●	●	●
三工作位	●	●	●	●	●	●	●	●
中性线重叠转换型	●	●	●	●	●	●	●	●

（续）

控制器型号	末端型		基本型		高级型			
	CI	CII	CIII	CIV	CH3	CH4	CH5	C800
电流范围	<400A		全系列					
适用本体								
抽出带旁路型	—	—	●	●	●	●	●	●
瞬间并联型	—	—	—	—	—	—	—	—
安装方式								
一体安装	●	●	—	—	—	—	—	—
分体安装	—	—	●	●	●	●	●	●
适用电源类型								
市电—市电	●	●	●	●	●	●	●	●
市电—油机	—	—	●	●	●	●	●	●
油机—油机	—	—	—	—	—	—	—	—
自动/手动操作								
自投自复	●	●	●	●	●	●	●	●
自投不自复	—	●	●	●	●	●	●	●
同相位自复	—	—	—	—	—	—	—	●
互为备用	—	—	●	●	●	●	●	●
自动/手动设置	—	●	●	●	●	●	●	●
电源质量检测								
A 电源三相检测	单相	●	●	●	●	●	●	●
B 电源三相检测	单相	单相	●	●	●	●	●	●
失压检测	●	●	●	●	●	●	●	●
缺相检测	—	●	●	●	●	●	●	●
过压检测	—	●	●	●	●	●	●	●
欠压检测	—	●	●	●	●	●	●	●
过频检测	—	—	—	●	—	●	●	●
欠频检测	—	—	—	●	—	●	●	●
相序检测	—	—	—	—	—	—	●	●
相角检测	—	—	—	●	—	●	●	●
电压不平衡检测	—	—	—	—	—	—	—	●
短路拒动	—	—	—	—	—	—	●	●
负载卸载	—	—	—	—	—	—	—	●
过电流报警设置	—	—	—	—	—	—	●	●
延时时间设置								
脱扣延时可设	●	●	●	●	●	●	●	●
合闸延时可设	—	—	●	●	●	●	●	●
油机启动延时	—	—	●	●	●	●	●	●
油机关闭延时	—	—	●	●	●	●	●	●

（续）

控制器型号	末端型		基本型		高级型			
	CI	CII	CIII	CIV	CH3	CH4	CH5	C800
电流范围	<400A		全系列					
延时时间设置								
油机启停间隔	—	—	—	—	—	—	—	●
瞬间加载延时	—	—	—	—	—	—	—	●
启动稳定延时	—	—	—	—	—	—	—	●
自投自复延时	—	—	—	—	—	—	—	●
油机控制								
油机自检	—	—	—	—	—	—	—	●
油机调节	—	—	—	—	—	—	—	●
人机界面								
电源/投入状态，LED 指示	●	●	●	●	●	●	●	●
LED 数码显示	—	—	—	●	—	—	—	—
LCD 液晶显示	—	—	—	—	—	—	●	●
按键操作	—	—	●	●	●	●	●	●
锁定/运行	—	—	●	●	—	●	●	●
CPU 运行状态显示	—	—	●	●	●	●	●	●
操作失败报警	—	—	●	●	●	●	●	●
权限管理	—	—	—	●	●	●	●	●
历史事件记录	—	—	—	—	●	●	●	●
远程控制								
消防联动干接点	—	●	●	●	●	●	●	●
远程控制	—	—	—	—	●	●	●	●
Rs485 端口	—	—	—	—	●	●	●	●
波特率可调	—	—	—	—	●	●	●	●
其他及附件								
DC24V 外接电源接口	—	—	—	—	—	—	●	●
U_m20 短信报警模块	—	—	—	●	●	●	—	●
油机调节模块	—	—	—	—	—	—	—	●
电流监测	—	—	—	—	—	—	●	●
电能监测	—	—	—	—	—	—	—	●
后备电源模块	—	—	—	—	—	—	—	●

注：表中●为具有此功能，—为无此功能。

B.2.2　LED 专用断路器

LED 专用断路器 MB2（LED）是专为 LED 照明回路研发的保护电器，为 CCDI 与泰永长征联合研发的专利技术，专利名称"一种断路器"，专利号为 ZL 2018 2 0695115.0。

1. 执行标准

1)《电气附件　家用及类似场所用过电流保护断路器　第 2 部分：用于交流和直流的断路器》（GB/T 10963.2—2020）。

2)《家用及类似场所用过电流保护断路器　第 3 部分：用于直流的断路器》（GB/T 10963.3—2016）。

3）IEC 60898-1-2015 Electrical accessories-Circuit-breakers for overcurrent protection for household and similar installations-Part 1：Circuit-breakers for a. c. operation。

2. 产品功能及特点

MB2 系列 LED 专用小型断路器适用于交流 50Hz/60Hz，额定工作电压 230V/400V，或 DC60V/80V，额定电流 6～63A 的 LED 配电回路。最高分断能力达 10kA，满足 LED 灯或 LED 显示屏的启动和正常工作保护需要。

经大量测试验证，LED 灯在启动时，其内部电容瞬时放电可达 32～40I_n 电流，如果采用常规的 D 型小型断路器产品，会因瞬时电流过大而引起断路器误动作。针对此种情况，TYT 泰永长征生产出具有 25～40I_n 保护能力的 LED 灯专用型产品，确保不因 LED 灯启动电流过大而引起误跳闸。

MB2 系列 LED 专用小型断路器专利外观设计，时尚高端，美观大方；产品内部采用模块化布局，使得产品运行更加稳定可靠；触头采用 Ag－C 合金材料，有效避免短路电流造成触头熔焊，运用磁吹、气吹技术使得电弧快速熄灭；同时搭配辅助、报警、分励、欠压等附件，实现多功能扩展，可广泛应用于体育场馆、会展、商业建筑、智慧家居等 LED 照明回路。

3. 特性曲线和外观

MB2 系列 LED 专用小型断路器的特性曲线和外观如图 B-10 所示。

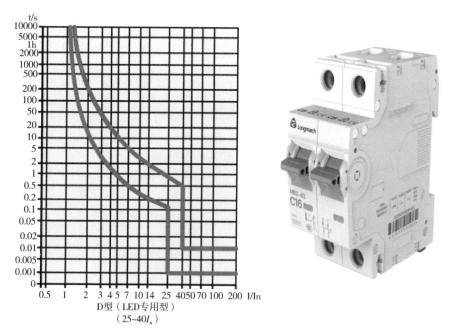

图 B-10　MB2 系列 LED 专用小型断路器的特性曲线和外观

4. 主要技术参数

MB2 系列 LED 专用小型断路器的主要技术参数见表 B-12。

表 B-12　MB2 系列 LED 专用小型断路器的主要技术参数

产品型号	MB2-63L
额定冲击耐受电压/kV	6
额定绝缘电压/V	690
额定工作电压/V	AC230/400 DC60/80
极数	1P、2P、3P、4P
额定短路分断能力/kA	6
脱扣特性	D（LED专用）
额定电流/A	6、10、16、20、25、32、40、50、63
机械寿命/次	20000
电气寿命/次	10000

B.3　远泰电器

本书支持单位江苏远泰电器有限公司生产的 YTEQ2 系列双电源转换开关具有以下特点：

1）双电源自动转换开关为 PC 级双投型。

2）电磁激励、机械保持结构，具有电气/机械双重互锁功能。

3）AC-33A 使用类别。

4）额定短时耐受电流能力强。

5）灭弧性能优异，两侧独立放置。

6）触头材料均采用银合金，大大提高导电性能，具有很好的耐弧和防腐性能。

7）常用 32 位单片机控制，运行速度快，精度高，抗电磁干扰能力强。

YTEQ2 系列 ATSE 的技术参数见表 B-13，其外形如图 B-11 所示。

图 B-11　YTEQ2 系列双电源转换开关外形

表 B-13　YTEQ2 系列 ATSE 的技术参数

标准及认证		GB 14048.11				
壳架电流 I_{nm}/A		80A	125A	250A	400A	630A
额定电压 U_e/V		AC400				
额定频率/Hz		50				
额定绝缘电压 U_i/V		690				
额定冲击耐受电压 U_{imp}/kV		8				
极数（P）		2、3、4（N3 中性线重叠）				
类别		PC 一体化				
转换类型		同相转换、延时转换				
主触头工作位		II/III				
短路特性	额定短时耐受电流 I_{cw}	5kA/0.06s		10kA/0.06s		17kA/0.06s
	额定短路接通能力 I_{cm}	7.65kA		17kA		34kA
	以断路器保护的 I_q/kA	50		70		
	以熔断器保护的 I_q/kA	100				
接通与分断能力	类别	AC-33A				
	接通	$10I_e$				
	分断	$10I_e$				
触头转换时间/ms		70	75		100	
操作循环次数/（次/h）		120				
寿命/次	电气寿命	6000				
	机械寿命	10000				

注：表中 I_q 为额定限制短路电流（kA）。

附录 C　常用中英文词汇

C.1　国际体育组织

国际奥委会（IOC）	The International Olympic Committee
奥运协调委员会	Coordination Commission for the Olympic Games
奥林匹克勋章委员会	Council of the Olympic Order
国际关系委员会	International Relations Commission
国际足球联合会（FIFA）	Federation Internationale de Football Association
世界田径联合会（WA）	World Athletics（原为 IAAF）
国际篮球联合会（FIBA）	International Basketball Federation
国际排球联合会（FIVB）	International Volleyball Federation
国际羽毛球联合会（IBF）	International Badminton Federation
国际乒乓球联合会（ITTF）	International Table Tennis Federation
世界水上运动联合会（WA）	World Aquatics（原为 FINA）
国际体操联合会（FIG）	International Gymnastics Federation
国际赛艇联合会（IRF）	International Rowing Federation
国际柔道联合会（IJF）	International Judo Federation
国际摔跤联合会（FILA）	International Federation of Associated Wresting Styles
国际拳击联合会（IBF）	International Boxing Federation
国际棒球联合会（IBAF）	International Baseball Federation
国际垒球联合会（ISF）	International Softball
国际皮滑艇联合会（FIC）	International Canoe Federation
国际自行车联盟（UCI）	International Cycling Union
国际马术联合会（FEI）	Federation Equestre Internationale
国际击剑联合会（FIE）	Federation Internationale d'Escrime
国际举重联合会（IWF）	International Weightlifting Federation
国际手球联合会（IHF）	International Handball Federation
国际曲棍球联合会（FIH）	International Hockey Federation
国际网球联合会（ITF）	International Tennis Federation
国际射击运动联合会（ISS）	International Shooting Sport Ferderation
国际射箭联合会（FITA）	International Archery Federation
国际现代五项联盟（UIPM）	Union Internationale de Pentathlon Moderne Federation（provisoire/provisional）

国际铁人三项联盟（ITU）	International Triathlon Union
国际帆船联合会（ISAF）	International Sailing Federation
国际冬季两项全能联盟（IBU）	International Biathlon Union
国际冰球联合会（IIHF）	International Ice Hockey Federation
国际滑冰联盟（ISU）	International Skating Union
国际滑雪联合会（FIS）	Federation Internationale de Ski
国际无舵雪撬联合会（FIL）	Federation Internationale de Luge de Course
国际有舵雪撬联合会（FIBT）	Federation Internationale de Bobsleigh et de Tobogganning
世界冰壶运动联合会（WCF）	World Curling Federation
国际体育联合会（GAISF）	General Association of International Sports Federations

C.2 其他国际组织

国际标准化组织（ISO）	International Standards Organization
国际照明委员会（CIE）	International Commission on Illumination
世界电气工业协会（EIA）	Electronic Industries Alliance
国际电工委员会（IEC）	International Electro technical Commission
国际电子电气工程师协会（IEEE）	Institute Electrical and Electronics Engineers
电信工业协会（TIA）	Telecommunications Industries Association
美国智能建筑学会（AIBI）	American Intelligent Building Institute

C.3 体育场馆及运动项目

体育场	sports field; sports ground; stadium; arena
体育馆	gymnasium; gym; indoor stadium; arena
体育中心	sports center
比赛场地	playing field
观众看台	stands
开幕式	opening ceremony
闭幕式	closing ceremony
体操	gymnastics
单杠	horizontal bar
双杠	parallel bars
跳马	vaulting horse
鞍马	pommel horse
跳板	springboard
团体操	group calisthenics; mass calisthenics
锦标赛	championship

联赛	league
表演赛	exhibition match
循环赛	round robin
决赛	finals
团体项目	team event
技巧（IFSA）	acrobatics
合气道（IAF）	aikido
田径（IAAF）	track and field；athletics
十项运动	decathlon
田赛	field events
跳高	high jump
跳远	long jump；broad jump
三级跳远	hop，step，and jump；triple jump
标枪	javelin throw
铅球	shot put
径赛	track events
赛跑	running；race
100（200，400）m 赛跑	100m（200m，400m）sprint（dash）
长跑	long-distance race；distance race
马拉松赛跑	Marathon（race）
障碍赛	steeplechase
跨栏赛跑	hurdles；hurdle race
羽毛球（IBF）	badminton
篮球（FIBA）	basketball
健美（IFBA）	body-building
拳击（AIBA）	boxing
自行车赛-场地赛（UCI）	cycling-track
冰壶（WCF）	curling
体育舞蹈（IDSF）	dance
马术（FEI）	equestrian
击剑（FIE）	fencing
射击	shooting
射箭	archery
足球（FIFA）	football
体操（FIG）	gymnastics
手球（IHF）	handball
曲棍球-田赛（FIH）	hockey-field
冰球（IIHF）	ice hockey
水球	water polo ball
柔道（IJF）	judo

武术	wushu；martial arts
空手道（WUKO）	jarate
荷兰式篮球（IKF）	korfball
摩托车赛（FIM）	motorcycling
无板篮球（IFNA）	netball
力量举重（IPF）	powerlifting
滑雪	skiing
短道滑冰（ISU）	skating-short-track
花样滑冰	skating-figure
轮滑（ITTF）	rollerskating
桌球（ITTF）	table tennis
跆拳道（WTF）	taekwondo
网球（ITF）	tennis
排球（FIVB）	volleyball
举重（IWF）	weightlifting
摔跤（FILA）	wrestling
棒球	baseball
垒球	softball
游泳	swimming
跳水	diving；fancy diving
划艇运动；皮艇运动	canoeing
帆板运动	windsurfing
赛艇	racing boat；shell
帆船运动；帆船比赛	yachting；sailing；yacht racing
橄榄球运动	American football

C.4 电气名词

供电系统	power supply system
负荷等级	load class
备用电源	standby power source
不间断电源系统	uninterrupted power system（UPS）
应急发电机	emergency generator
应急电源	emergency power supply
功率因数	power factor
无功补偿	reactive compensation coefficient
有效功率	effective power
额定电流	rated current
额定功率	rated power

配电	power distribution
配电系统	distribution system
电压等级	voltage class
电压降	voltage drop
供电质量	power supply quality
电流强度	current intensity

C.5　照明名词

采光设计	daylighting design
发光顶棚	illuminated ceiling
顶棚反射	ceiling reflection
照明设计	illuminating design
照明系统	lighting system
一般照明	general lighting
人工照明	artificial lighting
室外照明	exterior lighting
局部照明	local lighting
混合照明	mixed lighting
泛光照明	flood lighting
柔性照明	flexible lighting
高杆照明	high mast lighting
直接照明	direct lighting
间接照明	indirect lighting
正常照明	normal lighting
应急照明	emergency lighting
持续运行的应急照明	maintained emergency lighting
非持续运行的应急照明	non-maintained emergency lighting
值班照明	duty lighting
景观照明	landscape lighting
备用照明	stand-by lighting
疏散照明	escape lighting
安全照明	safety lighting
立面照明	building flood lighting
舞台照明	stage lighting
绿色照明	green lighting
照明功率密度	lighting power density（LPD）
灯杆	lighting column
灯具	lighting fixtures

灯丝	ligament
泛光灯	floodlight
球形灯	globular lamp
白炽灯	incandescent lamp
气体放电灯	gas electric-discharge lamp
直管形荧光灯	straight tubular fluorescent lamp
环形荧光灯	circling fluorescent lamp
紧凑型荧光灯	compact fluorescent lamp
三基色荧光灯	three-band fluorescent lamp
汞灯	mercury-vapour lamp
金属卤化物灯（金卤灯）	metal halide lamp
低压钠灯	low pressure sodium lamp
高压钠灯	high pressure sodium lamp
高强度放电灯	high intensity discharge lamp
石英灯	halogen incandescent lamp
卤钨灯	tungsten halogen lamp
溴钨灯	bromine lamp
防爆灯	explosion-proof lamp
疏散标志灯	escape sign luminaire
出口标志灯	exit sign luminaire
指向标志灯	direction sign luminaire
疏散照明灯	escape lighting luminaire
自带电源型应急灯	self-contained emergency luminaire
集中供电型应急灯	contrally supplied emergency luminaire
非对称光强分布	asymmetrical intensity distribution
非对称灯具	asymmetrical lighting fitting
非对称光源	asymmetrical light source
漫射灯具	diffuser fitting
直照灯具	direct luminaire
配光曲线	distribution curve
等光强曲线	isocandela curve
等照度曲线	isolux line
灯具布置	arrangement of luminaires
灯泡更换	bulb replacement
磨砂玻壳	frosted bulb
光源	light source
光束	beam
杂散光	disturbing light
光通量	luminous flux
光通量维持率	luminous flux maintenance

亮度	luminance
亮度调节	brightness control
亮度闪烁	brightness flicker
亮度损失	brightness loss
亮度对比	luminance contrast
照度	illuminance
平均照度	average illuminance
水平照度	horizontal illuminance
垂直照度	vertical illuminance
维持平均照度	maintained average illuminance
照度均匀度	uniformity of illuminance
照度梯度	illumination gradient
亮度均匀度	uniformity of brightness
照明质量	lighting quality
照明效果	lighting effects
照明评价	lighting evaluation
频闪效应	stroboscopic effect
熄弧	arc failure
弧光灯	arc lamp
闪烁	flicker
眩光	glare
眩光度	degree of glare
失能眩光	disability glare
不舒服眩光	discomfort glare
眩光限制	limitation of glare
眩光评估	glare evaluation
眩光计算	glare calculation
显色性	color rendering
显色指数	color rendering index
光谱特性	spectral characteristics
色温	color temperature
发光效率	luminous efficiency
灯具效率	luminaire efficiency
照明节能	energy saving for lighting
节能电光源	energy saving electric light source
工作寿命	operating life
运行状态	operating condition
利用系数	utilization factor
维护系数	maintenance factor
反射系数	reflection factor

减光系数	depreciation factor
修正系数	corrective factor
遮光角	shielding angle
入射角	incident angle
灯具遮板	closure of fitting
减光装置	light attenuator
启辉器	starter
触发器	ignition device
镇流器	ballast
容式镇流器	capacitive ballast
电感镇流器	inductive ballast
电容器	capacitor
电流互感器	current transformer
稳压器	voltage stabilizer
可控硅整流器	silicon-controlled recifier
电子镇流器	electronic ballast
照度计	illuminometer
光度计	photometer
余弦校正光度计	cosine-corrected photometer
色度计	colorimeter
色温计	color temperature meter
调光柜	dimmer cabinet
滞后效应	lag effect
电气测量	electrical measurement
信噪比	signa-to-noise ratio
动态干扰	dynamic disturbance
高保真	high fidelity
颜色失真	color error
安装高度	mounting height
彩色电视	color TV
黑白电视	black and white TV
高清晰度电视	high definition television （HDTV）
超高清晰度电视	ultra high definition television （UHDTV）
转换滤光片	conversion filter
曝光时间	exposure time
镜头光圈	lens aperture
自动调光	automatic aperture-control
幅度调整	amplitude adjustment
画面质量	picture quality

参 考 文 献

[1] 董青. 游泳馆照明设计初探 [J]. 照明工程学报, 2005 (3).

[2] 清华大学建筑设计研究院有限公司, 中国建筑标准设计研究院有限公司, 应急管理部沈阳消防研究所. 应急照明设计与安装: 19D702-7 [S]. 北京: 中国计划出版社, 2019.

[3] 悉地国际设计顾问 (深圳) 有限公司. 体育建筑电气设计规范: JGJ 354—2014 [S]. 北京: 中国建筑工业出版社, 2015.

[4] 第19届亚运会组委会 & 华体集团有限公司. 2022年第19届亚运会场馆建设要求攀岩 [R].

[5] 徐华. 体育场馆应急照明设计探讨 [J]. 照明工程学报, 2020 (4).

[6] 姚梦明. 体育照明发展趋势——从2008年北京夏季奥运会到2022年北京冬季奥运会 [J]. 照明工程学报, 2020 (3).

[7] 国家体育总局登山运动管理中心, 国家体育总局体育科学研究所. 体育场所开放条件与技术要求 第4部分: 攀岩场所: GB 19079.4—2014 [S].

[8] 林若慈, 王飞翔, 高雅春. 体育场馆照明现状分析及展望 [J]. 照明工程学报, 2016 (2): 4-27.

[9] 陈众励, 陈杰甫. 足球场场地照明工程技术指标控制与设计 [J]. 照明工程学报, 2022 (6).

[10] 张林, 申伟. "冬奥" 速滑馆场地照明供电可靠性关键技术分析与研究 [J]. 照明工程学报, 2022 (4).

[11] 应急管理部沈阳消防研究所. 消防应急照明和疏散指示系统技术标准: GB 51309—2018 [S]. 北京: 中国计划出版社, 2019.

[12] 杨波. 2022年冬奥会北京赛区场地照明工程应用 [J]. 照明工程学报, 2022 (1).

[13] 杨波. LED在场地照明中的应用 [J]. 照明工程学报, 2016, 27 (4): 132-139.

[14] 李炳华, 等. 国家体育场电气关键技术的研究与应用 [M]. 北京: 中国电力出版社, 2014.

[15] 李炳华. 体育场馆应急照明设计要点 [J]. 中国照明电器, 2022 (6).

[16] 李炳华, 覃剑戈, 等. LED灯启动特性的研究与应用 [J]. 照明工程学报, 2017 (4).

[17] 李炳华, 董青. 体育照明设计手册 [M]. 北京: 中国电力出版社, 2009.

[18] 李炳华, 董青, 汪嘉懿, 等. 第二十九届奥运会场馆照明综述 [J]. 照明工程学报, 2008 (1).

[19] 李炳华, 常昊, 王成, 等. 基于PSO-SVM的体育场馆照明计算与优化 [J]. 照明工程学报, 2020 (4).

[20] 李炳华, 常昊, 王成, 等. 冬季奥运会场地照明要点总览与浅析 [J]. 照明工程学报, 2020 (4).

[21] 李炳华, 贾佳, 等. LED灯电压特性的研究与应用 [J]. 照明工程学报, 2017 (5).

[22] 李炳华, 岳云涛. 现代照明技术及设计指南 [M]. 北京: 中国建筑工业出版社, 2019.

[23] 李炳华, 李英姿, 朱立阳. 光源能效综合评价法的探讨 [J]. 照明工程学报. 2009, 20 (3).

[24] 李炳华, 王振声, 李战增, 等. 体育场馆场地照明专用电源装置切换时间的研究 [J]. 建筑电气, 2005 (6).

[25] 李炳华, 王炳铮, 潘鑫, 等. 浅析足球场人工照明新要求 [J]. 照明工程学报, 2021, 32 (05).

[26] 李炳华, 王炳铮, 潘鑫, 等. 从绿色节能角度浅析足球场人工照明新要求 [J]. 智能建筑电气技术, 2021 (5).

[27] 李炳华, 马名东, 李战赠, 等. 大气吸收系数的研究与应用 [J]. 建筑电气, 2006 (1).

[28] 李农, 于猛. 体育建筑照明设计中垂直照度问题的研究 [J]. 照明工程学报, 2017 (3): 41-44.

[29] 华体集团有限公司, 中国建筑标准设计研究院. 体育场地与设施 (二): 13J933-2 [S]. 北京: 中国计划出版社. 2013.

［30］任元会. 低压配电设计解惑［M］. 北京：中国电力出版社，2023.

［31］任元会. 低压配电设计解析［M］. 北京：中国电力出版社，2020.

［32］朱悦. 跳台滑雪照明设计和工程实施［J］. 照明工程学报，2022（1）.

［33］朱晓勇，杨波，于莎莎. 横滨国际体育场照明系统改造工程［J］. 照明工程学报，2020（4）.

［34］申伟，孙成群，朱悦. 国家速滑馆"冰丝带"场地照明设计与研究［J］. 照明工程学报，2020（4）.

［35］北京照明学会照明设计专业委员会. 照明设计手册［M］. 3版. 北京：中国电力出版社，2016.

［36］北京市建筑设计研究院，北京建筑工程学院，中国建筑标准设计研究院. 体育场地与设施（一）：08J933-1［S］. 北京：中国计划出版社，2008.

［37］中国航空工业规划设计研究院. 民用建筑电气设计与施工—照明控制与灯具安装：08D800-4［S］. 北京：中国计划出版社，2008.

［38］中国建筑科学研究院有限公司. 体育场馆照明设计及检测标准：JGJ 153—2016［S］. 北京：中国建筑工业出版社，2017.

［39］中国建筑科学研究院有限公司. 建筑环境通用规范：GB 55016—2021［S］. 北京：中国建筑工业出版社，2022.

［40］中国建筑科学研究院. 建筑照明设计标准：GB 50034—2013［S］. 北京：中国建筑工业出版社，2013.

［41］中国建筑科学研究院. 建筑照明术语标准：JGJ/T 119—2008［S］. 北京：中国建筑工业出版社，2009.

［42］中国建筑标准设计研究院. 民用建筑电气设计要点：08D800-1［S］. 北京：中国计划出版社，2008.

［43］中国建筑东北建筑设计研究院有限公司. 民用建筑电气设计标准：GB 51348—2019［S］. 北京：中国建筑工业出版社，2020.

［44］王猛，刘轩，李海正，等. 2022年杭州亚运会主要体育场馆照明设计［J］. 照明工程学报，2020（4）.

［45］ITF，Philips Lighting. Guide to the artificial lighting of tennis courts［S］. 1991.

［46］IRB. Rugby World Cup 2019 Field of play lighting requirement［R］. 2019.

［47］IESNA. Sports and Recreational Area Lighting：IESNA RP-6-01［S］. 2009.

［48］IAAF. Track and field facilities Manual［S］. 2008.

［49］GAISF & EBU. Guide to the artificial lighting of multipurpose indoor sports venues［S］.

［50］FIFA. Guide the artificial lighting for football pitches［S］. 2020.

［51］FIFA. Football Stadiums［S］. 2007.

［52］FIFA. FIFA football stadiums technical recommendations and requirements：5th edition［S］. 2011.

［53］CIE. Practical design guidelines for the lighting of sport events for color television and filming：CIE 169［S］. 2005.

［54］CIE. Guide for the photometric specification and measurement of sports lighting installations：CIE 67［S］. 1986.

［55］CIE. Guide for the lighting of sports events for color television and film systems：CIE 83［S］. 2019.

［56］CIE. Glare Evalution System For Use Within Outdoor Sports and Area Lighting：CIE 112［S］. 1994.

［57］BOB. Sports Lighting for Television Performance Specification［S］. 2005.

后　记

尊敬的读者，很高兴地为您呈现这部《体育照明设计与应用手册》。在编写这本手册时，我们汇集了国内外的专家学者和技术人员，从理论到实践进行了大量的研究和试验，力求为体育照明提供崭新优质的技术和方案。

回顾了过去，总结了我国举办的夏季奥运会、冬季奥运会、亚运会等重大赛事体育照明实践经验。在这些赛事中，我们克服了重重困难，运用经验和技术不断提高比赛场馆的场地照明水平。这些实践提醒我们，照明设计需要从众多方面进行考虑，包括场馆的建筑结构、灯具选型与布置、照明配电与控制、节能等。

当然，我们更要面向未来！随着技术的发展和人工智能技术的应用，我们将深入研究和利用人工智能优化体育照明计算和设计，这方面我们已经做了有意的尝试，有了良好的开端，其前景十分广阔。我们可以利用先进的计算机算法和数据分析技术，对场馆和灯具等进行全方位的数据分析，以优质的方案解决比赛场馆照明问题，实现更加科学合理的场地照明。

总之，体育照明设计与应用涉及诸多方面，需要不断地进行研究和实践。我们相信，在未来的发展中，我们会不断探索新的技术和方案，为体育照明设计带来更加优秀的成果！欢迎有兴趣的同仁携手共进，共同研究、探索体育照明新技术、新系统。